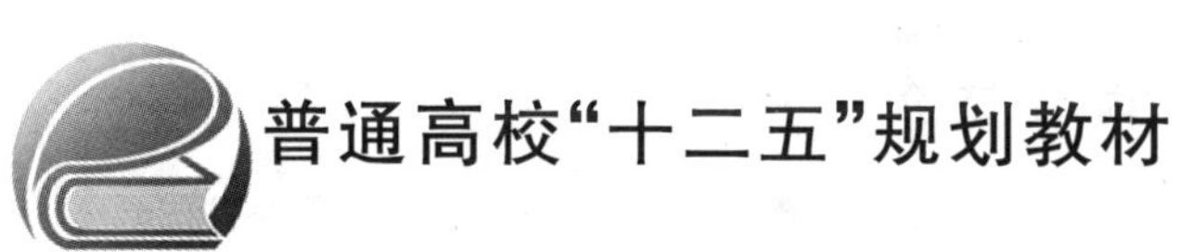

# 概率统计及随机过程

## （第2版）

张福渊　郭绍建
萧亮壮　傅丽华　编著

北京航空航天大学出版社

## 内容简介

本书介绍概率论、数理统计、随机过程三部分内容。第 1 章至第 6 章为概率论，包括：随机事件的概率；随机变量及其分布；二维随机变量；随机变量的函数的分布；随机变量的数字特征；大数定律和中心极限定理。第 7 章至第 11 章为数理统计，包括：统计量及其分布；参数估计；假设检验；方差分析；回归分析。第 12 章至第 14 章为随机过程，包括：随机过程的基本概念；平稳过程；马尔可夫链。书中配置了相当数量的例题和习题，便于读者自学，并且配置了适量应用性的例子。

全书内容丰富，深入浅出，在满足理工科大学基本教学要求的基础上，选编了部分具有广阔应用领域的内容，使得本书既可作为理工科大学的本科教材，又可作为研究生参考书，也可作为有关专业的教师和工程技术人员的参考书。

**图书在版编目(CIP)数据**

概率统计及随机过程 / 张福渊等编著. --2 版. --北京 ：北京航空航天大学出版社，2012.2

ISBN 978 - 7 - 5124 - 0713 - 8

Ⅰ. ①概… Ⅱ. ①张… Ⅲ. ①概率论②随机过程 Ⅳ. ①O211

中国版本图书馆 CIP 数据核字(2012)第 016919 号



**概率统计及随机过程(第 2 版)**

张福渊 郭绍建 萧亮壮 傅丽华 编著

责任编辑 刘晓明

*

北京航空航天大学出版社出版发行

北京市海淀区学院路 37 号(邮编 100191) http://www.buaapress.com.cn

发行部电话：(010)82317024 传真：(010)82328026

读者信箱：bhpress@263.net 邮购电话：(010)82316936

北京时代华都印刷有限公司印装 各地书店经销

*

开本：787×960 1/16 印张：20 字数：448 千字

2012 年 2 月第 2 版 2015 年 1 月第 3 次印刷 印数：9 001 - 12 000 册

ISBN 978-7-5124-0713-8 定价：35.00 元

---

# 第2版前言

《概率统计及随机过程》的初稿于1987年投入使用，开始作为北京航空航天大学本科生通用教材。几经修订，于1993年正式出版。又经过改写，于2000年重新出版。这次再版，作了如下修订：

1. 对全书仔细校正，在内容、例题以及行文等方面，适量增删。

2. 恢复了“方差分析”一章。在本书的初稿和1993年版本中，都有“方差分析”一章。2000年，受到版面字数的限制，删去了这一章。本次恢复，使得全书在内容和体系上更加完善。

3. 把本学科常用的一些公式作为附录，便于查找运用。

本书第1章至第4章由郭绍建执笔，第5、6章由傅丽华执笔，第7章至第9章由萧亮壮执笔，第10章至第14章由张福渊执笔。张福渊对全书修订统编。几位编著者都是具有丰富教学经验的老教师。教学、科研的经验积累和方法融会于编著中，使得本书自成特色。本书既注重本学科的系统性、理论性和应用性，又注意贯彻由浅入深、循序渐进的教学原则。本书作为教材，经过多次修订，比较成熟。

随机模型的研究已经渗透到科学技术的各个领域。本书提供的基本知识和基本方法，将为读者进一步深入研究、为在科学技术某个领域中的应用，奠定必要的基础。

特别感谢北京航空航天大学数学与系统科学学院的老师们，多年以来一直使用本书作为教材，提出了许多宝贵意见。特别感谢邢家省教授，对于本书提出的意见和建议，使我们获益匪浅。

对书中缺点和错误之处，恳请专家和读者批评指正。

编　者

2011年11月

# 前　言

概率论及以它为基础的数理统计、随机过程都是研究随机现象的数学分支。几个世纪以来，经过众多学者潜心研究，概率论、数理统计、随机过程已经成为既互相关联又自成体系的三门严谨的分支学科。随着科学技术的快速发展和生产力的大幅度提高，在各个研究领域和工程技术领域中，人们愈来愈关注随机模型，使得随机理论和方法的应用日益广泛，几乎渗透到科学技术的各个领域之中。

本书介绍概率论、数理统计、随机过程中的基本理论和基本方法。初稿是笔者在北京航空航天大学自编的全校通用教材，1987 年投入使用。几经修订，于 1993 年正式出版。为了适应科技发展的需求，适应教改的需求，我们本着立足现在、着眼未来、精益求精的指导思想，对原有版本作了全面的增删修订，从体系上作了调整，许多章节推翻原稿，重新改写。在满足理工科大学基本教学要求的基础上，在深度、广度方面都有提高。书中一些既具有深刻理论又有广阔应用领域的内容及例子，可供读者选学或作为参考。书中各章均配置了相当数量的例题和习题，并对习题给出了答案。本书既可作为理工科大学本科教科书，又可作为研究生参考书，也可作为有关专业的教师或工程技术人员的参考书。

本书关于“分位点”的定义以及附表二至附表五中的分位点数，依据中华人民共和国国家标准，统一为下侧分位点。这与以往教材中使用上侧分位点和双侧分位点是不同的。请读者注意区别。

韩於羹教授详细审阅了全部书稿，提出了极为切实的修改意见，特此致以衷心的感谢。

本书第一章至第四章由郭绍建执笔；第五、六章由傅丽华执笔；第七章至第九章由萧亮壮执笔；第十章至第十三章由张福渊执笔。张福渊对全书进行了修订统编。

限于水平，书中难免存在缺点或错误，欢迎专家和读者批评指正。

编　者

2000 年 3 月

# 目　录

# 第 1 章　随机事件的概率

## 1.1　随机事件与样本空间

### 1.1.1　随机试验与随机事件

为了叙述方便，我们把各种各样的科学实验或对某一事物的某种特性的观察统称为试验。如果一个试验在相同的条件下可以重复进行，而且每次试验的结果事前不可预言，那么，称它为随机试验，简称为试验。用字母 $E$ 或 $E_1,E_2,\cdots$ 表示一个试验。

例如，投掷一颗匀称的骰子，观察其出现的点数；记录某电话交换台在一天内接到的呼叫次数；在一批灯泡中任取一只，测试它的寿命等，都是随机试验，并分别以 $E_1,E_2,E_3$ 表示。

在试验中可能发生，也可能不发生的事件，称为随机事件，简称事件。如试验 $E_1$ 中，“出现偶数点”和“出现的点数大于 4”等都是随机事件；试验 $E_2$ 中，“接到 500 次呼叫”和“呼叫次数不超过 20”等也是随机事件；试验 $E_3$ 中，“灯泡的寿命超过 100 h”和“灯泡寿命在 300～500 h 之间”等亦是随机事件。以下用字母 $A,B,C,\cdots$ 或 $A_1,A_2,A_3,\cdots$ 表示随机事件。显然，试验中的每一个可能结果都是一个最简单的随机事件，称为基本事件。可见，随机事件是由若干基本事件组成的。随机事件 $A$ 发生，当且仅当组成 $A$ 的基本事件有一个发生。

在试验中必然会发生的事件称为必然事件，记为 $S$。不可能发生的事件称为不可能事件，记为 $\varnothing$。如 $E_1$ 中，“出现的点数大于 0”是必然事件；“出现的点数小于 1”是不可能事件。必然事件和不可能事件实际上并不是随机事件，但为了讨论方便，也把它们当作一种特殊的随机事件。

### 1.1.2　样本空间

**定义 1**　试验 $E$ 的全部基本事件组成的集合，称为试验 $E$ 的样本空间，记为 $S$。

就是说，试验 $E$ 的基本事件是 $E$ 的样本空间中的元素。基本事件又称为样本点。

如前面的试验 $E_1,E_2,E_3$ 的样本空间分别为：$S_1=\{1,2,\cdots,6\}$，$S_2=\{0,1,2,\cdots\}$，$S_3=\{t|t\geqslant 0\}$。

又如“投掷一枚硬币”，这个试验的样本空间 $S=\{$反面向上，正面向上$\}$。若以 0,1 分别表示“反面向上”和“正面向上”这两个基本事件，则样本空间可简单地表示为 $S=\{0,1\}$。实际中，只有两种可能结果的试验是很多的。如检查一件产品是正品或是次品；射击目标是击中或

是不中;人的身体健康与否等等。这些试验的样本空间都可以用 $S=\{0,1\}$ 来表示。

引入样本空间的概念之后,随机事件便是样本空间的子集。特别地,不可能事件 $\varnothing$ 表示空集,而必然事件 $S$ 表示样本空间。这样,我们就可以引用集合论的有关知识来讨论事件间的关系与运算。

### 1.1.3 随机事件的关系与运算

设 $E$ 的样本空间为 $S$,而 $A,B,C,A_i(i=1,2,\cdots)$ 为 $E$ 的事件。

若事件 $A$ 发生必然导致事件 $B$ 发生,则称事件 $A$ 含于事件 $B$,或称事件 $B$ 包含事件 $A$,记为 $A\subset B$ 或 $B\supset A$。若 $A\subset B$ 且 $B\subset A$,则称 $A$ 与 $B$ 相等(或称 $A$ 与 $B$ 等价),记为 $A=B$。例如,掷骰子的试验中,令 $A=\{$出现 2 点$\}$,$B=\{$出现点数小于 4$\}$,$C=\{$出现点数不大于 3$\}$,则有

$$A\subset B,\qquad B=C$$

特别地,对任意事件 $A$ 有

$$\varnothing\subset A\subset S$$

"事件 $A$ 与 $B$ 至少有一个发生",这一事件称为 $A$ 与 $B$ 之和,记为 $A+B$ 或 $A\cup B$。例如,试验 $E_1$ 中,令 $A=\{2,4,6\}$,$B=\{4,5,6\}$,则 $A+B=\{2,4,5,6\}$。显然,若 $B\subset A$,则 $A+B=A$。对任意事件 $A$ 有

$$A+A=A,\qquad \varnothing+A=A,\qquad A+S=S$$

"事件 $A$ 与 $B$ 同时发生",这一事件称为 $A$ 与 $B$ 之积,记为 $AB$ 或 $A\cap B$。如试验 $E_1$ 中,$A=\{2,3,4,5\}$,$B=\{1,3,5\}$,则 $AB=\{3,5\}$。特别地,若 $B\subset A$,则 $AB=B$。对任意事件 $A$ 有

$$AA=A,\qquad AS=A,\qquad \varnothing A=\varnothing$$

若事件 $A$ 与 $B$ 不能同时发生,即 $AB=\varnothing$,则称事件 $A$ 与 $B$ 互不相容或称 $A$ 与 $B$ 互斥。如试验 $E_1$ 中,$A=\{2,4\}$,$B=\{5,6\}$,则 $AB=\varnothing$。显然不可能事件 $\varnothing$ 与任何事件 $A$ 互不相容。如果事件 $A_1,A_2,\cdots,A_n,\cdots$ 中的任意两个事件都互不相容,则称事件 $A_1,A_2,\cdots,A_n,\cdots$ 互不相容。特别地,若 $AB=\varnothing$ 且 $A+B=S$,则称事件 $A$ 与 $B$ 互逆,或称 $A$ 与 $B$ 对立,即 $A$ 是 $B$ 的逆事件(对立事件),记为 $A=\overline{B}$;$B$ 是 $A$ 的逆事件(对立事件),记为 $B=\overline{A}$。如在试验 $E_1$ 中,$A=\{1,2,3\}$,$B=\{4,5,6\}$,则 $A$ 与 $B$ 互逆。显然

$$\overline{\overline{A}}=A,\qquad \overline{\varnothing}=S,\qquad \overline{S}=\varnothing$$

"事件 $A$ 发生而 $B$ 不发生"这一事件称为 $A$ 与 $B$ 之差,记为 $A-B$。如在试验 $E_1$ 中,$A=\{1,2,3\}$,$B=\{2,3,4\}$,则 $A-B=\{1\}$。特别地,有

$$A-A=\varnothing,\qquad A-\varnothing=A,\qquad S-A=\overline{A}$$

不难验证:对任意事件 $A,B$,有

$$A-B=A-AB=A\overline{B}$$

事件的和与积的概念可以推广到有限多个或可列无穷多个事件的情形，即 $A=\sum_i A_i$ 表示“事件 $A_1, A_2, \cdots, A_i, \cdots$ 中至少有一个发生”这一事件。

$B=\prod_i A_i$ 表示“事件 $A_1, A_2, \cdots, A_i, \cdots$ 同时发生”这一事件。

事件间的关系与运算可用几何图形直观地表示(参看图 1－1)。

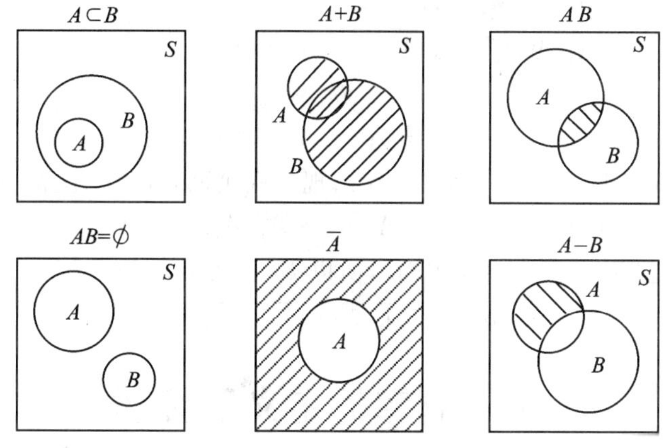


**图 1－1**

由于事件是样本空间的子集，不难验证事件之间的运算满足下列规则：

(1) 交换律　$A+B=B+A$，　$AB=BA$

(2) 结合律　$(A+B)+C=A+(B+C)$，　$(AB)C=A(BC)$

(3) 分配律　$(A+B)C=AC+BC$，　$(AB)+C=(A+C)(B+C)$

(4) 德莫根(De Morgan)公式　对有限个或可列无穷多个事件 $A_i$，恒有

$$\overline{\sum_i A_i}=\prod_i \overline{A}_i,\qquad \overline{\prod_i A_i}=\sum_i \overline{A}_i$$

**例 1**　重复投掷一枚匀称的硬币三次，记录投掷结果。设 $A_i=$“第 $i$ 次投掷出现正面”，$i=1,2,3$。试用 $A_1, A_2, A_3$ 描述样本空间 $S$ 和下列各个事件：

(1) 只第一次出现正面($B_1$)；

(2) 只出现一次正面($B_2$)；

(3) 至少出现一次正面($B_3$)；

(4) 出现正面不多于一次($B_4$)。

**解**　易知样本空间 $S$ 共有八个基本事件。

$S=\{A_1A_2A_3, A_1A_2\overline{A}_3, A_1\overline{A}_2A_3, \overline{A}_1A_2A_3, A_1\overline{A}_2\overline{A}_3, \overline{A}_1A_2\overline{A}_3, \overline{A}_1\overline{A}_2A_3, \overline{A}_1\overline{A}_2\overline{A}_3\}$

(1)“只第一次出现正面”是指：第一次出现正面，而第二、三次均出现反面。于是 $B=A_1\overline{A}_2\overline{A}_3$。

(2)“只出现一次正面”是指:或者仅第一次出现正面,或者仅第二次出现正面,或者仅第三次出现正面。所以

$$B_2 = A_1 \overline{A_2}\ \overline{A_3} + \overline{A_1} A_2 \overline{A_3} + \overline{A_1}\ \overline{A_2} A_3$$

(3)“至少出现一次正面”是指:可能只出现一次正面,也可能出现两次正面,也可能三次都出现正面。于是

$$\begin{aligned} B_3 = & A_1 \overline{A_2}\ \overline{A_3} + \overline{A_1} A_2 \overline{A_3} + \overline{A_1}\ \overline{A_2} A_3 + A_1 A_2 \overline{A_3} + \\ & A_1 \overline{A_2} A_3 + \overline{A_1} A_2 A_3 + A_1 A_2 A_3 \end{aligned}$$

或表示为

$$B_3 = A_1 + A_2 + A_3$$

(4)“出现正面不多于一次”是指:或者仅出现一次正面,或者三次都出现反面。所以

$$B_4 = A_1 \overline{A_2}\ \overline{A_3} + \overline{A_1} A_2 \overline{A_3} + \overline{A_1}\ \overline{A_2} A_3 + \overline{A_1}\ \overline{A_2}\ \overline{A_3}$$

由于 $B_4$ 的对立事件是“至少两次出现正面”,所以 $B_4$ 又可表示为

$$B_4 = \overline{A_1 A_2 + A_1 A_3 + A_2 A_3}$$

## 1.2 概率的定义及性质

随机事件在一次试验中既可能发生,也可能不发生。如果在相同的条件下,把一个试验重复做许多次,我们一定会发现,某些事件发生的次数多一些,而另一些事件发生的次数少一些。例如,将一颗骰子重复掷 100 次,毫无疑问,事件“出现奇数点”比事件“出现 1 点”发生的次数会多得多。那么,发生次数多的事件在每次试验中发生的可能性大一些,而发生次数少的事件在每次试验中发生的可能性小一些。问题是:如何度量事件发生可能性的大小?对于事件 $A$,如果实数 $P(A)$满足:(1) 数 $P(A)$的大小表示事件 $A$ 发生可能性的大小;(2) $P(A)$是事件 $A$ 所固有的、不随人们主观意志而改变的一种度量,那么数 $P(A)$称为事件 $A$ 的概率。它是事件 $A$ 发生可能性的度量。

在本节中,首先介绍一类最简单的概率模型,然后逐步引出概率的一般定义。

### 1.2.1 概率的古典定义

设试验 $E$ 的样本空间 $S$ 只包含有限个基本事件,即 $S=\{e_1,e_2,\cdots,e_n\}$,并且每个基本事件发生的可能性相等,即 $P(e_1)=P(e_2)=\cdots=P(e_n)$,则称这种试验为古典型随机试验,简称古典概型。下面来讨论古典概型中事件 $A$ 的概率 $P(A)$。

考虑一个具体的例子:投掷一颗匀称的骰子,观察其出现的点数。易知 $S=\{e_1,e_2,\cdots,e_6\}$,其中 $e_i$ 表示出现 $i$ 点,$i=1,2,\cdots,6$。由于骰子是匀称的,所以每个基本事件 $e_i$ 发生的可能性相同。这是个古典概型。考虑事件 $A=\{e_2,e_4,e_6\}$。因为事件 $A$ 包含的基本事件的个数等于基本事件总数的一半,并且每个基本事件发生的可能性都相等,因此事件 $A$ 发生的可能

性，即概率 $P(A)=\frac{1}{2}$ 是合理的。它恰好是 $A$ 包含的基本事件的个数除以基本事件总数所得的结果。

**定义 2**　设试验 $E$ 的样本空间 $S=\{e_1,e_2,\cdots,e_n\}$，且 $P(e_1)=P(e_2)=\cdots=P(e_n)$，$E$ 中事件 $A$ 包含 $k$ 个基本事件，则称 $P(A)=\frac{k}{n}$ 为事件 $A$ 的概率。

即事件 $A$ 的概率等于事件 $A$ 所包含的基本事件的个数与基本事件总数的比值。概率的这种定义称为概率的古典定义。这样定义的概率称为古典概率。

由概率的古典定义，容易证明古典概率具有下列性质：

(1) 对任意事件 $A$，$0\leqslant P(A)\leqslant 1$；

(2) $P(S)=1$；

(3) 若事件 $A_1,A_2,\cdots,A_m$ 互不相容，则

$$P\Big(\sum_{i=1}^{m}A_i\Big)=\sum_{i=1}^{m}P(A_i)$$

**证**　因为任一事件 $A$ 所包含的基本事件数 $k$ 恒满足 $0\leqslant k\leqslant n$，故

$$0\leqslant P(A)\leqslant 1$$

由于必然事件 $S$ 包含了全部 $n$ 个基本事件，所以

$$P(S)=\frac{n}{n}=1$$

设事件 $A_i$ 含有 $k_i(0\leqslant k_i\leqslant n)$ 个基本事件，由定义得

$$P(A_i)=\frac{k_i}{n},\qquad i=1,2,\cdots,m$$

由于 $A_1,A_2,\cdots,A_m$ 互不相容，故 $\sum\limits_{i=1}^{m}A_i$ 含有 $\sum\limits_{i=1}^{m}k_i$ 个不同的基本事件，因此

$$P\Big(\sum_{i=1}^{m}A_i\Big)=\frac{1}{n}\sum_{i=1}^{m}k_i=\sum_{i=1}^{m}\frac{k_i}{n}=\sum_{i=1}^{m}P(A_i)$$

性质(3)称为概率的有限可加性。

**例 1**　盒内装有 5 个红球，3 个白球。从中任取两个，试求：(1) 取到两个红球的概率；(2) 取到两个相同颜色球的概率。

**解**　设

$A$=“取到两个红球”

$B$=“取到两个同颜色的球”

从 8 个球中任取两个，每种取法为一基本事件，所有不同取法的总数就是基本事件总数。于是基本事件总数为 $C_8^2$。由于两个红球只能在 5 个红球中任取，所以事件 $A$ 包含的基本事件数为 $C_5^2$。故由定义 2 得

$$P(A)=\frac{C_5^2}{C_8^2}=\frac{5}{14}$$

令 $C$=“取到两个白球”,由于“取到两个同颜色球”意味着:或者“取到两个红球”,或者“取到两个白球”。因此有

$$B = A + C \quad 且 \quad AC = \varnothing$$

又 2 个白球只能在 3 个白球中任取,因此事件 $C$ 所含基本事件数为 $C_3^2$。故由概率的有限可加性及定义得

$$P(B) = P(A + C) = P(A) + P(C) = \frac{5}{14} + \frac{C_3^2}{C_8^2} = \frac{13}{28}$$

**例 2** 一批产品中有 $M$ 件正品,$N$ 件次品。从中任意取 $n$ 件,求恰好取到 $k$ 件次品的概率。

**解** 设 $A_k$=“抽取的 $n$ 件产品中恰有 $k$ 件次品”。从 $M+N$ 件产品中任意抽取 $n$ 件,每一种抽取方法为一基本事件,全部不同的抽取方法的总数即为基本事件总数。所以基本事件总数为 $C_{M+N}^n$。由于所取 $k$ 件次品必须在 $N$ 件次品中任意取,而 $n-k$ 件正品只能从 $M$ 件正品中任意抽取,所以,事件 $A_k$ 含基本事件数为 $C_N^k \cdot C_M^{n-k}$。故由概率的古典定义得

$$P(A_k) = \frac{C_N^k \cdot C_M^{n-k}}{C_{M+N}^n}, \quad k = 0,1,2,\cdots,l, \quad l = \min(n,N)$$

**例 3** 将 5 本不同的数学书、3 本不同的物理书和 2 本不同的英语书随意地摆放在书架的同一层。试求:(1) 5 本数学书没有两本放在一起的概率;(2) 恰有 3 本数学书放在一起的概率。

**解** 设

$A$=“5 本数学书没有两本放在一起”

$B$=“恰有 3 本数学书放在一起”

10 本书的每一种放法为一基本事件,由于 10 本书的所有不同放法共有 $P_{10}$ 种,故基本事件总数为 $P_{10}=10!$。

(1) 要使 5 本数学书没有两本放在一起,可分两步来实现。首先将 5 本非数学书随意摆放在书架上,共有 $P_5$ 种不同放法。然后将 5 本数学书逐一放在相邻两本非数学书之间和两端 6 个位置中的任意 5 个位置上,共有 $A_6^5$ 种不同放法。故由乘法原理知,5 本数学书没有两本放在一起的所有不同放法有 $P_5 \cdot A_6^5$ 种,即事件 $A$ 含有 $P_5 \cdot A_6^5$ 个基本事件。由概率定义得

$$P(A) = \frac{P_5 \cdot A_6^5}{P_{10}} = \frac{1}{42}$$

(2) 恰有 3 本数学书放在一起有两种不同的情形。其一,3 本数学书放在一起,另 2 本不放在一起;其二,3 本数学书放在一起,另 2 本也放在一起。对于第一种情形,可分两步来实现。首先将 5 本非数学书任意摆放在书架上,共有 $P_5$ 种不同放法。然后,从 5 本数学书中任意选出3 本,共有 $C_5^3$ 种选法。再把这 3 本数学书固定一种排列方式并将它们当作 1 本和余下的 2 本数学书逐一放在相邻的两本非数学书之间和两端的 6 个位置中的任意 3 个位置上,共有 $A_6^3$ 种不同放法。由于放在一起的 3 本数学书有 $P_3$ 种不同的排列方式,所以由乘法原理和

加法原理知，3 本数学书放在一起，而另 2 本不放在一起的放法共有$(P_5C_5^3A_6^3)\cdot P_3$种。

类似地，3 本数学书放在一起，另 2 本也放在一起的放法共有$(P_5C_5^3A_6^2)\cdot P_3P_2$种。故由加法原理知，恰有 3 本数学书放在一起的所有不同放法共有$(P_5C_5^3A_6^3)P_3+(P_5C_5^3A_6^2)P_3P_2$种，即事件 $B$ 含有$P_5C_5^3(A_6^3+A_6^2P_2)P_3$个基本事件。再由古典概率定义得

$$P(B)=\frac{P_5C_5^3(A_6^3+A_6^2P_2)P_3}{P_{10}}=\frac{5}{14}$$

## 1.2.2 概率的几何定义

概率的古典定义是以试验的基本事件总数有限和基本事件等可能发生为基础的。对于试验的基本事件有无穷多个的情形，概率的古典定义显然不适用了。为了研究基本事件有无穷多个而又具有某种等可能性的一类随机试验，需要用几何方法来引进概率的几何定义。

设 $S$ 是一个可度量的有界区域（如：线段、平面有界区域、空间有界区域，等等）。做随机试验：向区域 $S$ 内投掷一质点 $M$，观察质点 $M$ 的位置。若质点 $M$ 落在 $S$ 内的任意子区域 $A$ 内的可能性大小与 $A$ 的度量（记作 $L(A)$）成正比，而与 $A$ 的位置和形状无关，则称此试验为几何型随机试验，简称几何概型。

几何型随机试验中，质点 $M$ 落在 $S$ 内的任意子区域 $A$ 内的可能性大小与 $A$ 的度量成正比，而与 $A$ 的位置和形状无关，这就是“等可能性”的含义。考虑到等可能性，并仿照古典概率的定义，便得到几何概型中事件 $A$ 的概率的定义方法。

**定义 3**　设几何概型的样本空间为 $S$，$A$ 是含于 $S$ 内的任一随机事件，即 $A\subset S$，则称

$$P(A)=\frac{L(A)}{L(S)}$$

为事件 $A$ 的概率。其中，$L(A)$是事件 $A$ 的度量，$L(S)$是样本空间的度量，即事件 $A$ 的概率等于事件 $A$ 的几何度量与样本空间 $S$ 的几何度量的比值。这样定义的概率称为几何概率。

根据几何概率的定义和几何图形的度量具有可加性，可以证明几何概率具有下列性质：

(1) 对任意事件 $A$，$0\leqslant P(A)\leqslant 1$；

(2) $P(S)=1$；

(3) 若事件 $A_1,A_2,\cdots,A_m$ 互不相容，则

$$P\left(\sum_{i=1}^{m}A_i\right)=\sum_{i=1}^{m}P(A_i)$$

(4) 若事件 $A_1,A_2,\cdots,A_n,\cdots$ 互不相容，则

$$P\left(\sum_{n=1}^{+\infty}A_n\right)=\sum_{n=1}^{+\infty}P(A_n)$$

性质(4)称为概率的可列可加性（完全可加性）。

**例 4**　在半径为 $R$ 的圆周上随机地取三点 $A,B,C$。试求$\triangle ABC$是锐角三角形的概率。

**解**　如图 1-2 所示,设 $A,B,C$ 为圆周上任意三点,$\overset{\frown}{AB}$长为 $x$,$\overset{\frown}{BC}$长为 $y$,则

$$\begin{cases}0<x<2\pi R\\0<y<2\pi R\\0<x+y<2\pi R\end{cases}$$

满足上述不等式组的点$(x,y)$构成的区域 $S$ 是直角边长为 $2\pi R$ 的等腰直角$\triangle POQ$ 的内部(如图 1-3 所示)。

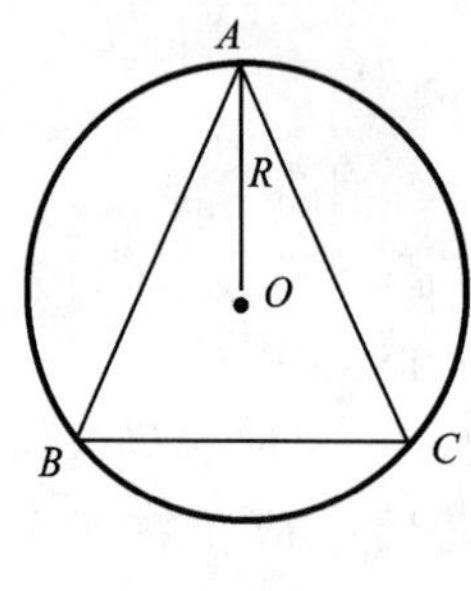


**图 1-2**

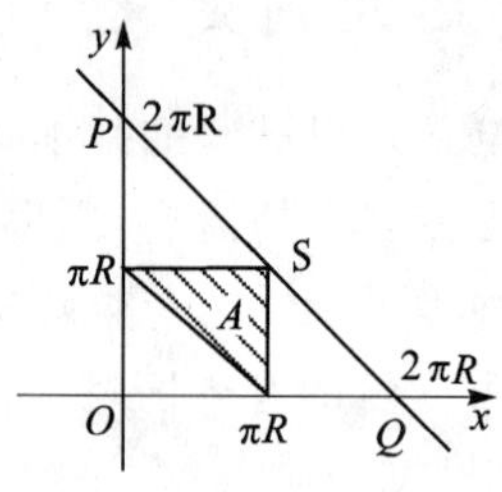


**图 1-3**

$\triangle ABC$ 是锐角三角形的充分必要条件是:

$$\begin{cases}0<x<\pi R\\0<y<\pi R\\\pi R<x+y<2\pi R\end{cases}$$

满足上述不等式组的点$(x,y)$构成了 $S$ 内的子区域 $A$。它是直角边长为 $\pi R$ 的等腰直角三角形的内部(见图 1-3 中的阴影部分)。

于是,问题等价于向区域 $S$ 内任意投掷质点,求质点落入区域 $A$ 内的概率。故由几何概率的定义得$\triangle ABC$ 是锐角三角形的概率为

$$p=\frac{L(A)}{L(S)}=\frac{\frac{1}{2}(\pi R)^2}{\frac{1}{2}(2\pi R)^2}=0.25$$

**例 5(约会问题)**　两人约定于 8 时至 9 时在某地会面。先到者等候 20 分钟,过时就离去。试求两人能见面的概率。

**解**　设两人到达的时间分别为 8 时 $x$ 分、8 时 $y$ 分,则

$$0\leqslant x\leqslant 60,\qquad 0\leqslant y\leqslant 60$$

满足两个不等式的点$(x,y)$构成边长为 60 的一个正方形区域 $S$(见图 1-4)。由题意知,两人能见面的充分必要条件为

$$|x-y|\leqslant 20$$

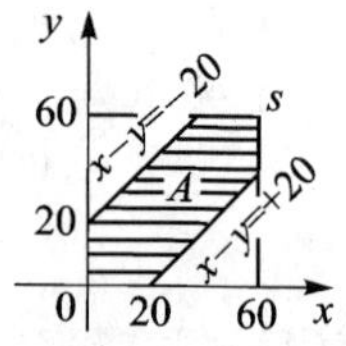


**图 1-4**

满足此不等式的点$(x,y)$构成了 $S$ 内的一个子区域 $A$(见图 1-4 阴影

部分)。于是问题等价于向区域 $S$ 内任意投掷质点,求质点落入区域 $A$ 的概率。故两人能见面的概率为

$$p=\frac{L(A)}{L(S)}=\frac{60^2-2\left(\frac{1}{2}\times 40^2\right)}{60^2}=\frac{5}{9}$$

## 1.2.3　概率的统计定义

概率的古典定义和几何定义都要求试验的基本事件等可能发生。但在实际中,许多随机试验并不具有这种性质。如记录某电话交换台在 8 点至 9 点这段时间内接到的呼叫次数,此试验的样本空间 $S=\{0,1,2,\cdots\}$。显然,这种试验的每一个基本事件的发生不会是等可能的。因此,为了研究这样一类随机试验,就需要引进概率的新的定义方法。为此,先引进随机事件的频率的概念。

**定义 4**　设某试验重复做了 $n$ 次,事件 $A$ 共发生了 $n_A$ 次,则称比值 $\frac{n_A}{n}$ 为 $n$ 次试验中事件 $A$ 发生的频率,记作 $f_n(A)$,即

$$f_n(A)=\frac{n_A}{n}$$

频率具有下列性质:

(1) 对任意事件 $A$,$0\leqslant f_n(A)\leqslant 1$;

(2) $f_n(S)=1$;

(3) 若事件 $A_1,A_2,\cdots,A_m$ 互不相容,则

$$f_n\left(\sum_{i=1}^{m}A_i\right)=\sum_{i=1}^{m}f_n(A_i)$$

读者可从定义出发加以验证。

事件 $A$ 的频率 $f_n(A)$ 是随着试验次数 $n$ 而变化的不确定的数。但是,当试验次数 $n$ 逐渐增大时,频率 $f_n(A)$ 总是在某确定的常数 $p$ 附近摆动,并且逐渐稳定于该常数 $p$。历史上不少学者曾对投掷硬币做过许多试验。试验结果如下:

| 实验者 | $n$ | $n_A$ | $f_n(A)$ |
|---|---|---|---|
| 蒲丰 | 4 040 | 2 048 | 0.508 0 |
| K·皮尔逊 | 12 000 | 6 019 | 0.501 6 |
| K·皮尔逊 | 24 000 | 12 012 | 0.500 5 |

注:其中 $A$="正面向上"。

从表中可以看出,当试验次数 $n$ 越来越大时,$f_n(A)$ 就逐渐稳定于常数 $p\left(p=\frac{1}{2}\right)$。另

一方面,由古典概率定义知 $P(A)=\frac{1}{2}$。因此,把这个客观存在的常数 $p$ 作为事件 $A$ 的概率是合理的。

**定义 5** 若随着试验次数的增大,事件 $A$ 发生的频率 $f_n(A)$ 在某个常数 $p(0\leqslant p\leqslant 1)$ 附近摆动,并且逐渐稳定于 $p$,则称该常数 $p$ 为事件 $A$ 的概率,即 $P(A)=p$,并把这样定义的概率称为统计概率(经验概率)。

实际应用中,当事件 $A$ 的概率 $P(A)$ 不容易求时,常用 $A$ 的频率 $f_n(A)$ 来近似代替。(第6章的伯努利大数定理给出了理论依据。)

由频率的定义和性质可以推想,统计概率同样具有古典概率的三条基本性质。

### 1.2.4 概率的公理化定义

统计概率克服了古典概率和几何概率的局限性。然而统计概率在理论上却是不严密的。因此,有必要建立概率的公理化定义。

从概率的古典定义、几何定义和统计定义可以看出:尽管它们的定义内容不相同,但是概率 $P(A)$ 都是随机事件 $A$ 的实值函数,而且还具有共同的属性。因此概率的公理化定义应以这些共同的属性为依据,使它既可概括前述三种概率定义,又具有更广泛的一般性。据此我们得到概率的公理化定义如下:

**定义 6** 设 $P(A)$ 是定义在试验 $E$ 的全体事件(包含 $\varnothing$ 和 $S$)所组成的集合 $\mathscr{F}$ 上的一个实值函数。若 $P(A)$ 满足下列三个性质:

(1) 对每一 $A\in\mathscr{F}$, $0\leqslant P(A)\leqslant 1$;

(2) $P(S)=1$;

(3) 对互不相容的 $A_i\in\mathscr{F}$, $i=1,2,3,\cdots$

$$P\Big(\sum_{i=1}^{\infty} A_i\Big)=\sum_{i=1}^{\infty} P(A_i)$$

则称 $P(A)$ 为事件 $A$ 的概率。

不难验证,古典概率、几何概率和统计概率都是公理化定义范围内的特殊情形。由定义可以推导出概率还具有下列几个性质:

(4) 不可能事件的概率为0,即 $P(\varnothing)=0$;

**证** 因为 $S=S+\varnothing+\varnothing+\cdots$,且 $S\varnothing=\varnothing$, $\varnothing\varnothing=\varnothing$,故由性质(3)得

$$P(S)=P(S)+P(\varnothing)+P(\varnothing)+\cdots$$

于是得

$$P(\varnothing)=0$$

(5) 概率具有有限可加性,即若 $A_1,A_2,\cdots,A_n$ 互不相容,则

$$P\Big(\sum_{i=1}^{n} A_i\Big)=\sum_{i=1}^{n} P(A_i)$$

**证**　令 $A_{n+1}=A_{n+2}=\cdots=\varnothing$，由性质(3)得

$$P\left(\sum_{i=1}^{n} A_i\right)=P\left(\sum_{i=1}^{\infty} A_i\right)=\sum_{i=1}^{\infty} P(A_i)=\sum_{i=1}^{n} P(A_i)$$

(6) 对任意事件 $A$，有

$$P(\overline{A})=1-P(A) \tag{1.1}$$

**证**　因为 $S=A+\overline{A}$，且 $A\overline{A}=\varnothing$，故

$$1=P(S)=P(A)+P(\overline{A})$$

即
$$P(\overline{A})=1-P(A)$$

(7) 若 $B\subset A$，则 $P(A-B)=P(A)-P(B)$，且

$$P(B)\leqslant P(A) \tag{1.2}$$

**证**　因为 $B\subset A$，所以 $A=B+(A-B)$，且 $(A-B)$ 与 $B$ 互不相容，故由有限可加性得

$$P(A)=P(B)+P(A-B)$$

即
$$P(A-B)=P(A)-P(B)$$

又因为 $P(A-B)\geqslant 0$，故 $P(B)\leqslant P(A)$。

(8) 对任意事件 $A,B$，有

$$P(A+B)=P(A)+P(B)-P(AB) \tag{1.3}$$

**证**　因 $A+B=A+(B-AB)$，$A(B-AB)=\varnothing$，故由性质(5)得

$$P(A+B)=P(A)+P(B-AB)$$

又 $AB\subset B$，故由性质(7)得

$$P(B-AB)=P(B)-P(AB)$$

于是得
$$P(A+B)=P(A)+P(B)-P(AB)$$

利用归纳法还可以证明：对任意 $n$ 个事件 $A_1,A_2,\cdots,A_n$，有

$$P\left(\sum_{i=1}^{n} A_i\right)=\sum_{i=1}^{n} P(A_i)-\sum_{1\leqslant i<j\leqslant n} P(A_iA_j)+\sum_{1\leqslant i<j<k\leqslant n} P(A_iA_jA_k)+\cdots+(-1)^{n-1}P(A_1A_2\cdots A_n) \tag{1.4}$$

当 $n=3$ 时，有

$$P(A_1+A_2+A_3)=P(A_1)+P(A_2)+P(A_3)-P(A_1A_2)-P(A_1A_3)-P(A_2A_3)+P(A_1A_2A_3) \tag{1.5}$$

**例 6**　从佩戴号码为 1～10 的 10 名乒乓球运动员中任意选出 4 人参加比赛。求比赛的 4 人中：(1) 最大号码为 6 的概率。(2) 偶数号码不少于 3 个的概率。(3) 至少有一号码为奇数的概率。

**解**　设
$A$=“比赛的 4 人中最大号码为 6”

$B$=“比赛的 4 人中偶数号码不少于 3 个”

$$C=\text{“比赛的 4 人中至少有一号码为奇数”}$$

从 10 人中任选 4 人,每种不同的选法即为一基本事件,故基本事件总数为 $C_{10}^4$。

(1) 事件 $A$ 发生意味着 6 号运动员被选出,而另外 3 名只能从 1～5 号这 5 名运动员中任意选出。于是 $A$ 含基本事件数为 $C_5^3$。故

$$P(A)=\frac{C_5^3}{C_{10}^4}=\frac{1}{21}$$

(2) 令 $B_i$="比赛的 4 人中恰有 $i$ 个偶数号码",$i=3,4$。由于事件 $B_i$ 发生意味着比赛的 4 人中有 $i$ 个是从佩戴偶数号码的 5 名运动员选出,而其余 $4-i$ 个只能从佩戴奇数号码的 5 名运动员中任意选,故事件 $B_i$ 所含基本事件数为 $C_5^i\cdot C_5^{4-i}$,$i=3,4$。又因为 $B=B_3+B_4$,且 $B_3B_4=\varnothing$,故有

$$P(B)=P(B_3)+P(B_4)=\frac{C_5^3C_5^1}{C_{10}^4}+\frac{C_5^4}{C_{10}^4}=\frac{11}{42}$$

(3) 因 $\overline{C}=B_4$,于是

$$P(C)=1-P(B_4)=1-\frac{C_5^4}{C_{10}^4}=\frac{41}{42}$$

求 $P(C)$时,也可将 $C$ 表成互不相容的事件之和:$C_1+C_2+C_3+C_4$。其中 $C_i$="比赛的 4 人中恰有 $i$ 个奇数号码",$i=1,2,3,4$。分别求出 $P(C_i)$后再利用概率的有限可加性便得到 $P(C)$。

**例 7** 将 $r$ 个有区别的球随机地放入 $n$ 个不同的盒中(每个盒子容纳球的个数不限),$r\leqslant n$,试求:(1) 某盒(指定的一个盒)不多于两个球的概率;(2) 至少有一盒多于一个球的概率;(3) 恰有一盒多于一个球的概率。

**解** 设

$$A=\text{“某盒不多于两个球”}$$
$$A_i=\text{“某盒恰有 } i \text{ 个球”},\ i=0,1,2$$
$$B=\text{“至少有一盒多于一个球”}$$
$$C=\text{“恰有一盒多于一个球”}$$

由乘法原理知,基本事件总数为 $n^r$。

(1) $A_i$ 含基本事件数为$C_r^i(n-1)^{r-i}$,$i=0,1,2$。由于 $A=A_0+A_1+A_2$,且 $A_0,A_1,A_2$ 互不相容,故依概率的有限可加性得

$$P(A)=\sum_{i=0}^{2}P(A_i)=\frac{(n-1)^r+C_r^1(n-1)^{r-1}+C_r^2(n-1)^{r-2}}{n^r}$$

(2) $\overline{B}$="每盒最多有一个球",$\overline{B}$ 所含基本事数为 $A_n^r$,所以由概率性质得

$$P(B)=1-P(\overline{B})=1-\frac{A_n^r}{n^r}$$

(3) 事件 $C$ 所含基本事件数为 $\sum\limits_{i=2}^{r}C_n^1C_r^iA_{n-1}^{r-i}$,由概率的古典定义得

$$P(C)=\frac{C_n^1\sum_{i=2}^{r}C_r^iA_{n-1}^{r-i}}{n^r}$$

# 1.3　条件概率与乘法公式

## 1.3.1　条件概率的概念

在实际问题中，除了要知道事件 $A$ 的概率 $P(A)$ 外，有时还需要知道在"事件 $B$ 已经发生"的条件下，事件 $A$ 发生的概率。一般地说，这两种概率未必相同。为了区别起见，我们把后者叫做条件概率，记为 $P(A|B)$，读作：在条件 $B$ 下事件 $A$ 的概率。为了合理地给出条件概率的定义，首先考察一个具体例子。

**例 1**　设有某种产品 50 件，其中有 40 件合格品，而 40 件合格品中，有 30 件是一级品、10 件是二级品。在 50 件产品中任意取 1 件(设每件产品以同等可能被取到)。试求：

(1) 取到的是一级品的概率；

(2) 已知取到的是合格品，它又是一级品的概率。

**解**　令

$$A=\text{“取到的产品是一级品”}$$
$$B=\text{“取到的产品是合格品”}$$

(1) 由于 50 件产品中有 30 件一级品，因此，按古典概率定义得

$$P(A)=\frac{30}{50}=\frac{3}{5}$$

(2) 因为 40 件合格品中，一级品恰好有 30 件，故

$$P(A\mid B)=\frac{30}{40}=\frac{3}{4}$$

可见

$$P(A|B)\neq P(A)$$

一般地，条件概率应该怎样定义呢？我们从分析上面的例 1 着手，先计算 $P(B)$ 与 $P(AB)$。由于 50 件产品中有 40 件合格品，故

$$P(B)=\frac{40}{50}=\frac{4}{5}$$

因 $AB$ 表示"取到的产品是合格品并且是一级品"，而 50 件产品中只有 30 件既是合格品又是一级品，故

$$P(AB)=\frac{30}{50}=\frac{3}{5}$$

通过简单的运算可得

$$P(A \mid B) = \frac{3}{4} = \frac{3/5}{4/5} = \frac{P(AB)}{P(B)}$$

由上式的启发,定义条件概率如下:

**定义 7** 设 $A,B$ 为试验 $E$ 的两个事件,且 $P(B)>0$,则称

$$P(A \mid B) = \frac{P(AB)}{P(B)} \tag{1.6}$$

为在事件 $B$ 发生的条件下,事件 $A$ 发生的条件概率。

条件概率也具有一般概率的性质。当 $P(B)>0$ 时,有

(1) 对任意事件 $A$, $0 \leqslant P(A|B) \leqslant 1$;

(2) 若 $A_1, A_2, \cdots, A_i, \cdots$ 互不相容,则

$$P\left(\sum_{i=1}^{n} A_i \mid B\right) = \sum_{i=1}^{n} P(A_i \mid B)$$

$$P\left(\sum_{i=1}^{\infty} A_i \mid B\right) = \sum_{i=1}^{\infty} P(A_i \mid B)$$

(3) 对任意事件 $A$, $P(\overline{A}|B) = 1 - P(A|B)$,等等,这里不一一列举。

**例 2** 10 件产品中有 6 件正品、4 件次品,从中任取 4 件,求至少取到 1 件次品时,取到的次品不多于 2 件的概率。

**解** 设

$A$=“取到的次品不多于 2 件”

$B$=“至少取到 1 件次品”

$B_i$=“恰好取到 $i$ 件次品”, $i=0,1,2$

则所求概率为

$$P(A \mid B) = \frac{P(AB)}{P(B)}$$

而

$$P(B) = 1 - P(B_0) = 1 - \frac{C_6^4}{C_{10}^4} = \frac{13}{14}$$

事件 $AB$ 表示所取 4 件产品中恰好有 1 件次品或恰好有 2 件次品,即有

$$AB = B_1 + B_2 \qquad \text{且} \qquad B_1 B_2 = \varnothing$$

故由概率的有限可加性及概率的古典定义得

$$P(AB) = P(B_1) + P(B_2) = \frac{C_4^1 C_6^3}{C_{10}^4} + \frac{C_4^2 C_6^2}{C_{10}^4} = \frac{8}{21} + \frac{9}{21} = \frac{17}{21}$$

于是,所求概率为

$$P(A \mid B) = \frac{\dfrac{17}{21}}{\dfrac{13}{14}} = \frac{34}{39}$$

### 1.3.2 乘法公式

由条件概率的定义得

$$P(AB) = P(B)P(A \mid B) \qquad (P(B) > 0) \tag{1.7}$$

$$P(AB) = P(A)P(B \mid A) \qquad (P(A) > 0) \tag{1.8}$$

式(1.7)和式(1.8)均称为乘法公式,在概率的计算中有重要作用。

**例 3** 袋中有 5 个白球和 4 个红球。从中作不放回抽取两次,每次任取一个球。试求:

(1) 取到两个白球的概率;

(2) 取到两种颜色球的概率。

**解** 令

$$A=\text{“取到两个白球”}$$
$$B=\text{“取到两种颜色球”}$$
$$A_i=\text{“第 } i \text{ 次取到白球”}, i=1,2$$

(1) 因为 $A=A_1A_2$,故由乘法公式得

$$P(A) = P(A_1A_2) = P(A_1) \cdot P(A_2 \mid A_1) = \frac{5}{9} \times \frac{4}{8} = \frac{5}{18}$$

(2) 由于 $B=A_1\overline{A}_2+\overline{A}_1A_2$,且 $A_1\overline{A}_2$ 与 $\overline{A}_1A_2$ 互不相容,故由概率性质及乘法公式得

$$P(B) = P(A_1\overline{A}_2) + P(\overline{A}_1A_2) = P(A_1)P(\overline{A}_2 \mid A_1) +$$
$$P(\overline{A}_1)P(A_2 \mid \overline{A}_1) = \frac{5}{9} \cdot \frac{4}{8} + \frac{4}{9} \cdot \frac{5}{8} = \frac{5}{9}$$

**例 4** 已知 $P(A)=0.6$, $P(B)=0.8$, $P(\overline{A} \mid B)=0.35$,求 $P(\overline{B}-A)$ 和 $P(A \mid \overline{B})$。

**解**

$$P(\overline{B} - A) = P(\overline{B}\,\overline{A}) = 1 - P(A + B) =$$
$$1 - P(A) - P(B) + P(AB) =$$
$$-0.4 + P(B) \cdot P(A \mid B) =$$
$$-0.4 + 0.8 \times 0.65 = 0.12$$

$$P(A \mid \overline{B}) = \frac{P(A\overline{B})}{P(\overline{B})} = \frac{P(A - AB)}{0.2} = \frac{P(A) - P(AB)}{0.2} =$$
$$\frac{P(A) - P(B) \cdot P(A \mid B)}{0.2} = \frac{0.6 - 0.8 \times 0.65}{0.2} = 0.4$$

乘法公式可推广到任意有限多个事件的情形,即当 $P(A_1A_2\cdots A_{n-1})>0$ 时,有

$$P(A_1A_2\cdots A_n) = P(A_1)P(A_2 \mid A_1)P(A_3 \mid A_1A_2) \cdot \cdots \cdot$$
$$P(A_n \mid A_1A_2\cdots A_{n-1}) \tag{1.9}$$

## 1.4 全概率公式与贝叶斯公式

全概率公式和贝叶斯(Bayes)公式是概率论中的两个基本公式,在概率计算中起着重要的作用。

### 1.4.1 全概率公式

**定理 1**[①] 设事件组 $B_1,B_2,\cdots,B_n$ 满足:(1) $\sum_{i=1}^{n} B_i = S$;(2) $B_1,B_2,\cdots,B_n$ 互不相容;(3) $P(B_i)>0,i=1,2,\cdots,n$,则对任意事件 $A$,恒有

$$P(A) = \sum_{i=1}^{n} P(B_i)P(A|B_i) \tag{1.10}$$

式(1.10)称为全概率公式。

**证** $A = A\sum_{i=1}^{n} B_i = \sum_{i=1}^{n}(AB_i)$,由 $B_1,B_2,\cdots,B_n$ 互不相容知,$AB_1,AB_2,\cdots,AB_n$ 亦互不相容,故由概率的有限可加性及乘法公式得

$$P(A) = \sum_{i=1}^{n} P(AB_i) = \sum_{i=1}^{n} P(B_i)P(A|B_i)$$

从形式上看,全概率公式似乎把问题复杂化了,其实不然。在实际中,当事件 $A$ 比较复杂,不容易计算其概率 $P(A)$时,如果$P(B_i)$和 $P(A|B_i)$都比较容易计算,那么,应用全概率公式就容易把 $P(A)$计算出来。运用全概率公式的关键往往在于找到满足定理中条件的事件组 $B_1,B_2,\cdots,B_n$。一般地说,事件组 $B_1,B_2,\cdots,B_n$ 是可能导致事件$A$ 发生的全部“原因”。

**例 1** 某厂用三台机床生产了同样规格的一批产品,各台机床的产量分别占 60%,30%,10%,次品率依次为 4%,3%,7%。现从这批产品中随机地取一件,试求取到次品的概率。

**解** 令 $A$=“取到次品”

$B_i$=“取到第 $i$ 台机床生产的产品”,$i=1,2,3$

显然,$B_1,B_2,B_3$ 是导致事件 $A$ 发生的全部“原因”。

$B_1+B_2+B_3=S$,且 $B_1,B_2,B_3$ 互不相容。

$$P(B_1) = \frac{60}{100},\qquad P(B_2) = \frac{30}{100},\qquad P(B_3) = \frac{10}{100}$$

又已知

$$P(A \mid B_1) = \frac{4}{100},\qquad P(A \mid B_2) = \frac{3}{100},\qquad P(A \mid B_3) = \frac{7}{100}$$

故由全概率公式得

$$P(A) = \sum_{i=1}^{3} P(B_i)P(A \mid B_i) =$$

$$\frac{60}{100}\times\frac{4}{100}+\frac{30}{100}\times\frac{3}{100}+\frac{10}{100}\times\frac{7}{100} = 0.04$$

① 定理中条件 $\sum_{i=1}^{n} B_i = S$ 可减弱为 $(\sum_{i=1}^{n} B_i) \supseteq A$,事件组可以是无穷多个事件:$B_1,B_2,\cdots,B_n,\cdots$。

**例 2** 设某昆虫产 $k$ 个卵的概率为$\dfrac{e^{-\lambda}\lambda^k}{k!}$($\lambda>0$ 为常数),$k=0,1,2,\cdots$。每个卵能孵化成幼虫的概率为 $p(0<p<1)$,且各个卵能否孵化成幼虫是相互独立的,求该昆虫有后代的概率。

**解** 设 $A$=“该昆虫有后代”

$B_k$=“该昆虫产 $k$ 个卵”,$k=0,1,2,\cdots$

易知,事件组 $B_0,B_1,B_2,\cdots,B_n,\cdots$满足定理 1 条件,故由全概率公式得

$$P(\overline{A})=\sum_{k=0}^{+\infty}P(B_k)P(\overline{A}\mid B_k)=$$

$$\sum_{k=0}^{+\infty}\frac{e^{-\lambda}\lambda^k}{k!}(1-p)^k=e^{-\lambda}\sum_{k=0}^{+\infty}\frac{[\lambda(1-p)]^k}{k!}=$$

$$e^{-\lambda}\cdot e^{\lambda(1-p)}=e^{-\lambda p}$$

从而

$$P(A)=1-P(\overline{A})=1-e^{-\lambda p}$$

## 1.4.2 贝叶斯公式

1.4 节例 1 的另一方面的问题是:假设“取得一件产品是次品”这一事件 $A$ 已经发生了,问这件次品是第 $i$ 台机床生产的概率多大?即求 $P(B_i|A)$,$i=1,2,3$。

由例 1 知 $P(A)>0$,故由条件概率定义、乘法公式及全概率公式得

$$P(B_i\mid A)=\frac{P(AB_i)}{P(A)}=\frac{P(B_i)P(A\mid B_i)}{\sum_{j=1}^{3}P(B_j)P(A\mid B_j)},\qquad i=1,2,3$$

由于上式右端各项概率都是已知的,因此概率 $P(B_i|A)$也就可求得。把上述计算条件概率的方法一般化,便得到所谓的贝叶斯公式。

**定理 2** 设事件组 $B_1,B_2,\cdots,B_n$ 满足:(1) $\sum_{i=1}^{n}B_i=S$;(2) $B_1,B_2,\cdots,B_n$ 互不相容;(3) $P(B_i)>0$,$i=1,2,\cdots,n$,则对任意事件 $A(P(A)>0)$,有

$$P(B_i\mid A)=\frac{P(B_i)P(A\mid B_i)}{\sum_{j=1}^{n}P(B_j)P(A\mid B_j)},\qquad i=1,2,\cdots,n \tag{1.11}$$

式(1.11)称为贝叶斯公式。

**例 3** 根据以往的临床记录,某种诊断癌症的试验具有如下的效果:以 $A$ 表示“试验反应为阳性”,$C$ 表示“被诊断者患有癌症”,则 $P(A|C)=0.95$, $P(\overline{A}|\overline{C})=0.95$。现对一大批人进行癌症普查,设被试验的人中患有癌症的概率为 0.005,即 $P(C)=0.005$,求试验反应为阳性者患有癌症的概率 $P(C|A)$。

**解** 已知 $P(A|C)=0.95$,$P(A|\overline{C})=0.05$,$P(C)=0.005$,$P(\overline{C})=0.995$,由贝叶斯公

式得

$$P(C \mid A)=\frac{P(C)P(A \mid C)}{P(C)P(A \mid C)+P(\overline{C})P(A \mid \overline{C})}=$$

$$\frac{0.005\times 0.95}{0.005\times 0.95+0.995\times 0.05}=0.087$$

结果表明,虽然 $P(A|C)$,$P(\overline{A}|\overline{C})$都很大,但试验反应呈阳性的人确患癌症的可能性还是比较小的。

**例4** 无线电通信中,由于随机干扰,当发出信号为"·"时,收到信号为"·"、"不清"和"—"的概率分别为0.7,0.2,0.1。当发出信号为"—"时,收到信号为"—"、"不清"和"·"的概率分别是0.9,0.1和0。如果发报过程中"·"和"—"出现的概率分别是0.6和0.4,当收到信号"不清"时,原发信号是什么?试加以推测。

**解** 令

$B_1$="原发信号为'·'"

$B_2$="原发信号为'—'"

$A$="收到信号'不清'"

由贝叶斯公式得

$$P(B_1 \mid A)=\frac{P(B_1)P(A \mid B_1)}{P(B_1)P(A \mid B_1)+P(B_2)P(A \mid B_2)}=$$

$$\frac{0.6\times 0.2}{0.6\times 0.2+0.4\times 0.1}=0.75$$

$$P(B_2 \mid A)=\frac{P(B_2)P(A \mid B_2)}{P(B_1)P(A \mid B_1)+P(B_2)P(A \mid B_2)}=$$

$$\frac{0.4\times 0.1}{0.6\times 0.2+0.4\times 0.1}=0.25$$

由于收到信号不清时,原发信号为"·"的概率较之原发信号为"—"的概率为大,因此通常应推断原发信号为"·"。

**例5** 甲袋中装有3只红球、2只白球,乙袋中装有红、白球各2只。从甲袋中任取2只球放入乙袋,然后再从乙袋中任意取出3只球。(1) 求从乙袋中至多取出1只红球的概率;(2) 若从乙袋中取出的红球不多于1只,求从甲袋中取出的2只全是白球的概率。

**解** 令

$A$="从乙袋中至多取出1只红球"

$B_i$="从甲袋中恰好取出 $i$ 只红球",$i=0,1,2$

(1) 易知事件 $B_0$,$B_1$,$B_2$ 互不相容,$\sum\limits_{i=0}^{2}B_i=S$,且

$$P(B_i)=\frac{C_3^i\ C_2^{2-i}}{C_5^2}=\begin{cases}\dfrac{1}{10}, & i=0\\[2mm] \dfrac{6}{10}, & i=1\\[2mm] \dfrac{3}{10}, & i=2\end{cases}$$

又

$$P(A\mid B_i)=\frac{C_{2+i}^0\ C_{4-i}^3+C_{2+i}^1\ C_{4-i}^2}{C_6^3}=\begin{cases}\dfrac{4}{5}, & i=0\\[2mm] \dfrac{1}{2}, & i=1\\[2mm] \dfrac{1}{5}, & i=2\end{cases}$$

故由全概率公式得

$$P(A)=\sum_{i=0}^{2}P(B_i)P(A\mid B_i)=$$
$$\frac{1}{10}\cdot\frac{4}{5}+\frac{6}{10}\cdot\frac{1}{2}+\frac{3}{10}\cdot\frac{1}{5}=\frac{11}{25}$$

(2) 易知要求概率 $P(B_0|A)$，由贝叶斯公式得

$$P(B_0\mid A)=\frac{P(B_0)P(A\mid B_0)}{\sum\limits_{j=0}^{2}P(B_j)P(A\mid B_j)}=\frac{\dfrac{1}{10}\times\dfrac{4}{5}}{\dfrac{11}{25}}=\frac{2}{11}$$

## 1.5　事件的独立性

第 1.3 节的例 1 告诉我们，一般情况下，$P(A|B)$不等于$P(A)$，这说明事件 $B$ 的发生对于事件 $A$ 发生的概率有影响。如果事件 $B$ 的发生不影响事件 $A$ 发生的概率，即 $P(A|B)=P(A)$，由乘法公式，便得 $P(AB)=P(A)P(B)$。我们把具有这种性质的两个事件 $A$ 与 $B$ 称为是相互独立的，即有

**定义 8**　对任意两个事件 $A$ 和 $B$，若

$$P(AB)=P(A)P(B) \tag{1.12}$$

则称$A$ 与 $B$ 相互独立，简称独立。

由独立性定义不难验证：概率为 1 的事件或概率为 0 的事件与任何事件都是相互独立的。特别地，必然事件或不可能事件与任何事件都相互独立。

事实上，设 $P(A)=1$，$B$ 为任意事件。由 $A+\overline{A}=S$ 及 $A\,\overline{A}=\varnothing$ 知，$P(\overline{A})=0$，且 $P(B)=$

$P\{B(A+\overline{A})\}=P(AB)+P(\overline{A}B)$。因为$\overline{A}B\subset\overline{A}$,所以 $P(\overline{A}B)=0$,故

$$P(AB)=P(B)=P(A)P(B)$$

即 $A$ 与 $B$ 相互独立。类似地可以验证:概率为 0 的事件与任何事件也相互独立。

关于事件的独立性,有下面重要结论:

**定理 3** 对任意事件 $A,B$,且 $P(B)>0$,则 $A$ 与 $B$ 独立的充分必要条件是

$$P(A\mid B)=P(A)$$

(证明由读者自己完成。)

**定理 4** 若事件 $A$ 与 $B$ 独立,则下列每对事件:$\overline{A}$与 $B$,$A$ 与$\overline{B}$,$\overline{A}$与 $\overline{B}$ 也相互独立。

**证** 因$\overline{A}B=B-AB$,$AB\subset B$,故

$$P(\overline{A}B)=P(B)-P(AB)=P(B)-P(B)P(A)=$$
$$[1-P(A)]P(B)=P(\overline{A})P(B)$$

由定义知,$\overline{A}$与 $B$ 相互独立。

同理可证 $A$ 与 $\overline{B}$ 独立,$\overline{A}$与 $\overline{B}$ 也独立。

**例 1** 设甲乙两人独立地射击同一目标,他们击中目标的概率分别为 0.8 和 0.6。每人射击一次,求目标被击中的概率。

**解** 令

$A$=“目标被击中”

$B$=“甲击中目标”

$C$=“乙击中目标”

易知 $A=B+C$,故

$$P(A)=P(B)+P(C)-P(BC)$$

由于 $B$ 与 $C$ 独立,因此

$$P(BC)=P(B)P(C)=0.8\times 0.6=0.48$$

于是

$$P(A)=0.8+0.6-0.48=0.92$$

或由$\overline{A}=\overline{B}\,\overline{C}$且$\overline{B}$ 与 $\overline{C}$ 独立得

$$P(A)=1-P(\overline{A})=1-P(\overline{B}\,\overline{C})=1-P(\overline{B})P(\overline{C})=$$
$$1-0.2\times 0.4=0.92$$

事件独立的概念可以推广到任意有限多个事件和无穷多个事件的情形。

**定义 9** 若事件 $A_1,A_2,\cdots,A_n$ 满足条件:

$$P(A_iA_j)=P(A_i)P(A_j),\qquad 1\leqslant i<j\leqslant n$$

则称 $n$ 个事件 $A_1,A_2,\cdots,A_n$ 是两两独立的。

若对任意整数 $k(2\leqslant k\leqslant n)$ 和 $1\leqslant i_1<i_2<\cdots<i_k\leqslant n$,恒有 $P(A_{i_1}A_{i_2}\cdots A_{i_k})=P(A_{i_1})P(A_{i_2})\cdots P(A_{i_k})$,则称 $n$ 个事件 $A_1,A_2,\cdots,A_n$ 相互独立。

对于可列无穷多个事件 $A_1,A_2,\cdots,A_n,\cdots$,若其中任意有限多个事件都相互独立,则称 $A_1,A_2,\cdots,A_n,\cdots$ 相互独立。

显然，若一组事件(有限个或可列无穷多个)相互独立，则必定两两独立；反之，两两独立的一组随机事件不一定是相互独立的。还可证明下述结论：

**定理 5**　若事件 $A_1, A_2, \cdots, A_n$ 相互独立，则事件 $B_1, B_2, \cdots, B_n$ 也相互独立。其中 $B_i$ 为 $A_i$ 或 $\overline{A_i}$，$i=1,2,\cdots,n$。

显然，定理 4 是定理 5 的特殊情形。实际中，事件的独立性常常根据经验来判断。一般地，若 $n$ 个事件 $A_1, A_2, \cdots, A_n$ 中的每一个事件发生的概率都不受其他事件发生与否的影响，那么就可以认为这 $n$ 个事件是相互独立的。

**例 2**　三人独立地破译一个密码，他们各自能破译的概率分别为 0.5，0.6，0.8，求至少有两人能将密码译出的概率。

**解**　令

$$A=\text{“至少有两人将密码译出”}$$

$$A_i=\text{“第 } i \text{ 个人将密码译出”}, i=1,2,3$$

由题设知 $A_1, A_2, A_3$ 相互独立，且

$$A = A_1A_2\overline{A}_3 + A_1\overline{A}_2A_3 + \overline{A}_1A_2A_3 + A_1A_2A_3$$

故由概率的有限可加性及定理 5 得

$$\begin{aligned}P(A) =& P(A_1A_2\overline{A}_3) + P(A_1\overline{A}_2A_3) + \\ & P(\overline{A}_1A_2A_3) + P(A_1A_2A_3) = \\ & P(A_1)P(A_2)P(\overline{A}_3) + P(A_1)P(\overline{A}_2)P(A_3) + \\ & P(\overline{A}_1)P(A_2)P(A_3) + P(A_1)P(A_2)P(A_3) = \\ & 0.5\times0.6\times0.2 + 0.5\times0.4\times0.8 + 0.5\times0.6\times0.8 + \\ & 0.5\times0.6\times0.8 = 0.7\end{aligned}$$

**例 3**　已知事件 $A,B,C,D$ 相互独立，且 $P(A)=P(B)=\frac{1}{2}P(C)=\frac{1}{2}P(D)$，$P(A+B+C+D)=\frac{481}{625}$，求 $P(A)$。

**解**　由独立性及概率性质得

$$\begin{aligned}P(\overline{A+B+C+D}) =& P(\overline{A}\,\overline{B}\,\overline{C}\,\overline{D}) = \\ & P(\overline{A})P(\overline{B})P(\overline{C})P(\overline{D}) = \\ & [1-P(A)]^2[1-2P(A)]^2\end{aligned}$$

而

$$P(\overline{A+B+C+D})=1-P(A+B+C+D)=1-\frac{481}{625}=\frac{144}{625}$$

得到

$$[1-P(A)][1-2P(A)]=\frac{12}{25}$$

化简得

$$[5P(A)-1][10P(A)-13]=0$$

因

$$10P(A)-13\neq 0$$

故 $$5P(A)-1=0$$

从而 $P(A)=\dfrac{1}{5}$。

**例4** 一个元件能正常工作的概率叫做该元件的可靠度。由元件组成的系统能正常工作的概率叫做该系统的可靠度。设组成系统的每个元件的可靠度均为 $r(0<r<1)$,且各元件能否正常工作是相互独立的。现以 $2n$ 个元件按图1-5所示方式组成两个系统,试求各个系统的可靠度,并比较两个系统可靠度的大小。

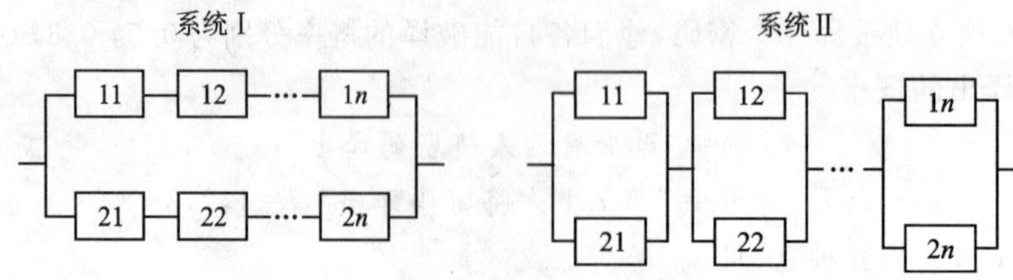


图1-5

**解** 令 $$A_{ij}=\text{“元件 }ij\text{ 能正常工作”},\ i,j=1,2,\cdots,n$$

对于系统Ⅰ,它有两条通路。每条通路能正常工作,当且仅当该通路上各元件都正常工作;而系统能正常工作,当且仅当至少有一条通路能正常工作。故系统Ⅰ的可靠度

$$\begin{aligned}R_{\text{I}}=&P(A_{11}A_{12}\cdots A_{1n}+A_{21}A_{22}\cdots A_{2n})=\\&P(A_{11}A_{12}\cdots A_{1n})+P(A_{21}A_{22}\cdots A_{2n})-\\&P(A_{11}A_{12}\cdots A_{1n}A_{21}A_{22}\cdots A_{2n})=\\&P(A_{11})P(A_{12})\cdots P(A_{1n})+P(A_{21})P(A_{22})\cdots P(A_{2n})-\\&P(A_{11})P(A_{12})\cdots P(A_{1n})P(A_{21})P(A_{22})\cdots P(A_{2n})=\\&r^n+r^n-r^{2n}=r^n(2-r^n)\end{aligned}$$

因 $0<r<1$,故 $R_{\text{I}}=r^n(2-r^n)>r^n$。

对于系统Ⅱ,它由 $n$ 对并联元件串联而成。令 $B_j=$“第 $j$ 对元件能正常工作”,则 $P(B_j)=P(A_{1j}+A_{2j})=r(2-r)$(系统Ⅰ中 $n=1$ 的情形),$j=1,2,\cdots,n$。系统Ⅱ能正常工作,当且仅当每对并联元件都能正常工作。由题设知,各对元件能否正常工作也是独立的。故系统Ⅱ的可靠度

$$R_{\text{II}}=P(B_1B_2\cdots B_n)=P(B_1)P(B_2)\cdots P(B_n)=r^n(2-r)^n$$

利用数学归纳法不难证明:当 $n>1$ 时,有

$$(2-r)^n>(2-r^n)$$

于是 $$R_{\text{II}}>R_{\text{I}}>r^n$$

上述结果表明,虽然用增加通路(系统Ⅰ)或附加元件(系统Ⅱ)的办法都可以提高系统的可靠度,但是,采用附加元件的方法效果更佳。

# 习 题 一

1. 写出下列随机试验的样本空间：

(1) 对一目标射击三次，记录射击结果；

(2) 投掷两颗匀称的骰子，记录点数之和；

(3) 射击一目标，直至击中目标为止，记录射击次数；

(4) 袋中装有 4 只白球、6 只黑球，逐个取出，直至白球全部取出为止，记录取球次数；

(5) 往数轴上任意投掷两个质点，观察它们之间的距离；

(6) 将一尺之棰截成三段，观察各段之长。

2. 设 $A,B,C$ 为三事件，试用 $A,B,C$ 表示下列各事件：

(1) $A,B,C$ 中恰好 $A$ 发生；

(2) $A,B,C$ 恰有一个发生；

(3) $A,B,C$ 恰有两个发生；

(4) $A,B,C$ 至少有一个发生；

(5) $A,B,C$ 至少有两个发生；

(6) $A,B,C$ 不多于一个发生；

(7) $A,B,C$ 不多于两个发生；

(8) $A,B,C$ 同时发生；

(9) $A,B,C$ 都不发生。

3. 盒中装有 10 只晶体管。令 $A_i$=“10 只晶体管中恰有 $i$ 只次品”，$B$=“10 只晶体管中不多于 3 只次品”，$C$=“10 只晶体管中次品不少于 4 只”。问：事件 $A_i(i=0,1,2,3)$、$B$ 和 $C$ 之间，哪些有包含关系？哪些互不相容？哪些互逆？

4. 如图 1-6(a)，(b)所示两个电路。令 $A_i$=“第 $i$ 接点开关闭合”，$i=1,2,3,4,5,6$。试用 $A_i$ 表示下列事件：$B_1$=“$L_1K_1$ 通路”，$B_2$=“$L_2K_2$ 通路”。

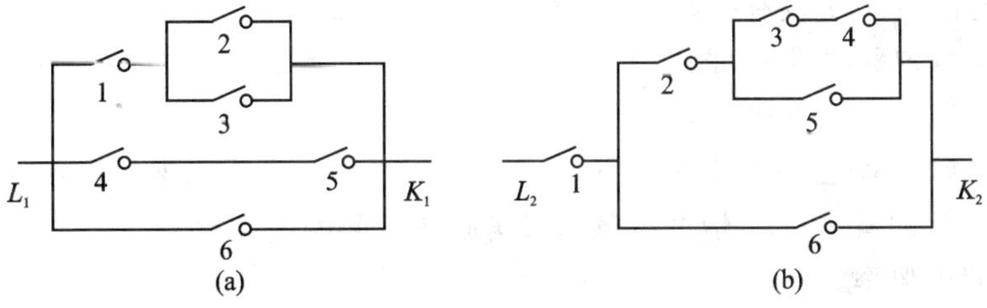


图 1-6

5. 试将事件 $A+B+C$ 表示为互不相容的事件之和。

6. 盒内有 5 个灯泡,其中 3 个正品、2 个次品。有下列抽取方法:(1) 有放回地抽取两次,每次抽取一个;(2) 无放回地抽取两次,每次抽取一个;(3) 一次抽取两个。试分别求事件 $A$ 和 $B$ 的概率。其中 $A$=“取到两个均为次品”,$B$=“至少取到一个正品”。

7. 一部四卷文集,按任意次序放到书架同一层上。问:各卷自左向右或自右向左的卷号顺序恰为 1,2,3,4 的概率是多少?

8. 从 52 张扑克牌中任意抽取两张。试求:(1) 两张点数相同的概率;(2) 两张同花的概率。

9. 设某市的电话号码由 6 位数字组成,试求电话号码是由完全不同数字组成的概率。

10. 袋中装有 2 个伍分、3 个贰分,5 个壹分的硬币。任取其中 5 个,求总值不少于壹角的概率。

11. 在半径为 $a$ 的圆内,取定一直径。过直径上任一点作垂直于此直径的弦,求弦长小于 $\sqrt{2}a$ 的概率。

12. 甲乙两艘轮船驶向一个不能同时停泊两艘轮船的码头停泊,它们在一昼夜内到达的时刻是等可能的。如果甲船停泊的时间是 3 h,乙船停泊的时间是 2 h,求它们中的任何一艘都不需等待码头空出的概率。

13. 袋中装有编号 1~8 的 8 个球,从中任取 3 个,试求:(1) 最小号码为偶数的概率;(2) 至少有一奇数号码的概率。

14. 将 4 只有区别的球随机放入编号为 1~5 的 5 个盒中(每盒容纳球的数量不限)。求:(1) 至多 2 个盒子有球的概率;(2) 空盒不多于 2 个的概率。

15. (1) 某校一年级新生共 1 000 人,设每人的生日是一年(一年以 365 天计算)中的任何一天的可能性相同,问:至少有一人的生日是元旦这一天的概率是多少?

(2) 某小组学生有 5 人是同一年出生的,设每人在一年中的任何一个月出生是等可能的,求此 5 人出生的月份各不相同的概率。

16. 民航机场的一辆送客汽车载有 5 位旅客。设每位旅客在途中 8 个站的任何一站下车的可能性相同。试求:(1) 至少 2 位旅客在同一站下车的概率;(2) 某站(指定的一站)恰有 2 位旅客下车的概率;(3) 仅有一站恰有 2 位旅客下车的概率。

17. 投掷 4 颗匀称的骰子,求:(1) 不出现相同点数的概率;(2) 奇数点与偶数点均出现的概率。

18. 将 3 本概率书(上、中、下三册)和 7 本其他书任意摆放在书架的同一层。求:(1) 3 本概率书摆放在一起的概率;(2) 恰 2 本概率书摆放在一起的概率;(3) 3 本概率书按上、中、下次序摆放在一起的概率。

19. 500 件产品中有 50 件次品,从中任取 20 件。试求:(1) 恰取到 10 件次品的概率;(2) 至少取到 2 件次品的概率。

20. 从 0~9 这 10 个数码中有放回地取 3 次,每次取 1 个。求所取 3 个数码能排成 3 位奇

数的概率。

21. 从 0～9 这 10 个数码中任意取出 4 个，求所取 4 个数码能排成 4 位偶数的概率。

22. 盒中有 12 只晶体管，其中 8 只正品、4 只次品。从中任取 2 次，每次取 1 只(不放回)。求：(1) 取出 2 只正品管子的概率；(2) 恰取出 1 只正品管子的概率。

23. 设 $P(A)=a$，$P(B)=b(b>0)$，证明

$$P(A \mid B) \geqslant \frac{a+b-1}{b}$$

24. 已知 $P(A)=0.3$，$P(B)=0.4$，$P(B|A)=0.7$，求：(1) $P(\overline{A}-B)$；(2) $P(\overline{A}|B)$。

25. 从 52 张扑克牌中，不放回地抽取 3 次，每次取 1 张。求第三次才取到"黑桃"的概率。

26. 袋中有 5 只红球和 3 只白球。从中任取 3 只球，已知取出有红球时，求至多取到 1 只白球的概率。

27. 一盒内装有 10 个乒乓球，其中 8 个新球。第一次比赛时任意取出 2 个球，赛后仍放回盒中；第二次比赛时同样任取 2 个球，试求第二次取的 2 个球全是新球的概率。

28. 三门火炮同时炮击一敌舰(每炮发射一弹)。设击中敌舰一、二、三发炮弹的概率分别为 0.3，0.5，0.1，而敌舰中弹一、二、三发时被击沉的概率分别为 0.2，0.6，1。求敌舰被击沉的概率。

29. 甲袋中装有 4 只红球、2 只白球，乙袋中装有 2 只红球、3 只白球。从甲袋中任取 2 只球放入乙袋中，然后再从乙袋中任意取出一只是红球。试求甲袋中取出的 2 只全是红球的概率。

30. 已知 100 只集成电路中不合格品数从 0～3 是等可能的。从中任意取 4 只，经检测均为合格品。求此 100 只集成电路没有不合格品的概率。

31. 某工厂生产的产品合格率是 0.96。为确保出厂产品质量，需要进行检查。由于直接检查带有破坏性，因此使用一种非破坏性的但不完全准确的简化检查法。经试验知一个合格品用简化检查而获准出厂的概率是 0.98，而一个废品用简化检查而获准出厂的概率是 0.05。求使用这种简化检查法时，获得出厂许可的产品是合格品的概率以及未获出厂许可的产品是废品的概率。

32. 加工某种零件需经四道工序。已知第一、二、三、四道工序的次品率分别为 0.03，0.02，0.06，0.04。若各道工序的加工是相互独立的，求加工产出的一个零件是次品的概率。

33. 4 人同时射击一目标，他们击中目标的概率分别是 0.5，0.3，0.4，0.2，试求目标被击中的概率。

34. 袋中装有 $r$ 个红球、$w$ 个白球，从中作有放回的抽取，每次取一球，直到取得红球为止。求恰好 $n$ 次取得白球的概率。

35. 在第 4 题中，假设每一个接点开关闭合的概率是 $p$，且各接点开关闭合与否独立，试求"$L_2K_2$ 通路"的概率。

36. 已知事件 $A,B,C$ 相互独立，$P(A)=0.3$，$P(B)=0.4$，$P(C)=0.8$，求 $P\{C-(A-B)\}$。

37. 设事件 $A$ 与 $B$ 相互独立，且 $P(A)=\dfrac{1}{3}$，$P(B)=\dfrac{1}{2}$。求 $P(\overline{AB})$ 与 $P(\overline{A+B})$。

38. 已知 $P(B|A)=P(B|\overline{A})$，试证事件 $A$ 与 $B$ 相互独立。

39. 设某型号的高射炮，每一门炮发射一发炮弹而击中飞机的概率是0.5。问：至少需要几门高射炮同时射击(每炮只射一发)才能以99%的把握击中来犯的一架敌机？

40. 甲、乙、丙三人向同一飞机射击，设击中的概率分别是0.4，0.5，0.7。若只一人击中，则飞机被击落的概率是0.2；若有两人击中，则飞机被击落的概率是0.6；若三人都击中，则飞机一定被击落。求飞机被击落的概率。

# 第 2 章　随机变量及其分布

## 2.1　随机变量

为了更深入地研究随机试验，我们引进随机变量的概念。为此，先考察几个随机试验的例子。

$E_1$：投掷一枚匀称的硬币，观察它哪一面向上。试验 $E_1$ 的样本空间是

$$S_1 = \{正面，反面\}$$

$E_2$：甲乙两人下一盘棋，观察棋赛的结果。试验 $E_2$ 的样本空间是

$$S_2 = \{甲负，和局，甲胜\}$$

$E_3$：记录某电话交换台在一天内接到的呼叫次数。试验 $E_3$ 的样本空间是

$$S_3 = \{0, 1, 2, \cdots\}$$

$E_4$：从一批灯泡中任取一只，测试其寿命。试验 $E_4$ 的样本空间是

$$S_4 = \{t \mid t \geqslant 0\}$$

从上面几个例子可以看到：有一类试验，试验的每个可能结果是用数量来表示的，如试验 $E_3$ 和 $E_4$。而另一类试验则不是这样，如试验 $E_1$ 和 $E_2$。显然，用数量来描述试验的全部可能结果，对研究随机试验是比较方便的。因此，有必要把试验结果都转化成数量来表示。如试验 $E_1$，当出现正面向上时，可以用数“1”来表示；而出现反面向上时，可以用数“0”来表示。又如试验 $E_2$，它的所有可能结果可以分别用数“$-1$”、“0”和“1”来表示。于是，对于任意一个随机试验 $E$，$S=\{e\}$，它的每一个可能结果 $e$ 都可以用一个实数 $X(e)$ 与之相对应。由于实数 $X(e)$ 是随着试验结果 $e$ 的不同而变化的量，所以称它为随机变量。下面给出随机变量的一般定义。

**定义 1**　设随机试验 $E$ 的样本空间 $S=\{e\}$。若对每个试验结果 $e$，都有确定的实数 $X(e)$ 与之对应，则称实值变量 $X(e)$ 为随机变量，简记为 $X$。①

随机变量常用字母 $X, Y, Z, X_1, X_2, \cdots$ 或希腊字母 $\xi, \eta, \zeta, \cdots$ 来表示。

例如，上述四个试验 $E_1, E_2, E_3, E_4$ 中分别令

$$X_1 = \begin{cases} 0, & 当\ e = 反面 \\ 1, & 当\ e = 正面 \end{cases}$$

① 严格地说，“对于任意实数 $x$，‘$X \leqslant x$’有确定的概率”这一要求应包括在随机变量 $X$ 的定义之中。由于在一般情况下，这一条件都能满足，因此在定义中未提及这一要求。

$$X_2=\begin{cases}-1, & \text{当 } e=\text{甲负}\\ 0, & \text{当 } e=\text{和局}\\ 1, & \text{当 } e=\text{甲胜}\end{cases}$$

$$X_3=k,\qquad \text{当 } e=k,\qquad k=0,1,2,\cdots$$

$$X_4=t,\qquad \text{当 } e=t,\qquad t\geqslant 0$$

则 $X_1,X_2,X_3,X_4$ 都是随机变量。

由定义知,随机变量是定义在样本空间 $S$(它的元素不一定是实数)上的一个单值实值函数,且由于试验结果按一定的概率出现,因而随机变量的取值也有一定的概率。这是随机变量与一般函数的根本区别。

引进随机变量以后,随机事件就可以用随机变量的取值来表示了。如试验 $E_3$ 中,令 $A$,$B$,$C$ 分别表示下列几个事件:"呼叫次数不超过 20";"呼叫次数大于 8";"呼叫次数在 50~200 之间",则 $A,B,C$ 可分别表示如下:$A=\{X_3\leqslant 20\}$;$B=\{X_3>8\}$;$C=\{50\leqslant X_3\leqslant 200\}$。这样,我们所关心的随机事件的概率问题就转化为随机变量取值的概率问题。因此,随机变量是今后我们研究的主要对象。

## 2.2 分布函数

研究随机变量 $X$,不但要知道它取哪些值,更重要的是要掌握它在各个范围内取值的概率规律。为此,引进分布函数的概念。

**定义 2** 设 $X$ 为随机变量,对于任意实数 $x$,令

$$F(x)=P\{X\leqslant x\} \tag{2.1}$$

称 $F(x)$ 为随机变量 $X$ 的分布函数。

就是说,随机变量 $X$ 的分布函数 $F(x)$ 在任意实数 $x$ 的值等于 $X$ 在区间 $(-\infty,x]$ 内取值的概率。分布函数 $F(x)$ 是定义在实数轴上的实函数。

分布函数 $F(x)$ 具有下列基本性质:

(1) 取值范围:$0\leqslant F(x)\leqslant 1$,且 $F(-\infty)=\lim\limits_{x\to-\infty}F(x)=0$,$F(+\infty)=\lim\limits_{x\to+\infty}F(x)=1$;

(2) 单调不减,对于 $x_1<x_2$,有 $F(x_1)\leqslant F(x_2)$;

(3) 右连续,$F(x^+)=\lim\limits_{\Delta x\to 0^+}F(x+\Delta x)=F(x)$。

由分布函数的定义,性质(1)是显然的。

对性质(2),设任意实数 $x_1,x_2$,且 $x_1<x_2$,事件

$$\{X\leqslant x_1\}\subset\{X\leqslant x_2\}$$

由分布函数的定义及概率的性质,有

$$F(x_1)=P\{X\leqslant x_1\}\leqslant P\{X\leqslant x_2\}=F(x_2)$$

对性质(3)的证明需要用到测度论知识，故从略。

反之，可以证明：凡满足上述基本性质(1)，(2)，(3)的函数$F(x)$，一定是某随机变量的分布函数。

分布函数还具有下列一些性质：

(4) 对任意实数 $a,b(a<b)$，有

$$P\{a < X \leqslant b\} = F(b) - F(a) \tag{2.2}$$

事实上，$\{a<X\leqslant b\}=\{X\leqslant b\}-\{X\leqslant a\}$且$\{X\leqslant a\}\subset\{X\leqslant b\}$，由概率性质(7)，$P\{a<X\leqslant b\}=P\{X\leqslant b\}-P\{X\leqslant a\}$。又由分布函数的定义，有

$$P\{X \leqslant b\} = F(b), \qquad P\{X \leqslant a\} = F(a)$$

即得

$$P\{a<X\leqslant b\}=F(b)-F(a)$$

(5) 对任意实数 $x$，有

$$P\{X = x\} = F(x) - F(x^-) \tag{2.3}$$

式中，$F(x^-)= \lim\limits_{\Delta x\to 0^-} F(x+\Delta x)$。

性质(5)的证明也要用到测度论知识，从略。

式(2.2)表明：随机点 $X$ 落在任何一个左开右闭区间$(a,b]$上的概率等于 $X$ 的分布函数$F(x)$在该区间上的增量。式(2.3)则表明：随机变量 $X$ 取任何一个特定值的概率可由它的分布函数 $F(x)$来确定。于是，式(2.2)和式(2.3)表明：随机变量 $X$ 在任何区间上取值的概率都可用它的分布函数来确定。在这个意义上，分布函数能够完整地描述随机变量的取值规律，它是我们研究随机变量取值规律的基本工具。

**例 1**　投掷一颗匀称的骰子，记录其出现的点数。令

$$X = \begin{cases} 0, & \text{当出现奇数点} \\ 1, & \text{当出现偶数点} \end{cases}$$

则 $X$ 是一个随机变量。求 $X$ 的分布函数。

**解**　$X$ 只可能取 0，1 两个值，且

$$P\{X = 0\} = P\{X = 1\} = \frac{1}{2}$$

当 $x<0$，$\{X\leqslant x\}$是不可能事件时，有

$$F(x) = P\{X \leqslant x\} = 0$$

当 $0\leqslant x<1$ 时，有

$$F(x) = P\{X \leqslant x\} = P\{X = 0\} = \frac{1}{2}$$

当 $x\geqslant 1$ 时，$\{X\leqslant x\}$是必然事件，则

$$F(x) = P\{X \leqslant x\} = 1$$

于是得到随机变量 $X$ 的分布函数为

$$F(x)=\begin{cases}0, & x<0\\ 1/2, & 0\leqslant x<1\\ 1, & x\geqslant 1\end{cases}$$

它的图形是阶梯形曲线,如图2-1所示。

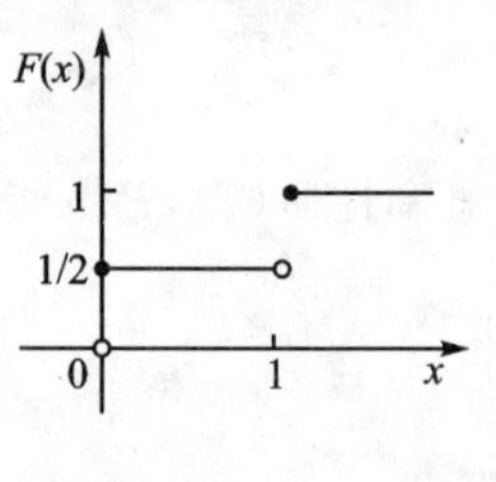


图2-1

**例2** 某人打靶,圆靶半径为1 m。设射击一定中靶,且击中靶上任一与圆靶同心的圆盘的概率与该圆盘的面积成正比。以$X$表示弹着点至靶心的距离,试求随机变量$X$的分布函数。

**解** $X$可能取$[0,1]$上的任何实数。

当$x<0$,$\{X\leqslant x\}$是不可能事件时,有

$$F(x)=P\{X\leqslant x\}=0$$

当$0\leqslant x\leqslant 1$时,由题意,有

$$F(x)=P\{X\leqslant x\}=P\{X<0\}+P\{0\leqslant X\leqslant x\}=kx^2$$

为了确定常数$k$,在$F(x)=kx^2$中,令$x=1$,得$F(1)=k$,又由题设知,$\{X\leqslant 1\}$是必然事件,故$k=F(1)=P\{X\leqslant 1\}=1$,即得

$$F(x)=x^2$$

当$x\geqslant 1$时,由题设,$\{X\leqslant x\}$是必然事件,故

$$F(x)=P\{X\leqslant x\}=1$$

综上所述,即得$X$的分布函数为

$$F(x)=\begin{cases}0, & x<0\\ x^2, & 0\leqslant x<1\\ 1, & x\geqslant 1\end{cases}$$

显然,$F(x)$是一个连续函数。它的图形如图2-2所示,是一条连续曲线。

由式(2.3)知,当分布函数$F(x)$在点$x$处连续时,有$P\{X=x\}=F(x)-F(x^-)=0$。这一事实告诉我们,概率为零的事件未必是不可能事件。

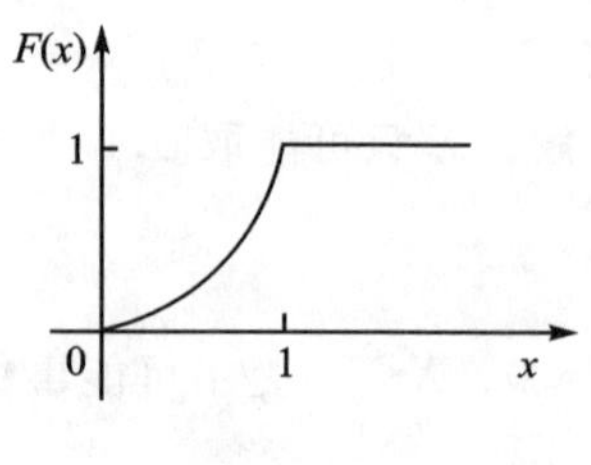


图2-2

特别地,若随机变量$X$的分布函数是一个连续函数,那么该随机变量取任何一个特定值的概率都等于零。

随机变量按其取值不同,可分为离散型随机变量和非离散型随机变量两类。非离散型随机变量中,最重要而且实际中经常遇到的是所谓连续型随机变量。因此,我们只讨论离散型随机变量与连续型随机变量。

## 2.3 离散型随机变量及其概率分布

**定义3** 若随机变量$X$只可能取有限个值或可列个值:$x_1,x_2,\cdots,x_k,\cdots$,则称$X$为离散型

随机变量。$X$ 取各个可能值的概率

$$p_k = P\{X = x_k\}, \qquad k = 1,2,3,\cdots$$

称为离散型随机变量 $X$ 的概率分布(或分布律)。

例如,从一批产品中抽取 $n$ 件,抽到的次品个数 $X$ 只能取有限个可能值 $0,1,\cdots,n$;对目标进行射击,直到击中目标为止所需的射击次数 $X$ 只能取可列个可能值 $1,2,3,\cdots$;某电话交换台在一天内接到的呼叫次数 $X$,它只能取可列个可能值 $0,1,2,\cdots$;以及 2.2 节例 1 中的随机变量 $X$ 都是离散型随机变量。

离散型随机变量的分布律可以列表或用矩阵来表示:

| $X$ | $x_1$ | $x_2$ | $\cdots$ | $x_k$ | $\cdots$ |
|---|---|---|---|---|---|
| $P$ | $p_1$ | $p_2$ | $\cdots$ | $p_k$ | $\cdots$ |

或

$$\begin{pmatrix} x_1 & x_2 & \cdots & x_k & \cdots \\ p_1 & p_2 & \cdots & p_k & \cdots \end{pmatrix}$$

如 2.2 节例 1 中,随机变量 $X$ 的分布律可表示为

| $X$ | 0 | 1 |
|---|---|---|
| $P$ | $\frac{1}{2}$ | $\frac{1}{2}$ |

或

$$\begin{bmatrix} 0 & 1 \\ \frac{1}{2} & \frac{1}{2} \end{bmatrix}$$

离散型随机变量 $X$ 的分布律具有下列基本性质:

(1) $p_k \geqslant 0$, $k=1,2,3,\cdots$;

(2) $\sum\limits_{k=1}^{\infty} p_k = 1$。

事实上,因为 $x_1,x_2,\cdots,x_k,\cdots$是随机变量的全部可能取值,所以

$$\{X = x_1\} + \{X = x_2\} + \cdots + \{X = x_k\} + \cdots = S$$

注意到上式左端各个事件是互不相容的,利用概率的可加性即得

$$P\{X = x_1\} + P\{X = x_2\} + \cdots + P\{X = x_k\} + \cdots = \sum_{k=1}^{\infty} p_k = 1$$

反之,可以证明:凡满足上述基本性质(1)和(2)的一串数 $p_1,p_2,\cdots,p_k,\cdots$,一定是某随机变量 $X$ 的分布律。

设离散型随机变量 $X$ 的分布律为

$$p_k = P\{X = x_k\}, \qquad k = 1,2,\cdots$$

则随机变量 $X$ 在任何一个区间 $I$ 上取值的概率等于它取区间 $I$ 上的各个可能值的概率之和,即

$$P\{X \in I\} = \sum_{x_k \in I} p_k \tag{2.4}$$

若取 $I=(-\infty,x]$,则有

$$F(x)=P\{X\leqslant x\}=\sum_{x_k\leqslant x}p_k \tag{2.5}$$

式(2.5)表明,$X$ 的分布律可以完全确定它的分布函数。

**例 1** 将 3 个有区别的球随机地逐个放入编号为 1,2,3,4 的四只盒中(每只盒容纳球的个数不限)。设 $X$ 为有球的盒子的最大号码,试求:

(1) 随机变量 $X$ 的分布律与分布函数;

(2) $P\{|X|\leqslant 2\}$。

**解** (1) 随机变量 $X$ 可能取值为 1,2,3,4,且

$$P\{X=1\}=\frac{1^3}{4^3}=\frac{1}{64},\qquad P\{X=2\}=\frac{2^3-1^3}{4^3}=\frac{7}{64}$$

$$P\{X=3\}=\frac{3^3-2^3}{4^3}=\frac{19}{64},\qquad P\{X=4\}=\frac{4^3-3^3}{4^3}=\frac{37}{64}$$

即 $X$ 的分布律为

| $X$ | 1 | 2 | 3 | 4 |
|---|---|---|---|---|
| $p_k$ | $\frac{1}{64}$ | $\frac{7}{64}$ | $\frac{19}{64}$ | $\frac{37}{64}$ |

由式(2.5)得 $X$ 的分布函数为

$$F(x)=\sum_{x_k\leqslant x}p_k=\begin{cases}0, & x<1\\ \frac{1}{64}, & 1\leqslant x<2\\ \frac{8}{64}, & 2\leqslant x<3\\ \frac{27}{64}, & 3\leqslant x<4\\ 1, & x\geqslant 4\end{cases}$$

(2) 由式(2.4)得

$$P\{|X|\leqslant 2\}=P\{-2\leqslant X\leqslant 2\}=\sum_{x_k\in[-2,2]}p_k=p_1+p_2=$$

$$P\{X=1\}+P\{X=2\}=\frac{1}{64}+\frac{7}{64}=\frac{1}{8}$$

由上例可见,离散型随机变量 $X$ 的分布律不但具有与分布函数相同的作用,而且它比分布函数更直接、更简便地描述了随机变量的取值规律。所以,今后我们将用分布律来描述离散型随机变量的取值规律。

# 2.4 常用的离散型分布

## 2.4.1 两点分布

若随机变量 $X$ 的分布律为

$$P\{X=1\}=p, \qquad P\{X=0\}=q \qquad (0<p<1, p+q=1)$$

则称 $X$ 服从参数为 $p$ 的两点分布，或称0－1分布。

如 2.2 节例 1 中，投掷骰子试验所定义的随机变量 $X$ 就是服从参数 $p=\dfrac{1}{2}$ 的两点分布。一般来说，凡是只有两个可能结果的随机试验，都可用服从两点分布的随机变量来描述。例如，抽取一件产品是正品或是次品；射击目标一次，击中或没有击中，等等，都是只有两种可能结果的随机试验。因此，两点分布虽然简单，但在实际中是很有用的分布。

## 2.4.2 二项分布

二项分布来源于 $n$ 重伯努利(Bernoulli)试验，为此，先介绍 $n$ 重伯努利试验。

把某种试验重复做 $n$ 次，如果每次试验结果出现的概率不依赖于其他各次试验的结果，则称这 $n$ 次试验是相互独立的。例如，有放回抽样 $n$ 次；一枚匀称的硬币连续投掷 $n$ 次；一颗匀称的骰子连续投掷 $n$ 次，等等，都可以作为 $n$ 次独立重复试验。

设试验 $E$ 只有两个可能结果：$A$ 和 $\overline{A}$。出现 $A$ 的概率记为 $p(0<p<1)$，出现 $\overline{A}$ 的概率记为 $q(q=1-p)$。将试验 $E$ 独立地重复做 $n$ 次，则称这一串独立重复试验为 $n$ 重伯努利试验。

伯努利试验是一种非常重要的数学模型，不但理论上有重要意义，而且实际中有广泛应用。如产品的质量检查，“有放回”抽样是伯努利试验。对“无放回”抽样，当整批产品的数量相对于抽样个数很大时，也可以近似当作伯努利试验。又如，一射手射击目标 $n$ 次；观察某单位的 $n$ 个同型设备在同一时刻是否正常工作，等等，都可近似看作 $n$ 重伯努利试验。

设 $n$ 重伯努利试验中事件 $A$ 发生的次数为 $X$。易知，$X$ 是一个随机变量，它的所有可能取值为 $0,1,2,\cdots,n$。下面来确定 $X$ 的概率分布。

事件 $\{X=k\}$($k$ 是非负整数，且 $0\leqslant k\leqslant n$)，意即事件 $A$ 在 $n$ 重伯努利试验中恰好发生 $k$ 次。也就是 $A$ 发生了 $k$ 次，而 $\overline{A}$ 发生了 $n-k$ 次。由试验的独立性，事件 $A$ 在指定的 $k$ 次试验中发生，而在其余 $n-k$ 次试验中不发生(即发生 $\overline{A}$)的概率为

$$p^k q^{n-k}$$

例如“在前 $k$ 次试验中都发生事件 $A$，而在其余 $n-k$ 次试验都发生事件 $\overline{A}$”的概率为

$$\underbrace{p\cdot p\cdot\cdots\cdot p}_{k\text{个}}\cdot\underbrace{q\cdot q\cdot\cdots\cdot q}_{n-k\text{个}}=p^k q^{n-k}$$

然而,事件 $A$ 可以在 $n$ 次试验中的任何 $k$ 次发生。在 $n$ 次试验中任选 $k$ 次,共有 $C_n^k$ 种不同组合。因此,事件 $A$ 在 $n$ 重伯努利试验中恰发生 $k$ 次也有 $C_n^k$ 种不同情形。注意到这 $C_n^k$ 个事件是互不相容的,利用概率的有限可加性即得

$$P\{X=k\}=C_n^k p^k q^{n-k},\qquad k=0,1,2,\cdots,n \tag{2.6}$$

显然

$$P\{X=k\}\geqslant 0,\qquad k=0,1,2,\cdots,n$$

$$\sum_{k=0}^{n} C_n^k p^k q^{n-k}=(p+q)^n=1$$

即式(2.6)满足概率分布的基本性质,从而式(2.6)是随机变量 $X$ 的概率分布。由于 $C_n^k p^k q^{n-k}$ 恰是二项式 $(p+q)^n$ 的展开式中的一般项,所以称概率分布式(2.6)为二项分布。一般地,如果随机变量 $X$ 以式(2.6)为其概率分布,则称 $X$ 服从参数为 $n,p$ 的二项分布,记为

$$X\sim B(n,p)$$

特别地,当 $n=1$ 时,二项分布便是两点分布。因此,两点分布是二项分布的特殊情形。

下面举例说明伯努利试验模型与二项分布在实际中的应用。

**例1** 某射手射击一目标,设他每次命中目标的概率均为0.6。现对目标射击5次,求:

(1) 目标恰好被击中3次的概率;

(2) 目标被击中的概率。

**解** 把射击目标一次看作一次试验,令 $A$="击中目标",由题设 $P(A)=0.6$,对目标射击5次可以看作5重伯努利试验。记 $X$ 为5次射击中击中目标的次数,则 $X\sim B(5,\ 0.6)$,于是

(1) 5次射击中目标恰好被击中3次的概率为

$$P\{X=3\}=C_5^3(0.6)^3(0.4)^2=0.345\ 6$$

(2) 5次射击中目标被击中的概率为

$$P\{X\geqslant 1\}=\sum_{k=1}^{5}P\{X=k\}=\sum_{k=1}^{5}C_5^k(0.6)^k(0.4)^{5-k}=$$

$$1-P\{X=0\}=1-(0.4)^5=0.989\ 8$$

**例2** 某保险公司有5 000个同年龄的人参加人寿保险。规定:参加保险者在一年的第一天交付100元保险金。若在一年内被保险者死亡,其家属可从保险公司领取3万元赔偿费。设在一年里被保险者的死亡率为0.12%。试求该保险公司在这一年中至少盈利20万元的概率。

**解** 记 $X$ 为5 000个被保险者在一年内死亡的人数,则

$$X\sim B(5\ 000,\ 0.001\ 2)$$

保险公司一年共收入 $0.01\times 5\ 000=50$(万元),支付赔偿费共 $3X$(万元)。于是,保险公司在一年内至少盈利20万元的概率为

$$P\{50-3X\geqslant 20\}=P\{0\leqslant X\leqslant 10\}=\sum_{k=0}^{10}\mathrm{C}_{5\,000}^{k}(0.001\,2)^{k}(0.998\,8)^{5\,000-k}$$

显然,要准确计算上述概率值并不是一件容易的事。下面给出计算其近似值的泊松(Poisson)公式。

当 $n$ 比较大,$p$ 比较小(一般 $n\geqslant 10$, $p\leqslant 0.1$)时,有

$$\mathrm{C}_n^k p^k q^{n-k}\approx\frac{\mathrm{e}^{-\lambda}\lambda^k}{k\,!}\tag{2.7}$$

式中,$\lambda=np$, $k=0,1,2,\cdots,n$。

式(2.7)中,$\frac{\mathrm{e}^{-\lambda}\lambda^k}{k\,!}$的值可查泊松分布表(见附表 1)得到。

本例中,$n=5\,000$,$p=0.001\,2$,$np=6$,故由泊松公式(2.7)得所求概率的近似值为

$$P\{0\leqslant X\leqslant 10\}\approx\sum_{k=0}^{10}\frac{\mathrm{e}^{-6}6^k}{k\,!}=1-\sum_{k=11}^{+\infty}\frac{\mathrm{e}^{-6}6^k}{k\,!}\xlongequal{\text{查表}}1-0.042\,621\approx 0.957\,4$$

可见,该保险公司在一年中有近 96%的把握至少可以盈利 20 万元。

**例 3**　从一家工厂生产的一大批某种产品中,不放回地抽取 50 次,每次取 1 件。经检查发现其中 3 件次品。问是否可相信该批产品的次品率不超过 1.2%。

**解**　由于是不放回抽样,所以每抽取一件产品,该批产品的数量都在变化,故任何一次抽得次品或正品的概率,都依赖于前面各次抽取的结果。因此,如果把抽取一件产品看作一次试验,那么这 50 次试验并不是独立试验。但由于产品的批量很大,相对于抽样件数要大得多,所以每次抽得次品或正品的概率,受前面各次抽取结果的影响就很小,从而可以忽略不计。于是,抽取 50 件产品就可近似看作 50 重伯努利试验。

假定该批产品的次品率为 1.2%,则抽取 50 件产品中的次品数 $X$ 服从二项分布 $B(50, 0.012)$。于是,50 件产品中恰有 3 件次品的概率为

$$P\{X=3\}=\mathrm{C}_{50}^{3}(0.012)^3(0.988)^{47}\approx\frac{\mathrm{e}^{-0.6}(0.6)^3}{3!}\approx 0.019\,8$$

若次品率小于 1.2%,则 $P\{X=3\}$更小。人们在长期实践中总结出一条原理:“小概率事件在一次试验中实际上是不可能发生的”(概率论中称它为实际推断原理)。现在,概率很小(不足 2%)的事件竟然在一次试验中发生了,这不符合实际推断原理。因此有理由怀疑假设的正确性,从而推断这批产品的次品率不超过 1.2%是不可信的。

**例 4**　设一次试验中事件 $A$ 发生的概率 $P(A)=\varepsilon$($\varepsilon$ 是很小的正数),把试验独立地重复做 $n$ 次,求事件 $A$ 至少发生一次的概率。

**解**　记 $X$ 为 $n$ 次试验中事件 $A$ 发生的次数,由题设知

$$X\sim B(n,\varepsilon)$$

于是所求概率为

$$P\{X \geqslant 1\} = 1 - P\{X = 0\} = 1 - C_n^0 \varepsilon^0 (1-\varepsilon)^n = 1 - (1-\varepsilon)^n$$

易知,当 $n \to \infty$ 时,$1-(1-\varepsilon)^n \to 1$。这就说明,当 $n$ 充分大时,事件 $A$ 迟早要发生。从而得到一个重要结论:"小概率事件在大量重复试验中是迟早要发生的"。因此,在试验次数很大的情况下,小概率事件是不容忽视的。这个结论在实际中很有用。

### 2.4.3 泊松分布

若随机变量 $X$ 的分布律为

$$P\{X = k\} = \frac{e^{-\lambda}\lambda^k}{k!}, \qquad k = 0,1,2,\cdots \tag{2.8}$$

(其中 $\lambda > 0$ 为常数)

则称 $X$ 服从参数为 $\lambda$ 的泊松分布,记为 $X \sim \Pi(\lambda)$。

泊松分布也是一种很有用的数学模型,在实际中有着广泛的应用。例如,在一段时间 $[0,t]$ 内,某电话交换台接到的呼叫次数;到达某机场的飞机数;纺织厂生产的布匹上疵点的个数;一批牧草种子中杂草种子的个数;晴朗的夜晚,观察某片天空出现的流星个数,等等,这些随机变量都可以认为是服从泊松分布的。

### 2.4.4 超几何分布

设一批产品中有 $M$ 件正品,$N$ 件次品。从中任意取 $n$ 件,则取到的次品数 $X$ 是一个离散型随机变量,它的概率分布(参看第1章第1.2节例2)为

$$P\{X = k\} = \frac{C_N^k C_M^{n-k}}{C_{M+N}^n}, \qquad k = 0,1,\cdots,l, \qquad l = \min(n,N) \tag{2.9}$$

这个分布称为超几何分布。一般地,若随机变量 $X$ 以式(2.9)为它的分布律,则称随机变量 $X$ 服从超几何分布。

超几何分布在产品的质量检查与控制中有一定的应用。

## 2.5 连续型随机变量及其概率密度

在第2.2节例2中,我们已经求得随机变量 $X$(弹着点至靶心的距离)的分布函数

$$F(x) = \begin{cases} 0, & x < 0 \\ x^2, & 0 \leqslant x < 1 \\ 1, & x \geqslant 1 \end{cases}$$

不难看出,若取

$$f(t) = \begin{cases} 2t, & 0 \leqslant t < 1 \\ 0, & \text{其他} \end{cases}$$

则对任意实数 $x$,恒有

$$F(x)=\int_{-\infty}^{x} f(t)\mathrm{d}t$$

这说明随机变量 $X$ 的分布函数 $F(x)$ 正好等于一个非负函数 $f(x)$ 在 $(-\infty,x]$ 上的积分。具有这种性质的随机变量称为连续型随机变量。下面给出一般定义。

**定义 4**　设随机变量 $X$ 的分布函数为 $F(x)$,若存在非负函数 $f(x)$,使得对任意实数 $x$,恒有

$$F(x)=\int_{-\infty}^{x} f(t)\mathrm{d}t \tag{2.10}$$

则称 $X$ 为连续型随机变量,称函数 $f(x)$ 为随机变量 $X$ 的概率密度(或分布密度)函数。

由定义知,随机变量 $X$ 的概率密度具有下列基本性质:

(1) $f(x)\geqslant 0$;

(2) $\int_{-\infty}^{+\infty} f(x)\mathrm{d}x=1$ 。

反之,可以证明,凡具有上述性质(1)和(2)的函数 $f(x)$,必定是某随机变量 $X$ 的概率密度。

由积分学知识,连续型随机变量 $X$ 的分布函数是一个连续函数,于是,由第 2.2 节式(2.3)知,连续型随机变量 $X$ 取任一特定值的概率均为 0,即对任意实数 $x$,$P\{X=x\}=0$。由此可见,连续型随机变量与离散型随机变量不同,连续型随机变量不能用列举它取各个可能值的概率来描述它的取值规律,而必须通过它在各个区间上取值的概率才能掌握它的取值规律。

利用概率密度 $f(x)$ 可以得到随机变量 $X$ 在任何一个区间 $I=(a,b]$[①] 上取值的概率

$$P\{X\in I\}=\int_{a}^{b} f(x)\mathrm{d}x \tag{2.11}$$

即随机点 $X$ 落在任一区间上的概率等于它的概率密度在该区间上的积分。

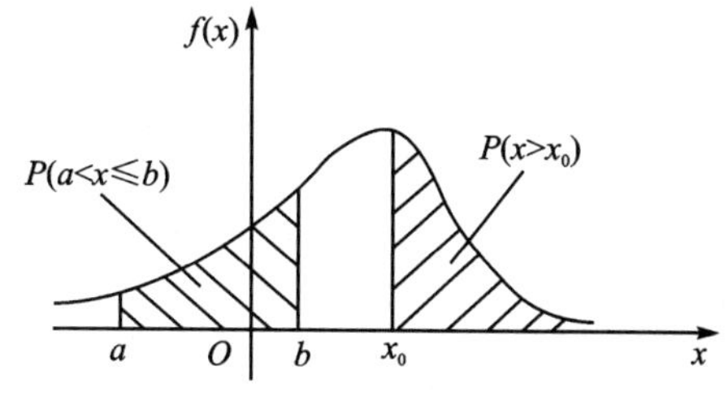


图 2-3

从几何上看,连续型随机变量在任一区间上取值的概率等于在此区间上概率密度曲线下的曲边梯形的面积,参看图 2-3。

根据积分性质,对于 $f(x)$ 的连续点 $x$,有 $F'(x)=f(x)$。于是,连续型随机变量 $X$ 的概率密度 $f(x)$ 可通过对它的分布函数 $F(x)$ 求导数来得到(除去有限个点外)。

**例 1**　设随机变量 $X$ 的概率密度

---

① 区间 $I$ 可以是左闭右开,或是开、闭区间,也可以是无穷区间。

$$f(x)=\begin{cases}1+x, & -1\leqslant x<0\\ 1-x, & 0\leqslant x\leqslant 1\\ 0, & \text{其他}\end{cases}$$

求:(1) $P\left\{|X|\leqslant\frac{1}{2}\right\}$;

(2) $X$ 的分布函数 $F(x)$。

**解** (1) 由式(2.11)得

$$P\left\{|X|\leqslant\frac{1}{2}\right\}=P\left\{-\frac{1}{2}\leqslant X\leqslant\frac{1}{2}\right\}=\int_{-\frac{1}{2}}^{\frac{1}{2}}f(x)\mathrm{d}x=$$

$$\int_{-\frac{1}{2}}^{0}(1+x)\mathrm{d}x+\int_{0}^{\frac{1}{2}}(1-x)\mathrm{d}x=\frac{3}{8}+\frac{3}{8}=0.75$$

(2) 由式(2.10),有

$$F(x)=\int_{-\infty}^{x}f(x)\mathrm{d}x$$

当 $x<-1$ 时,有

$$F(x)=\int_{-\infty}^{x}0\cdot\mathrm{d}x=0$$

当 $-1\leqslant x<0$ 时,有

$$F(x)=\int_{-\infty}^{-1}0\cdot\mathrm{d}x+\int_{-1}^{x}(1+x)\mathrm{d}x=\frac{x^2}{2}+x+\frac{1}{2}$$

当 $0\leqslant x\leqslant 1$ 时,有

$$F(x)=\int_{-\infty}^{-1}0\cdot\mathrm{d}x+\int_{-1}^{0}(1+x)\mathrm{d}x+$$

$$\int_{0}^{x}(1-x)\mathrm{d}x=-\frac{x^2}{2}+x+\frac{1}{2}$$

当 $x>1$ 时,有

$$F(x)=\int_{-\infty}^{-1}0\cdot\mathrm{d}x+\int_{-1}^{0}(1+x)\mathrm{d}x+$$

$$\int_{0}^{1}(1-x)\mathrm{d}x+\int_{1}^{x}0\cdot\mathrm{d}x=1$$

即

$$F(x)=\begin{cases}0, & x<-1\\ \frac{x^2}{2}+x+\frac{1}{2}, & -1\leqslant x<0\\ -\frac{x^2}{2}+x+\frac{1}{2}, & 0\leqslant x\leqslant 1\\ 1, & x>1\end{cases}$$

综上所述,连续型随机变量的概率密度具有与分布函数相同的作用。所以,今后我们将利

用概率密度来掌握连续型随机变量的取值规律。

# 2.6　常用的连续型分布

## 2.6.1　均匀分布

若随机变量 $X$ 的概率密度为

$$f(x)=\begin{cases}\dfrac{1}{b-a}, & a\leqslant x\leqslant b\\ 0, & \text{其他}\end{cases}\tag{2.12}$$

则称 $X$ 在区间 $[a,b]$ 上服从均匀分布，简记为 $X\sim U[a,b]$。

设 $X\sim U[a,b]$，$x_1,x_2\in[a,b]$，$x_1<x_2$，由式(2.11)知

$$P\{x_1\leqslant X\leqslant x_2\}=\int_{x_1}^{x_2}f(x)\mathrm{d}x=\int_{x_1}^{x_2}\frac{1}{b-a}\mathrm{d}x=\frac{x_2-x_1}{b-a}$$

上式表明：$X$ 取值于 $[a,b]$ 内的任一小区间 $[x_1,x_2]$ 的概率与该小区间的长度成正比，而与该小区间的具体位置无关，这就是均匀分布的概率意义。

在数值计算中，由于四舍五入，小数点后第一位数所引起的误差 $X$ 可认为在 $(-0.5,0.5]$ 上服从均匀分布。设某汽车站每隔 10 分钟开出一辆公共汽车，则随机到达该站的乘客的候车时间 $T$ 可看作在区间 $(0,10]$ 上服从均匀分布，等等。

**例 1**　设电阻的阻值 $R$ 是一个随机变量，它均匀分布在 2 000～3 000 Ω，求 $R$ 的概率密度以及 $R$ 落在 2 400～2 600 Ω 的概率。

**解**　由式(2.12)得 $R$ 的概率密度为

$$f(r)=\begin{cases}\dfrac{1}{3\,000-2\,000}=\dfrac{1}{1\,000}, & 2\,000\leqslant r\leqslant 3\,000\\ 0, & \text{其他}\end{cases}$$

由式(2.11)知，所求概率为

$$P\{2\,400\leqslant R\leqslant 2\,600\}=\int_{2\,400}^{2\,600}\frac{1}{1\,000}\mathrm{d}r=0.2$$

## 2.6.2　指数分布

若随机变量 $X$ 的概率密度为

$$f(x)=\begin{cases}\lambda \mathrm{e}^{-\lambda x}, & x>0\\ 0, & x\leqslant 0\end{cases}\quad(\text{其中 }\lambda>0\text{ 为常数})\tag{2.13}$$

则称 $X$ 服从参数为 $\lambda$ 的指数分布。

指数分布在实际中有重要的应用，它可以作为各种“寿命”$X$ 的近似分布。例如，无线电

元件的寿命;动物的寿命;电话的通话时间;随机服务系统中的服务时间等,都可以近似地用指数分布来描述。它在可靠性理论与工程中占有特别重要的地位。

**例 2** 设某电子元件的寿命 $X$(以小时计)服从参数 $\lambda=0.001$的指数分布。试求该元件至少能使用 1 000 h 的概率。

**解** 由式(2.13)得 $X$ 的概率密度为

$$f(x)=\begin{cases}0.001\cdot \mathrm{e}^{-0.001x}, & x>0\\ 0, & x\leqslant 0\end{cases}$$

故由式(2.11)得所求概率为

$$P\{X\geqslant 1\,000\}=\int_{1\,000}^{+\infty}f(x)\mathrm{d}x=\int_{1\,000}^{+\infty}0.001\cdot \mathrm{e}^{-0.001x}\mathrm{d}x=\mathrm{e}^{-1}\approx 0.367\,9$$

## 2.6.3 威布尔分布

设随机变量 $X$ 的概率密度为

$$f(x)=\begin{cases}\dfrac{\beta}{\eta}\left(\dfrac{x}{\eta}\right)^{\beta-1}\mathrm{e}^{-\left(\frac{x}{\eta}\right)^{\beta}}, & x>0\\ 0, & x\leqslant 0\end{cases}\tag{2.14}$$

式中,$\eta$,$\beta$ 均为正常数,则称 $X$ 服从参数为 $\eta$,$\beta$ 的威布尔(Weibull)分布,记作 $X\sim W(\eta,\beta)$。$\eta$ 称为尺度参数(又叫量纲参数或特征寿命),$\beta$ 称为形状参数。

不难看出,当 $\beta=1$ 时,威布尔分布即为指数分布。

大量的经验表明,许多产品的寿命,如滚动轴承的疲劳寿命、电子元器件的寿命等,都服从威布尔分布。它在可靠性问题中有广泛的应用。

## 2.6.4 Γ 分布

设随机变量 $X$ 的概率密度为

$$f(x)=\begin{cases}\dfrac{\beta^{\alpha}}{\Gamma(\alpha)}x^{\alpha-1}\mathrm{e}^{-\beta x}, & x>0\\ 0, & x\leqslant 0\end{cases}\tag{2.15}$$

式中,$\alpha>0$,$\beta>0$ 均为常数,$\Gamma(\alpha)=\int_0^{+\infty}t^{\alpha-1}\mathrm{e}^{-t}\mathrm{d}t$ ①,则称 $X$ 服从参数为 $\alpha$,$\beta$ 的 $\Gamma$ 分布,记作 $X\sim\Gamma(\alpha,\beta)$。

$\Gamma$ 分布在水文统计、最大风速或最大风压的概率计算中经常要用到。概率统计中不少常见的重要分布只是 $\Gamma$ 分布的特殊情形。当 $\alpha=1$ 时,$\Gamma$ 分布即是参数为 $\beta$ 的指数分布;当 $\alpha=$

① $\Gamma(\alpha)$具有下列性质:(1)$\Gamma\left(\frac{1}{2}\right)=\sqrt{\pi}$,$\Gamma(1)=1$;(2) $\Gamma(\alpha+1)=\alpha\Gamma(\alpha)$;(3)对自然数 $n$,$\Gamma(n+1)=n!$。

$\frac{n}{2}$，$\beta=\frac{1}{2}$时，Γ 分布则是统计学中十分重要的 $\chi^2(n)$分布。

## 2.6.5　正态分布

设随机变量 $X$ 的概率密度为

$$f(x)=\frac{1}{\sigma\sqrt{2\pi}}\exp\left[-\frac{(x-\mu)^2}{2\sigma^2}\right],\qquad -\infty<x<+\infty \tag{2.16}$$

式中，$-\infty<\mu<+\infty$，$\sigma>0$ 均为常数，则称 $X$ 服从参数为 $\mu,\sigma$ 的正态分布，记作 $X\sim N(\mu,\sigma^2)$。

参数 $\mu,\sigma$ 的意义将在第 5 章中说明。

正态分布不论在概率统计的理论中还是实际应用中，都占有特别重要的地位。

大量的实践经验与理论分析表明，在相同生产条件下生产的一批产品的质量指标，如灯泡的寿命、钢筋的断裂强度、青砖的抗压强度、棉花的纤维长度等；半导体器件中的热噪声电流、电压等，都可以看作或近似看作是服从正态分布的。

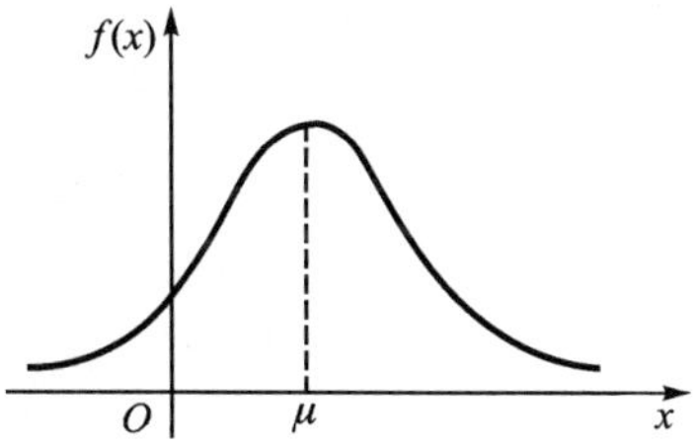

正态分布 $N(\mu,\sigma^2)$的概率密度 $f(x)$在平面直角坐标系中的图形（如图 2-4 所示）呈钟形。

图 2-4

曲线 $f(x)$关于直线 $x=\mu$ 对称；在$(-\infty,\mu)$区间上严格单调递增，在$(\mu,+\infty)$区间上严格单调递减，在点 $x=\mu$ 处取得最大值：

$$f(\mu)=\frac{1}{\sigma\sqrt{2\pi}}$$

在 $x=\mu\pm\sigma$ 处有拐点；当 $x\to\pm\infty$时，曲线以 $Ox$ 轴为其渐近线。

当参数 $\sigma$ 固定时，曲线 $f(x)$随着参数 $\mu$ 的变化而沿 $Ox$ 轴平移，但不改变它的形状，如图 2-5 所示。

当参数 $\mu$ 固定时，曲线 $f(x)$随参数 $\sigma$ 的增大而变得平缓，随 $\sigma$ 的减小而变得陡峭，如图 2-6 所示。

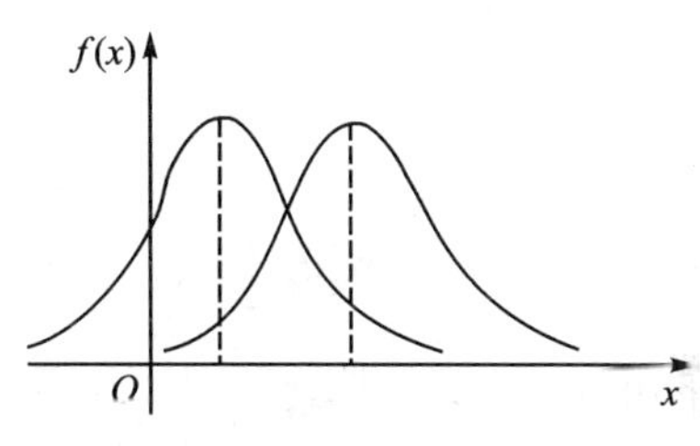

图 2-5

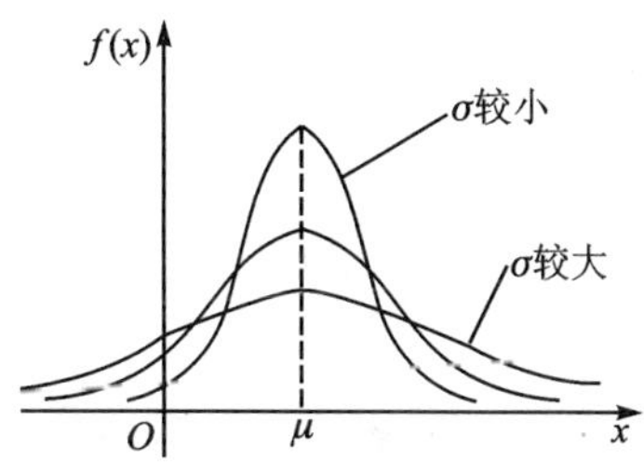

图 2-6

参数 $\mu=0,\sigma=1$ 的正态分布，即 $N(0,1)$，称为标准正态分布，其概率密度和分布函数分别用 $\varphi(x)$ 和 $\Phi(x)$ 表示，即有

$$\varphi(x)=\frac{1}{\sqrt{2\pi}}\exp\left(-\frac{x^2}{2}\right) \tag{2.17}$$

$$\Phi(x)=\frac{1}{\sqrt{2\pi}}\int_{-\infty}^{x}\exp\left(-\frac{t^2}{2}\right)\mathrm{d}t \tag{2.18}$$

不难验证，$\Phi(x)$ 具有下列性质：

(1) $\Phi(0)=\frac{1}{2}$。

(2) $\Phi(x)+\Phi(-x)=1,-\infty<x<+\infty$。

事实上，因为

$$\Phi(-x)=\int_{-\infty}^{-x}\frac{1}{\sqrt{2\pi}}\exp\left(-\frac{t^2}{2}\right)\mathrm{d}t\xlongequal{令\ t=-u}$$

$$-\int_{+\infty}^{x}\frac{1}{\sqrt{2\pi}}\exp\left(-\frac{u^2}{2}\right)\mathrm{d}u=\int_{x}^{+\infty}\frac{1}{\sqrt{2\pi}}\exp\left(-\frac{t^2}{2}\right)\mathrm{d}t$$

故 $$\Phi(x)+\Phi(-x)=\int_{-\infty}^{x}\frac{1}{\sqrt{2\pi}}\exp\left(-\frac{t^2}{2}\right)\mathrm{d}t+\int_{x}^{+\infty}\frac{1}{\sqrt{2\pi}}\exp\left(-\frac{t^2}{2}\right)\mathrm{d}t=$$

$$\int_{-\infty}^{+\infty}\frac{1}{\sqrt{2\pi}}\exp\left(-\frac{t^2}{2}\right)\mathrm{d}t=1$$

性质(2)中令 $x=0$，即得 $\Phi(0)=\frac{1}{2}$。

(3) $\Phi(x)$ 在区间 $(-\infty,+\infty)$ 上严格单调递增。

$\Phi(x)$ 的函数值可从附表2中查到，也可由 $\Phi(x)$ 的函数值查到 $x$ 值。

容易证明，一般正态分布 $N(\mu,\sigma^2)$ 的分布函数 $F(x)$ 与标准正态分布 $N(0,1)$ 的分布函数 $\Phi(x)$ 之间有下列关系：

$$F(x)=\Phi\left(\frac{x-\mu}{\sigma}\right),\qquad -\infty<x<+\infty \tag{2.19}$$

事实上

$$F(x)=\int_{-\infty}^{x}\frac{1}{\sigma\sqrt{2\pi}}\exp\left[-\frac{(t-\mu)^2}{2\sigma^2}\right]\mathrm{d}t\xlongequal{令\frac{t-\mu}{\sigma}=y}\int_{-\infty}^{\frac{x-\mu}{\sigma}}\frac{1}{\sqrt{2\pi}}\exp\left(-\frac{y^2}{2}\right)\mathrm{d}y=\Phi\left(\frac{x-\mu}{\sigma}\right)$$

利用式(2.19)和附表2可以求得一般正态分布函数 $F(x)$ 的值。

**例3** 设随机变量 $X\sim N(2,4^2)$，(1) 求 $P\{-3\leqslant X\leqslant 5\}$；(2) 求 $a$，使 $P\{|X-a|>a\}=0.375\ 3$。

**解**　(1) 由式(2.19)得

$$P\{-3\leqslant X\leqslant 5\}=F(5)-F(-3)=\Phi\left(\frac{5-2}{4}\right)-\Phi\left(\frac{-3-2}{4}\right)=$$

$$\Phi(0.75)-\Phi(-1.25)\xlongequal{\text{查附表 2}}0.773\,4-0.105\,6=0.667\,8$$

(2) $P\{|X-a|>a\}=1-P\{|X-a|\leqslant a\}=$

$$1-P\{-a\leqslant X-a\leqslant a\}=1-P\{0\leqslant X\leqslant 2a\}=1-F(2a)+F(0)=$$

$$1-\Phi\left(\frac{2a-2}{4}\right)+\Phi\left(\frac{-2}{4}\right)\xlongequal{\text{查表}}1.308\,5-\Phi\left(\frac{a}{2}-0.5\right)$$

令

$$1.308\,5-\Phi\left(\frac{a}{2}-0.5\right)=0.375\,3$$

得

$$\Phi\left(\frac{a}{2}-0.5\right)=0.933\,2$$

查表得$\frac{a}{2}-0.5=1.5$，故 $a=4$。

**定义 5**　设 $X$ 是一个标准正态随机变量，给定 $\alpha$，$0<\alpha<1$，如果

$$P\{X\leqslant z_\alpha\}=\alpha \tag{2.20}$$

则称$z_\alpha$ 为标准正态分布的(下侧)$\alpha$ 分位点(或$\alpha$ 分位数)，简称分位点，即

$$\int_{-\infty}^{z_\alpha}\frac{1}{\sqrt{2\pi}}\exp\left(-\frac{x^2}{2}\right)\mathrm{d}x=\Phi(z_\alpha)=\alpha$$

利用分位点的定义和标准正态分布的对称性，不难证明标准正态分布的分位点具有下列性质($0<\alpha<1$)：

(1) $z_\alpha=-z_{1-\alpha}$；

(2) $P\{X>z_{1-\alpha}\}=\alpha$；

(3) $P\{|X|>z_{1-\frac{\alpha}{2}}\}=\alpha$ 或 $P\{-z_{1-\frac{\alpha}{2}}\leqslant X\leqslant z_{1-\frac{\alpha}{2}}\}=1-\alpha$。

**例 4**　设随机变量 $X\sim N(\mu,\sigma^2)$，试用分位点表示下列常数 $a$，$b$：

(1) $\mu=0$，$\sigma=1$，$P\{-X<a\}=0.025$；

(2) $\mu=1$，$\sigma=2$，$P\{|X-1|\leqslant b\}=0.75$。

**解**　(1) 由题设知 $X\sim N(0,1)$，由

$$P\{-X<a\}=P\{X>-a\}=0.025$$

得

$$P\{X\leqslant -a\}=0.975$$

故

$$-a=z_{0.975}$$

从而

$$a=-z_{0.975}(\text{或 }a=z_{0.025})$$

(2) 由题设知 $X\sim N(1,2^2)$，由

$$P\{|X-1|\leqslant b\}=P\{1-b\leqslant X\leqslant 1+b\}=F(1+b)-F(1-b)=$$

$$\Phi\left(\frac{b}{2}\right)-\Phi\left(-\frac{b}{2}\right)=2\Phi\left(\frac{b}{2}\right)-1=0.75$$

得
$$\Phi\left(\frac{b}{2}\right)=0.875$$

从而
$$\frac{b}{2}=z_{0.875}, \qquad b=2z_{0.875}$$

**例 5** 设 $X\sim N(\mu,\sigma^2)$,$\lambda>0$。证明 $X$ 落在区间$(\mu-\lambda\sigma,\mu+\lambda\sigma)$内的概率只与 $\lambda$ 有关,而与 $\mu,\sigma$ 无关。

**证**

$$P\{\mu-\lambda\sigma<X<\mu+\lambda\sigma\}=F(\mu+\lambda\sigma)-F(\mu-\lambda\sigma)=$$
$$\Phi(\lambda)-\Phi(-\lambda)=2\Phi(\lambda)-1$$

即 $X$ 落在区间$(\mu-\lambda\sigma,\mu+\lambda\sigma)$内的概率只与 $\lambda$ 有关,而与 $\mu,\sigma$ 无关。

特别当 $\lambda=1,2,3$ 时,可查表求得

$$P\{\mu-\sigma<X<\mu+\sigma\}=2\Phi(1)-1=0.6826$$
$$P\{\mu-2\sigma<X<\mu+2\sigma\}=2\Phi(2)-1=0.9544$$
$$P\{\mu-3\sigma<X<\mu+3\sigma\}=2\Phi(3)-1=0.9974$$

可见,服从正态分布 $N(\mu,\sigma^2)$的随机变量 $X$ 的值基本上落在区间$(\mu-2\sigma,\mu+2\sigma)$内,而 $X$ 几乎不在区间$(\mu-3\sigma,\mu+3\sigma)$之外取值。

**例 6** 某仪器上装有 4 只独立工作的同类元件。已知每只元件的寿命(以小时计)$X\sim N(5\,000,\sigma^2)$,当工作的元件不少于 2 只时,该仪器能正常工作。求该仪器能正常工作 5 000 h 以上的概率。

**解** 由题设知,每只元件能工作 5 000 h 以上的概率 $p=P\{X>5\,000\}=\frac{1}{2}$,又 4 只元件是独立工作的。若设能工作5 000 h 以上的元件数目为 $Y$,则

$$Y\sim B\left(4,\frac{1}{2}\right)$$

易知,事件“仪器能正常工作 5 000 小时以上”等价于事件$\{Y\geqslant 2\}$。于是,所求概率为

$$P\{Y\geqslant 2\}=1-P\{Y<2\}=$$
$$1-P\{Y=0\}-\{Y=1\}=$$
$$1-C_4^0\left(\frac{1}{2}\right)^0\left(\frac{1}{2}\right)^4-C_4^1\left(\frac{1}{2}\right)^1\left(\frac{1}{2}\right)^3=1-\frac{5}{16}=\frac{11}{16}$$

## 习 题 二

1. 射击一目标,直到击中目标为止。记 $X$ 为射击的次数,试用随机变量 $X$ 的取值表示下列随机事件:(1) 至少射击 20 次才击中目标;(2) 击中目标时至多射击了 10 次;(3) 恰在奇数次射击击中目标。

2. 投掷一颗匀称的骰子，记 $X$ 为出现的点数，求随机变量 $X$ 的分布函数。

3. 将 3 个有区别的球随机地放入木制和纸制的两个盒子中，以 $X$ 表示木盒中的球数，试求随机变量 $X$ 的分布函数。

4. 在区间[0,1]上任意投一点，设点落在[0,1]的子区间上的概率与该子区间的长度成正比，以 $X$ 表示投点位置至坐标原点的距离，试求随机变量 $X$ 的分布函数。

5. 设随机变量 $X$ 的分布函数为

$$F(x)=\begin{cases}a+be^{-x}, & x>0\\ 0, & x\leqslant 0\end{cases}$$

(1) 确定常数 $a,b$；

(2) 求 $P\{X\leqslant \ln 2\}$ 和 $P\{X>1\}$。

6. 已知随机变量 $X$ 的分布函数为

$$F(x)=a+b\arctan x,\quad -\infty<x<+\infty$$

(1) 确定常数 $a,b$；

(2) 求 $P\{-1<X\leqslant\sqrt{3}\}$；

(3) 求 $c$，使得 $P\{X>c\}=\dfrac{1}{4}$。

7. 盒中有 5 只晶体管，其中 3 只为正品，2 只为次品。从中任意取 3 只，以 $X$ 表示取得正品的管子数，试求随机变量 $X$ 的分布律和分布函数。

8. 将红、白、黑三只球随机地逐个放入编号为 1,2,3 的三个盒内(每盒容纳球的数量不限)，以 $X$ 表示有球盒子的最小号码，求随机变量 $X$ 的分布律和分布函数。

9. 某射手欲对一目标进行射击，每次一发子弹。设他每次射击命中目标的概率为 $p(0<p<1)$，规定：一旦目标被击中 2 次或射击了 5 次就停止射击。记 $X$ 为停止射击时，射手所消耗的子弹数目，求随机变量 $X$ 的分布律。

10. 袋中有 10 件产品，其中 6 件一级品、4 件二级品，作有放回抽取 5 次，每次取一件，求：(1) 恰取到 2 件一级品的概率；(2) 至少取到 4 件一级品的概率。

11. 射击比赛中规定：每人对目标射击 4 次(每次一发子弹)，若全不中得 0 分，只中一弹得 20 分，只中两弹得 40 分，只中三弹得 65 分，全中得 100 分。设某参赛者每次射击命中目标的概率均为 0.8，以 $X$ 表示该参赛者在比赛中的得分，求随机变量 $X$ 的分布律。

12. 设做某种试验成功的概率为 0.4，失败的概率为 0.6。将该种试验独立地重复进行，直至成功为止。设 $X$ 为所进行的试验次数，试求随机变量 $X$ 的分布律，并计算 $X$ 取奇数的概率。

13. (1) 设随机变量 $X$ 的分布律为

$$P\{X=k\}=a\frac{\lambda^k}{k!},\qquad k=1,2,\cdots$$

$\lambda>0$ 为常数,试确定常数 $a$。

(2) 设随机变量 $X$ 的分布律为

$$P\{X=k\}=a\,\frac{1}{2^k},\qquad k=1,2,\cdots$$

试确定常数 $a$。

14. 一本500页的书,共有200个错字。设每个错字等可能地出现在每一页上。试求:

(1) 指定的一页上至少有一个错字的概率;

(2) 指定的一页上不超过两个错字的概率;

(3) 指定的一页上恰有一个错字的概率。

15. (1) 将次品率为0.03的一批集成电路进行包装,每盒100只。求一盒中次品不超过5只的概率。

(2) 若集成电路的次品率为0.016,要求一盒中至少有100只正品的概率不小于0.9,一盒至少应装多少只集成电路?

16. 某厂有同类机床60台。假设每台相互独立工作,故障率为0.02。要求机床发生故障时不能及时修理的概率小于0.01,至少需要配备几名工人共同维修?

17. 设 $X\sim\Pi(\lambda)$,且 $P\{X=1\}=\dfrac{2}{3}P\{X=3\}$,求 $P\{X=2\}$。

18. 已知某电话交换台每分钟的呼叫次数服从参数为5的泊松分布。

(1) 求每分钟恰有6次呼叫的概率;

(2) 求每分钟呼叫不少于10次的概率。

19. 证明下列函数是某一随机变量 $X$ 的概率密度:

(1) $$f(x)=\begin{cases}\dfrac{1}{2}\cos x, & -\dfrac{\pi}{2}\leqslant x\leqslant\dfrac{\pi}{2}\\ 0, & \text{其他}\end{cases}$$

(2) $$f(x)=\begin{cases}4x^2\mathrm{e}^{-2x}, & x\geqslant 0\\ 0, & x<0\end{cases}$$

20. 已知 $F(x)=\begin{cases}\dfrac{ax}{1+3x}, & x>0\\ b\mathrm{e}^x, & x\leqslant 0\end{cases}$ 是某随机变量 $X$ 的分布函数。

(1) 确定常数 $a,b$;

(2) 求 $X$ 的概率密度。

21. 已知随机变量 $X$ 的概率密度为

$$f(x)=\begin{cases}a+bx, & 0\leqslant x\leqslant 2\\ 0, & \text{其他}\end{cases}$$

且 $P\{X \geqslant 1\}=\frac{1}{4}$。

(1) 确定常数 $a,b$；

(2) 求分布函数。

22. 设随机变量 $X$ 的概率密度为

$$f(x)=\begin{cases} a\sin x, & 0 \leqslant x \leqslant \pi \\ 0, & \text{其他} \end{cases}$$

(1) 确定常数 $a$；

(2) 求 $X$ 的分布函数。

23. 设随机变量 $X$ 的概率密度为

$$f(x)=\frac{a}{e^x+e^{-x}}, \qquad -\infty < x < +\infty$$

(1) 确定常数 $a$；

(2) 求分布函数 $F(x)$；

(3) 求 $P\{0<X<\ln\sqrt{3}\}$。

24. 已知随机变量 $X$ 的概率密度为

$$f(x)=\begin{cases} ax^2, & 0 \leqslant x \leqslant 1 \\ 0, & \text{其他} \end{cases}$$

(1) 确定常数 $a$；

(2) 求数 $b$，使 $P\{X \leqslant b\}=\frac{1}{7}P\{X \geqslant b\}$；

(3) 求 $P\left\{|X| \geqslant \frac{1}{5}\right\}$。

25. 设随机变量 $X \sim U[-4,4]$。试求方程

$$4t^2+4Xt+X+6=0$$

有实根的概率。

26. 已知某种型号的电子管，其寿命(以小时计)服从参数 $\lambda=0.001$ 的指数分布。

(1) 求管子至少可以使用 500 h 的概率；

(2) 求管子使用时间不超过 2 000 h 的概率。

27. 设随机变量 $X$ 服从参数 $\lambda=1$ 的指数分布，试求方程

$$x^2+2Xx-X+2=0$$

无实根的概率。

28. 确定常数 $a$，使下列函数为某随机变量的概率密度：

(1) $f(x)=ae^{-|x|}, x \in (-\infty,+\infty)$；

(2) $f(x)=a\exp\left(-2x^2+2x-\dfrac{1}{2}\right), x\in(-\infty,+\infty)$ 。

29. 设 $X\sim N(1,4^2)$。

(1) 求 $P\{|X|>2\}$;

(2) 确定常数 $a$,使 $P\{X>a+1\}=0.105\ 6$。

30. 设测量到某一目标的距离时产生的随机误差 $X$(m)具有概率密度

$$f(x)=\frac{1}{40\sqrt{2\pi}}\exp\left[-\frac{(x-20)^2}{3\ 200}\right],\quad -\infty<x<+\infty$$

求在四次独立测量中至少有一次误差的绝对值不超过 20 m 的概率。

31. 设某种产品的质量指标 $X\sim N(200,\sigma^2)$。若要求 $P\{180<X<220\}\geqslant 0.95$,允许 $\sigma$ 最大为多少?

32. 某种型号的灯管寿命(以小时计) $X\sim N(1\ 000,100^2)$。

(1) 求灯管寿命不超过 1 200 h 的概率;

(2) 若规定寿命不低于 900 h 的灯管为一级品,求一支灯管是一级品的概率。

33. 一机床生产的螺栓的长度(cm)服从参数 $\mu=20$ cm,$\sigma=0.1$ cm 的正态分布。规定长度范围在 $20\pm 0.3$ 外的螺栓为不合格品,试求一螺栓为合格品的概率。

34. 已知随机变量 $X\sim N(2,\sigma^2)$,且 $P\{|X-3|\leqslant 1\}=0.44$,求 $P\{|X-2|\geqslant 2\}$。

35. 已知随机变量 $X\sim N(\mu,\sigma^2)$,且

$$P\{X<-1\}=P\{X\geqslant 3\}=\Phi(-1)$$

式中,$\Phi(x)$是标准正态分布函数。求 $\mu,\sigma$。

36. 设 $X\sim N(0,1)$,用分位点表示下列常数 $a,b$:

(1) $P\{|X|>a\}=0.15$;

(2) $P\{1-X<b\}=0.95$。

37. 已知船舶在航行时横向摇摆的振幅 $X$ 具有概率密度

$$f(x)=\begin{cases}\dfrac{x}{\sigma^2}\exp\left(-\dfrac{x^2}{2\sigma^2}\right), & x>0\\ 0, & x\leqslant 0\end{cases}\qquad(\sigma>0)$$

(1) 求振幅不超过 $\sigma$ 的概率;

(2) 求振幅大于 $2\sigma$ 的概率。

38. 某种仪器装有三只相同型号的晶体管,且假定它们的工作是相互独立的。已知晶体管的寿命 $X$(小时)的概率密度为

$$f(x)=\begin{cases}\dfrac{200}{x^2}, & x>200\\ 0, & x\leqslant 200\end{cases}$$

求该仪器在开始使用的 400 小时中,这三只晶体管至少有一只不需要更换的概率。

# 第 3 章 二维随机变量

在第 2 章中，讨论了用一个随机变量描述试验结果以及随机变量的概率分布问题。但在生产实践与理论研究中，有许多的试验结果往往需要同时用两个或更多的随机变量来描述。例如，对平面上的点目标进行射击，弹着点 $A$ 的位置需要用横坐标 $X$ 和纵坐标 $Y$ 才能确定。由于 $X$ 和 $Y$ 的取值都是随着试验结果而变化的，因此它们都是随机变量。又如空中飞行的飞机(其重心)需要用三个随机变量 $X,Y,Z$ 才能确定它的位置，等等。因此需要考虑多个随机变量及其取值规律问题。一般地，把 $n$ 个随机变量 $X_1,X_2,\cdots,X_n$ 构成的有序随机变量组 $(X_1,X_2,\cdots,X_n)$ 称为 $n$ 维随机变量(或 $n$ 维随机向量)。本章只介绍二维情形，它的有关内容可以推广到 $n$ 维($n\geqslant 3$)的情形。

## 3.1 联合分布

**定义 1** 设试验 $E$ 的样本空间为 $S=\{e\}$，而 $X=X(e)$，$Y=Y(e)$ 是定义在 $S$ 上的两个随机变量。称由这两个随机变量组成的向量 $(X,Y)$ 为二维随机变量或二维随机向量。

**定义 2** 设 $(X,Y)$ 为二维随机变量，对任意实数 $x,y$，二元函数

$$F(x,y)=P\{X\leqslant x,Y\leqslant y\} \tag{3.1}$$

称为二维随机变量 $(X,Y)$ 的分布函数，或称为随机变量 $X$ 和 $Y$ 的联合分布函数。

由定义 2 知，分布函数 $F(x,y)$ 是定义在整个平面上的二元实值函数。它在点 $(x,y)$ 处的值就是随机点 $(X,Y)$ 落在以点 $(x,y)$ 为右上顶点的无穷矩形区域内(如图 3-1 所示)的概率。

二维分布函数 $F(x,y)$ 具有与一维分布函数相类似的性质：

(1) 取值范围：$0\leqslant F(x,y)\leqslant 1$，且

$$F(x,-\infty)=F(-\infty,y)=F(-\infty,-\infty)=0$$

$$F(+\infty,+\infty)=1$$

(2) $F(x,y)$ 对 $x$ 或对 $y$ 单调不减，即

$$x_1<x_2 \text{ 导致 } F(x_1,y)\leqslant F(x_2,y);$$

$$y_1<y_2 \text{ 导致 } F(x,y_1)\leqslant F(x,y_2)。$$

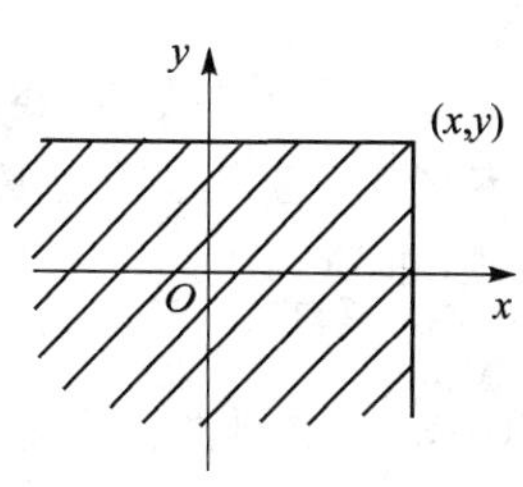


**图 3-1**

(3) $F(x,y)$ 对 $x$ 或对 $y$ 右连续。即有

$$F(x^+,y)=F(x,y)$$

$$F(x,y^+)=F(x,y)$$

(4) 对任意实数 $x_1<x_2$，$y_1<y_2$，恒有

$$F(x_2,y_2)+F(x_1,y_1)-F(x_1,y_2)-F(x_2,y_1)\geqslant 0$$

可以证明:凡满足上述性质(1)~(4)的二元函数 $F(x,y)$,必定是某个二维随机变量的分布函数。

利用分布函数,可以算出随机点$(X,Y)$落在邻边分别平行于坐标轴的任一矩形区域$\{(x,y)\mid x_1<x\leqslant x_2,y_1<y\leqslant y_2\}$(如图3-2所示)内的概率。

$$P\{x_1<X\leqslant x_2,\quad y_1<Y\leqslant y_2\}=$$
$$F(x_2,y_2)+F(x_1,y_1)-F(x_1,y_2)-F(x_2,y_1) \tag{3.2}$$

式(3.2)的正确性可从图3-2看出。事实上

$$\begin{aligned}&P\{x_1<X\leqslant x_2,\quad y_1<Y\leqslant y_2\}=\\&\quad P\{X\leqslant x_2,Y\leqslant y_2\}-P\{X\leqslant x_1,Y\leqslant y_2\}-P\{x_1<X\leqslant x_2,Y\leqslant y_1\}=\\&\quad F(x_2,y_2)-F(x_1,y_2)-P\{X\leqslant x_2,Y\leqslant y_1\}-P\{X\leqslant x_1,Y\leqslant y_1\}=\\&\quad F(x_2,y_2)-F(x_1,y_2)-F(x_2,y_1)+F(x_1,y_1)\end{aligned}$$

进一步可以证明,随机点$(X,Y)$落在平面上任一区域$D$(如图3-3所示)的概率$P\{(X,Y)\in D\}$,可以由分布函数$F(x,y)$完全确定。因此,分布函数$F(x,y)$能够完整地描述二维随机变量$(X,Y)$的取值规律。

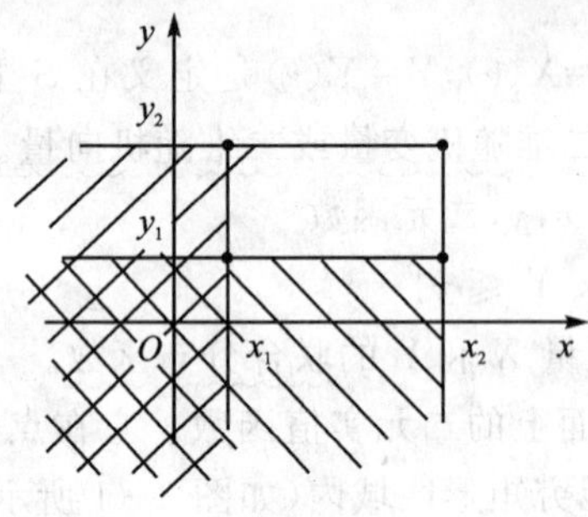


图3-2

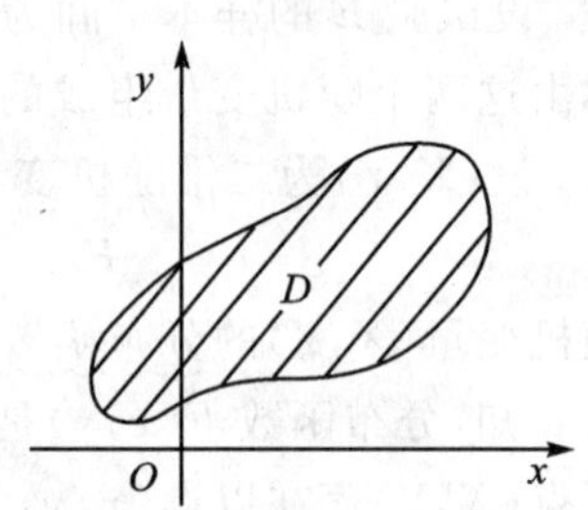


图3-3

对于二维随机变量,我们也只讨论离散型和连续型两类。

**定义3** 若二维随机变量$(X,Y)$的所有可能取值为有限对或可列对$(x_i,y_j)$,$i,j=1,2,3,\cdots$,则称$(X,Y)$是离散型随机变量。记

$$P\{X=x_i,Y=y_j\}=p_{ij},\qquad i,j=1,2,3,\cdots \tag{3.3}$$

称式(3.3)为二维离散型随机变量$(X,Y)$的分布律,或称为随机变量$X$和$Y$的联合分布律。$X$和$Y$的联合分布律可用表3-1表示。

二维离散型随机变量$(X,Y)$的分布律具有下列基本性质:

(1) $p_{ij}\geqslant 0,\quad i,j=1,2,3,\cdots$;

(2) $\sum\limits_{i,j}p_{ij}=1$。

**表 3-1　联合分布律**

| X \ Y | $y_1$ | $y_2$ | … | $y_j$ | … |
|---|---|---|---|---|---|
| $x_1$ | $p_{11}$ | $p_{12}$ | … | $p_{1j}$ | … |
| $x_2$ | $p_{21}$ | $p_{22}$ | … | $p_{2j}$ | … |
| ⋮ | ⋮ | ⋮ | ⋮ | ⋮ | ⋮ |
| $x_i$ | $p_{i1}$ | $p_{i2}$ | … | $p_{ij}$ | … |
| ⋮ | ⋮ | ⋮ | ⋮ | ⋮ | ⋮ |

设$(X,Y)$的分布律为

$$P\{X=x_i,Y=y_j\}=p_{ij}, \qquad i,j=1,2,3,\cdots$$

则随机点$(X,Y)$落在平面上任一区域 $D$ 内的概率为

$$P\{(X,Y)\in D\}=\sum_{(x_i,y_j)\in D} p_{ij} \tag{3.4}$$

式中，和式是对所有使$(x_i,y_j)\in D$ 的 $i,j$ 求和。特别有

$$F(x,y)=P\{X\leqslant x,Y\leqslant y\}=\sum_{\substack{x_i\leqslant x\\ y_j\leqslant y}} p_{ij} \tag{3.5}$$

**例 1**　甲、乙两盒内均有 3 只晶体管，其中甲盒内有 1 只正品，2 只次品。乙盒内有 2 只正品，1 只次品。第一次从甲盒内随机取出 2 只管子放入乙盒内；第二次从乙盒内随机取出 2 只管子。以 $X,Y$ 分别表示第一、二次取出的正品管子的数目。试求$(X,Y)$的分布律以及 $P\{(X,Y)\in D\}$，其中 $D:\{(x,y)\mid x^2+y^2\geqslant 2\}$。

**解**　根据题意知，$X$ 的可能取值为 0，1；$Y$ 的可能取值为 0，1，2。因此，$(X,Y)$的可能取值为(0，0)，(0，1)，(0，2)，(1，0)，(1，1)，(1，2)。

利用乘法公式可得$(X,Y)$的分布律为

$$P\{X=0,Y=0\}=P\{X=0\}\cdot P\{Y=0\mid X=0\}=\frac{C_2^2}{C_3^2}\cdot\frac{C_3^2}{C_5^2}=\frac{3}{30}$$

$$P\{X=0,Y=1\}=P\{X=0\}\cdot P\{Y=1\mid X=0\}=\frac{C_2^2}{C_3^2}\cdot\frac{C_2^1C_3^1}{C_5^2}=\frac{6}{30}$$

$$P\{X=0,Y=2\}=P\{X=0\}\cdot P\{Y=2\mid X=0\}=\frac{C_2^2}{C_3^2}\cdot\frac{C_2^2}{C_5^2}=\frac{1}{30}$$

$$P\{X=1,Y=0\}=P\{X=1\}\cdot P\{Y=0\mid X=1\}=\frac{C_1^1\,C_2^1}{C_3^2}\cdot\frac{C_2^2}{C_5^2}=\frac{2}{30}$$

同理可得

$$P\{X=1,Y=1\}=\frac{12}{30}$$

$$P\{X=1,Y=2\}=\frac{6}{30}$$

用表 3-1 的形式可表述$(X,Y)$的分布律为

| X \ Y | 0 | 1 | 2 |
|---|---|---|---|
| 0 | $\frac{3}{30}$ | $\frac{6}{30}$ | $\frac{1}{30}$ |
| 1 | $\frac{2}{30}$ | $\frac{12}{30}$ | $\frac{6}{30}$ |

由式(3.4)得

$$P\{(X,Y)\in D\}=P\{X=1,Y=1\}+P\{X=1,Y=2\}+P\{X=0,Y=2\}=\frac{12}{30}+\frac{6}{30}+\frac{1}{30}=\frac{19}{30}$$

**定义 4** 设二维随机变量$(X,Y)$的分布函数为$F(x,y)$，若有非负函数$f(x,y)$，使得对任意实数$x,y$，恒有

$$F(x,y)=\int_{-\infty}^{y}\int_{-\infty}^{x}f(u,v)\,\mathrm{d}u\mathrm{d}v \tag{3.6}$$

则称$(X,Y)$是二维连续型随机变量，称函数$f(x,y)$为连续型随机变量$(X,Y)$的概率密度，或称为随机变量$X$与$Y$的联合概率密度。

与一维随机变量的情形类似，$(X,Y)$的概率密度具有下列基本性质：

(1) $f(x,y)\geqslant 0$；

(2) $\int_{-\infty}^{+\infty}\int_{-\infty}^{+\infty}f(x,y)\,\mathrm{d}x\mathrm{d}y=1$。

反之，可以证明，若二元函数$f(x,y)$满足上面两条基本性质，那么它一定是某个二维随机变量$(X,Y)$的概率密度。

根据定义4，如果概率密度$f(x,y)$在点$(x,y)$处连续，则有

$$\frac{\partial^2 F}{\partial x\partial y}=f(x,y) \tag{3.7}$$

利用测度理论可以证明，随机点$(X,Y)$落在平面上任一区域$D$内的概率

$$P\{(X,Y)\in D\}=\iint_D f(x,y)\mathrm{d}x\mathrm{d}y \tag{3.8}$$

从几何上来看，连续型随机变量$(X,Y)$在平面上任一区域$D$内取值的概率就等于以$D$为底，以$z=f(x,y)$为顶面的曲顶柱体的体积。

**例 2** 设二维随机变量$(X,Y)$具有概率密度

$$f(x,y)=\begin{cases}a\mathrm{e}^{-2y}, & 0\leqslant x\leqslant 2,\quad y>0\\ 0, & \text{其他}\end{cases}$$

(1) 确定常数$a$；

(2) 求分布函数$F(x,y)$；

(3) 求$P\{Y\leqslant X\}$。

**解** (1) 由概率密度的性质

$$1=\int_{-\infty}^{+\infty}\int_{-\infty}^{+\infty}f(x,y)\mathrm{d}x\mathrm{d}y=\int_0^2\mathrm{d}x\int_0^{+\infty}a\mathrm{e}^{-2y}\mathrm{d}y=a$$

即得 $a=1$。

(2) 当 $0\leqslant x\leqslant 2$，$y>0$ 时，有

$$F(x,y)=\int_0^x\mathrm{d}x\int_0^y\mathrm{e}^{-2y}\,\mathrm{d}y=\frac{x}{2}(1-\mathrm{e}^{-2y})$$

当 $x>2,y>0$ 时，有

$$F(x,y)=\int_0^2\mathrm{d}x\int_0^y\mathrm{e}^{-2y}\mathrm{d}y=(1-\mathrm{e}^{-2y})$$

当 $x<0$ 或 $y\leqslant 0$ 时，有

$$F(x,y)=0$$

得到所求分布函数为

$$F(x,y)=\begin{cases}\dfrac{x}{2}(1-\mathrm{e}^{-2y}), & 0\leqslant x\leqslant 2,\quad y>0\\ 1-\mathrm{e}^{-2y}, & x>2,\quad y>0\\ 0, & \text{其他}\end{cases}$$

(3) 事件$\{Y\leqslant X\}$表示随机点$(X,Y)$落在平面区域 $D$:$\{(x,y)\mid y\leqslant x\}$(如图 3-4 所示)内。故由式(3.8)得

$$P\{Y\leqslant X\}=\iint\limits_{y\leqslant x}f(x,y)\mathrm{d}x\mathrm{d}y=$$

$$\int_0^2\mathrm{d}x\int_0^x\mathrm{e}^{-2y}\mathrm{d}y=\frac{1}{4}(3+\mathrm{e}^{-4})$$

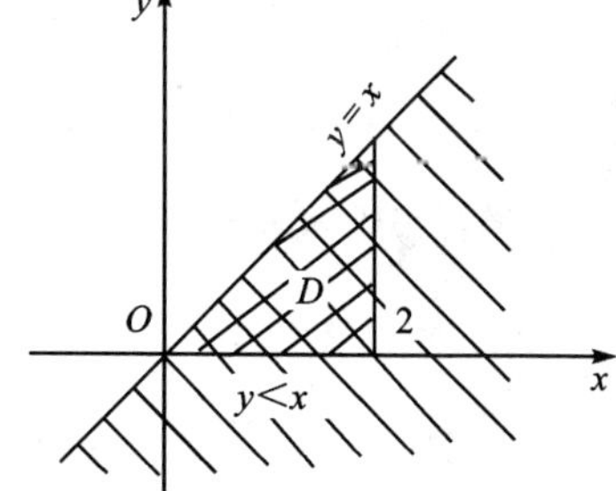


图 3-4

常用的二维连续型随机变量有下面两种。

## 1. 均匀分布

若随机变量$(X,Y)$的概率密度为

$$f(x,y)=\begin{cases}\dfrac{1}{A}, & (x,y)\in D\\ 0, & \text{其他}\end{cases}\tag{3.9}$$

式中，$A$ 为有界区域 $D$ 的面积，则称$(X,Y)$在区域 $D$ 上服从均匀分布。

与一维均匀分布类似，随机点$(X,Y)$落在区域 $D$ 内任意面积相等的子区域上的概率都相等。

## 2. 正态分布

若随机变量$(X,Y)$的概率密度为

$$f(x,y)=\frac{1}{2\pi\sigma_1\sigma_2\sqrt{1-\rho^2}}\exp\left\{-\frac{1}{2(1-\rho^2)}\left[\frac{(x-\mu_1)^2}{\sigma_1^2}-\frac{2\rho(x-\mu_1)(y-\mu_2)}{\sigma_1\sigma_2}+\frac{(y-\mu_2)^2}{\sigma_2^2}\right]\right\} \tag{3.10}$$

式中，$\mu_1,\mu_2,\sigma_1,\sigma_2,\rho$ 均为常数，且 $-\infty<\mu_1<+\infty$，$-\infty<\mu_2<+\infty$，$\sigma_1>0$，$\sigma_2>0$，$|\rho|<1$，则称随机变量 $(X,Y)$ 服从参数为 $\mu_1,\mu_2,\sigma_1,\sigma_2,\rho$ 的二维正态分布，记作

$$(X,Y)\sim N(\mu_1,\sigma_1^2;\quad \mu_2,\sigma_2^2;\quad \rho)$$

上述5个参数的意义将在第5章中说明。

## 3.2 边沿分布律与条件分布律

二维离散型随机变量 $(X,Y)$ 中，分量 $X$ 和 $Y$ 都是离散型随机变量。它们各自的分布分别称为 $(X,Y)$ 关于 $X$ 或关于 $Y$ 的边沿分布。在已知一个分量取某一定值的条件下，另一个分量的分布称为条件分布。$(X,Y)$ 的边沿分布和条件分布可由它的联合分布得到。

### 3.2.1 边沿分布律

设 $(X,Y)$ 的分布律为

$$p_{ij}=P\{X=x_i,Y=y_j\},\qquad i,j=1,2,3,\cdots$$

由于 $\sum\limits_{j=1}^{\infty}\{Y=y_j\}=S$ 且 $\{Y=y_1\},\{Y=y_2\},\cdots,\{Y=y_j\},\cdots$ 互不相容，故由概率性质得 $(X,Y)$ 关于 $X$ 的边沿分布律为

$$p_{i\cdot}=P\{X=x_i\}=P\left\{(X=x_i)\left[\sum_{j=1}^{\infty}(Y=y_j)\right]\right\}=$$

$$P\left\{\sum_{j=1}^{\infty}(X=x_i,Y=y_j)\right\}=\sum_{j=1}^{\infty}P\{X=x_i,Y=y_j\}=$$

$$\sum_{j=1}^{\infty}p_{ij},\qquad i=1,2,3,\cdots$$

即

$$p_{i\cdot}=\sum_{j=1}^{\infty}p_{ij},\qquad i=1,2,3,\cdots \tag{3.11}$$

同理，$(X,Y)$ 关于 $Y$ 的边沿分布律为

$$p_{\cdot j}=P\{Y=y_i\}=\sum_{i=1}^{\infty}p_{ij},\qquad j=1,2,3,\cdots \tag{3.12}$$

**例1** 求第3.1节例1中的 $(X,Y)$ 关于 $X$ 和关于 $Y$ 的边沿分布律。

**解** 将联合分布律表中各行概率分别相加，得到关于 $X$ 的边沿分布律：

$$p_{0\cdot} = P\{X=0\} = \frac{3}{30}+\frac{6}{30}+\frac{1}{30}=\frac{1}{3}$$

$$p_{1\cdot} = P\{X=1\} = \frac{2}{30}+\frac{12}{30}+\frac{6}{30}=\frac{2}{3}$$

类似地，将联合分布律表中各列概率分别相加，得到关于 $Y$ 的边沿分布律：

$$p_{\cdot 0}=\frac{5}{30},\qquad p_{\cdot 1}=\frac{18}{30},\qquad p_{\cdot 2}=\frac{7}{30}$$

用表格的形式表示为

| $X$ | 0 | 1 |
|---|---|---|
| $p_{i\cdot}$ | $\frac{1}{3}$ | $\frac{2}{3}$ |

| $Y$ | 0 | 1 | 2 |
|---|---|---|---|
| $p_{\cdot j}$ | $\frac{5}{30}$ | $\frac{18}{30}$ | $\frac{7}{30}$ |

## 3.2.2　条件分布律

**定义 5**　对于二维离散型随机变量 $(X,Y)$，当 $p_{\cdot j}>0$ 时，称

$$P\{X=x_i \mid Y=y_j\}=\frac{P\{X=x_i,Y=y_j\}}{P\{Y=y_j\}}=\frac{p_{ij}}{p_{\cdot j}},\qquad i=1,2,3,\cdots \tag{3.13}$$

为在 $Y=y_j$ 的条件下 $X$ 的条件分布律。

当 $p_{i\cdot}>0$ 时，称

$$P\{Y=y_j \mid X=x_i\}=\frac{P\{X=x_i,Y=y_j\}}{P\{X=x_i\}}=\frac{p_{ij}}{p_{i\cdot}},\qquad j=1,2,3,\cdots \tag{3.14}$$

为在 $X=x_i$ 的条件下 $Y$ 的条件分布律。

**例 2**　对第 3.1 节例 1 中的二维随机变量 $(X,Y)$，求在 $Y=1$ 的条件下 $X$ 的条件分布律和在 $X=0$ 的条件下 $Y$ 的条件分布律。

**解**　例 1 中已经求得

$$p_{\cdot 1}=\frac{18}{30},\qquad p_{0\cdot}=\frac{1}{3}$$

由式(3.13)得，在 $Y=1$ 的条件下，$X$ 的条件分布律为

$$P\{X=0 \mid Y=1\}=\frac{p_{01}}{p_{\cdot 1}}=\frac{\frac{6}{30}}{\frac{18}{30}}=\frac{1}{3}$$

$$P\{X=1 \mid Y=1\}=\frac{p_{11}}{p_{\cdot 1}}=\frac{\frac{12}{30}}{\frac{18}{30}}=\frac{2}{3}$$

由式(3.14)得，在 $X=0$ 的条件下，$Y$ 的条件分布律为

$$P\{Y=0 \mid X=0\}=\frac{p_{00}}{p_{0\cdot}}=\frac{\frac{3}{30}}{\frac{1}{3}}=\frac{3}{10}$$

$$P\{Y=1 \mid X=0\}=\frac{p_{01}}{p_{0\cdot}}=\frac{\frac{6}{30}}{\frac{1}{3}}=\frac{6}{10}$$

$$P\{Y=2 \mid X=0\}=\frac{p_{02}}{p_{0\cdot}}=\frac{\frac{1}{30}}{\frac{1}{3}}=\frac{1}{10}$$

类似地,还可以求出在 $Y=0$ 或 $Y=2$ 的条件下,$X$ 的条件分布律,以及在 $X=1$ 的条件下,$Y$ 的条件分布律。

可以验证,二维离散型随机变量$(X,Y)$的边沿分布律和条件分布律具有一维分布律的基本性质。

## 3.3 边沿分布函数

设$(X,Y)$的分布函数为 $F(x,y)$,记$(X,Y)$关于 $X$ 和关于 $Y$ 的边沿分布函数分别为 $F_X(x)$,$F_Y(y)$,则

$$F_X(x)=P\{X\leqslant x\}=P\{X\leqslant x,Y<+\infty\}=F(x,+\infty)$$

即

$$F_X(x)=F(x,+\infty) \tag{3.15}$$

同理

$$F_Y(y)=F(+\infty,y) \tag{3.16}$$

式(3.15)和式(3.16)表明:$(X,Y)$的边沿分布函数可由联合分布函数得到。

**例 1** 求第 3.1 节例 2 中的$(X,Y)$关于 $X$ 和关于 $Y$ 的边沿分布函数。

**解** 由第 3.1 节例 2 知,$(X,Y)$的分布函数为

$$F(x,y)=\begin{cases}\frac{x}{2}(1-\mathrm{e}^{-2y}), & 0\leqslant x\leqslant 2, \quad y>0\\ 1-\mathrm{e}^{-2y}, & x>2, \quad y>0\\ 0, & \text{其他}\end{cases}$$

于是,由式(3.15)和式(3.16)分别得$(X,Y)$关于 $X$ 和关于 $Y$ 的边沿分布函数

$$F_X(x)=F(x,+\infty)=\begin{cases}0, & x<0\\ \dfrac{x}{2}, & 0\leqslant x\leqslant 2\\ 1, & x>2\end{cases}$$

$$F_Y(y)=F(+\infty,y)=\begin{cases}1-\mathrm{e}^{-2y}, & y>0\\ 0, & y\leqslant 0\end{cases}$$

# 3.4　边沿概率密度与条件概率密度

对于二维连续型随机变量$(X,Y)$，可以证明：分量 $X$ 和 $Y$ 都是连续型随机变量。它们各自的分布（即边沿分布）以及在一个分量取某一定值的条件下，另一个分量的分布（即条件分布）同样可由$(X,Y)$的分布来确定。

## 3.4.1　边沿概率密度

设连续型随机变量$(X,Y)$的概率密度为 $f(x,y)$，由式(3.15)和式(3.16)得

$$F_X(x)=F(x,+\infty)=\int_{-\infty}^{x}\left[\int_{-\infty}^{+\infty}f(x,y)\mathrm{d}y\right]\mathrm{d}x$$

$$F_Y(y)=F(+\infty,y)=\int_{-\infty}^{y}\left[\int_{-\infty}^{+\infty}f(x,y)\mathrm{d}x\right]\mathrm{d}y$$

这表明，分量 $X$ 和 $Y$ 都是连续型随机变量，并且 $X$ 的概率密度即$(X,Y)$关于 $X$ 的边沿概率密度为

$$f_X(x)=\int_{-\infty}^{+\infty}f(x,y)\,\mathrm{d}y \tag{3.17}$$

$(X,Y)$关于 $Y$ 的边沿概率密度为

$$f_Y(y)=\int_{-\infty}^{+\infty}f(x,y)\,\mathrm{d}x \tag{3.18}$$

**例 1**　设二维随机变量$(X,Y)$的概率密度为

$$f(x,y)=\begin{cases}2xy, & 0\leqslant x\leqslant 1,\quad 0\leqslant y\leqslant 2x\\ 0, & \text{其他}\end{cases}$$

求关于 $X$ 和关于 $Y$ 的边沿概率密度。

**解**　由式(3.17)，当 $0\leqslant x\leqslant 1$ 时，有

$$f_X(x)=\int_{-\infty}^{+\infty}f(x,y)\mathrm{d}y=\int_{0}^{2x}2xy\,\mathrm{d}y=4x^3$$

当 $x<0$ 或 $x>1$ 时，因 $f(x,y)\equiv 0$，所以 $f_X(x)=0$，于是得到关于 $X$ 的边沿概率密度为

$$f_X(x)=\begin{cases}4x^3, & 0\leqslant x\leqslant 1\\ 0, & \text{其他}\end{cases}$$

由式(3.18)得关于$Y$的边沿概率密度为

$$f_Y(y)=\int_{-\infty}^{+\infty}f(x,y)\mathrm{d}x=$$

$$\begin{cases}\int_{\frac{y}{2}}^{1}2xy\,\mathrm{d}x=y\left(1-\frac{1}{4}y^2\right), & 0\leqslant y\leqslant 2\\ 0, & \text{其他}\end{cases}$$

**例2** 设$(X,Y)\sim N(\mu_1,\sigma_1^2;\mu_2,\sigma_2^2;\rho)$。试求关于$X$和关于$Y$的边沿概率密度。

**解** 由式(3.17),有

$$f_X(x)=\int_{-\infty}^{+\infty}f(x,y)\mathrm{d}y=$$

$$\int_{-\infty}^{+\infty}\frac{1}{2\pi\sigma_1\sigma_2\sqrt{1-\rho^2}}\exp\left\{-\frac{1}{2(1-\rho^2)}\left[\frac{(x-\mu_1)^2}{\sigma_1^2}-\right.\right.$$

$$\left.\left.2\rho\frac{(x-\mu_1)(y-\mu_2)}{\sigma_1\sigma_2}+\frac{(y-\mu_2)^2}{\sigma_2^2}\right]\right\}\mathrm{d}y=$$

$$\frac{1}{\sigma_1\sqrt{2\pi}}\exp\left[-\frac{(x-\mu_1)^2}{2\sigma_1^2}\right]\cdot$$

$$\int_{-\infty}^{+\infty}\frac{1}{\sqrt{2\pi}(\sigma_2\sqrt{1-\rho^2})}\exp\left\{-\frac{1}{2(\sigma_2\sqrt{1-\rho^2})^2}\cdot\right.$$

$$\left.\left\{y-\left[\mu_2+\frac{\rho\sigma_2}{\sigma_1}(x-\mu_1)\right]\right\}^2\right\}\mathrm{d}y$$

注意到积分号下的被积函数是正态分布$N\left(\mu_2+\frac{\rho\sigma_2}{\sigma_1}(x-\mu_1),(\sigma_2\sqrt{1-\rho^2})^2\right)$的概率密度,故积分值为1。于是得

$$f_X(x)=\frac{1}{\sigma_1\sqrt{2\pi}}\exp\left[-\frac{(x-\mu_1)^2}{2\sigma_1^2}\right],\qquad -\infty<x<+\infty$$

同理,由式(3.18)得

$$f_Y(y)=\frac{1}{\sigma_2\sqrt{2\pi}}\exp\left[-\frac{(y-\mu_2)^2}{2\sigma_2^2}\right],\qquad -\infty<y<+\infty$$

上述结果表明,二维正态分布的两个边沿分布都是一维正态分布,并且都不依赖于参数$\rho$。于是,对于给定的参数$\mu_1,\mu_2,\sigma_1,\sigma_2$,不同的参数$\rho$所对应的不同二维正态分布,它们的边沿分布是完全相同的。因此,联合分布可以完全确定它的边沿分布,但边沿分布在一般情况下不能确定联合分布。

### 3.4.2 条件概率密度

**定义 6** 对于二维连续型随机变量$(X,Y)$，如果存在极限

$$\lim_{\varepsilon\to 0^+} P\{X\leqslant x \mid y-\varepsilon<Y\leqslant y+\varepsilon\}$$

则称此极限为在条件 $Y=y$ 下 $X$ 的条件分布函数，记为 $F_{X|Y}(x|y)$。

相应地，在条件 $X=x$ 下 $Y$ 的条件分布函数可定义为

$$F_{Y|X}(y\mid x)=\lim_{\varepsilon\to 0^+} P\{Y\leqslant y \mid x-\varepsilon<X\leqslant x+\varepsilon\}$$

(如果此极限存在)。

由定义 6，有

$$F_{X|Y}(x\mid y)=\lim_{\varepsilon\to 0^+}\frac{P\{X\leqslant x,y-\varepsilon<Y\leqslant y+\varepsilon\}}{P\{y-\varepsilon<Y\leqslant y+\varepsilon\}}=$$

$$\lim_{\varepsilon\to 0^+}\frac{[F(x,y+\varepsilon)-F(x,y-\varepsilon)]/\varepsilon}{[F_Y(y+\varepsilon)-F_Y(y-\varepsilon)]/\varepsilon}=\frac{\frac{\partial}{\partial y}F(x,y)}{\frac{\mathrm{d}}{\mathrm{d}y}F_Y(y)}$$

即

$$F_{X|Y}(x\mid y)=\frac{\frac{\partial}{\partial y}F(x,y)}{\frac{\mathrm{d}}{\mathrm{d}y}F_Y(y)} \tag{3.19}$$

同理有

$$F_{Y|X}(y\mid x)=\frac{\frac{\partial}{\partial x}F(x,y)}{\frac{\mathrm{d}}{\mathrm{d}x}F_X(x)} \tag{3.20}$$

设二维连续型随机变量$(X,Y)$的概率密度为 $f(x,y)$，$f_X(x)$，$f_Y(y)$分别是$(X,Y)$关于 $X$ 和关于 $Y$ 的边沿概率密度，则式(3.19)可以进一步转化为

$$F_{X|Y}(x\mid y)=\frac{\int_{-\infty}^{x}f(x,y)\mathrm{d}x}{f_Y(y)}=\int_{-\infty}^{x}\frac{f(x,y)}{f_Y(y)}\mathrm{d}x$$

上式表明：当 $f_Y(y)\neq 0$ 时，在条件 $Y=y$ 下，$X$ 的条件分布是连续型分布，且积分号下的非负函数$\frac{f(x,y)}{f_Y(y)}$正是相应于条件分布函数 $F_{X|Y}(x|y)$的概率密度函数，称它为在条件 $Y=y$ 下 $X$ 的条件概率密度，记作 $f_{X|Y}(x|y)$，即有

$$f_{X|Y}(x\mid y)=\frac{f(x,y)}{f_Y(y)},\qquad f_Y(y)\neq 0 \tag{3.21}$$

同理，由式(3.20)可得，在条件 $X=x$ 下 $Y$ 的条件概率密度为

$$f_{Y|X}(y \mid x)=\frac{f(x,y)}{f_X(x)}, \qquad f_X(x)\neq 0 \tag{3.22}$$

**例 3** 求例 1 中的二维随机变量$(X,Y)$的条件概率密度 $f_{X|Y}(x \mid y)$ 和 $f_{Y|X}(y \mid x)$。

**解** 由例 1 知

$$f_X(x)=\begin{cases}4x^3, & 0\leqslant x\leqslant 1\\ 0, & \text{其他}\end{cases}$$

$$f_Y(y)=\begin{cases}y\left(1-\dfrac{1}{4}y^2\right), & 0\leqslant y\leqslant 2\\ 0, & \text{其他}\end{cases}$$

显然,当 $0<y<2$ 时,$f_Y(y)\neq 0$,故由式(3.21)知

$$f_{X|Y}(x \mid y)=\frac{f(x,y)}{f_Y(y)}=\begin{cases}\dfrac{8x}{4-y^2}, & \dfrac{y}{2}\leqslant x\leqslant 1\\ 0, & \text{其他 } x\end{cases}$$

当 $0<x\leqslant 1$ 时,$f_X(x)\neq 0$,由式(3.22)知

$$f_{Y|X}(y \mid x)=\frac{f(x,y)}{f_X(x)}=\begin{cases}\dfrac{y}{2x^2}, & 0\leqslant y\leqslant 2x\\ 0, & \text{其他 } y\end{cases}$$

**例 4** 设$(X,Y)\sim N(\mu_1,\sigma_1^2;\mu_2,\sigma_2^2;\rho)$,求$(X,Y)$的条件概率密度 $f_{X|Y}(x|y)$和 $f_{Y|X}(y|x)$。

**解** 由例 2 知

$$f_X(x)=\frac{1}{\sigma_1\sqrt{2\pi}}\exp\left[-\frac{(x-\mu_1)^2}{2\sigma_1^2}\right], \qquad -\infty<x<+\infty$$

$$f_Y(y)=\frac{1}{\sigma_2\sqrt{2\pi}}\exp\left[-\frac{(y-\mu_2)^2}{2\sigma_2^2}\right], \qquad -\infty<y<+\infty$$

故由式(3.21)知,对任意实数 $y$,有

$$f_{X|Y}(x \mid y)=\frac{f(x,y)}{f_Y(y)}=\frac{1}{2\pi\sigma_1\sigma_2\sqrt{1-\rho^2}}\exp\left\{-\frac{1}{2(1-\rho^2)}\cdot\right.$$

$$\left.\left[\frac{(x-\mu_1)^2}{\sigma_1^2}-\frac{2\rho(x-\mu_1)(y-\mu_2)}{\sigma_1\sigma_2}+\frac{(y-\mu_2)^2}{\sigma_2^2}\right]\right\}\Big/\frac{1}{\sigma_2\sqrt{2\pi}}\exp\left[-\frac{(y-\mu_2)^2}{2\sigma_2^2}\right]=$$

$$\frac{1}{\sigma_1\sqrt{2\pi}\sqrt{1-\rho^2}}\cdot\exp\left\{-\frac{1}{2\sigma_1^2(1-\rho^2)}\left[(x-\mu_1)-\frac{\rho\sigma_1}{\sigma_2}(y-\mu_2)\right]^2\right\}$$

$$-\infty<x<+\infty$$

易知,它是正态分布 $N\left[\mu_1+\dfrac{\rho\sigma_1}{\sigma_2}(y-\mu_2),(\sigma_1\sqrt{1-\rho^2})^2\right]$的概率密度。

同理可得,对任意 $x$,有

$$f_{Y|X}(y \mid x)=\frac{1}{\sigma_2\sqrt{2\pi}\sqrt{1-\rho^2}}\exp\left\{-\frac{1}{2\sigma_2^2(1-\rho^2)}\cdot\right.$$

$$\left[(y-\mu_2)-\frac{\rho\sigma_2}{\sigma_1}(x-\mu_1)\right]^2\Bigg\},\quad -\infty<y<+\infty$$

显然，$f_{Y|X}(y|x)$是正态分布 $N\left[\mu_2+\frac{\rho\sigma_2}{\sigma_1}(x-\mu_1),(\sigma_2\sqrt{1-\rho^2})^2\right]$的概率密度。

上述结果表明：二维正态随机变量$(X,Y)$的条件分布仍是正态分布。

可以验证，二维连续型随机变量$(X,Y)$的边沿概率密度和条件概率密度也具有一维概率密度的基本性质。

**例 5**　设二维随机变量$(X,Y)$的概率密度为

$$f(x,y)=\begin{cases}2xy, & 0\leqslant x\leqslant 1,\quad 0\leqslant y\leqslant 2x\\ 0, & \text{其他}\end{cases}$$

求 $P\left\{X\geqslant\frac{3}{4}\middle|Y=1\right\}$和 $P\left\{Y\leqslant\frac{1}{2}\middle|X=\frac{1}{2}\right\}$。

**解**　由例 3 知，当$Y=1$时，有

$$f_{X|Y}(x\mid 1)=\begin{cases}\frac{8}{3}x, & \frac{1}{2}\leqslant x\leqslant 1\\ 0, & \text{其他}\end{cases}$$

当 $X=\frac{1}{2}$时，有

$$f_{Y|X}\left(y\middle|\frac{1}{2}\right)=\begin{cases}2y, & 0\leqslant y\leqslant 1\\ 0, & \text{其他}\end{cases}$$

故

$$P\left\{X\geqslant\frac{3}{4}\middle|Y=1\right\}=\int_{\frac{3}{4}}^{+\infty}f_{X|Y}(x\mid 1)\mathrm{d}x=\int_{\frac{3}{4}}^{1}\frac{8}{3}x\mathrm{d}x=\frac{4}{3}x^2\Big|_{\frac{3}{4}}^{1}=\frac{7}{12}$$

$$P\left\{Y\leqslant\frac{1}{2}\middle|X=\frac{1}{2}\right\}=F_{Y|X}\left(\frac{1}{2}\middle|\frac{1}{2}\right)=\int_{-\infty}^{\frac{1}{2}}f_{Y|X}\left(y\middle|\frac{1}{2}\right)\mathrm{d}y=$$

$$\int_0^{\frac{1}{2}}2y\mathrm{d}y=y^2\Big|_0^{\frac{1}{2}}=\frac{1}{4}$$

## 3.5　相互独立的随机变量

在第 1 章中，我们引进了事件相互独立的概念。下面把独立性这一概念引用到随机变量中来。

**定义 7**　设 $X,Y$ 为两个随机变量，若对任意实数 $x,y$，有

$$P\{X\leqslant x,Y\leqslant y\}=P\{X\leqslant x\}\cdot P\{Y\leqslant y\}\tag{3.23}$$

则称$X,Y$ 相互独立，简称独立。

若 $F(x,y)$,$F_X(x)$,$F_Y(y)$分别是二维随机变量$(X,Y)$的分布函数及边沿分布函数,则式(3.23)等价于

$$F(x,y)=F_X(x)\cdot F_Y(y) \tag{3.24}$$

**例1** 设二维随机变量$(X,Y)$的分布函数为

$$F(x,y)=\begin{cases}1-\mathrm{e}^{-2x}-\mathrm{e}^{-3y}+\mathrm{e}^{-(2x+3y)} & x>0,\quad y>0\\ 0 & \text{其他}\end{cases}$$

验证随机变量 $X$ 与 $Y$ 相互独立。

**解** 容易算得

$$F_X(x)=F(x,+\infty)=\begin{cases}1-\mathrm{e}^{-2x}, & x>0\\ 0, & x\leqslant 0\end{cases}$$

$$F_Y(y)=F(+\infty,y)=\begin{cases}1-\mathrm{e}^{-3y}, & y>0\\ 0, & y\leqslant 0\end{cases}$$

显然,对任意实数 $x,y$ 恒有

$$F(x,y)=F_X(x)\cdot F_Y(y)$$

因此,$X$ 与 $Y$ 相互独立。

关于随机变量 $X,Y$ 相互独立的条件有下面的结论。

**定理1** 设二维离散型随机变量$(X,Y)$的分布律及边沿分布律分别为

$$p_{ij},\ p_{i\cdot},\ p_{\cdot j},\qquad i,j=1,2,3,\cdots$$

则 $X$ 与 $Y$ 相互独立的充分必要条件是:对任意的 $i,j$,有

$$p_{ij}=p_{i\cdot}p_{\cdot j} \tag{3.25}$$

**证** 充分性:

对任意实数 $x,y$,将式(3.25)两端对一切满足 $x_i\leqslant x$ 及 $y_j\leqslant y$ 的 $i,j$ 相加,等号左边

$$\sum_{\substack{x_i\leqslant x\\ y_j\leqslant y}}p_{ij}=\sum_{\substack{x_i\leqslant x\\ y_j\leqslant y}}P\{X=x_i,Y=y_j\}=F(x,y)$$

等号右边

$$\sum_{\substack{x_i\leqslant x\\ y_j\leqslant y}}p_{i\cdot}p_{\cdot j}=\sum_{x_i\leqslant x}\sum_{y_j\leqslant y}p_{i\cdot}p_{\cdot j}=$$

$$\sum_{x_i\leqslant x}P\{X=x_i\}\sum_{y_j\leqslant y}P\{Y=y_j\}=F_X(x)F_Y(y)$$

即得

$$F(x,y)=F_X(x)F_Y(y)$$

因此,$X$ 与 $Y$ 相互独立。

必要性的证明比较复杂些,从略。

**例2** 已知二维离散型随机变量$(X,Y)$的分布律为

| $X$ \ $Y$ | 0 | 1 | 2 |
|---|---|---|---|
| 0 | $\frac{3}{30}$ | $\frac{6}{30}$ | $\frac{1}{30}$ |
| 1 | $\frac{2}{30}$ | $\frac{12}{30}$ | $\frac{6}{30}$ |

验证：$X$ 与 $Y$ 是否独立？

**解**　容易算得

$$p_{0\cdot} = \frac{1}{3}, \qquad p_{\cdot 0} = \frac{1}{6}$$

而 $p_{00}=\dfrac{1}{10}$，显然 $p_{00} \neq p_{0\cdot}\, p_{\cdot 0}$，故由定理 1 知，$X$ 与 $Y$ 不独立。

**定理 2**　设二维连续型随机变量$(X,Y)$的概率密度和边沿概率密度分别为 $f(x,y)$ 和 $f_X(x)$，$f_Y(y)$，则 $X$ 与 $Y$ 相互独立的充分必要条件是

$$f(x,y) = f_X(x) \cdot f_Y(y)^{①} \tag{3.26}$$

**证**　充分性：

设 $f(x,y)=f_X(x)f_Y(y)$，则

$$F(x,y) = \int_{-\infty}^{y}\int_{-\infty}^{x} f(u,v)\mathrm{d}u\mathrm{d}v = \int_{-\infty}^{y}\int_{-\infty}^{x} f_X(u)f_Y(v)\mathrm{d}u\mathrm{d}v =$$

$$\int_{-\infty}^{x} f_X(u)\mathrm{d}u \int_{-\infty}^{y} f_Y(v)\mathrm{d}v = F_X(x)\ F_Y(y)$$

因此，$X$ 与 $Y$ 相互独立。

必要性：

设 $X$ 与 $Y$ 相互独立，则有

$$F(x,y) = F_X(x)F_Y(y)$$

将上式两端对 $x$，$y$ 求二阶混合偏导数便得

$$f(x,y) = f_X(x)f_Y(y)$$

证毕。

**例 3**　设$(X,Y)\sim N(\mu_1,\sigma_1^2;\ \mu_2,\sigma_2^2;\ \rho)$，试证：$X$ 与 $Y$ 相互独立的充分必要条件是 $\rho=0$。

**证**　由题设知

$$f(x,y) = \frac{1}{2\pi\sigma_1\sigma_2\sqrt{1-\rho^2}}\exp\left\{-\frac{1}{2(1-\rho^2)}\left[\frac{(x-\mu_1)^2}{\sigma_1^2} - \frac{2\rho(x-\mu_1)(y-\mu_2)}{\sigma_1\sigma_2} + \frac{(y-\mu_2)^2}{\sigma_2^2}\right]\right\}$$

---

①　等式只要求在 $f(x,y)$，$f_X(x)$，$f_Y(y)$ 的一切连续点处成立即可。

$$-\infty<x<+\infty,\qquad -\infty<y<+\infty$$

且由第 3.4 节例 2 知

$$f_X(x)=\frac{1}{\sigma_1\sqrt{2\pi}}\exp\left[-\frac{(x-\mu_1)^2}{2\sigma_1^2}\right],\qquad -\infty<x<+\infty$$

$$f_Y(y)=\frac{1}{\sigma_2\sqrt{2\pi}}\exp\left[-\frac{(y-\mu_2)^2}{2\sigma_2^2}\right],\qquad -\infty<y<+\infty$$

充分性:

若 $\rho=0$,则

$$f(x,y)=\frac{1}{2\pi\sigma_1\sigma_2}\exp\left\{-\frac{1}{2}\left[\frac{(x-\mu_1)^2}{\sigma_1^2}+\frac{(y-\mu_2)^2}{\sigma_2^2}\right]\right\}=$$

$$\frac{1}{\sigma_1\sqrt{2\pi}}\exp\left[-\frac{(x-\mu_1)^2}{2\sigma_1^2}\right]\frac{1}{\sigma_2\sqrt{2\pi}}\exp\left[-\frac{(y-\mu_2)^2}{2\sigma_2^2}\right]=f_X(x)f_Y(y)$$

$$-\infty<x<+\infty,\qquad -\infty<y<+\infty$$

因此,$X$ 与 $Y$ 相互独立。

必要性:

若 $X,Y$ 相互独立,则对任意实数 $x,y$,有

$$f(x,y)=f_X(x)f_Y(y)$$

特别地,对 $x=\mu_1,y=\mu_2$,有

$$f(\mu_1,\mu_2)=f_X(\mu_1)f_Y(\mu_2)$$

即

$$\frac{1}{2\pi\sigma_1\sigma_2\sqrt{1-\rho^2}}=\frac{1}{\sigma_1\sqrt{2\pi}}\cdot\frac{1}{\sigma_2\sqrt{2\pi}}$$

从而 $\rho=0$。证毕。

**例 4** 设二维随机变量$(X,Y)$的概率密度为

$$f(x,y)=\begin{cases}3xy, & 0\leqslant y\leqslant x\leqslant 2-y\\ 0, & \text{其他}\end{cases}$$

试判定 $X$ 与 $Y$ 是否相互独立。

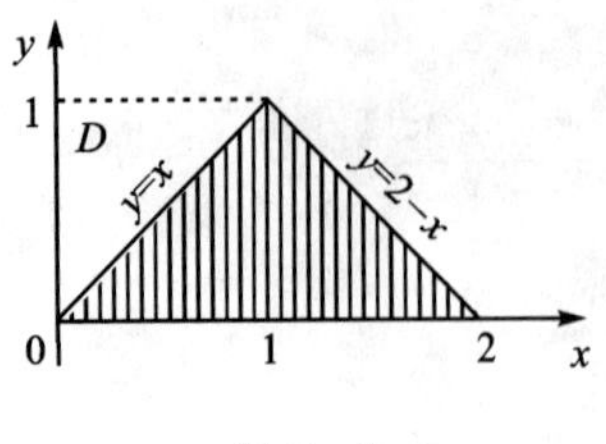

图 3-5

**解** $f(x,y)$的定义域如图 3-5 所示。

$$f_X(x)=\int_{-\infty}^{+\infty}f(x,y)\,\mathrm{d}y=$$

$$\begin{cases}\int_0^x 3xy\,\mathrm{d}y=\frac{3}{2}x^3, & 0\leqslant x\leqslant 1\\ \int_0^{2-x}3xy\,\mathrm{d}y=\frac{3}{2}x^3-6x^2+6x, & 1<x\leqslant 2\\ 0, & \text{其他}\end{cases}$$

$$f_Y(y)=\int_{-\infty}^{+\infty}f(x,y)\mathrm{d}x=$$

$$\begin{cases}\int_y^{2-y}3xy\mathrm{d}x=6(y-y^2), & 0\leqslant y\leqslant 1\\ 0, & \text{其他}\end{cases}$$

在区域 $D:\{(x,y)|0<x<y<1\}$ 内，$f(x,y)=0$，而

$$f_X(x)\cdot f_Y(y)=\frac{3}{2}x^3\cdot 6(y-y^2)=9x^3y(1-y)$$

由于

$$f(x,y)\neq f_X(x)\cdot f_Y(y)$$

故由定理 2 知，$X$ 与 $Y$ 不独立。

**例 5**　某型号钻头的寿命服从参数 $\lambda=0.002$ 的指数分布。欲打一口深为 500 m 的井，求恰好需要用两支钻头的概率。

**解**　设第一支钻头的寿命为 $X$，第二支钻头的寿命为 $Y$，则 $X$ 与 $Y$ 相互独立且有相同指数分布。由题意知

$$f_X(x)=\begin{cases}0.002\mathrm{e}^{-0.002x}, & x>0\\ 0, & x\leqslant 0\end{cases}$$

$$f_Y(y)=\begin{cases}0.002\mathrm{e}^{-0.002y}, & y>0\\ 0, & y\leqslant 0\end{cases}$$

故 $(X,Y)$ 的概率密度为

$$f(x,y)=f_X(x)\cdot f_Y(y)=$$

$$\begin{cases}0.002^2\mathrm{e}^{-0.002(x+y)}, & x>0,\quad y>0\\ 0, & \text{其他}\end{cases}$$

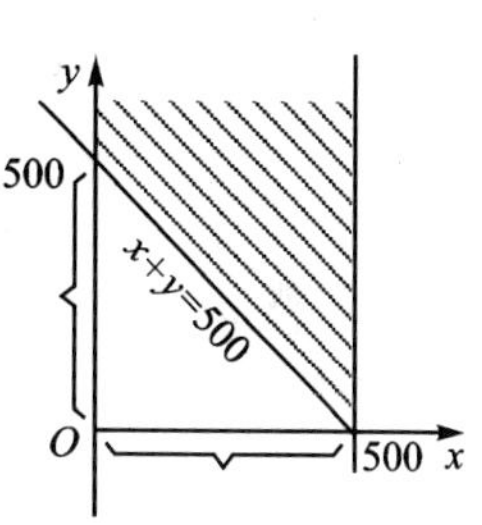


图 3-6

注意到事件{恰好需要用两支钻头}等价于 $\{X<500, X+Y\geqslant 500\}$，如图 3-6 所示。于是

$$P\{\text{恰好需要用两支钻头}\}=P\{X<500, X+Y\geqslant 500\}=$$

$$\iint\limits_{\substack{x<500\\ x+y\geqslant 500}}f(x,y)\mathrm{d}x\mathrm{d}y=\int_0^{500}0.002\mathrm{e}^{-0.002x}\mathrm{d}x\cdot$$

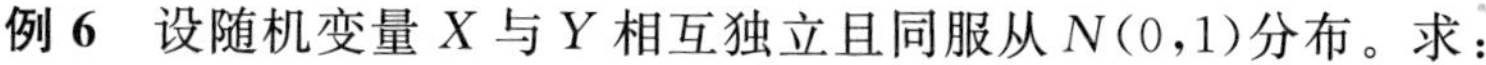

$$\int_{500-x}^{+\infty}0.002\mathrm{e}^{-0.002y}\mathrm{d}y=\int_0^{500}0.002\ \mathrm{e}^{-1}\mathrm{d}x=\mathrm{e}^{-1}\approx 0.367\ 9$$

**例 6**　设随机变量 $X$ 与 $Y$ 相互独立且同服从 $N(0,1)$ 分布。求：

(1) $t$ 的二次方程 $t^2+2Xt+Y^2=0$ 有实根的概率；

(2) $P\{X^2+Y^2\leqslant 1\}$。

**解**　由题意知

$$f_X(x)=\frac{1}{\sqrt{2\pi}}\exp\left(-\frac{x^2}{2}\right),\qquad -\infty<x<+\infty$$

$$f_Y(y)=\frac{1}{\sqrt{2\pi}}\exp\left(-\frac{y^2}{2}\right),\qquad -\infty<y<+\infty$$

因为 $X$ 与 $Y$ 独立,依定理2得$(X,Y)$的概率密度

$$f(x,y)=f_X(x)\cdot f_Y(y)=\frac{1}{2\pi}\exp\left(-\frac{x^2+y^2}{2}\right)$$

$$-\infty<x<<+\infty,\qquad -\infty<y<+\infty$$

(1) $P\{t^2+2Xt+Y^2=0\text{ 有实根}\}=P\{(2X)^2-4\cdot 1\cdot Y^2\geqslant 0\}=$

$$P\{X^2-Y^2\geqslant 0\}=\iint\limits_{x^2-y^2\geqslant 0}\frac{1}{2\pi}\exp\left(-\frac{x^2+y^2}{2}\right)\mathrm{d}x\mathrm{d}y=$$

$$\iint\limits_{D_1}\frac{1}{2\pi}\exp\left(-\frac{x^2+y^2}{2}\right)\mathrm{d}x\mathrm{d}y+\iint\limits_{D_2}\frac{1}{2\pi}\exp\left(-\frac{x^2+y^2}{2}\right)\mathrm{d}x\mathrm{d}y=$$

$$\int_{-\frac{\pi}{4}}^{\frac{\pi}{4}}\mathrm{d}\theta\int_0^{+\infty}\frac{1}{2\pi}\exp\left(-\frac{r^2}{2}\right)r\mathrm{d}r+\int_{\frac{3\pi}{4}}^{\frac{5\pi}{4}}\mathrm{d}\theta\int_0^{+\infty}\frac{1}{2\pi}\exp\left(-\frac{r^2}{2}\right)r\mathrm{d}r=$$

$$\frac{1}{4}\left[-\exp\left(-\frac{r^2}{2}\right)\right]\Bigg|_0^{+\infty}+\frac{1}{4}\left[-\exp\left(-\frac{r^2}{2}\right)\right]\Bigg|_0^{+\infty}=\frac{1}{2}\text{(见图 3-7)}$$

(2) $P\{X^2+Y^2\leqslant 1\}=\iint\limits_{x^2+y^2\leqslant 1}\frac{1}{2\pi}\exp\left(-\frac{x^2+y^2}{2}\right)\mathrm{d}x\mathrm{d}y=$

$$\int_0^{2\pi}\mathrm{d}\theta\int_0^1\frac{1}{2\pi}\exp\left(-\frac{r^2}{2}\right)r\mathrm{d}r=\left[-\exp\left(-\frac{r^2}{2}\right)\right]\Bigg|_0^1=1-\mathrm{e}^{-\frac{1}{2}}$$

独立性概念可以推广到有限个或可列个随机变量的情形。

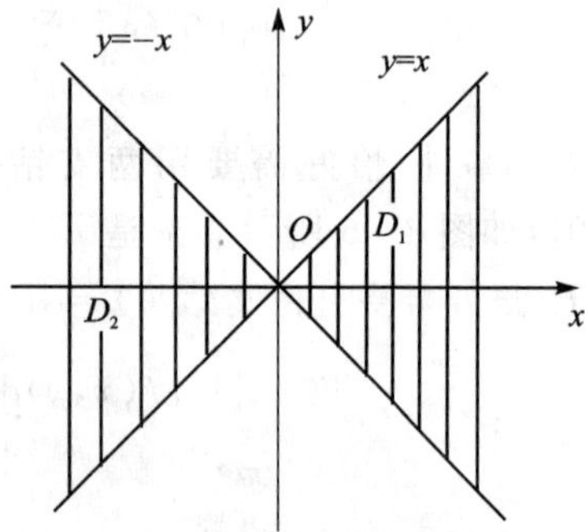


图 3-7

**定义 8** 设 $X_1,X_2,\cdots,X_n$ 为 $n$ 个随机变量,若对任意实数 $x_1,x_2,\cdots,x_n$,恒有

$$F(x_1,x_2,\cdots,x_n)=F_{X_1}(x_1)F_{X_2}(x_2)\cdots F_{X_n}(x_n)\tag{3.27}$$

式中,$F(x_1,x_2,\cdots,x_n)$,$F_{X_i}(x_i)$,$i=1,2,\cdots,n$ 分别为 $X_1$,$X_2$,$\cdots$,$X_n$ 的联合分布函数和边沿分布函数,则称 $n$ 个随机变量 $X_1,X_2,\cdots,X_n$ 相互独立。

**定理 3** 若$(X_1,X_2,\cdots,X_n)$是 $n$ 维连续型随机变量,则 $X_1,X_2,\cdots,X_n$ 相互独立的充分必要分条件是

$$f(x_1,x_2,\cdots,x_n)=f_{X_1}(x_1)f_{X_2}(x_2)\cdots f_{X_n}(x_n)^{①}\tag{3.28}$$

① 等式只需在 $f(x_1,x_2,\cdots,x_n)$ 和 $f_{X_i}(x_i)$,$i=1,2,\cdots,n$ 的一切连续点处成立即可。

式中，$f(x_1,x_2,\cdots,x_n)$，$f_{X_i}(x_i)$，$i=1,2,\cdots,n$ 分别是 $X_1,X_2,\cdots,X_n$ 的联合概率密度和边沿概率密度。

设 $X_1,X_2,\cdots,X_n,\cdots$ 为可列无穷多个随机变量，若对任意的正整数 $k(k\geqslant 2)$，$X_{i_1},X_{i_2},\cdots,X_{i_k}$ 都相互独立，则称可列无穷多个随机变量 $X_1,X_2,\cdots,X_n,\cdots$ 相互独立。（其中 $i_1,i_2,\cdots,i_k$ 是互不相同的正整数。）

## 习 题 三

1. 设二维随机变量 $(X,Y)$ 的分布函数为

$$F(x,y)=a(b+\arctan x)\left(c+\arctan\frac{y}{2}\right)$$

(1) 确定常数 $a,b,c$；

(2) 求 $P\{X>0,Y>0\}$。

2. 已知二维随机变量 $(X,Y)$ 的分布函数为

$$F(x,y)=\begin{cases}(a-\mathrm{e}^{-2x})(b-\mathrm{e}^{-y}), & x>0,\quad y>0\\ 0, & 其他\end{cases}$$

(1) 确定常数 $a,b$；

(2) 求 $P\{X>0,Y\leqslant 2\}$。

3. 袋中有单色球 1 只、双色球 2 只、三色球 3 只，从中作不放回抽取两次，每次任取一球，以 $X,Y$ 分别表示第一、二次取出的球的颜色种数，试求 $(X,Y)$ 的分布律。

4. 设 $X$ 随机地取 1～5 之间的一个整数值，$Y$ 随机地取 1～$X$ 间的一个整数值，试求随机变量 $X$ 与 $Y$ 的联合分布律。

5. 盒中有 100 只晶体管，其中 10 只次品，90 只正品。有放回地随机抽取管子，每次取一只，直到取得两只次品管子为止，以 $X$ 表示取得第一只次品管子时抽取的次数，$Y$ 表示停止抽取时抽取的总次数，试求二维随机变量 $(X,Y)$ 的分布律。

6. 重复掷一颗匀称的骰子，直到出现点数大于 2 为止，记 $X$ 为掷骰子的次数，$Y$ 为最后一次掷出的点数。试求 $X$ 与 $Y$ 的联合分布律。

7. 已知二维随机变量 $(X,Y)$ 的概率密度为

$$f(x,y)=\begin{cases}a(x+y), & 0\leqslant x\leqslant 1,\quad 0\leqslant y\leqslant x\\ 0, & 其他\end{cases}$$

(1) 确定常数 $a$；

(2) 求 $(X,Y)$ 的分布函数 $F(x,y)$。

8. 设二维随机变量 $(X,Y)$ 的概率密度为

$$f(x,y)=\begin{cases}6\mathrm{e}^{-(3x+2y)}, & x>0,\quad y>0\\ 0, & 其他\end{cases}$$

(1) 求$(X,Y)$的分布函数$F(x,y)$;

(2) 求$P\{2Y-X\leqslant 0\}$。

9. 已知二维随机变量$(X,Y)$的概率密度为

$$f(x,y)=\begin{cases}a(x+y), & 0\leqslant x\leqslant 1,\quad 0\leqslant y\leqslant 2\\ 0, & \text{其他}\end{cases}$$

(1) 确定常数$a$;

(2) 求$P\left\{X\leqslant\frac{1}{2},Y\geqslant 1\right\}$和$P\{X\geqslant Y\}$。

10. (1) 求题 1 中的随机变量$(X,Y)$的概率密度;

(2) 求题 2 中的随机变量$(X,Y)$的概率密度。

11. (1) 求题 3 中的随机变量$(X,Y)$的边沿分布律;

(2) 求题 5 中的随机变量$(X,Y)$的边沿分布律。

12. 设二维随机变量$(X,Y)$的分布律为

| $X$ \ $Y$ | 1 | 2 | 3 | 4 |
|---|---|---|---|---|
| 1 | $\frac{1}{20}$ | $\frac{2}{20}$ | $\frac{2}{20}$ | $\frac{3}{20}$ |
| 2 | $\frac{1}{20}$ | $\frac{2}{20}$ | $\frac{1}{20}$ | $\frac{1}{20}$ |
| 3 | $\frac{3}{20}$ | $\frac{1}{20}$ | $\frac{1}{20}$ | $\frac{2}{20}$ |

(1) 求$X=1$的条件下$Y$的条件分布律;

(2) 求$Y=4$的条件下$X$的条件分布律。

13. 设二维随机变量$(X,Y)$在区域$D:\{(x,y)\mid x^2\leqslant y\leqslant\sqrt{x}\}$内服从均匀分布,试求$(X,Y)$的概率密度与边沿概率密度。

14. 设二维随机变量$(X,Y)$的概率密度为

$$f(x,y)=\begin{cases}x^2+\frac{1}{3}xy, & 0\leqslant x\leqslant 1,\quad 0\leqslant y\leqslant 2\\ 0, & \text{其他}\end{cases}$$

(1) 求$(X,Y)$关于$X$和$Y$的边沿概率密度;

(2) 求$P\{X+Y\leqslant 1\}$。

15. 设二维随机变量$(X,Y)$的概率密度为

$$f(x,y)=\begin{cases}a\mathrm{e}^{-(x+y)}, & 0<2x<y<+\infty\\ 0, & \text{其他}\end{cases}$$

(1) 确定常数$a$;

(2) 求边沿概率密度;

(3) 求 $P\{X\geqslant 1, Y\geqslant 2\}$。

16. 已知二维随机变量$(X,Y)$的概率密度为

$$f(x,y)=\begin{cases}\dfrac{15}{2}x^2 y, & |x|\leqslant y,\quad 0\leqslant y\leqslant 1\\ 0, & \text{其他}\end{cases}$$

求关于 $X$ 和关于 $Y$ 的边沿概率密度。

17. 设二维随机变量$(X,Y)$在区域 $D$：$0\leqslant x\leqslant 1, 0\leqslant y\leqslant 2x$ 内服从均匀分布，求：

(1) 条件概率密度 $f_{X|Y}(x|y)$和 $f_{Y|X}(y|x)$；

(2) $P\left\{Y\geqslant 1\,\middle|\, X=\dfrac{3}{4}\right\}$。

18. 已知二维随机变量$(X,Y)$的概率密度为

$$f(x,y)=\begin{cases}\dfrac{1}{2}x(3x+4y), & 0\leqslant x\leqslant 1,\quad 0\leqslant y\leqslant 1\\ 0, & \text{其他}\end{cases}$$

试求条件概率密度 $f_{X|Y}(x|y)$和 $f_{Y|X}(y|x)$。

19. 已知二维随机变量$(X,Y)$的概率密度为

$$f(x,y)=\begin{cases}1, & |y|< x,\quad 0< x< 1\\ 0, & \text{其他}\end{cases}$$

试求条件概率密度 $f_{X|Y}(x\mid y)$ 与 $f_{Y|X}(y\mid x)$。

20. 已知二维随机变量$(X,Y)$的分布函数为

$$F(x,y)=\begin{cases}\dfrac{[1-(x+1)\mathrm{e}^{-x}]y}{1+y}, & x>0,\quad y>0\\ 0, & \text{其他}\end{cases}$$

(1) 求$(X,Y)$的概率密度；

(2) $X$ 与 $Y$ 是否相互独立？

21. 设二维随机变量$(X,Y)$的分布函数为

$$F(x,y)=\begin{cases}0, & x<0 \text{ 或 } y<0\\ xy-\dfrac{1}{4}y^2, & 0\leqslant x\leqslant 1,\quad 0\leqslant y\leqslant 2x\\ x^2, & 0\leqslant x\leqslant 1,\quad y>2x\\ y-\dfrac{1}{4}y^2, & x>1,\quad 0\leqslant y\leqslant 2\\ 1, & x>1,\quad y>2\end{cases}$$

(1) 求$(X,Y)$的概率密度；

(2) 判定：$X$ 与 $Y$ 是否独立？

22. (1) 判定:题3中的随机变量 $X$ 与 $Y$ 是否独立?

(2) 判定:题6中的随机变量 $X$ 与 $Y$ 是否相互独立?

23. (1) 判定:题7中的随机变量 $X$ 与 $Y$ 是否相互独立?

(2) 判定:题8中的随机变量 $X$ 与 $Y$ 是否相互独立?

24. 设二维随机变量 $(X,Y)$ 的概率密度为

$$f(x,y)=\begin{cases}\dfrac{x}{2}\exp\left[-\left(\dfrac{x^2}{4}+y\right)\right], & x>0,\quad y>0\\ 0, & \text{其他}\end{cases}$$

(1) 判定:$X$ 与 $Y$ 是否相互独立?

(2) 求 $P\{X^2-4Y\leqslant 0\}$。

25. 设随机变量 $X$ 与 $Y$ 相互独立,$X$ 服从标准正态分布,$Y$ 的概率密度为

$$f_Y(y)=\begin{cases}\sqrt{\dfrac{2}{\pi}}\exp\left(-\dfrac{1}{2}y^2\right), & y>0\\ 0, & y\leqslant 0\end{cases}$$

(1) 求 $X$ 与 $Y$ 的联合概率密度;

(2) 求 $t$ 的二次方程 $t^2-\sqrt{Y}t+\dfrac{1}{4}X=0$ 有实根的概率。

26. 设随机变量 $X$ 与 $Y$ 相互独立,$X$ 在 $(0,2)$ 上服从均匀分布,$Y$ 服从参数为2的指数分布,试求:

(1) $X$ 和 $Y$ 的联合概率密度 $f(x,y)$;

(2) $P\{X<2Y\}$。

27. 已知相互独立的随机变量 $X$ 和 $Y$ 的概率密度分别为

$$f_X(x)=\begin{cases}2x, & 0\leqslant x\leqslant 1\\ 0, & \text{其他}\end{cases}$$

$$f_Y(y)=\begin{cases}\dfrac{y}{2}, & 0\leqslant y\leqslant 2\\ 0, & \text{其他}\end{cases}$$

(1) 求 $(X,Y)$ 的概率密度 $f(x,y)$;

(2) 求 $P\{X+Y\geqslant 2\}$。

28. 已知二维随机变量 $(X,Y)$ 的概率密度为

$$f(x,y)=\begin{cases}a(x+y), & 0\leqslant x\leqslant 2,\quad 0\leqslant y\leqslant \dfrac{x}{2}\\ 0, & \text{其他}\end{cases}$$

(1) 确定常数 $a$;

(2) $X$ 与 $Y$ 是否相互独立?

(3) 求 $P\left\{Y \geqslant \frac{3}{4} \middle| X \geqslant 1\right\}$。

29. 一电子器件由两部分组成，设这两部分的寿命(以小时计)分别为 $X$ 与 $Y$，且其联合分布函数为

$$F(x,y)=\begin{cases}1-\mathrm{e}^{-0.01x}-\mathrm{e}^{-0.01y}+\mathrm{e}^{-0.01(x+y)}, & x>0,\quad y>0\\ 0, & \text{其他}\end{cases}$$

(1) 求 $P\{X>120,Y>120\}$；

(2) $X$ 与 $Y$ 是否相互独立？

30. 一机器制造直径为 $X$ 的圆轴，另一机器制造内径为 $Y$ 的轴衬，设$(X,Y)$的概率密度为

$$f(x,y)=\begin{cases}2\,500, & 0.49<x<0.51,\quad 0.51<y<0.53\\ 0, & \text{其他}\end{cases}$$

若轴衬的内径与轴的直径之差大于 0.004 且小于 0.036，则两者可以相适衬。求任一轴与任一轴衬相适衬的概率。

# 第4章 随机变量的函数的分布

设 $X,Y$ 是随机变量，$a,b$ 是常数，那么，$aX+b,X^2,X+Y,\sin X,\cdots$ 也都是随机变量。一般地可以证明：对于随机变量 $X$ 或$(X,Y)$，若 $g(x)$或 $g(x,y)$是连续函数①，则 $g(X)$或 $g(X,Y)$也是随机变量。问题是：当随机变量 $X$ 或$(X,Y)$的概率分布已知时，怎样来确定其函数 $g(X)$或 $g(X,Y)$的概率分布。这是实际中既普遍又重要的一类问题。例如在无线电接收中，某时刻接收到的信号是一个随机变量 $X$，那么这个信号通过平方检波器输出的信号为 $X^2$，这时就需要根据 $X$ 的分布来求 $X^2$ 的分布。又如在统计物理中，已知分子运动速度的绝对值 $X$ 的分布，要求其动能$\frac{1}{2}mX^2$ 的分布。再如火炮射击平面上的点目标 0 时，已知弹着点$(X,Y)$的分布，要求弹着点到目标 0 的距离$\sqrt{X^2+Y^2}$的分布，等等。

本章只讨论一维与二维的离散型和连续型随机变量的函数的分布。

## 4.1 离散型随机变量的函数的分布

设离散型随机变量的分布律为

$$P\{X=x_i\}=p_i,\qquad i=1,2,\cdots$$

若对于 $X$ 的不同取值 $x_i$，$Y=g(X)$的取值 $g(x_i)$也不相同，则随机变量 $Y=g(X)$的分布律为

$$P\{Y=g(x_i)\}=p_i,\qquad i=1,2,\cdots \tag{4.1}$$

如果对于 $X$ 的有限个或可列无穷个不同的取值，$Y=g(X)$取相同的值 $y^*$，那么 $Y$ 取值 $y^*$ 的概率等于 $X$ 取这些不同值的概率之和。

**例1** 已知随机变量 $X$ 的分布律为

| $X$ | $-1$ | $0$ | $1$ | $2$ |
|---|---|---|---|---|
| $P$ | $\frac{1}{5}$ | $\frac{1}{5}$ | $\frac{2}{5}$ | $\frac{1}{5}$ |

试求：(1) $2X+1$；(2) $X^2-1$ 的分布律。

**解** 列表：

① $g(x)$是连续函数，可减弱为 $g(x)$是只有有限个第一类间断点的函数。

| $X^2-1$ | 0 | $-1$ | 0 | 3 |
|---|---|---|---|---|
| $2X+1$ | $-1$ | 1 | 3 | 5 |
| $X$ | $-1$ | 0 | 1 | 2 |
| $P$ | $\frac{1}{5}$ | $\frac{1}{5}$ | $\frac{2}{5}$ | $\frac{1}{5}$ |

由式(4.1)及上表可得所求分布律为

(1)

| $2X+1$ | $-1$ | 1 | 3 | 5 |
|---|---|---|---|---|
| $P$ | $\frac{1}{5}$ | $\frac{1}{5}$ | $\frac{2}{5}$ | $\frac{1}{5}$ |

(2)

| $X^2-1$ | $-1$ | 0 | 3 |
|---|---|---|---|
| $P$ | $\frac{1}{5}$ | $\frac{3}{5}$ | $\frac{1}{5}$ |

其中

$$P\{X^2-1=0\}=P\{X=-1\}+P\{X=1\}=\frac{1}{5}+\frac{2}{5}=\frac{3}{5}$$

设二维离散型随机变量$(X,Y)$的分布律为

$$P\{X=x_i,Y=y_j\}=p_{ij},\qquad i,j=1,2,\cdots$$

若对于$(X,Y)$的不同取值$(x_i,y_j)$，$Z=g(X,Y)$的取值$g(x_i,y_j)$也不相同，则随机变量$Z=g(X,Y)$的分布律为

$$P\{Z=g(x_i,y_j)\}=p_{ij},\qquad i,j=1,2,\cdots \tag{4.2}$$

与一维情形一样，如果对于$(X,Y)$的有限对或可列无穷对不同的取值，$Z=g(X,Y)$取相同的值$z^*$，那么，$Z$取值$z^*$的概率等于$(X,Y)$取这些值的概率之和。

**例2**　已知二维随机变量$(X,Y)$的分布律为

| $X$ \ $Y$ | 0 | 1 | 2 |
|---|---|---|---|
| $-1$ | 0.1 | 0.2 | 0.1 |
| 2 | 0.2 | 0.1 | 0.3 |

试求：(1) $2X+Y$；(2) $XY+1$；(3) $\max(X,Y)$的分布律。

**解**　列表：

| max(X,Y) | 0 | 1 | 2 | 2 | 2 | 2 |
|---|---|---|---|---|---|---|
| XY+1 | 1 | 0 | −1 | 1 | 3 | 5 |
| 2X+Y | −2 | −1 | 0 | 4 | 5 | 6 |
| (X,Y) | (−1,0) | (−1,1) | (−1,2) | (2,0) | (2,1) | (2,2) |
| P | 0.1 | 0.2 | 0.1 | 0.2 | 0.1 | 0.3 |

由式(4.2)及上表得所求分布律为

(1)

| 2X+Y | −2 | −1 | 0 | 4 | 5 | 6 |
|---|---|---|---|---|---|---|
| P | 0.1 | 0.2 | 0.1 | 0.2 | 0.1 | 0.3 |

(2)

| XY+1 | −1 | 0 | 1 | 3 | 5 |
|---|---|---|---|---|---|
| P | 0.1 | 0.2 | 0.3 | 0.1 | 0.3 |

(3)

| max(X,Y) | 0 | 1 | 2 |
|---|---|---|---|
| P | 0.1 | 0.2 | 0.7 |

其中 $P\{XY+1=1\}=P\{X=-1,Y=0\}+P\{X=2,Y=0\}=0.1+0.2=0.3$

$$P\{\max(X,Y)=2\}=P\{X=-1,Y=2\}+P\{X=2,Y=0\}+P\{X=2,Y=1\}+P\{X=2,Y=2\}=0.1+0.2+0.1+0.3=0.7$$

**例 3** 设 $X\sim\Pi(\lambda_1)$,$Y\sim\Pi(\lambda_2)$且相互独立,试证 $Z=X+Y\sim\Pi(\lambda_1+\lambda_2)$。

**证** 因为 $X,Y$ 的所有可能取值均为 0,1,2,…,所以 $Z=X+Y$ 的所有可能取值为 0,1,2,…。由于

$$\{Z=k\}=\sum_{i=0}^{k}\{X=i,Y=k-i\}$$

且上式右端的 $k+1$ 个事件是互不相容的,故由概率的可加性及随机变量的独立性得

$$P\{Z=k\}=\sum_{i=0}^{k}P\{X=i,Y=k-i\}=\sum_{i=0}^{k}P\{X=i\}\cdot P\{Y=k-i\}=$$

$$\sum_{i=0}^{k}\frac{\mathrm{e}^{-\lambda_1}\lambda_1^i}{i!}\cdot\frac{\mathrm{e}^{-\lambda_2}\lambda_2^{k-i}}{(k-i)!}=\frac{\mathrm{e}^{-(\lambda_1+\lambda_2)}}{k!}\sum_{i=0}^{k}\frac{k!}{i!(k-i)!}\lambda_1^i\lambda_2^{k-i}=$$

$$\frac{\mathrm{e}^{-(\lambda_1+\lambda_2)}(\lambda_1+\lambda_2)^k}{k!},\quad k=0,1,2,\cdots$$

故由泊松分布定义知

$$Z=X+Y\sim\Pi(\lambda_1+\lambda_2)$$

# 4.2　一维连续型随机变量的函数的分布

这一节主要解决已知随机变量 $X$ 的概率密度，如何求它的函数 $Y=g(X)$ 的概率密度的问题。

**定理 1**　设连续型随机变量 $X$ 的概率密度为 $f(x)$，函数 $y=g(x)$ 在区间 $(a,b)$ 上严格单调，其反函数 $x=h(y)$ 有连续导数，则 $Y=g(X)$ 是一个连续型随机变量，其概率密度为

$$\psi(y)=\begin{cases} f[h(y)]\cdot|h'(y)|, & y\in(c,d) \\ 0, & \text{其他} \end{cases} \tag{4.3}$$

式中，$(c,d)$ 为 $y=g(x)$ 的值域。

**证**　若 $y=g(x)$ 严格单调增加，如图 4-1 所示，则对任意 $y\in(c,d)$，有

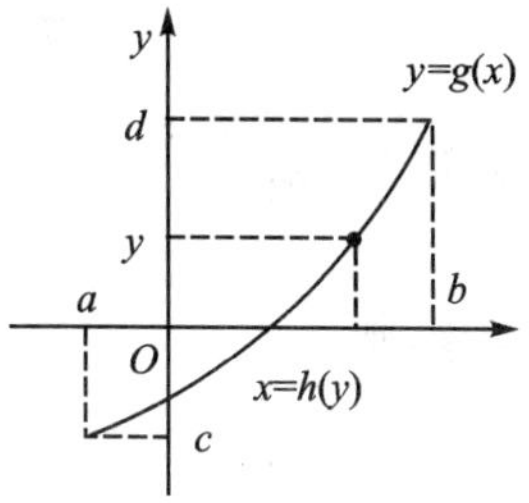

$$\begin{aligned} F_Y(y)=&P\{Y\leqslant y\}= \\ &P\{c<g(X)\leqslant y\}= \\ &P\{a<X\leqslant h(y)\}= \\ &F_X[h(y)]-F_X(a) \end{aligned}$$

图 4-1

当 $y\leqslant c$ 时，$\{Y\leqslant y\}=\{g(X)\leqslant y\}$ 是不可能事件，则

$$F_Y(y)=P\{Y\leqslant y\}=0$$

当 $y\geqslant d$ 时，$\{Y\leqslant y\}=\{g(X)\leqslant y\}$ 是必然事件，则

$$F_Y(y)=P\{g(X)\leqslant y\}=1$$

于是

$$\psi(y)=F'_Y(y)=\begin{cases} f[h(y)]\cdot h'(y), & y\in(c,d) \\ 0, & \text{其他} \end{cases}$$

由于 $h'(y)>0$，故 $h'(y)=|h'(y)|$。

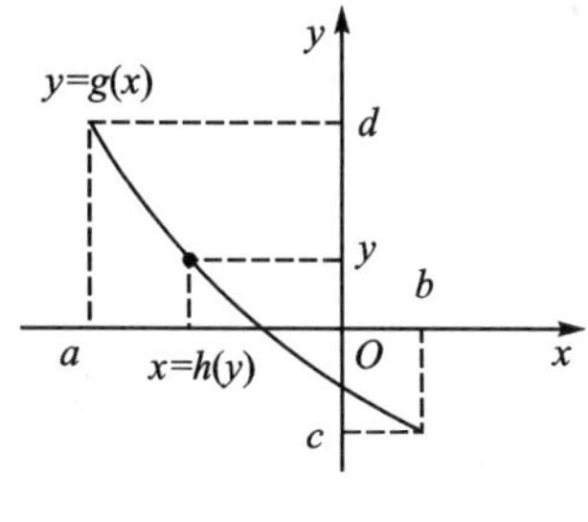


图 4-2

若 $y=g(x)$ 严格单调减少，如图 4-2 所示，则对任意 $y\in(c,d)$，有

$$\begin{aligned} F_Y(y)=&P\{Y\leqslant y\}= \\ &P\{c<g(X)\leqslant y\}= \\ &P\{h(y)\leqslant X<b\}= \\ &F_X(b)-F_X(h(y)) \end{aligned}$$

当 $y\leqslant c$ 时，$\{Y\leqslant y\}=\{g(X)\leqslant y\}$ 是不可能事件，则

$$F_Y(y)=P\{Y\leqslant y\}=0$$

当 $y\geqslant d$ 时，$\{Y\leqslant y\}=\{g(X)\leqslant y\}$ 是必然事件，则

$$F_Y(y)=P\{Y\leqslant y\}=1$$

于是
$$\psi(y)=\begin{cases}f(h(y))\cdot[-h'(y)], & y\in(c,d)\\ 0, & \text{其他}\end{cases}$$

由于 $h'(y)<0$，所以 $-h'(y)=|h'(y)|$。

综合上述两种情形的论述即得定理结论。

定理 1 不但直接给出了求函数 $Y=g(X)$ 的概率密度的一般公式，而且在定理的证明中，还为我们提供了求随机变量的函数的概率密度的一般方法：先求 $Y=g(X)$ 的分布函数 $F_Y(y)$，然后对 $F_Y(y)$ 求导数得到概率密度 $\psi(y)$。这种方法不仅适用于求一维随机变量的函数的概率密度，而且也适用于求二维或更多维的随机变量的函数的概率密度。

**例 1**　设 $X\sim N(\mu,\sigma^2)$，试求 $Y=k_1X+k_2$（$k_1,k_2$ 为常数，且 $k_1\neq 0$）的概率密度。

**解**　由题设知，$X$ 的概率密度为

$$f(x)=\frac{1}{\sigma\sqrt{2\pi}}\mathrm{e}^{-\frac{(x-\mu)^2}{2\sigma^2}},\qquad -\infty<x<+\infty$$

**方法 1**　依分布函数的定义有

$$F_Y(y)=P\{Y\leqslant y\}=P\{k_1X+k_2\leqslant y\}$$

若 $k_1>0$，则

$$F_Y(y)=P\left\{X\leqslant\frac{y-k_2}{k_1}\right\}=F_X\left(\frac{y-k_2}{k_1}\right)$$

于是
$$\psi(y)=F_Y'(y)=F_X'\left(\frac{y-k_2}{k_1}\right)\cdot\frac{1}{k_1}=f\left(\frac{y-k_2}{k_1}\right)\cdot\frac{1}{k_1}=$$

$$\frac{1}{\sigma\sqrt{2\pi}}\exp\left[-\frac{\left(\frac{y-k_2}{k_1}-\mu\right)^2}{2\sigma^2}\right]\cdot\frac{1}{k_1}=$$

$$\frac{1}{\sigma k_1\sqrt{2\pi}}\exp\left\{-\frac{[y-(k_1\mu+k_2)]^2}{2(\sigma k_1)^2}\right\},\qquad -\infty<y<+\infty$$

若 $k_1<0$，则

$$F_Y(y)=P\left\{X\geqslant\frac{y-k_2}{k_1}\right\}=1-F_X\left(\frac{y-k_2}{k_1}\right)$$

故
$$\psi(y)=F_Y'(y)=-\frac{1}{k_1}f\left(\frac{y-k_2}{k_1}\right)=$$

$$\frac{1}{(-\sigma k_1)\sqrt{2\pi}}\exp\left\{-\frac{[y-(k_1\mu+k_2)]^2}{2(-\sigma k_1)^2}\right\},\qquad -\infty<y<+\infty$$

从而得 $Y=k_1X+k_2$（$k_1\neq 0$）的概率密度为

$$\psi(y)=\frac{1}{(\sigma|k_1|)\sqrt{2\pi}}\exp\left\{-\frac{[y-(k_1\mu+k_2)]^2}{2(\sigma|k_1|)^2}\right\},\qquad -\infty<y<+\infty$$

可见，$Y \sim N(k_1\mu+k_2,\ k_1^2\sigma^2)$。

**方法 2**　$X$ 在 $(-\infty,+\infty)$ 上取值，$Y$ 亦在 $(-\infty,+\infty)$ 上取值。函数 $y=g(x)=k_1x+k_2$ 的反函数

$$x=h(y)=\frac{y-k_2}{k_1}$$

$$h'(y)=\frac{1}{k_1},\qquad -\infty<y<+\infty$$

故由式(4.3)得 $Y=k_1X+k_2$ 的概率密度为

$$\psi(y)=\frac{1}{\sigma\sqrt{2\pi}}\exp\left[-\frac{\left(\frac{y-k_2}{k_1}-\mu\right)^2}{2\sigma^2}\right]\cdot\frac{1}{|k_1|}=$$

$$\frac{1}{\sigma|k_1|\sqrt{2\pi}}\exp\left\{-\frac{[y-(k_1\mu+k_2)]^2}{2(\sigma|k_1|)^2}\right\},\qquad -\infty<y<+\infty$$

显然，两种方法求得的结果是相同的。

上述结果表明，正态随机变量的线性函数仍服从正态分布，只是参数不同而已。特别当 $k_1=\frac{1}{\sigma},k_2=-\frac{\mu}{\sigma}$ 时，$Y=k_1X+k_2=\frac{X-\mu}{\sigma}$ 服从标准正态分布。就是说，若 $X\sim N(\mu,\sigma^2)$，则

$$\frac{X-\mu}{\sigma}\sim N(0,1) \tag{4.4}$$

这个结论是很有用的。

**例 2**　设随机变量 $X$ 在 $\left(-\frac{\pi}{2},\frac{\pi}{2}\right)$ 上服从均匀分布，试求 $Y=\tan X$ 的概率密度。

**解**　当 $X$ 在 $\left(-\frac{\pi}{2},\frac{\pi}{2}\right)$ 上取值时，$Y$ 在 $(-\infty,+\infty)$ 上取值。

由 $y=\tan x$ 得

$$x=h(y)=\arctan y$$

$$h'(y)=\frac{1}{1+y^2},\qquad -\infty<y<+\infty$$

因为 $X$ 的概率密度为

$$f(x)=\begin{cases}\frac{1}{\pi}, & |x|<\frac{\pi}{2}\\ 0, & |x|>\frac{\pi}{2}\end{cases}$$

故由式(4.3)得到 $Y$ 的概率密度为

$$\psi(y)=f[h(y)]\,|h'(y)|=\frac{1}{\pi(1+y^2)},\qquad -\infty<y<+\infty$$

如果定理1中的函数 $y=g(x)$ 不是严格单调的,但是它在不相重叠的区间 $I_1,I_2,\cdots$ 上逐段严格单调,其反函数分别为 $h_1(y),h_2(y),\cdots$,而且 $h'_1(y),h'_2(y),\cdots$ 均为连续函数,则 $Y=g(X)$ 是连续型随机变量,其概率密度为

$$\psi(y)=\begin{cases}f[h_1(y)]\,|h'_1(y)|+f[h_2(y)]\,|h'_2(y)|+\cdots, & y\in I^*\\ 0, & y\overline{\in} I^*\end{cases}\tag{4.5}$$

式中,$I^*$ 是使 $h'_i(y)$ 连续($i=1,2,3,\cdots$)的 $y$ 的集合。

**例3** 设随机变量 $X\sim N(0,1)$,试求 $Y=X^2$ 的概率密度。

**解** $X$ 在 $(-\infty,+\infty)$ 上取值,$Y=X^2$ 在 $[0,+\infty)$ 上取值。

函数 $y=g(x)=x^2$ 在 $(-\infty,+\infty)$ 上分段单调,在 $(-\infty,0]$ 上的反函数为

$$x=h_1(y)=-\sqrt{y}$$

$$h'_1(y)=-\frac{1}{2\sqrt{y}},\qquad y>0$$

在 $(0,+\infty)$ 上的反函数为

$$x=h_2(y)=\sqrt{y}$$

$$h'_2(y)=\frac{1}{2\sqrt{y}},\qquad y>0$$

由式(4.5)得 $Y=X^2$ 的概率密度为

$$\psi(y)=\begin{cases}f[h_1(y)]\,|h'_1(y)|+f[h_2(y)]\,|h'_2(y)|\\ 0\end{cases}=\begin{cases}\dfrac{1}{\sqrt{2\pi y}}\mathrm{e}^{-\frac{y}{2}}, & y>0\\ 0, & y\leqslant 0\end{cases}$$

## 4.3 二维连续型随机变量的函数的分布

一般而言,如果已知二维随机变量 $(X,Y)$ 的概率密度,那么它的函数 $Z=g(X,Y)$ 的概率密度,可以利用第4.2节定理1的证明方法求得。下面给出二维连续型随机变量的几个具体函数的分布的求解方法。

### 4.3.1 $Z=X+Y$ 的分布

设二维连续型随机变量 $(X,Y)$ 的概率密度为 $f(x,y)$。对于任意实数 $z$,有

$$\{Z\leqslant z\}=\{X+Y\leqslant z\}=\{(X,Y)\in D\}$$

式中,$D=\{(x,y)\mid x+y\leqslant z\}$,区域 $D$ 的图形如图4-3所示。于是,$Z$ 的分布函数

$$F_Z(z)=P\{Z\leqslant z\}=P\{X+Y\leqslant z\}=P\{(X,Y)\in D\}=\iint_D f(x,y)\mathrm{d}x\mathrm{d}y=$$

$$\iint_{x+y\leqslant z} f(x,y)\mathrm{d}x\mathrm{d}y=\int_{-\infty}^{+\infty}\left[\int_{-\infty}^{z-x} f(x,y)\mathrm{d}y\right]\mathrm{d}x$$

令 $y=t-x$，则 $dy=dt$，且

$$F_Z(z)=\int_{-\infty}^{+\infty}\left[\int_{-\infty}^{z} f(x,t-x)\,dt\right]dx=\int_{-\infty}^{z}\left[\int_{-\infty}^{+\infty} f(x,t-x)\,dx\right]dt$$

上式表明：$Z=X+Y$ 的分布是连续型分布，并且积分号下的非负函数

$$f_Z(z)=\int_{-\infty}^{+\infty} f(x,z-x)\,dx \tag{4.6}$$

就是 $Z=X+Y$ 的概率密度。

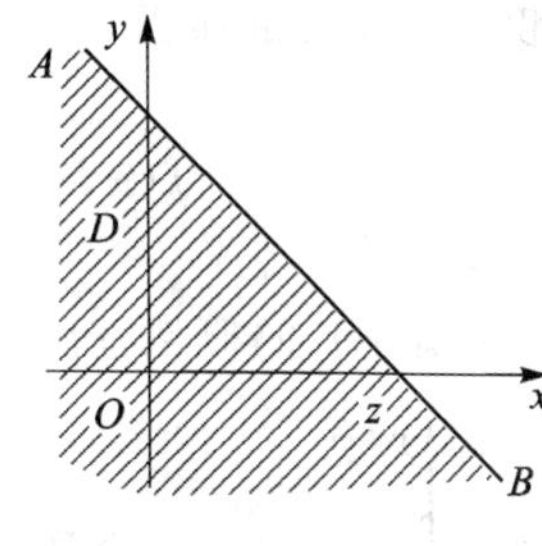


图 4-3

显然式(4.6)可以改写成

$$f_Z(z)=\int_{\overline{AB}} f(x,y)\,dx \tag{4.7}$$

式(4.7)表明，$Z=X+Y$ 的概率密度 $f_Z(z)$等于 $X$ 与 $Y$ 的联合概率密度 $f(x,y)$沿有向直线 $AB$(见图 4-3)：$x+y=z$ 对坐标 $x$ 的曲线积分。

由 $X,Y$ 的对称性知 $Z$ 的概率密度又可以写成

$$f_Z(z)=\int_{-\infty}^{+\infty} f(z-y,y)\,dy \tag{4.8}$$

或

$$f_Z(z)=\int_{\overline{BA}} f(x,y)\,dy \tag{4.9}$$

式(4.9)表明，$Z=X+Y$ 的概率密度 $f_Z(z)$等于 $X$ 与 $Y$ 的联合概率密度 $f(x,y)$沿有向直线 $BA$(见图 4-3)：$x+y=z$ 对坐标 $y$ 的曲线积分。

由式(4.7)和式(4.9)可得结论：两个连续型随机变量 $X$ 与 $Y$ 之和仍为连续型随机变量，且 $Z=X+Y$ 的概率密度 $f_Z(z)$等于 $X$ 与 $Y$ 的联合概率密度 $f(x,y)$沿直线 $l$：$x+y=z$ 对坐标 $x$(或 $y$)的曲线积分，其中 $l$ 的方向规定为点$(x,y)$沿直线 $l$ 移动时使积分变量 $x$(或 $y$)增加的方向。

当随机变量 $X,Y$ 相互独立时，它们的联合概率密度 $f(x,y)=f_X(x)f_Y(y)$，这时式(4.6)和式(4.8)可分别改写成

$$f_Z(z)=\int_{-\infty}^{+\infty} f_X(x)f_Y(z-x)\,dx=f_X(z)*f_Y(z) \tag{4.6$'$}$$

$$f_Z(z)=\int_{-\infty}^{+\infty} f_Y(y)f_X(z-y)\,dy=f_Y(z)*f_X(z) \tag{4.8$'$}$$

式中“$*$”是卷积符号。式(4.6)$'$和式(4.8)$'$表明：$f_Z(z)$等于 $f_X(x)$与 $f_Y(y)$的卷积，也等于 $f_Y(y)$与 $f_X(x)$的卷积。

一般地，设 $X_1,X_2,\cdots,X_n$ 是相互独立的随机变量，$X_i$ 的概率密度为 $f_i(x_i)$，$i=1,2,\cdots,$

$n$,则 $n$ 个随机变量的和 $Z=\sum_{i=1}^{n}X_i$ 的概率密度等于这 $n$ 个随机变量的概率密度的卷积,即有

$$f_Z(z)=f_1(z)*f_2(z)*\cdots*f_n(z)$$

**例 1** 设二维随机变量$(X,Y)$的概率密度为

$$f(x,y)=\begin{cases}\frac{1}{3}(x+y), & 0\leqslant x\leqslant 2,\quad 0\leqslant y\leqslant 1\\ 0, & \text{其他}\end{cases}$$

试求 $Z=X+Y$ 的概率密度。

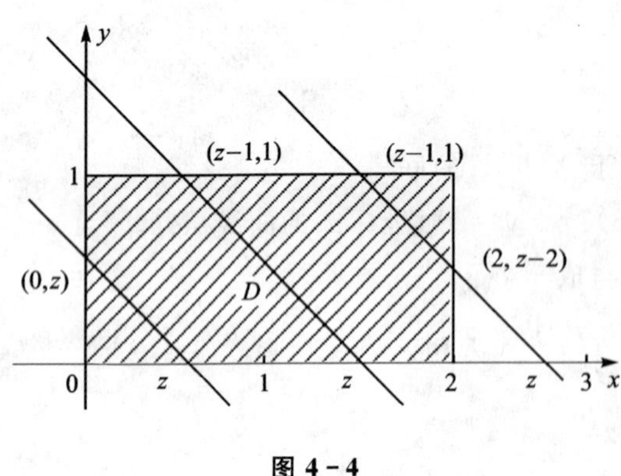


**图 4-4**

**解** 由式(4.7),$f_Z(z)=\int_l f(x,y)\mathrm{d}x$,其中 $l$:$x+y=z$,方向为点$(x,y)$沿 $l$ 移动时使积分变量 $x$ 增加的方向,如图 4-4 所示。

当 $z<0$ 或 $z>3$ 时,在直线 $l$ 上,$f(x,y)\equiv 0$,所以

$$f_Z(z)=0$$

当 $0\leqslant z\leqslant 1$ 时,有

$$f_Z(z)=\int_0^z\frac{1}{3}\left[x+(z-x)\right]\mathrm{d}x=\frac{1}{3}z^2$$

当 $1<z\leqslant 2$ 时,有

$$f_Z(z)=\int_{z-1}^z\frac{1}{3}\left[x+(z-x)\right]\mathrm{d}x=\frac{1}{3}z$$

当 $2<z\leqslant 3$ 时,有

$$f_Z(z)=\int_{z-1}^2\frac{1}{3}\left[x+(z-x)\right]\mathrm{d}x=z-\frac{1}{3}z^2$$

即 $Z=X+Y$ 的概率密度为

$$f_Z(z)=\begin{cases}\frac{1}{3}z^2, & 0\leqslant z\leqslant 1\\ \frac{1}{3}z, & 1<z\leqslant 2\\ z-\frac{1}{3}z^2, & 2<z\leqslant 3\\ 0, & \text{其他}\end{cases}$$

**例 2** 设 $X$ 与 $Y$ 是两个相互独立的标准正态随机变量,试求 $Z=X+Y$ 的概率密度。

**解** 由题设知$(X,Y)$的概率密度为

$$f(x,y)=\frac{1}{\sqrt{2\pi}}\exp\left(-\frac{x^2}{2}\right)\cdot\frac{1}{\sqrt{2\pi}}\exp\left(-\frac{y^2}{2}\right)=\frac{1}{2\pi}\exp\left[-\frac{1}{2}(x^2+y^2)\right]$$

$$-\infty<x<+\infty,\qquad -\infty<y<+\infty$$

利用式(4.6)得 $Z$ 的概率密度为

$$f_Z(z)=\int_{-\infty}^{+\infty}f(x,z-x)\mathrm{d}x=$$

$$\int_{-\infty}^{+\infty}\frac{1}{2\pi}\exp\left[-\frac{x^2+(z-x)^2}{2}\right]\mathrm{d}x=$$

$$\frac{1}{\sqrt{2\pi}}\exp\left(-\frac{z^2}{4}\right)\cdot\int_{-\infty}^{+\infty}\frac{1}{\sqrt{2\pi}}\exp\left[-\frac{\left(\sqrt{2}x-\frac{z}{\sqrt{2}}\right)^2}{2}\right]\mathrm{d}x\xlongequal{令\sqrt{2}x-\frac{z}{\sqrt{2}}=t}$$

$$\frac{1}{\sqrt{2\pi}\sqrt{2}}\exp\left(-\frac{z^2}{4}\right)\int_{-\infty}^{+\infty}\frac{1}{\sqrt{2\pi}}\exp\left(-\frac{t^2}{2}\right)\mathrm{d}t=\frac{1}{\sqrt{2\pi}\sqrt{2}}\exp\left[-\frac{z^2}{2(\sqrt{2})^2}\right]$$

即 $Z$ 具有 $N(0,2)$分布。

一般地，可以证明有限个相互独立的正态随机变量的线性组合仍服从正态分布。具体地说，若 $X_i\sim N(\mu_i,\sigma_i^2)$，$i=1,2,\cdots,n$，且它们相互独立，$k_i(i=1,2,\cdots,n)$为常数，则

$$Z=\sum_{i=1}^{n}k_iX_i\sim N\left(\sum_{i=1}^{n}k_i\mu_i,\sum_{i=1}^{n}k_i^2\sigma_i^2\right)\tag{4.10}$$

例 2 是当 $\mu_i=0,\sigma_i=1,k_i=1,i=1,2$ 时的特殊情形。

类似于求 $Z=X+Y$ 的分布，进一步可以得到随机变量 $X$ 与 $Y$ 的线性函数

$$Z=aX+bY+c$$

的概率密度公式

$$f_Z(z)=\frac{1}{|b|}\int_{-\infty}^{+\infty}f\left(x,\frac{z-ax-c}{b}\right)\mathrm{d}x=\int_{ax+by+c=z}f(x,y)\frac{1}{|b|}\mathrm{d}x\qquad(b\neq 0)\tag{4.11}$$

$$f_Z(z)=\frac{1}{|a|}\int_{-\infty}^{+\infty}f\left(\frac{z-by-c}{a},y\right)\mathrm{d}y=\int_{ax+by+c=z}f(x,y)\frac{1}{|a|}\mathrm{d}y\qquad(a\neq 0)\tag{4.12}$$

式(4.11)和式(4.12)表明，两个连续型随机变量 $X$ 与 $Y$ 的线性函数 $Z=aX+bY+c$ 仍为连续型随机变量，且它的概率密度 $f_Z(z)$就等于 $X,Y$ 的联合概率密度 $f(x,y)$与$\frac{1}{|b|}\left(或\frac{1}{|a|}\right)$的乘积沿直线 $l:ax+by+c=z$ 对坐标 $x$(或 $y$)的曲线积分。其中积分路径 $l$ 的方向为点$(x,y)$沿直线 $l$ 移动时使积分变量增加的方向。

显然，式(4.7)、式(4.9)分别是式(4.11)和式(4.12)当 $a=b=1,c=0$ 时的特例。式(4.11)、式(4.12)中令 $a=1,b=-1,c=0$，便得到差 $Z=X-Y$ 的概率密度

$$f_Z(z)=\int_{x-y=z}f(x,y)\mathrm{d}x=\int_{x-y=z}f(x,y)\mathrm{d}y\tag{4.13}$$

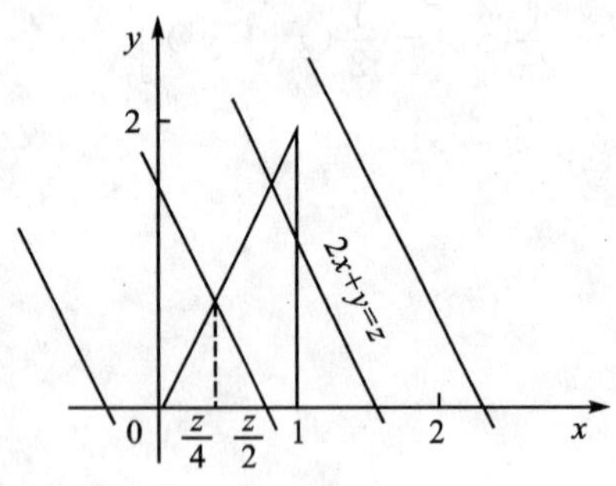


图 4-5

**例 3** 设二维随机变量$(X,Y)$在区域 $D:0\leqslant x\leqslant 1,0\leqslant y\leqslant 2x$(见图 4-5)上服从均匀分布,试求:

(1) $Z=2X+Y$ 的概率密度;

(2) $Z=X-Y$ 的概率密度。

**解** 按题意知,$(X,Y)$的概率密度为

$$f(x,y)=\begin{cases}1, & 0\leqslant x\leqslant 1,\quad 0\leqslant y\leqslant 2x\\ 0, & \text{其他}\end{cases}$$

(1) 由式(4.11)有

$$f_Z(z)=\int_{2x+y=z} f(x,y)\,\mathrm{d}x$$

如图 4-5 所示,当 $z<0$ 或 $z>4$ 时,在直线 $2x+y=z$ 上,$f(x,y)\equiv 0$,因此 $f_Z(z)=0$。

当 $0\leqslant z\leqslant 2$ 时,有

$$f_Z(z)=\int_{\frac{z}{4}}^{\frac{z}{2}} 1\cdot \mathrm{d}x=\frac{1}{4}z$$

当 $2<z\leqslant 4$ 时,有

$$f_Z(z)=\int_{\frac{z}{4}}^{1} 1\cdot \mathrm{d}x=1-\frac{1}{4}z$$

于是得 $Z=2X+Y$ 的概率密度

$$f_Z(z)=\begin{cases}\frac{1}{4}z, & 0\leqslant z\leqslant 2\\ 1-\frac{1}{4}z, & 2<z\leqslant 4\\ 0, & \text{其他}\end{cases}$$

(2) 由式(4.13)有

$$f_Z(z)=\int_{x-y=z} f(x,y)\mathrm{d}x$$

如图 4-6 所示,当 $z<-1$ 或 $z>1$ 时,在直线 $x-y=z$ 上,$f(x,y)\equiv 0$,因而$f_Z(z)=0$。

当$-1\leqslant z<0$ 时,有

$$f_Z(z)=\int_{-z}^{1} 1\cdot \mathrm{d}x=1+z$$

当 $0\leqslant z<1$ 时,有

$$f_Z(z)=\int_{z}^{1} 1\cdot \mathrm{d}x=1-z$$

所以,$Z=X-Y$ 的概率密度为

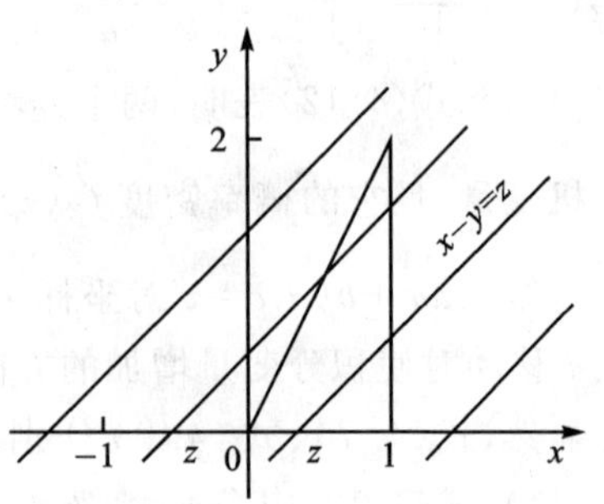


图 4-6

$$f_Z(z)=\begin{cases}1+z, & -1\leqslant z<0\\ 1-z, & 0\leqslant z\leqslant 1\\ 0, & \text{其他}\end{cases}$$

特别指出,用式(4.11)或式(4.12)可以推导得到下面的重要结论。

**定理 2**　设二维正态随机变量

$$(X,Y)\sim N(\mu_1,\sigma_1^2;\ \mu_2,\sigma_2^2;\rho)$$

则其分量 $X$ 和 $Y$ 的线性函数 $Z=aX+bY+c$ 服从参数为

$$\mu=a\mu_1+b\mu_2+c,\qquad \sigma=\sqrt{a^2\sigma_1^2+2ab\rho\sigma_1\sigma_2+b^2\sigma_2^2}$$

的正态分布。其中,$a,b$ 是不全为零的常数;$c$ 是任意常数,即

$$Z=aX+bY+c\sim N(a\mu_1+b\mu_2+c,\ a^2\sigma_1^2+2ab\sigma_1\sigma_2+b^2\sigma_2^2)$$

$Z$ 的概率密度函数为

$$f_Z(z)=\frac{1}{\sqrt{2\pi}\sqrt{a^2\sigma_1^2+2ab\rho\sigma_1\sigma_2+b^2\sigma_2^2}}\exp\left\{-\frac{[z-(a\mu_1+b\mu_2+c)]^2}{2(a^2\sigma_1^2+2ab\rho\sigma_1\sigma_2+b^2\sigma_2^2)}\right\}$$

例如,$(X,Y)\sim N\left(1,1^2;2,2^2;-\frac{1}{8}\right)$,则 $Z=2X-Y+1\sim N(1,3^2)$,$Z=2X-Y+1$ 的概率密度为

$$f_Z(z)=\frac{1}{3\sqrt{2\pi}}\exp\left[-\frac{(z-1)^2}{18}\right],\qquad z\in(-\infty,+\infty)$$

### 4.3.2　$Z=\max(X,Y)$ 的分布

设二维连续型随机变量$(X,Y)$的概率密度为 $f(x,y)$,分布函数为 $F(x,y)$。

对任意实数 $z$,注意到事件$\{\max(X,Y)\leqslant z\}$与事件$\{X\leqslant z,Y\leqslant z\}$等价,故由分布函数定义得

$$F_{\max}(z)=P\{\max(X,Y)\leqslant z\}=P\{X\leqslant z,Y\leqslant z\}=\iint\limits_{\substack{x\leqslant z\\ y\leqslant z}}f(x,y)\mathrm{d}x\mathrm{d}y=F(z,z)$$

即

$$F_{\max}(z)=\iint\limits_{\substack{x\leqslant z\\ y\leqslant z}}f(x,y)\mathrm{d}x\mathrm{d}y=F(z,z)\tag{4.14}$$

如果 $X,Y$ 相互独立,则 $F(z,z)=F_X(z)\cdot F_Y(z)$,式(4.14)可改写为

$$F_{\max}(z)=F_X(z)F_Y(z)\tag{4.14$'$}$$

上述结果不难推广到 $n$ 个随机变量的情形。

设 $X_1,X_2,\cdots,X_n$ 是 $n$ 个相互独立的随机变量,$X_i$ 的概率密度为 $f_i(x_i)$,分布函数为 $F_i(x_i)$,$i=1,2,\cdots,n$,则 $\max(X_1,X_2,\cdots,X_n)$的分布函数为

$$F_{\max}(z)=F_1(z)\cdot F_2(z)\cdot\cdots\cdot F_n(z) \tag{4.15}$$

特别地,当 $X_1,X_2,\cdots,X_n$ 相互独立,且具有相同的概率分布(概率密度为 $f(x_i)$,分布函数为 $F(x_i)$,$i=1,2,\cdots,n$)时,有

$$F_{\max}(z)=[F(z)]^n \tag{4.16}$$

**例 4** 设二维随机变量$(X,Y)$的概率密度为

$$f(x,y)=\begin{cases}\dfrac{1}{5}(2x+y), & 0\leqslant x\leqslant 2,\ 0\leqslant y\leqslant 1\\ 0, & 其他\end{cases}$$

试求 $Z=\max(X,Y)$的概率密度。

**解 方法 1** 由式(4.14),有

$$F_{\max}(z)=\iint\limits_{\substack{x\leqslant z\\ y\leqslant z}} f(x,y)\mathrm{d}x\mathrm{d}y$$

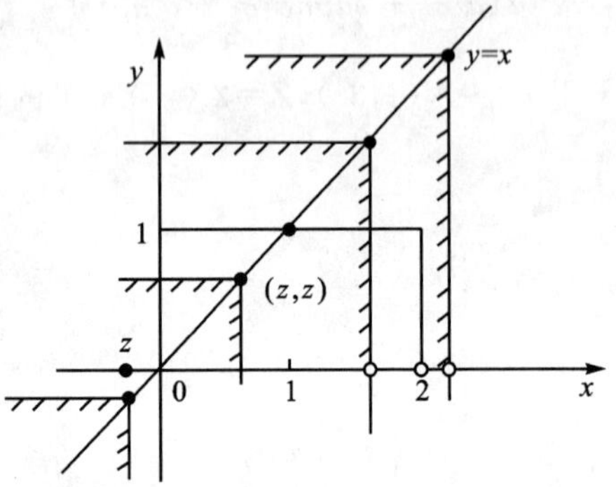

如图 4-7 所示,当 $z<0$ 时,在区域 $D:x\leqslant z,y\leqslant z$ 上,$f(x,y)\equiv 0$,故

$$F_{\max}(z)=0$$

当 $0\leqslant z\leqslant 1$ 时,有

$$F_{\max}(z)=\int_0^z\mathrm{d}x\int_0^z\frac{1}{5}(2x+y)\mathrm{d}y=\int_0^z\frac{1}{5}\left(2xz+\frac{1}{2}z^2\right)\mathrm{d}x=\frac{3}{10}z^3$$

当 $1<z\leqslant 2$ 时,有

$$F_{\max}(z)=\int_0^z\mathrm{d}x\int_0^1\frac{1}{5}(2x+y)\mathrm{d}y=\int_0^z\frac{1}{5}\left(2x+\frac{1}{2}\right)\mathrm{d}x=\frac{1}{5}z^2+\frac{1}{10}z$$

**图 4-7**

当 $z>2$ 时,有

$$F_{\max}(z)=\int_0^2\mathrm{d}x\int_0^1\frac{1}{5}(2x+y)\mathrm{d}y=1$$

即

$$F_{\max}(z)=\begin{cases}0, & z<0\\ \dfrac{3}{10}z^3, & 0\leqslant z\leqslant 1\\ \dfrac{1}{5}z^2+\dfrac{1}{10}z, & 1<z\leqslant 2\\ 1, & z>2\end{cases}$$

故

$$f_{\max}(z)=F'_{\max}(z)=\begin{cases}\dfrac{9}{10}z^2, & 0\leqslant z\leqslant 1\\ \dfrac{2}{5}z+\dfrac{1}{10}, & 1<z\leqslant 2\\ 0, & \text{其他}\end{cases}$$

**方法 2**　由$(X,Y)$的概率密度 $f(x,y)$求得分布函数

$$F(x,y)=\begin{cases}0, & x<0\ \text{或}\ y<0\\ \dfrac{1}{5}\left(x^2y+\dfrac{1}{2}xy^2\right), & 0\leqslant x\leqslant 2,\quad 0\leqslant y\leqslant 1\\ \dfrac{1}{5}\left(x^2+\dfrac{1}{2}x\right), & 0\leqslant x\leqslant 2,\quad y>1\\ \dfrac{1}{5}(y^2+4y), & x>2,\quad 0\leqslant y\leqslant 1\\ 1, & x>2,\quad y>1\end{cases}$$

由式(4.14)得

$$F_{\max}(z)=F(z,z)=\begin{cases}0, & z<0\\ \dfrac{3}{10}z^3, & 0\leqslant z\leqslant 1\\ \dfrac{1}{5}z^2+\dfrac{1}{10}z, & 1<z\leqslant 2\\ 1, & z>2\end{cases}$$

故

$$f_{\max}(z)=F'_{\max}(z)=\begin{cases}\dfrac{9}{10}z^2, & 0\leqslant z\leqslant 1\\ \dfrac{2}{5}z+\dfrac{1}{10}, & 1<z\leqslant 2\\ 0, & \text{其他}\end{cases}$$

可见两种方法求得的结果是相同的。

### 4.3.3　$Z=\min(X,Y)$的分布

设二维连续型随机变量$(X,Y)$的概率密度为 $f(x,y)$，分布函数为 $F(x,y)$。

由分布函数的定义及概率性质得

$$\begin{aligned}F_{\min}(z)&=P\{\min(X,Y)\leqslant z\}=1-P\{\min(X,Y)>z\}=\\&1-P\{X>z,Y>z\}=1-\iint\limits_{\substack{x>z\\y>z}}f(x,y)\mathrm{d}x\mathrm{d}y=\\&1-[F(z,z)+F(+\infty,+\infty)-F(z,+\infty)-F(+\infty,z)]=\\&F_X(z)+F_Y(z)-F(z,z)\end{aligned}$$

即

$$F_{\min}(z)=1-\iint\limits_{\substack{x>z\\y>z}}f(x,y)\mathrm{d}x\mathrm{d}y=F_X(z)+F_Y(z)-F(z,z) \tag{4.17}$$

若 $X,Y$ 相互独立,则式(4.17)可改写为

$$F_{\min}(z)=1-P\{X>z\}\cdot P\{Y>z\}=1-[1-F_X(z)][1-F_Y(z)] \tag{4.17$'$}$$

上述结果同样可以推广到 $n$ 个随机变量的情形。

设 $X_1,X_2,\cdots,X_n$ 是 $n$ 个相互独立的随机变量,$X_i$ 的概率密度为 $f_i(x_i)$,分布函数为 $F_i(x_i)$,$i=1,2,\cdots,n$,则 $\min(X_1,X_2,\cdots,X_n)$的分布函数为

$$F_{\min}(z)=1-[1-F_1(z)][1-F_2(z)]\cdots[1-F_n(z)] \tag{4.18}$$

特别地,当 $X_1,X_2,\cdots,X_n$ 独立同分布(概率密度为 $f(x_i)$,分布函数为 $F(x_i)$,$i=1,2,\cdots,n$)时,有

$$F_{\min}(z)=1-[1-F(z)]^n \tag{4.19}$$

**例 5** 用例 4 中的随机变量$(X,Y)$,求 $Z=\min(X,Y)$的概率密度。

**解 方法 1** 由例 4 知

$$f(x,y)=\begin{cases}\dfrac{1}{5}(2x+y), & 0\leqslant x\leqslant 2,\ 0\leqslant y\leqslant 1\\ 0, & \text{其他}\end{cases}$$

由式(4.17)

$$F_{\min}(z)=1-\iint\limits_{\substack{x>z\\y>z}}f(x,y)\mathrm{d}x\mathrm{d}y$$

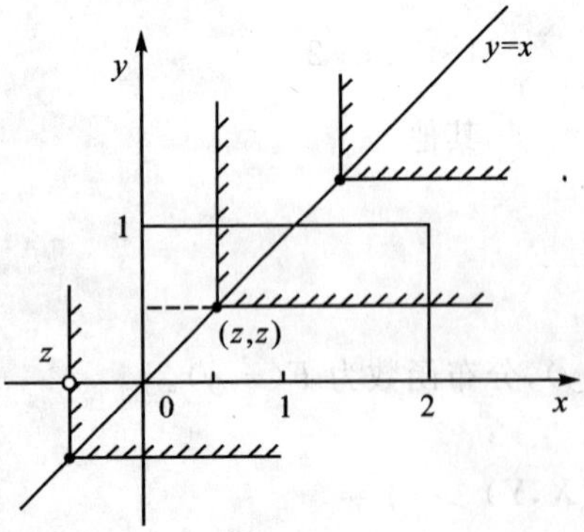

图 4-8

如图 4-8 所示,当 $z<0$ 时,有

$$F_{\min}(z)=1-\int_0^2\mathrm{d}x\int_0^1\frac{1}{5}(2x+y)\mathrm{d}y=0$$

当 $0\leqslant z\leqslant 1$ 时,有

$$\begin{aligned}F_{\min}(z)&=1-\int_z^2\mathrm{d}x\int_z^1\frac{1}{5}(2x+y)\mathrm{d}y=\\&1-\int_z^2\frac{1}{5}\left(2x+\frac{1}{2}-2xz-\frac{1}{2}z^2\right)\mathrm{d}x=\\&1-\frac{1}{5}\left(\frac{3}{2}z^3-2z^2-\frac{9}{2}z+5\right)=\\&-\frac{3}{10}z^3+\frac{2}{5}z^2+\frac{9}{10}z\end{aligned}$$

当 $z>1$ 时,有

$$F_{\min}(z)=1$$

即

$$F_{\min}(z)=\begin{cases}0, & z<0\\ -\dfrac{3}{10}z^3+\dfrac{2}{5}z^2+\dfrac{9}{10}z, & 0\leqslant z\leqslant 1\\ 1, & \text{其他}\end{cases}$$

故

$$f_{\min}(z)=F'_{\min}(z)=\begin{cases}-\dfrac{9}{10}z^2+\dfrac{4}{5}z+\dfrac{9}{10}, & 0\leqslant z\leqslant 1\\ 0, & \text{其他}\end{cases}$$

**方法 2**　由例 4 知，$(X,Y)$的分布函数为

$$F(x,y)=\begin{cases}0, & x<0\text{ 或 }y<0\\ \dfrac{1}{5}\left(x^2y+\dfrac{1}{2}xy^2\right), & 0\leqslant x\leqslant 2,\ 0\leqslant y\leqslant 1\\ \dfrac{1}{5}\left(x^2+\dfrac{1}{2}x\right), & 0\leqslant x\leqslant 2,\ y>1\\ \dfrac{1}{5}(y^2+4y), & x>2,\ 0\leqslant y\leqslant 1\\ 1, & x>2,\ y>1\end{cases}$$

由此得

$$F_X(z)=F(z,+\infty)=\begin{cases}0, & z<0\\ \dfrac{1}{5}z^2+\dfrac{1}{10}z, & 0\leqslant z\leqslant 2\\ 1, & z>2\end{cases}$$

$$F_Y(z)=F(+\infty,z)=\begin{cases}0, & z<0\\ \dfrac{1}{5}z^2+\dfrac{4}{5}z, & 0\leqslant z\leqslant 1\\ 1, & z>1\end{cases}$$

$$F(z,z)=\begin{cases}0, & z<0\\ \dfrac{3}{10}z^3, & 0\leqslant z\leqslant 1\\ \dfrac{1}{5}z^2+\dfrac{1}{10}z, & 1<z\leqslant 2\\ 1, & z>2\end{cases}$$

由式(4.17)得

$$F_{\min}(z)=F_X(z)+F_Y(z)-F(z,z)=\begin{cases}0, & z<0\\ -\dfrac{3}{10}z^3+\dfrac{2}{5}z^2+\dfrac{9}{10}z, & 0\leqslant z\leqslant 1\\ 1, & z>1\end{cases}$$

故

$$f_{\min}(z)=F'_{\min}(z)=\begin{cases}-\dfrac{9}{10}z^2+\dfrac{4}{5}z+\dfrac{9}{10}, & 0\leqslant z\leqslant 1\\ 0, & \text{其他}\end{cases}$$

显然,两种方法求得的结果是相同的。

**例 6** 设系统 $LK$ 由相互独立的 4 个子系统串并联组成,如图 4-9 所示。已知子系统 $i$ 的寿命 $X_i(i=1,2,3,4)$服从相同参数 $\lambda(\lambda>0$ 为常数)的指数分布,概率密度为

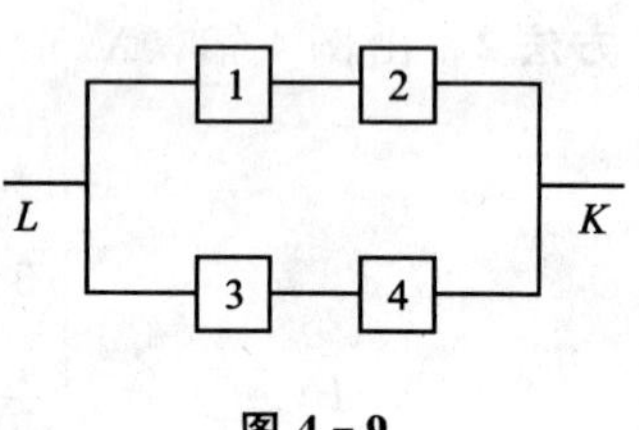


**图 4-9**

$$f(x_i)=\begin{cases}\lambda e^{-\lambda x_i}, & x_i>0\\ 0, & x_i\leqslant 0\end{cases}$$

试求系统 $LK$ 的寿命 $Z$ 的概率密度 $f_Z(z)$。

**解** 令

$$Y_1=\min(X_1,X_2)$$
$$Y_2=\min(X_3,X_4)$$

则系统 $LK$ 的寿命 $Z=\max(Y_1,Y_2)$。

子系统 $i$ 的寿命 $X_i(i=1,2,3,4)$的分布函数为

$$F(x_i)=\int_{-\infty}^{x_i}f(t)\mathrm{d}t=\begin{cases}1-e^{-\lambda x_i}, & x_i>0\\ 0, & x_i\leqslant 0\end{cases}$$

由式(4.19),$Y_1=\min(X_1,X_2)$的分布函数为

$$F_{Y1}(y_1)=1-[1-F(y_1)]^2=\begin{cases}1-e^{-2\lambda y_1}, & y_1>0\\ 0, & y_1\leqslant 0\end{cases}$$

同理 $Y_2=\min(X_3,X_4)$的分布函数为

$$F_{Y2}(y_2)=\begin{cases}1-e^{-2\lambda y_2}, & y_2>0\\ 0, & y_2\leqslant 0\end{cases}$$

$Y_1$ 和 $Y_2$ 相互独立,且具有相同分布,由式(4.16),$Z=\max(Y_1,Y_2)$的分布函数为

$$F_Z(z)=[F_{Y1}(z)]^2=\begin{cases}(1-e^{-2\lambda z})^2, & z>0\\ 0, & z\leqslant 0\end{cases}$$

于是系统 $LK$ 的寿命 $Z$ 的概率密度为

$$f_Z(z)=F'_Z(z)=\begin{cases}4\lambda(1-e^{-2\lambda z})e^{-2\lambda z}, & z>0\\ 0, & z\leqslant 0\end{cases}$$

# 习题四

1. 设随机变量 $X$ 的分布律为

| $X$ | $-2$ | $-1$ | $0$ | $1$ | $2$ |
|---|---|---|---|---|---|
| $P$ | $\frac{1}{6}$ | $\frac{1}{6}$ | $\frac{1}{6}$ | $\frac{2}{6}$ | $\frac{1}{6}$ |

求 $Y=X^2-1$ 的分布律。

2. 已知二维随机变量 $(X_1,X_2)$ 的分布律为

| $X_1$ \ $X_2$ | $-2$ | $0$ | $1$ | $2$ |
|---|---|---|---|---|
| $-1$ | 0.1 | 0.2 | 0.1 | 0.2 |
| $1$ | 0.1 | 0.1 | 0.1 | 0.1 |

试求：(1) $X=X_1X_2$；(2) $Y=\max(X_1,X_2)$ 的分布律。

3. 设随机变量 $X_1,X_2,X_3$ 相互独立且服从相同的 0－1 分布，即 $P\{X_i=1\}=p(0<p<1)$，$P\{X_i=0\}=q(q=1-p)$，$i=1,2,3$。令

$$Y_1=\begin{cases}1, & \text{当 } X_1+X_2 \text{ 为奇数}\\ 0, & \text{当 } X_1+X_2 \text{ 为偶数}\end{cases}$$

$$Y_2=\begin{cases}1, & \text{当 } X_2+X_3 \text{ 为奇数}\\ 0, & \text{当 } X_2+X_3 \text{ 为偶数}\end{cases}$$

分别求 $Z_1=2Y_1-Y_2$ 和 $Z_2=\min(Y_1,Y_2)$ 的分布律。

4. 设随机变量 $X_1,X_2$ 相互独立，且 $X_i\sim B(n_i,p)$，$i=1,2$，试证 $X=X_1+X_2\sim B(n_1+n_2,p)$。(提示：利用等式 $\sum\limits_{i=0}^{k}\mathrm{C}_m^i\mathrm{C}_n^{k-i}=\mathrm{C}_{m+n}^k$，其中 $m,n,k$ 为任意非负整数。)

5. 已知随机变量 $X$ 的概率密度

$$f(x)=\begin{cases}x, & 0<x<1\\ 2-x, & 1\leqslant x<2\\ 0, & \text{其他}\end{cases}$$

求 $Y=\ln(X+1)$ 的概率密度。

6. 已知随机变量 $X$ 的分布函数为

$$F(x)=\begin{cases}0, & x<-1\\ \dfrac{1}{2}(1+x^3), & -1\leqslant x\leqslant 1\\ 1, & x>1\end{cases}$$

求 $Y=2X^2+1$ 的分布函数。

7. 设对球的直径进行测量，测量值 $X$ 在区间 $[a,b]$ 上服从均匀分布，试求球体体积 $Y=\frac{\pi}{6}X^3$ 的概率密度。

8. 由统计物理学知道，气体分子运动速度的绝对值 $X$ 服从马克斯威尔分布，即其概率密度为

$$f(x)=\begin{cases}\dfrac{4x^2}{a^3\sqrt{\pi}}\exp\left(-\dfrac{x^2}{a^2}\right), & x>0\\ 0, & x\leqslant 0\end{cases}$$

式中，参数 $a>0$，试求分子运动动能 $Y=\frac{1}{2}mX^2$ 的概率密度。

9. 设随机变量 $X$ 服从参数为 $\lambda$ 的指数分布，试求：

(1) $Y=\mathrm{e}^X$ 的概率密度；

(2) $Y=X^{\frac{1}{a}}$ ($a>0$ 为常数)的概率密度。

10. 设 $X\sim N(0,\sigma^2)$，试求：

(1) $Y=\mathrm{e}^X$ 的概率密度；

(2) $Y=|X|$ 的概率密度。

11. 设随机变量 $X$ 在区间 $\left(-\frac{\pi}{2},\frac{\pi}{2}\right)$ 上服从均匀分布，试求 $Y=\sin X$ 的概率密度。

12. 设随机变量 $X$ 在区间 $\left[-\frac{\pi}{2},\frac{\pi}{2}\right]$ 上服从均匀分布，试求 $Y=\cos X$ 的概率密度。

13. 已知随机变量 $X$ 的概率密度为

$$f(x)=\begin{cases}\dfrac{2x}{\pi^2}, & 0<x<\pi\\ 0, & \text{其他}\end{cases}$$

试求 $Y=\sin X$ 的概率密度。

14. 设随机变量 $X$ 的概率密度为

$$f(x)=\begin{cases}\dfrac{2}{\pi(1+x^2)}, & x>0\\ 0, & x\leqslant 0\end{cases}$$

试求 $Y=\ln X$ 的概率密度。

15. 已知随机变量 $X$ 与 $Y$ 相互独立，其概率密度分别为

$$f_X(x)=\begin{cases}2, & 0\leqslant x\leqslant \dfrac{1}{2}\\ 0, & \text{其他}\end{cases}$$

$$f_Y(y)=\begin{cases}\lambda e^{-\lambda y}, & y>0\\ 0, & y\leqslant 0\end{cases}$$

试求 $Z=X+Y$ 的概率密度。

16. 在某一简单电路中，两电阻 $R_1$ 和 $R_2$ 串联连接，设 $R_1$ 和 $R_2$ 相互独立，其概率密度分别为

$$f_{R_1}(r_1)=\begin{cases}\dfrac{10-r_1}{50}, & 0<r_1<10\\ 0, & \text{其他}\end{cases}$$

$$f_{R_2}(r_2)=\begin{cases}\dfrac{10-r_2}{50}, & 0<r_2<10\\ 0, & \text{其他}\end{cases}$$

试求总电阻 $R=R_1+R_2$ 的概率密度。

17. 设随机变量 $X$ 与 $Y$ 相互独立，$X$ 在区间[0,1]上服从均匀分布，$Y$ 在区间[0,2]上服从辛普生分布：

$$f_Y(y)=\begin{cases}y, & 0\leqslant y\leqslant 1\\ 2-y, & 1<y\leqslant 2\\ 0, & \text{其他}\end{cases}$$

试求随机变量 $Z=X+Y$ 的概率密度。

18. 已知二维随机变量$(X,Y)$的概率密度为

$$f(x,y)=\begin{cases}2xy, & 0\leqslant x\leqslant 1,\quad 0\leqslant y\leqslant 2x\\ 0, & \text{其他}\end{cases}$$

试求：

(1) $Z=2X+Y$ 的概率密度；

(2) $Z=X-Y$ 的概率密度。

19. 设随机变量 $X$ 和 $Y$ 相互独立，且都服从标准正态分布，试求 $Z=X^2+Y^2$ 的概率密度($Z$ 的分布叫做自由度为 2 的 $\chi^2$ 分布)。

20. 设随机变量$(X,Y)$的概率密度为

$$f(x,y)=\frac{1}{2\pi\sigma^2}\exp\left(-\frac{x^2+y^2}{2\sigma^2}\right),\qquad -\infty<x<+\infty,\qquad -\infty<y<+\infty$$

试求 $Z=\sqrt{X^2+Y^2}$的概率密度($Z$ 的分布称为瑞利分布)。

*21. 已知随机变量$(X,Y)$的概率密度 $f(x,y)$，试求 $Z=\dfrac{X}{Y}$的概率密度。

22. 已知二维随机变量$(X,Y)$的分布函数为

$$F(x,y)=\begin{cases}0, & x<0\text{ 或 }y<0\\ x^2(2y^2-x^2), & 0\leqslant x\leqslant 1,\quad x\leqslant y\leqslant 1\\ x^2(2-x^2), & 0\leqslant x\leqslant 1,\quad y>1\\ y^4, & x>y,\ 0\leqslant y\leqslant 1\\ 1, & x>1,\quad y>1\end{cases}$$

求 $Z=\max(X,Y)$ 的概率密度。

23. 已知二维随机变量$(X,Y)$的概率密度为

$$f(x,y)=\begin{cases}2xy, & 0<x<1,\quad 0<y<2x\\ 0, & \text{其他}\end{cases}$$

求 $Z=\max(X,Y)$ 的概率密度。

24. 已知随机变量$(X,Y)$的分布函数为

$$F(x,y)=\begin{cases}x(1-\mathrm{e}^{-y}), & 0\leqslant x\leqslant 1,\quad y>0\\ 1-\mathrm{e}^{-y}, & x>1,\quad y>0\\ 0, & \text{其他}\end{cases}$$

试求 $Z=\min(X,Y)$ 的概率密度。

25. 已知随机变量$(X,Y)$的概率密度为

$$f(x,y)=\begin{cases}\dfrac{2}{3}, & 0\leqslant x\leqslant 1,\quad -x\leqslant y\leqslant 2x\\ 0, & \text{其他}\end{cases}$$

试求 $Z=\min(X,Y)$ 的概率密度。

26. 设随机变量$(X,Y)$的概率密度为

$$f(x,y)=\begin{cases}\dfrac{3}{2}(x+y), & |x|\leqslant y,\quad 0\leqslant y\leqslant 1\\ 0, & \text{其他}\end{cases}$$

试求 $Z=\max(X,Y)$ 的概率密。

27. 如图 4-10 所示的子系统 $LK$ 由三个独立部件并串联组成,部件 $i$ 的寿命 $X_i(i=1,2,3)$具有相同的概率密度

$$f(x_i)=\begin{cases}\mathrm{e}^{-x_i}, & x_i\geqslant 0\\ 0, & x_i\leqslant 0\end{cases}$$

试求系统寿命 $Z$ 的概率密度。

28. 某系统 $LK$ 由三个独立子系统组成(见图 4-11),子系统 $i$ 的寿命 $X_i(i=1,2,3)$的概率密度为

$$f(x_i)=\begin{cases}\lambda\mathrm{e}^{-\lambda x_i}, & x_i>0\\ 0, & x_i\leqslant 0\end{cases}\qquad(\lambda>0)$$

试求系统 $LK$ 的寿命 $X$ 的概率密度(注:子系统 3 为备用,即当子系统 1,2 均失效时,子系统 3 将自动接通继续工作)。

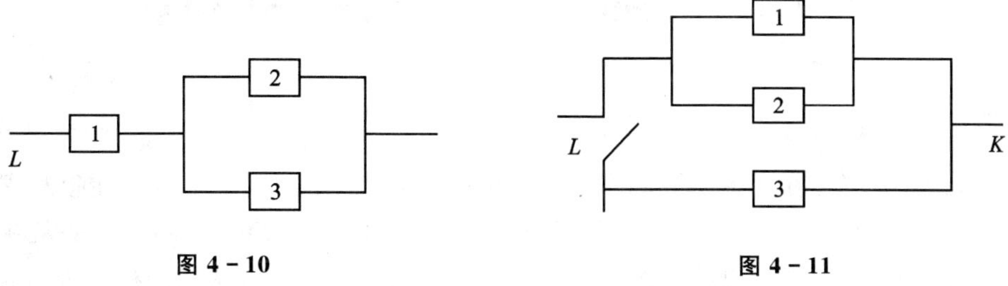


图 4-10

图 4-11

29. 已知某种型号电子管的寿命(以小时计)近似服从 $N(235, 30^2)$ 分布,随机地取出 3 只,其寿命分别为 $X_1,X_2,X_3$,试求:

(1) $P\{\max(X_1,X_2,X_3)\leqslant 250\}$;

(2) $P\{\min(X_1,X_2,X_3)\geqslant 235\}$。

30. 已知二维随机变量 $(X,Y)\sim N(-1,2^2;1,3^2;0)$,求 $Z=4X-2Y+5$ 的概率密度。

31. 已知随机变量 $X_1,X_2,X_3,X_4$ 相互独立且均服从 $N(\mu,\sigma^2)$ 分布。求 $Y_1=X_1+X_2-2\mu$ 与 $Y_2=X_3-X_4$ 的联合概率密度。

# 第 5 章　随机变量的数字特征

对于一个随机变量 $X$，如果知道它的分布律或概率密度，那么，这个随机变量 $X$ 的全部概率规律就知道了。但是在许多实际问题中，随机变量的分布律或概率密度往往很难求出。另外，在许多情况下，我们并不需要全面了解随机变量的概率规律，而只要知道它的某些统计特性就够了。这些特性往往可以用一个或几个数字来描述。这种用来描述随机变量的特性的数字，统称为数字特征。本章只介绍最常用的几个数字特征。

## 5.1　数学期望

### 5.1.1　数学期望的概念

设某射手进行了 100 次射击，其中有 10 次击中 7 环，有 20 次击中 8 环，有 40 次击中9 环，有 30 次击中 10 环，那么该射手击中的平均环数是

$$\frac{1}{100}(7\times 10+8\times 20+9\times 40+10\times 30)=$$

$$7\times\frac{10}{100}+8\times\frac{20}{100}+9\times\frac{40}{100}+10\times\frac{30}{100}=8.9$$

从上面的例子可以看出，平均数 8.9 不是 7,8,9,10 这 4 个数的算术平均，而是由这 4 个数分别乘以各自出现的频率$\frac{10}{100}$,$\frac{20}{100}$,$\frac{40}{100}$,$\frac{30}{100}$的和数。算术平均是把 7,8,9,10 这 4 个数的出现看成是等可能的，而事实上，它们出现的可能性是不同的。对于出现可能性较大的，就将它乘以一个大点儿的数；出现的可能性较小的，就将它乘以一个小点儿的数，这样所得的平均，才是真正的平均。由于频率趋向于概率值，因此我们用概率来代替频率而引出数学期望的概念。

**1. 离散型随机变量的数学期望**

**定义 1**　设离散型随机变量 $X$ 的分布律为

$$P(X=x_i)=p_i,\qquad i=1,2,3,\cdots$$

若和数

$$\sum_{i=1}^{+\infty}x_ip_i$$

绝对收敛，则称它为随机变量$X$ 的数学期望（或称均值），记作E$(X)$，即

$$E(X)=\sum_{i=1}^{+\infty}x_i p_i \tag{5.1}$$

显然,E(X)是一个常数。当 $X$ 的分布律已知时,E(X)可由式(5.1)算得。

对于随机变量 $X$ 的数学期望,可以从物理意义上进行解释,即如果将 $x_i$ 看作质点 $i$ 的坐标,将 $p_i$ 看作质点 $i$ 所具有的质量,那么,E(X)就是质点分布的重心坐标。

我们不仅研究随机变量 $X$ 的数学期望,而且还往往研究随机变量 $X$ 的函数 $g(X)$ 的数学期望。$g(X)$ 的数学期望的定义与式(5.1)相类似。

**定义 2**　设随机变量 $X$ 的分布律为

$$P(X=x_i)=p_i,\qquad i=1,2,3,\cdots$$

$g(x)$ 为连续函数,若 $\sum_{i=1}^{+\infty}g(x_i)p_i$ 绝对收敛,则定义

$$E[g(X)]=\sum_{i=1}^{+\infty}g(x_i)p_i \tag{5.2}$$

**例 1**　甲乙二人练习打靶,$X$,$Y$ 分别表示甲、乙命中的环数,其分布律如下:

| $X$ | 7 | 8 | 9 | 10 |
|---|---|---|---|---|
| $p_k$ | 0.1 | 0.2 | 0.3 | 0.4 |

| $Y$ | 7 | 8 | 9 | 10 |
|---|---|---|---|---|
| $p_k$ | 0 | 0.1 | 0.7 | 0.2 |

求 E(X),E(Y)。

**解**　由式(5.1)得

$$E(X)=7\times0.1+8\times0.2+9\times0.3+10\times0.4=9.0$$

$$E(Y)=7\times0+8\times0.1+9\times0.7+10\times0.2=9.1$$

从上面的结果可以看出,E(Y)的值比 E(X)的值大,即乙的打靶技术比甲要好些。

**例 2**　一盒内装有 4 个乒乓球,其中 3 个新球、1 个旧球。第一次练球,随机取出 1 个来用,用毕放回盒内。第二次练球,取出 2 个来用。以 $X$ 表示第二次取出的 2 个球中的新球个数,求随机变量 $X$ 的数学期望及 $E(X^2+2)$。

**解**　由第 1 章的全概率公式,可以先求出 $X$ 的分布律为

$$P\{X=0\}=\frac{1}{4}\cdot0+\frac{3}{4}\cdot\frac{C_2^2}{C_4^2}=\frac{1}{8}$$

$$P\{X=1\}=\frac{1}{4}\cdot\frac{C_3^1C_1^1}{C_4^2}+\frac{3}{4}\cdot\frac{C_2^1C_2^1}{C_4^2}=\frac{5}{8}$$

$$P\{X=2\}=\frac{1}{4}\cdot\frac{C_3^2}{C_4^2}+\frac{3}{4}\cdot\frac{C_2^2}{C_4^2}=\frac{2}{8}$$

用表格表示为

| $X$ | 0 | 1 | 2 |
|---|---|---|---|
| $P$ | $\frac{1}{8}$ | $\frac{5}{8}$ | $\frac{2}{8}$ |

由式(5.1)得

$$\mathrm{E}(X)=0\times\frac{1}{8}+1\times\frac{5}{8}+2\times\frac{2}{8}=\frac{9}{8}$$

由式(5.2)得

$$\mathrm{E}(X^2+2)=(0^2+2)\times\frac{1}{8}+(1^2+2)\times\frac{5}{8}+(2^2+2)\times\frac{2}{8}=\frac{29}{8}$$

## 2. 连续型随机变量的数学期望

对于连续型随机变量 $X$,由于 $P(X=x_i)=0$,因此用式(5.1)来定义它的数学期望已没有意义。在这种情况下,采用积分的形式来定义它的数学期望。

**定义3** 设 $X$ 是连续型随机变量,它的概率密度为 $f(x)$,如果积分

$$\int_{-\infty}^{+\infty}xf(x)\mathrm{d}x$$

绝对收敛,则称它为随机变量$X$的数学期望,记作 $\mathrm{E}(X)$,即

$$\mathrm{E}(X)=\int_{-\infty}^{+\infty}xf(x)\mathrm{d}x \tag{5.3}$$

类似地,可以定义随机变量 $X$ 的函数 $g(X)$的数学期望。

**定义4** 设随机变量 $X$ 的概率密度为 $f(x)$,$g(x)$为连续函数,若 $\int_{-\infty}^{+\infty}g(x)f(x)\,\mathrm{d}x$ 绝对收敛,则

$$\mathrm{E}[g(X)]=\int_{-\infty}^{+\infty}g(x)f(x)\mathrm{d}x \tag{5.4}$$

称为$g(X)$的数学期望。

**例3** 已知随机变量 $X$ 的概率密度为

$$f(x)=\begin{cases}x, & 0\leqslant x\leqslant 1\\ 2-x, & 1<x\leqslant 2\\ 0, & \text{其他}\end{cases}$$

求 $\mathrm{E}(X)$及 $\mathrm{E}(X^2)$。

**解** 由式(5.3)得

$$\mathrm{E}(X)=\int_{-\infty}^{+\infty}xf(x)\mathrm{d}x=\int_0^1x^2\mathrm{d}x+\int_1^2(2x-x^2)\mathrm{d}x=1$$

由式(5.4)得

$$\mathrm{E}(X^2)=\int_{-\infty}^{+\infty}x^2f(x)\mathrm{d}x=\int_0^1x^3\mathrm{d}x+\int_1^2(2x^2-x^3)\mathrm{d}x=\frac{7}{6}$$

**例 4**　随机变量 $X$ 服从柯西分布，其概率密度为

$$f(x)=\frac{1}{\pi}\cdot\frac{1}{1+x^2},\qquad -\infty<x<+\infty$$

求 $X$ 的数学期望。

**解**　由于

$$\int_{-\infty}^{+\infty}|x|\cdot\frac{1}{\pi}\cdot\frac{1}{1+x^2}\mathrm{d}x=\infty$$

因此服从柯西分布的随机变量 $X$ 的数学期望不存在。

我们可以把式(5.2)及式(5.4)推广到两个或两个以上随机变量的函数的情况。

**定义 5**　设 $Z$ 是随机变量$(X,Y)$的函数 $Z=g(X,Y)$，$g$ 是连续函数，那么 $Z$ 是一个随机变量。

(1) 若$(X,Y)$为离散型随机变量，其分布律为 $P\{X=x_i,Y=y_j\}=p_{ij}$，$i,j=1,2,\cdots$，则有

$$\mathrm{E}(Z)=\mathrm{E}[g(X,Y)]=\sum_{i=1}^{\infty}\sum_{j=1}^{\infty}g(x_i,y_j)p_{ij}\tag{5.5}$$

这里设上式右边的级数绝对收敛。

(2) 若$(X,Y)$为连续型随机变量，其概率密度为 $f(x,y)$，则有

$$\mathrm{E}(Z)=\mathrm{E}[g(X,Y)]=\int_{-\infty}^{+\infty}\int_{-\infty}^{+\infty}g(x,y)f(x,y)\mathrm{d}x\mathrm{d}y\tag{5.6}$$

这里设上式右边的积分绝对收敛。

**例 5**　设随机变量$(X,Y)$在矩形域 $G:0\leqslant x\leqslant 1,0\leqslant y\leqslant 2$ 内服从均匀分布，求 $\mathrm{E}(XY)$。

**解**　$(X,Y)$的概率密度为

$$f(x,y)=\begin{cases}\dfrac{1}{2}, & 0\leqslant x\leqslant 1,\quad 0\leqslant y\leqslant 2\\ 0, & \text{其他}\end{cases}$$

由式(5.6)得

$$\mathrm{E}(XY)=\int_0^1\int_0^2 xy\cdot\frac{1}{2}\mathrm{d}x\mathrm{d}y=\frac{1}{2}$$

**例 6**　国际市场对我国某产品在一年内的需求量为随机变量 $X$(单位：吨)，$X$ 在区间$[2\,000,4\,000]$上服从均匀分布。如果出口该产品，每销售出1吨，可为国家挣得外汇3万美元；如果销售不出而囤积在仓库中，则每吨需支付保养费1万美元。

(1) 出口 $y$ 吨的平均收益是多少？

(2) $y$ 取何值，能使收益达到最大？

**解**　(1) 由题意知，需求量 $X$ 在$[2\,000,4\,000]$上服从均匀分布，$X$ 的概率密度为

$$f(x)=\begin{cases}\dfrac{1}{2\,000}, & 2\,000\leqslant x\leqslant 4\,000\\ 0, & x<2\,000\text{ 或 }x>4\,000\end{cases}$$

令 $Z$ 表示"出口 $y$ 吨的收益"($2\ 000 \leqslant y \leqslant 4\ 000$),则收益 $Z$ 是需求量 $X$ 的函数 $Z=g(X)$。

当实际需求量 $x$ 不小于出口量 $y$ 时,实际收益量为

$$z = g(x) = 3y$$

当实际需求量 $x$ 小于出口量 $y$ 时,实际收益量为

$$z = g(x) = 3x - (y - x) = 4x - y$$

即有
$$z = g(x) = \begin{cases} 3y, & x \geqslant y \\ 4x - y, & x < y \end{cases} \qquad (2\ 000 \leqslant y \leqslant 4\ 000)$$

平均收益为

$$\mathrm{E}(Z) = \int_{-\infty}^{\infty} g(x) f(x) \mathrm{d}x = \frac{1}{2\ 000}\int_{2\ 000}^{y} (4x - y)\mathrm{d}x + \frac{1}{2\ 000}\int_{y}^{4\ 000} 3y\mathrm{d}x = \frac{1}{1\ 000}(-y^2 + 7\ 000y - 4 \times 10^6)$$

(2) 记 $\varphi(y) = \mathrm{E}(Z) = \dfrac{1}{1\ 000}(-y^2 + 7\ 000y - 4\times 10^6)$,则

$$\varphi'(y) = \frac{1}{1\ 000}(-2y + 7\ 000)$$

令 $\varphi'(y)=0$,得到 $y=3\ 500$,即当出口 3 500 吨时,收益最大。

### 5.1.2 数学期望的性质

(1) 设 $C$ 为常数,则有

$$\mathrm{E}(C) = C$$

(2) 设 $C$ 为常数,$X$ 为随机变量,则有

$$\mathrm{E}(CX) = C\mathrm{E}(X)$$

(3) 设 $X,Y$ 为任意随机变量,则有

$$\mathrm{E}(X + Y) = \mathrm{E}X + \mathrm{E}Y$$

(4) 设 $X,Y$ 为相互独立随机变量,则有

$$\mathrm{E}(XY) = \mathrm{E}(X) \cdot \mathrm{E}(Y)$$

我们只证明性质(3)和(4),性质(1)和(2)由读者自己证明。

**证** 只就连续型随机变量证明。设 $(X,Y)$ 的概率密度为 $f(x,y)$,其边沿概率密度为 $f_X(x)$,$f_Y(y)$。由式(5.6)得

$$\mathrm{E}(X + Y) = \int_{-\infty}^{+\infty}\int_{-\infty}^{+\infty} (x + y) f(x,y) \mathrm{d}x\mathrm{d}y = \int_{-\infty}^{+\infty}\int_{-\infty}^{+\infty} x f(x,y)\mathrm{d}x\mathrm{d}y + \int_{-\infty}^{+\infty}\int_{-\infty}^{+\infty} y f(x,y)\mathrm{d}x\mathrm{d}y = \int_{-\infty}^{+\infty} x f_X(x)\mathrm{d}x + \int_{-\infty}^{+\infty} y f_Y(y)\mathrm{d}y = \mathrm{E}(X) + \mathrm{E}(Y)$$

性质(3)可以推广到任意有限个随机变量的和的情形。

对于性质(4)，由于 $X$ 与 $Y$ 相互独立，所以 $f(x,y)=f_X(x)\cdot f_Y(y)$，由式(5.6)得

$$\begin{aligned}\mathrm{E}(XY)=&\int_{-\infty}^{+\infty}\int_{-\infty}^{+\infty}xyf(x,y)\mathrm{d}x\mathrm{d}y=\\&\int_{-\infty}^{+\infty}\int_{-\infty}^{+\infty}xyf_X(x)f_Y(y)\mathrm{d}x\mathrm{d}y=\\&\left[\int_{-\infty}^{+\infty}xf_X(x)\mathrm{d}x\right]\left[\int_{-\infty}^{+\infty}yf_Y(y)\mathrm{d}y\right]=\mathrm{E}(X)\cdot\mathrm{E}(Y)\end{aligned}$$

性质(4)也可以推广到任意有限个相互独立的随机变量的积的情形。

**例 7**　一批产品中有 $M$ 件正品，$N$ 件次品，从中任意取出 $n$ 件，以 $X$ 表示取到次品的件数，求随机变量 $X$ 的数学期望。

**解**　由第 2 章知 $X$ 服从超几何分布，其分布律为

$$P\{X=k\}=\frac{\mathrm{C}_N^k\mathrm{C}_M^{n-k}}{\mathrm{C}_{M+N}^n},\qquad k=0,1,2,\cdots,l,\qquad l=\min(n,N)$$

由式(5.1)求 $\mathrm{E}(X)$，计算十分繁杂。现介绍另一种方法，将 $X$ 分解成 $n$ 个 0－1 分布的随机变量之和，然后根据数学期望性质(3)，便可求出 $\mathrm{E}(X)$。

取 $n$ 个产品可看作不放回地取 $n$ 次，每次取一个产品。令

$$X_i=\begin{cases}1, & \text{第 } i \text{ 次取到次品}\\0, & \text{第 } i \text{ 次取到正品}\end{cases}$$

则 $X=X_1+X_2+\cdots+X_n$，且有

$$P\{X_i=1\}=\frac{N}{M+N},\qquad i=1,2,\cdots,n$$

$$\mathrm{E}(X_i)=0\cdot P\{X_i=0\}+1\cdot P\{X_i=1\}=\frac{N}{M+N}$$

于是

$$\mathrm{E}(X)=\mathrm{E}\left(\sum_{i=1}^{n}X_i\right)=\sum_{i=1}^{n}\mathrm{E}(X_i)=\frac{nN}{M+N}$$

**例 8**　掷 $n$ 颗骰子，以 $X$ 表示 $n$ 颗骰子出现的点数之和，求 $\mathrm{E}(X)$。

**解**　根据式(5.1)计算 $X$ 的分布律比较难，现仍采取将 $X$ 分解的方法。

令 $X_i=j$ 表示第 $i$ 颗骰子出现的点数为 $j$，且

$$j=1,2,3,4,5,6,\qquad i=1,2,\cdots,n$$

则

$$X=\sum_{i=1}^{n}X_i$$

又

$$P\{X_i=j\}=\frac{1}{6},\qquad j=1,2,\cdots,6,\qquad i=1,2,\cdots,n$$

$$E(X_i)=(1+2+3+4+5+6)\times\frac{1}{6}=\frac{7}{2}$$

于是
$$E(X)=E(\sum_{i=1}^{n}X_i)=\sum_{i=1}^{n}E(X_i)=\frac{7n}{2}$$

**例9** 设$X$与$Y$是两个相互独立的随机变量,其概率密度分别为

$$f(x)=\begin{cases}2x, & 0\leqslant x\leqslant 1\\ 0, & \text{其他}\end{cases}$$

$$g(y)=\begin{cases}e^{-(y-5)}, & y>5\\ 0, & y\leqslant 5\end{cases}$$

求$E(3XY)$。

**解** 由数学期望的性质得

$$E(3XY)=3E(X)E(Y)=3\int_{-\infty}^{+\infty}xf(x)dx\int_{-\infty}^{+\infty}yg(y)dy=$$

$$3\int_0^1 2x^2 dx\int_5^{+\infty}ye^{-(y-5)}dy=12$$

# 5.2 方差

## 5.2.1 方差的概念

随机变量的数学期望描述了随机变量取值的平均大小,但对于一个随机变量来说,仅仅知道这一数字特征是不够的。例如,有两批灯泡,它们的平均寿命都是1 000 h,仅从这一数据还不能认为这两批灯泡的质量一样。事实上,有可能其中一批灯泡中的绝大部分的寿命集中在1 000 h附近,而另一批灯泡的寿命大部分与1 000 h偏离较大。在这种情况下,我们认为前一批灯泡的质量要好些。在实际工作中,数据的波动程度是反映客观现象的重要指标。所以,对于一批数据,除了研究它的平均值以外,还要研究它的波动,即研究随机变量与其均值(即数学期望)的偏离程度。通常用$E(X-EX)^2$来描述随机变量与其数学期望的偏离程度。

**定义6** 设随机变量$X$的数学期望为$E(X)$,若$E(X-EX)^2$存在,则称$E(X-EX)^2$为$X$的方差,记作$D(X)$或var $X$,即

$$D(X)=E(X-EX)^2 \tag{5.7}$$

在实际中还引进与随机变量$X$具有相同量纲的量$\sqrt{DX}$,称为标准差或均方差。

若$X$是离散型随机变量,则由式(5.7)与式(5.2)得

$$D(X)=\sum_{i=1}^{\infty}(x_i-EX)^2 p_i \tag{5.8}$$

式中
$$p_i=P(X=x_i),\quad i=1,2,\cdots$$

若 $X$ 是连续型随机变量，则由式(5.7)与式(5.4)得

$$D(X)=\int_{-\infty}^{+\infty}(x-\mathrm{E}X)^2 f(x)\mathrm{d}x \tag{5.9}$$

式中，$f(x)$是 $X$ 的概率密度。

为了便于计算，我们来推导下列计算方差的公式：

$$D(X)=\mathrm{E}(X^2)-(\mathrm{E}X)^2 \tag{5.10}$$

**证**　由数学期望的性质得

$$DX=\mathrm{E}(X-\mathrm{E}X)^2=\mathrm{E}[X^2-2X\mathrm{E}X+(\mathrm{E}X)^2]=$$
$$\mathrm{E}(X^2)-2\mathrm{E}X\cdot\mathrm{E}X+(\mathrm{E}X)^2=\mathrm{E}(X^2)-(\mathrm{E}X)^2$$

**例 1**　设随机变量 $X$ 的分布律为

| $X$ | 1 | 2 | 3 | 4 |
|---|---|---|---|---|
| $P$ | $\frac{1}{8}$ | $\frac{3}{8}$ | $\frac{2}{8}$ | $\frac{2}{8}$ |

求 $D(X)$。

**解**

$$\mathrm{E}(X)=1\times\frac{1}{8}+2\times\frac{3}{8}+3\times\frac{2}{8}+4\times\frac{2}{8}=\frac{21}{8}$$

$$\mathrm{E}(X^2)=1^2\times\frac{1}{8}+2^2\times\frac{3}{8}+3^2\times\frac{2}{8}+4^2\times\frac{2}{8}=\frac{63}{8}$$

由式(5.10)得

$$D(X)=\mathrm{E}(X^2)-(\mathrm{E}X)^2-\frac{63}{8}-\frac{441}{64}=\frac{63}{64}$$

**例 2**　设随机变量 $X$ 的概率密度为

$$f(x)=\begin{cases}1+x, & -1\leqslant x<0\\ 1-x, & 0\leqslant x\leqslant 1\end{cases}$$

求 $P\{|X-\mathrm{E}(X)|\leqslant 2D(X)\}$。

**解**　由式(5.3)，得

$$\mathrm{E}(X)=\int_{-\infty}^{+\infty}xf(x)\mathrm{d}x=\int_{-1}^{0}x(1+x)\mathrm{d}x+\int_{0}^{1}x(1-x)\mathrm{d}x=0$$

由式(5.4)，得

$$\mathrm{E}(X^2)=\int_{-\infty}^{+\infty}x^2 f(x)\mathrm{d}x=\int_{-1}^{0}x^2(1+x)\mathrm{d}x+\int_{0}^{1}x^2(1-x)\mathrm{d}x=\frac{1}{6}$$

由式(5.10)，得

$$D(X)=\mathrm{E}(X^2)-(\mathrm{E}X)^2=\frac{1}{6}$$

$$P\{|X-\mathrm{E}(X)|\leqslant 2D(X)\}=P\left\{|X|\leqslant\frac{1}{3}\right\}=$$

$$\int_{-\frac{1}{3}}^{0}(1+x)\mathrm{d}x+\int_{0}^{\frac{1}{3}}(1-x)\mathrm{d}x=\frac{5}{9}$$

## 5.2.2 方差的性质

(1) 设 $C$ 为常数,则

$$D(C)=0$$

(2) 设 $X$ 是随机变量,$C$ 是常数,则有

$$D(CX)=C^2D(X)$$

(3) 设 $X,Y$ 是两个相互独立的随机变量,则有

$$D(X+Y)=D(X)+D(Y)$$

特别当 $X$ 是一个随机变量,$a,b$ 是常数时,则有

$$D(aX+b)=a^2D(X)$$

(4) $D(X)=0$ 的充分必要条件是

$$P\{X=\mathrm{E}X\}=1$$

性质(1),(2)的证明较容易,由读者自己完成。下面证性质(3)。

**证** $D(X+Y)=\mathrm{E}[(X+Y)-\mathrm{E}(X+Y)]^2=\mathrm{E}[(X-\mathrm{E}X)+(Y-\mathrm{E}Y)]^2=$

$$\mathrm{E}(X-\mathrm{E}X)^2+\mathrm{E}(Y-\mathrm{E}Y)^2+2\mathrm{E}[(X-\mathrm{E}X)(Y-\mathrm{E}Y)]$$

而 $$\mathrm{E}[(X-\mathrm{E}X)(Y-\mathrm{E}Y)]=\mathrm{E}[XY-X\mathrm{E}Y-Y\mathrm{E}X+\mathrm{E}X\cdot\mathrm{E}Y]=$$

$$\mathrm{E}(XY)-\mathrm{E}X\cdot\mathrm{E}Y-\mathrm{E}Y\cdot\mathrm{E}X+\mathrm{E}X\cdot\mathrm{E}Y=\mathrm{E}(XY)-(\mathrm{E}X)\cdot(\mathrm{E}Y)$$

因为 $X$ 与 $Y$ 相互独立,所以,$\mathrm{E}(XY)=(\mathrm{E}X)\cdot(\mathrm{E}Y)$,故上式等于零。从而

$$D(X+Y)=\mathrm{E}(X-\mathrm{E}X)^2+\mathrm{E}(Y-\mathrm{E}Y)^2=D(X)+D(Y)$$

这一性质可以推广到任意有限个相互独立的随机变量之和的情形。

性质(4)的证明要用到其他知识,故从略。

**例3** 计算第5.1节例8中的随机变量 $X$ 的方差。

**解** 由第5.1节例8知

$$\mathrm{E}(X_i)=\frac{7}{2}$$

$$\mathrm{E}(X_i^2)=(1^2+2^2+3^2+4^2+5^2+6^2)\times\frac{1}{6}=\frac{91}{6}$$

故 $$D(X_i)=\mathrm{E}(X_i^2)-[\mathrm{E}(X_i)]^2=\frac{35}{12}$$

依题意知 $X_1,X_2,\cdots,X_n$ 相互独立,根据方差性质,便得

$$D(X)=D(\sum_{i=1}^{n}X_i)=\sum_{i=1}^{n}DX_i=\frac{35n}{12}$$

**例4** 设$(X,Y)$的分布律为

| X \ Y | 0 | 1 |
|---|---|---|
| 0 | $\frac{1}{6}$ | $\frac{1}{6}$ |
| 1 | $\frac{1}{3}$ | $\frac{1}{12}$ |
| 2 | $\frac{1}{12}$ | $\frac{1}{6}$ |

求 $E[3\max(X,Y)+4]$；$D[3\max(X,Y)+4]$。

**解**　设 $Z=\max(X,Y)$，那么 $Z$ 的取值为 0,1,2,$Z$ 的分布律为

$$P\{Z=0\}=P\{\max(X,Y)=0\}=P\{X=0,Y=0\}=\frac{1}{6}$$

$$P\{Z=1\}=P\{\max(X,Y)=1\}=P\{X=0,Y=1\}+P\{X=1,Y=0\}+P\{X=1,Y=1\}=\frac{7}{12}$$

$$P\{Z=2\}=P\{\max(X,Y)=2\}=P\{X=2,Y=0\}+P\{X=2,Y=1\}=\frac{1}{4}$$

即

| $Z$ | 0 | 1 | 2 |
|---|---|---|---|
| $P$ | $\frac{1}{6}$ | $\frac{7}{12}$ | $\frac{1}{4}$ |

$$E(Z)=1\times\frac{7}{12}+2\times\frac{1}{4}=\frac{13}{12}$$

$$E(Z^2)=1\times\frac{7}{12}+4\times\frac{1}{4}=\frac{19}{12}$$

$$D(Z)=E(Z^2)-[E(Z)]^2=\frac{59}{144}$$

于是得到

$$E[3\max(X,Y)+4]=E(3Z+4)=3E(Z)+4=\frac{29}{4}$$

$$D[3\max(X,Y)+4]=D(3Z+4)=9D(Z)=\frac{59}{16}$$

**例 5**　设随机变量 $(X,Y)$ 的概率密度函数为

$$f(x,y)=\begin{cases}\frac{3}{4}(x+y), & 0<x<1,\quad 0<y<2x\\ 0, & \text{其他}\end{cases}$$

求 $E[\max(X,Y)]$，$E[\min(X,Y)]$

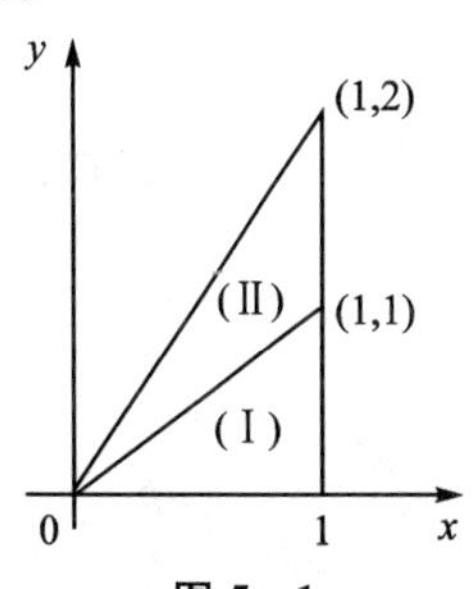

图 5－1

**解**　直线 $y=x$ 把三角形区域 $\{0<x<1,0<y<2x\}$ 划分为区域(Ⅰ)和区域(Ⅱ)（见图 5－1），在区域(Ⅰ)中，$x>y$，在区域

(Ⅱ)中,$x<y$,则

$$E[\max(X,Y)]=\int_{-\infty}^{\infty}\int_{-\infty}^{\infty}\max(x,y)f(x,y)\mathrm{d}x\mathrm{d}y=$$

$$\int_0^1\int_0^x x\cdot\frac{3}{4}(x+y)\mathrm{d}y\mathrm{d}x+\int_0^1\int_x^{2x}y\cdot\frac{3}{4}(x+y)\mathrm{d}y\mathrm{d}x=1$$

$$E[\min(X,Y)]=\int_{-\infty}^{\infty}\int_{-\infty}^{\infty}\min(x,y)f(x,y)\mathrm{d}x\mathrm{d}y=$$

$$\int_0^1\int_0^x y\cdot\frac{3}{4}(x+y)\mathrm{d}y\mathrm{d}x+\int_0^1\int_x^{2x}x\cdot\frac{3}{4}(x+y)\mathrm{d}y\mathrm{d}x=\frac{5}{8}$$

## 5.3 常用随机变量的数学期望和方差

在第2章中,我们介绍了一些常用随机变量的分布,在一些实际问题中,经常要用到它们的数学期望和方差。下面分别进行讨论。

**例1** 设$X$服从0-1分布:

| $X$ | 1 | 0 |
|---|---|---|
| $P$ | $p$ | $1-p$ |

求$E(X)$、$D(X)$。

**解** 由式(5.1)得

$$E(X)=1\times p+0\times(1-p)=p$$
$$E(X^2)=1^2\times p+0^2\times(1-p)=p$$

由式(5.10)得

$$D(X)=E(X^2)-[E(X)]^2=p(1-p)$$

**例2** 设$X$服从二项分布$B(n,p)$,即

$$P\{X=k\}=C_n^k p^k(1-p)^{n-k},\qquad k=0,1,\cdots,n$$

求$E(X)$、$D(X)$。

**解** 由式(5.1)得

$$E(X)=\sum_{k=0}^{n}kP\{X=k\}=\sum_{k=0}^{n}kC_n^k p^k(1-p)^{n-k}=$$

$$\sum_{k=1}^{n}\frac{kn!}{k!(n-k)!}p^k(1-p)^{n-k}=$$

$$\sum_{k=1}^{n}\frac{np(n-1)!}{(k-1)![(n-1)-(k-1)]!}\cdot p^{k-1}(1-p)^{(n-1)-(k-1)}\xlongequal{\text{令}\ l=k-1}$$

$$np\sum_{l=0}^{n-1}\frac{(n-1)!}{l![(n-1)-l]!}p^l(1-p)^{(n-1)-l}=np[p+(1-p)]^{n-1}=np$$

$$
\begin{aligned}
E(X^2) &= \sum_{k=0}^{n} k^2 C_n^k p^k (1-p)^{n-k} = \\
&\sum_{k=1}^{n} [k(k-1)+k] \frac{n!}{k!(n-k)!} p^k (1-p)^{n-k} = \\
&\sum_{k=1}^{n} [(k-1)+1] \frac{n!}{(k-1)!(n-k)} p^k (1-p)^{n-k} = \\
&\sum_{k=2}^{n} (k-1) \frac{n(n-1)(n-2)!}{(k-1)!(n-k)!} p^2 \cdot p^{k-2} \cdot (1-p)^{(n-2)-(k-2)} + \\
&\sum_{k=1}^{n} \frac{n!}{(k-1)!(n-k)!} p^k (1-p)^{n-k}
\end{aligned}
$$

令　$m=k-2$ 得

$$
\begin{aligned}
E(X^2) &= n(n-1)p^2 \sum_{m=0}^{n-2} \frac{(n-2)!}{m!(n-2-m)!} \cdot p^m (1-p)^{(n-2)-m} + EX = \\
&n(n-1)p^2 + np
\end{aligned}
$$

于是　$D(X) = E(X^2) - (EX)^2 = n(n-1)p^2 + np - n^2p^2 = np(1-p)$

从上述运算中可以看出，计算二项分布的数学期望和方差，根据式(5.1)及式(5.10)直接计算是比较繁杂的。由于二项分布出自伯努利试验模型，我们可将服从二项分布的随机变量 $X$ 分解成 $n$ 个服从 0-1 分布的随机变量之和，然后运用数学期望和方差的性质来计算 $EX$ 和 $DX$。具体做法如下：

令
$$
X_i = \begin{cases} 1, & \text{第 } i \text{ 次试验 } A \text{ 发生} \\ 0, & \text{第 } i \text{ 次试验 } A \text{ 不发生} \end{cases}
$$

且
$$
P\{X_i = 1\} = p
$$
$$
P\{X_i = 0\} = 1-p, \qquad i = 1,2,\cdots,n
$$

且 $X_1, X_2, \cdots, X_n$ 相互独立，故

$$
X = \sum_{i=1}^{n} X_i \sim B(n,p)
$$

容易计算：

$$
E(X_i) = p, \qquad D(X_i) = p(1-p), \qquad i = 1,2,\cdots,n
$$

$$
E(X) = E\left(\sum_{i=1}^{n} X_i\right) = \sum_{i=1}^{n} E(X_i) = np
$$

$$
D(X) - D\left(\sum_{i=1}^{n} X_i\right) = \sum_{i=1}^{n} D(X_i) = np(1-p)
$$

**例 3**　设 $X$ 服从泊松布 $\Pi(\lambda)$，即

$$
P(X=k) = \frac{e^{-\lambda}\lambda^k}{k!}, \qquad k = 0,1,2,\cdots
$$

求 E(X)和 D(X)。

**解** 由式(5.1)得

$$E(X)=\sum_{k=0}^{+\infty}k\frac{e^{-\lambda}\lambda^k}{k!}=e^{-\lambda}\sum_{k=1}^{+\infty}\frac{\lambda^{k-1}}{(k-1)!}\lambda=\lambda e^{-\lambda}\sum_{k=1}^{+\infty}\frac{\lambda^{k-1}}{(k-1)!}=\lambda e^{-\lambda}e^{\lambda}=\lambda$$

$$E(X^2)=\sum_{k=0}^{+\infty}k^2\cdot\frac{e^{-\lambda}\lambda^k}{k!}=\sum_{k=1}^{+\infty}(k-1+1)\frac{\lambda^k}{(k-1)!}e^{-\lambda}=$$

$$\sum_{k=2}^{+\infty}\frac{\lambda^{k-2}\cdot\lambda^2}{(k-2)!}e^{-\lambda}+\sum_{k=1}^{\infty}\frac{\lambda^k}{(k-1)!}e^{-\lambda}=\lambda^2+\lambda$$

于是
$$D(X)=(\lambda^2+\lambda)-\lambda^2=\lambda$$

**例 4** 设 $X$ 服从参数为 $\lambda(\lambda>0)$ 的指数分布,即 $X$ 有概率密度

$$f(x)=\begin{cases}\lambda e^{-\lambda x}, & x>0\\ 0, & x\leqslant 0\end{cases}$$

求 E(X)和 D(X)。

**解** 由式(5.3)得

$$E(X)=\int_{-\infty}^{+\infty}xf(x)dx=\lambda\int_0^{+\infty}xe^{-\lambda x}dx=$$

$$-xe^{-\lambda x}\Big|_0^{+\infty}+\int_0^{+\infty}e^{-\lambda x}dx=\frac{1}{\lambda}(-e^{-\lambda x})\Big|_0^{+\infty}=\frac{1}{\lambda}$$

$$E(X^2)=\lambda\int_0^{+\infty}x^2e^{-\lambda x}dx=\frac{1}{\lambda^2}\int_0^{+\infty}t^2e^{-t}dt=\frac{2}{\lambda^2}$$

于是
$$D(X)=\frac{2}{\lambda^2}-\frac{1}{\lambda^2}=\frac{1}{\lambda^2}$$

**例 5** 设 $X\sim N(\mu,\sigma^2)$,求 E(X)和 D(X)。

**解**
$$E(X)=\frac{1}{\sqrt{2\pi}\sigma}\int_{-\infty}^{+\infty}x\exp\left[-\frac{(x-\mu)^2}{2\sigma^2}\right]dx$$

令 $t=\frac{x-\mu}{\sigma}$,得

$$E(X)=\frac{1}{\sqrt{2\pi}}\int_{-\infty}^{+\infty}(\sigma t+\mu)\exp\left(-\frac{t^2}{2}\right)dt=$$

$$\frac{\sigma}{\sqrt{2\pi}}\int_{-\infty}^{+\infty}t\exp\left(-\frac{t^2}{2}\right)dt+\frac{\mu}{\sqrt{2\pi}}\int_{-\infty}^{+\infty}\exp\left(-\frac{t^2}{2}\right)dt=\mu$$

$$D(X)=E(X-\mu)^2=\int_{-\infty}^{+\infty}(x-\mu)^2\frac{1}{\sqrt{2\pi}\sigma}\exp\left[-\frac{(x-\mu)^2}{2\sigma^2}\right]dx$$

令 $t=\frac{x-\mu}{\sigma}$,得

$$D(X)=\frac{\sigma^2}{\sqrt{2\pi}}\int_{-\infty}^{+\infty}t^2\exp\left(-\frac{t^2}{2}\right)\mathrm{d}t=$$

$$\frac{-\sigma^2}{\sqrt{2\pi}}\left[t\exp\left(\frac{-t^2}{2}\right)\Big|_{-\infty}^{+\infty}-\int_{-\infty}^{+\infty}\exp\left(-\frac{t^2}{2}\right)\mathrm{d}t\right]=$$

$$\frac{\sigma^2}{\sqrt{2\pi}}\int_{-\infty}^{+\infty}\exp\left(-\frac{t^2}{2}\right)\mathrm{d}t=\sigma^2$$

**例 6**　设随机变量 $X$ 服从威布尔分布，概率密度为

$$f(x)=\begin{cases}\dfrac{\beta}{\eta}\left(\dfrac{x}{\eta}\right)^{\beta-1}\exp\left[-\left(\dfrac{x}{\eta}\right)^{\beta}\right], & x>0\\ 0, & x\leqslant 0\end{cases}$$

试求 $\mathrm{E}(X)$ 和 $D(X)$。

**解**
$$\mathrm{E}(X)=\int_0^{+\infty}xf(x)\mathrm{d}x=\int_0^{+\infty}\beta\left(\frac{x}{\eta}\right)^{\beta}\exp\left[-\left(\frac{x}{\eta}\right)^{\beta}\right]\mathrm{d}x$$

令 $\left(\dfrac{x}{\eta}\right)^{\beta}=t$，则 $\dfrac{\beta}{\eta}\left(\dfrac{x}{\eta}\right)^{\beta-1}\mathrm{d}x=\mathrm{d}t$，于是

$$\mathrm{E}(X)=\int_0^{+\infty}\eta t^{\frac{1}{\beta}}\mathrm{e}^{-t}\mathrm{d}t=\eta\Gamma\left(\frac{1}{\beta}+1\right)$$

$$\mathrm{E}(X^2)=\int_0^{+\infty}x^2f(x)\mathrm{d}x=\int_0^{+\infty}\beta\eta\left(\frac{x}{\eta}\right)^{\beta+1}\exp\left[-\left(\frac{x}{\eta}\right)^{\beta}\right]\mathrm{d}x=$$

$$\int_0^{+\infty}\eta^2t^{\frac{2}{\beta}}\mathrm{e}^{-t}\mathrm{d}t=\eta^2\Gamma\left(\frac{2}{\beta}+1\right)$$

故

$$D(X)=\mathrm{E}X^2-(\mathrm{E}X)^2=\eta^2\left\{\Gamma\left(\frac{2}{\beta}+1\right)-\left[\Gamma\left(\frac{1}{\beta}+1\right)\right]^2\right\}$$

在理论研究和实际工作中，为了方便计算或简化证明，常对随机变量进行标准化。当随机变量 $X$ 的数学期望和方差都存在时，它的标准化随机变量为

$$X^*=\frac{X-\mathrm{E}(X)}{\sqrt{D(X)}}$$

显然

$$\mathrm{E}(X^*)=0,\qquad D(X^*)=1$$

从以上一些例子中我们发现，有些重要分布的参数都与其数学期望和方差有关。如随机变量 $X\sim N(\mu,\sigma^2)$，那么 $\mathrm{E}(X)=\mu$，$D(X)=\sigma^2$；又如随机变量 $X\sim\Pi(\lambda)$，那么 $\mathrm{E}(X)=D(X)=\lambda$。因而当知道了它们的数学期望和方差以后，它们的分布也就随之唯一确定了。这为研究随机变量的某些特性提供了条件。为了查阅方便，现将几种常用的随机变量的数学期望和方差汇集于表5－1中。

表 5-1 常用分布表

| 分布 | 分布律或概率密度 | 数学期望 | 方差 |
|---|---|---|---|
| 0-1分布 | $P\{X=k\}=p^k(1-p)^{1-k}$<br>$k=0,1;\quad 0<p<1$ | $p$ | $p(1-p)$ |
| 二项分布 | $P\{X=k\}=C_n^k p^k(1-p)^{n-k}$<br>$k=0,1,2,\cdots,n;\quad 0<p<1$ | $np$ | $np(1-p)$ |
| 泊松分布 | $P\{X=k\}=\dfrac{\lambda^k e^{-\lambda}}{k!},\quad \lambda>0$<br>$k=0,1,2,\cdots$ | $\lambda$ | $\lambda$ |
| 超几何分布 | $P\{X=k\}=\dfrac{C_N^k C_M^{n-k}}{C_{M+N}^n}$<br>$k=0,1,2,\cdots,n\quad (n\leqslant N)$ | $\dfrac{nN}{M+N}$ | $\dfrac{nMN(M+N-n)}{(M+N)^2(M+N-1)}$ |
| 均匀分布 | $f(x)=\begin{cases}\dfrac{1}{b-a}, & a\leqslant x\leqslant b\\ 0, & \text{其他}\end{cases}$ | $\dfrac{a+b}{2}$ | $\dfrac{(b-a)^2}{12}$ |
| 指数分布 | $f(x)=\begin{cases}\lambda e^{-\lambda x}, & x>0\\ 0, & x\leqslant 0\end{cases},\quad \lambda>0$ | $\dfrac{1}{\lambda}$ | $\dfrac{1}{\lambda^2}$ |
| 正态分布 | $f(x)=\dfrac{1}{\sqrt{2\pi}\sigma}e^{-\frac{(x-\mu)^2}{2\sigma^2}},\quad x\in R$<br>$-\infty<\mu<+\infty,\quad \sigma>0$ | $\mu$ | $\sigma^2$ |
| 威布尔分布 | $f(x)=\begin{cases}\dfrac{\beta}{\eta}\left(\dfrac{x}{\eta}\right)^{\beta-1}e^{-\left(\frac{x}{\eta}\right)^\beta}, & x>0\\ 0, & x\leqslant 0\end{cases}$ | $\eta\Gamma\left(\dfrac{1}{\beta}+1\right)$ | $\eta^2\left\{\Gamma\left(\dfrac{2}{\beta}+1\right)-\left[\Gamma\left(\dfrac{1}{\beta}+1\right)\right]^2\right\}$ |
| Γ分布 | $f(x)=\begin{cases}\dfrac{\beta}{\Gamma(\alpha)}(\beta x)^{\alpha-1}e^{-\beta x}, & x>0\\ 0, & x\leqslant 0\end{cases}$<br>$\alpha>0,\quad \beta>0$ | $\dfrac{\alpha}{\beta}$ | $\dfrac{\alpha}{\beta^2}$ |

## 5.4 协方差和相关系数

对于随机向量$(X,Y)$,我们除了讨论它的每个分量的数学期望和方差以外,还希望知道各个分量之间的联系。下面引进的协方差和相关系数就能起这个作用。

### 5.4.1 协方差

**定义 7** 称数值 $E[(X-EX)(Y-EY)]$为随机变量$X$与$Y$的协方差,记作 $\operatorname{cov}(X,Y)$,即

$$\mathrm{cov}(X,Y) = \mathrm{E}[(X-\mathrm{E}X)(Y-\mathrm{E}Y)] \tag{5.11}$$

易知

$$\mathrm{cov}(X,Y) = \mathrm{E}(XY) - \mathrm{E}(X)\cdot\mathrm{E}(Y) \tag{5.12}$$

当 $X$ 与 $Y$ 相互独立时，$\mathrm{cov}(X,Y)=0$；反之，由 $\mathrm{cov}(X,Y)=0$ 并不能保证 $X$ 与 $Y$ 相互独立。不难推证协方差具有下列性质：

(1) $\mathrm{cov}(X,Y)=\mathrm{cov}(Y,X)$。

(2) $\mathrm{cov}(aX,bY)=ab\,\mathrm{cov}(X,Y)$，其中 $a,b$ 是常数。

(3) $\mathrm{cov}(X_1+X_2,Y)=\mathrm{cov}(X_1,Y)+\mathrm{cov}(X_2,Y)$。

**例 1**　设$(X,Y)$的联合概率密度是

$$f(x,y)=\begin{cases}\dfrac{1}{\pi}, & x^2+y^2\leqslant 1\\ 0, & \text{其他}\end{cases}$$

求 $\mathrm{cov}(X,Y)$。

**解**　由式(5.12)，有

$$\mathrm{cov}(X,Y)=\mathrm{E}(XY)-\mathrm{E}(X)\mathrm{E}(Y)$$

由式(5.6)，有

$$\mathrm{E}(X)=\int_{-\infty}^{+\infty}\int_{-\infty}^{+\infty}xf(x,y)\mathrm{d}x\mathrm{d}y=\iint\limits_{x^2+y^2\leqslant 1}x\cdot\frac{1}{\pi}\mathrm{d}x\mathrm{d}y$$

同样有

$$\mathrm{E}(Y)=\iint\limits_{x^2+y^2\leqslant 1}y\cdot\frac{1}{\pi}\mathrm{d}x\mathrm{d}y$$

由于上面两个积分的被积函数为奇函数，且积分区域具有对称性，因此

$$\mathrm{E}(X)=\mathrm{E}(Y)=0$$

$$\mathrm{E}(XY)=\int_{-\infty}^{+\infty}\int_{-\infty}^{+\infty}xyf(x,y)\mathrm{d}x\mathrm{d}y=\iint\limits_{x^2+y^2\leqslant 1}xy\cdot\frac{1}{\pi}\mathrm{d}x\mathrm{d}y$$

上述积分，由于积分区域 $x^2+y^2\leqslant 1$ 和被积函数 $xy$ 的对称性，知其值等于 0，于是

$$\mathrm{cov}(X,Y)=\mathrm{E}(XY)-\mathrm{E}(X)\cdot\mathrm{E}(Y)=0$$

**例 2**　设$(X,Y)$服从二维正态分布，它的概率密度为

$$f(x,y)=\frac{1}{2\pi\sigma_1\sigma_2\sqrt{1-\rho^2}}\cdot\exp\left\{-\frac{1}{2(1-\rho^2)}\left[\left(\frac{x-\mu_1}{\sigma_1}\right)^2-\frac{2\rho(x-\mu_1)(y-\mu_2)}{\sigma_1\sigma_2}+\left(\frac{y-\mu_2}{\sigma_2}\right)^2\right]\right\}$$

$$-\infty<x<+\infty,\qquad -\infty<y<+\infty$$

求 $\mathrm{cov}(X,Y)$。

**解** 前面已求得 $E(X)=\mu_1, E(Y)=\mu_2$，则

$$\operatorname{cov}(X,Y)=\int_{-\infty}^{+\infty}\int_{-\infty}^{+\infty}(x-EX)(y-EY)f(x,y)\mathrm{d}x\mathrm{d}y=$$

$$\frac{1}{2\pi\sigma_1\sigma_2\sqrt{1-\rho^2}}\int_{-\infty}^{+\infty}\int_{-\infty}^{+\infty}(x-\mu_1)(y-\mu_2)\cdot$$

$$\exp\left\{-\frac{1}{2(1-\rho^2)}\left[\left(\frac{x-\mu_1}{\sigma_1}\right)^2-\right.\right.$$

$$\left.\left.\frac{2\rho(x-\mu_1)(y-\mu_2)}{\sigma_1\sigma_2}+\left(\frac{y-\mu_2}{\sigma_2}\right)^2\right]\right\}\mathrm{d}x\mathrm{d}y$$

令 $u=\dfrac{x-\mu_1}{\sigma_1}, t=\dfrac{1}{\sqrt{1-\rho^2}}\left(\dfrac{y-\mu_2}{\sigma_2}-\rho\dfrac{x-\mu_1}{\sigma_1}\right)$，得

$$\operatorname{cov}(X,Y)=\frac{1}{2\pi}\int_{-\infty}^{+\infty}\int_{-\infty}^{+\infty}(\sigma_1\sigma_2\sqrt{1-\rho^2}tu+\rho\sigma_1\sigma_2u^2)\cdot\exp\left(-\frac{u^2}{2}-\frac{t^2}{2}\right)\mathrm{d}t\mathrm{d}u=$$

$$\frac{\rho\sigma_1\sigma_2}{2\pi}\left[\int_{-\infty}^{+\infty}u^2\exp\left(-\frac{u^2}{2}\right)\mathrm{d}u\right]\left[\int_{-\infty}^{+\infty}\exp\left(-\frac{t^2}{2}\right)\mathrm{d}t\right]+$$

$$\frac{\sigma_1\sigma_2\sqrt{1-\rho^2}}{2\pi}\left[\int_{-\infty}^{+\infty}u\exp\left(-\frac{u^2}{2}\right)\mathrm{d}u\right]\left[\int_{-\infty}^{+\infty}t\exp\left(-\frac{t^2}{2}\right)\mathrm{d}t\right]=$$

$$\frac{\rho\sigma_1\sigma_2}{2\pi}\sqrt{2\pi}\cdot\sqrt{2\pi}=\rho\sigma_1\sigma_2$$

有了协方差的定义，还可以推出任意两个随机变量的方差计算公式。设 $X,Y$ 是任意两个随机变量，则有

$$D(X+Y)=D(X)+D(Y)+2\operatorname{cov}(X,Y) \tag{5.13}$$

$$D(X-Y)=D(X)+D(Y)-2\operatorname{cov}(X,Y) \tag{5.14}$$

## 5.4.2 相关系数

**定义8** 称数值
$$\frac{\operatorname{cov}(X,Y)}{\sqrt{DX}\sqrt{DY}}$$
为随机变量 $X$ 与 $Y$ 的相关系数或标准协方差，记作 $\rho_{XY}$，即

$$\rho_{XY}=\frac{\operatorname{cov}(X,Y)}{\sqrt{DX}\sqrt{DY}} \tag{5.15}$$

在不引起混淆的情况下，把 $\rho_{XY}$ 简记作 $\rho$。由定义可知，$\rho$ 与协方差 $\operatorname{cov}(X,Y)$ 只差一个常数倍数。

若 $(X,Y)$ 服从二维正态分布，由例2知，$\operatorname{cov}(X,Y)=\rho\sigma_1\sigma_2$；又因为 $D(X)=\sigma_1^2, D(Y)=\sigma_2^2$，故

$$\rho_{XY}=\frac{\rho\sigma_1\sigma_2}{\sigma_1\sigma_2}=\rho$$

即二维正态随机变量$(X,Y)$的概率密度中的参数$\rho$就是$X$与$Y$的相关系数。因此，二维正态随机变量的分布完全可由各个分量的数学期望、方差以及它们的相关系数确定。

**定义 9**　若随机变量$X$与$Y$的相关系数$\rho=0$，则称$X$与$Y$不相关。

下面讨论相关系数的性质。

(1) 对相关系数$\rho$，有

$$|\rho|\leqslant 1$$

并且$|\rho|=1$的充分必要条件是

$$P(Y=aX+b)=1$$

式中，$a,b$是常数。

**证**　对任意实数$t$，有

$$\begin{aligned}D(Y-tX)&=\mathrm{E}[(Y-tX)-\mathrm{E}(Y-tX)]^2=\\&\mathrm{E}[(Y-\mathrm{E}Y)-t(X-\mathrm{E}X)]^2=\\&\mathrm{E}(Y-\mathrm{E}Y)^2+t^2\mathrm{E}(X-\mathrm{E}X)^2-2t\mathrm{E}[(Y-\mathrm{E}Y)(X-\mathrm{E}X)]=\\&t^2DX-2t\mathrm{cov}(X,Y)+DY\end{aligned}$$

在上式中令$t=a=\dfrac{\mathrm{cov}(X,Y)}{D(X)}$，则有

$$D(Y-aX)=D(Y)\left\{1-\frac{[\mathrm{cov}(X,Y)]^2}{DX\cdot DY}\right\}=(1-\rho^2)D(Y)$$

由于方差是非负的，所以

$$1-\rho^2\geqslant 0$$

即有

$$|\rho|\leqslant 1$$

由方差的性质(4)知：$D(\zeta)=0$的充分必要条件是存在常数，使$P(\zeta=b)=1$。因此，$|\rho|=1$的充分必要条件是存在常数$b$，使$P(Y-aX=b)=1$，即

$$P(Y=aX+b)=1$$

由此可知，相关系数$\rho$刻画了随机变量$X$与$Y$之间线性关系的近似程度。当$|\rho|$越接近于1时，$X$与$Y$越接近线性关系。当$|\rho|=1$时，如果给定一个随机变量的值，另一个随机变量的值便可由线性关系式大体确定。

(2) 若$X$与$Y$相互独立，则$X$与$Y$不相关。

**证**　$\mathrm{cov}(X,Y)=\mathrm{E}(XY)-\mathrm{E}(X)\cdot\mathrm{E}(Y)=\mathrm{E}(X)\cdot\mathrm{E}(Y)-\mathrm{E}(X)\cdot\mathrm{E}(Y)=0$

所以

$$\rho-0$$

即$X$与$Y$不相关。

由独立性可以推出不相关性，但反过来是不成立的。不过，对于服从二维正态分布的随机变量$(X,Y)$，$X$与$Y$的独立性与不相关性却是等价的，请读者自己验证这个事实。

**例 3**　设随机变量$(X,Y)\sim N(0,1^2;1,2^2;\rho)$，且$Z=X-2Y+1$。

(1) 当 $\rho=0$ 时,求 $Z$ 的概率密度 $f_Z(z)$ 及 $D(XY)$;

(2) 当 $\rho=-\dfrac{1}{2}$ 时,求 $\mathrm{E}[(Y-X)Y]$ 及 $D(X-2Y)$。

**解** (1) 由 $\rho=0$ 知,$X$ 与 $Y$ 相互独立。并由第4章知 $Z$ 也服从正态分布,即只要求出 $Z$ 的均值与方差就能确定其概率密度。由 $(X,Y)\sim N(0,1^2;1,2^2;0)$ 得

$$\mathrm{E}(X)=0,\qquad D(X)=1$$
$$\mathrm{E}(Y)=1,\qquad D(Y)=4$$

于是得到

$$\mathrm{E}(Z)=\mathrm{E}(X-2Y+1)=\mathrm{E}(X)-2\mathrm{E}(Y)+1=-1$$
$$D(Z)=D(X-2Y+1)=D(X)+4D(Y)=17$$

故 $Z$ 的概率密度为

$$f_Z(z)=\frac{1}{\sqrt{2\pi}\ \sqrt{17}}\mathrm{e}^{-\frac{(z+1)^2}{34}},\qquad -\infty<z<+\infty$$

由 $X$ 与 $Y$ 的独立性知,$X^2$ 与 $Y^2$ 也独立,且

$$\mathrm{E}(XY)=\mathrm{E}(X)\cdot\mathrm{E}(Y)$$
$$\mathrm{E}(X^2Y^2)=\mathrm{E}(X^2)\cdot\mathrm{E}(Y^2)$$
$$\mathrm{E}(X^2)=D(X)+[\mathrm{E}(X)]^2=1$$
$$\mathrm{E}(Y^2)=D(Y)+[\mathrm{E}(Y)]^2=5$$

由式(5.10)得

$$D(XY)=\mathrm{E}(XY)^2-[\mathrm{E}(XY)]^2=\mathrm{E}(X^2)\cdot\mathrm{E}(Y^2)-[\mathrm{E}(X)\cdot\mathrm{E}(Y)]^2=5$$

(2) 当 $\rho_{XY}=-\dfrac{1}{2}$ 时,由式(5.15)得

$$\mathrm{cov}(X,Y)=\rho_{XY}\sqrt{DX}\ \sqrt{DY}=\left(-\frac{1}{2}\right)\times 2\times 1=-1$$

由
$$\mathrm{cov}(X,Y)=\mathrm{E}(XY)-\mathrm{E}(X)\cdot\mathrm{E}(Y)$$
故
$$\mathrm{E}(XY)=\mathrm{cov}(X,Y)+\mathrm{E}(X)\cdot\mathrm{E}(Y)=-1+0\times 1=-1$$
$$\mathrm{E}[(Y-X)Y]=\mathrm{E}(Y^2)-\mathrm{E}(XY)=6$$

又由式(5.14)知

$$D(X-2Y)=D(X)+4D(Y)-4\mathrm{cov}(X,Y)=21$$

**例4** 设随机变量 $X$ 和 $Y$ 的联合分布律如下:

| $X$ \ $Y$ | $-1$ | $0$ | $1$ |
|---|---|---|---|
| $-1$ | $\frac{1}{8}$ | $\frac{1}{8}$ | $\frac{1}{8}$ |
| $0$ | $\frac{1}{8}$ | $0$ | $\frac{1}{8}$ |
| $1$ | $\frac{1}{8}$ | $\frac{1}{8}$ | $\frac{1}{8}$ |

验证：$X$ 与 $Y$ 不相关，但 $X$ 和 $Y$ 不是相互独立的。

**证**　由已知条件可以分别计算出 $X,Y$ 的边沿分布律：

| $X$ | $-1$ | $0$ | $1$ |
|---|---|---|---|
| $P$ | $\frac{3}{8}$ | $\frac{2}{8}$ | $\frac{3}{8}$ |

| $Y$ | $-1$ | $0$ | $1$ |
|---|---|---|---|
| $P$ | $\frac{3}{8}$ | $\frac{2}{8}$ | $\frac{3}{8}$ |

则

$$\mathrm{E}(X)=(-1)\times\frac{3}{8}+1\times\frac{3}{8}=0$$

$$\mathrm{E}(X^2)=(-1)^2\times\frac{3}{8}+1^2\times\frac{3}{8}=\frac{3}{4}$$

$$D(X)=\mathrm{E}(X^2)-(\mathrm{E}X)^2=\frac{3}{4}$$

因 $Y$ 与 $X$ 同分布，故 $\mathrm{E}(Y)=\mathrm{E}(X)=0,D(Y)=D(X)=\frac{3}{4}$

设 $Z=XY$，则其分布律为

| $Z$ | $-1$ | $0$ | $1$ |
|---|---|---|---|
| $P$ | $\frac{2}{8}$ | $\frac{4}{8}$ | $\frac{2}{8}$ |

则

$$\mathrm{E}(Z)-(\quad 1)\times\frac{1}{4}+1\times\frac{1}{4}=0$$

$$\mathrm{cov}(X,Y)=\mathrm{E}(XY)-\mathrm{E}(X)\cdot\mathrm{E}(Y)=0$$

由式(5.15)，得

$$\rho_{XY}=\frac{\mathrm{cov}(X,Y)}{\sqrt{D(X)}\sqrt{D(Y)}}=0$$

即 $X$ 与 $Y$ 不相关。

$$P\{X=-1,Y=-1\}=\frac{1}{8}$$

$$P\{X=-1\}\cdot P\{Y=-1\}=\frac{9}{64}$$

即

$$P\{X=-1,Y=-1\}\neq P\{X=-1\}\cdot\{Y=-1\}$$

因此 $X$ 与 $Y$ 不相互独立。

**例 5**　若随机变量 $X$ 的概率密度 $f(x)$ 为偶函数，且 $\mathrm{E}(X^2)<+\infty$，试证 $|X|$ 与 $X$ 不相关，但 $|X|$ 与 $X$ 不相互独立。

**证**　依题意知 $xf(x)$ 为奇函数，可得

$$\mathrm{E}(X)=\int_{-\infty}^{+\infty}xf(x)\mathrm{d}x=0$$

又知$|x|xf(x)$是奇函数,故可得

$$E[|X|\cdot X]=\int_{-\infty}^{+\infty}|x|xf(x)\mathrm{d}x=0$$

从而有

$$\operatorname{cov}(|X|,X)=E[|X|\cdot X]-E(|X|)\cdot E(X)=0$$

又由于$E(X)^2<+\infty$,故

$$\rho_{XY}=\frac{\operatorname{cov}(|X|,X)}{\sqrt{D(|X|)}\sqrt{D(X)}}=0$$

因此$|X|$与$X$不相关。

由$f(x)$为偶函数,可取$a>0$,使

$$0<P\{|X|<a\}=\int_{-a}^{a}f(x)\mathrm{d}x<1$$

$$0<P\{X<a\}=\int_{-\infty}^{a}f(x)\mathrm{d}x<1$$

又由于$\{X<a\}\supset\{|X|<a\}$,故

$$P\{|X|<a,X<a\}=P\{|X|<a\}\neq P\{|X|<a\}\cdot P\{X<a\}$$

即$|X|$与$X$不相互独立。

**例 6** 接连不断地掷一颗骰子,直到出现小于 5 的点数为止,以$X$表示最后一次掷出的点数,以$Y$表示掷骰子次数。

(1) 求二维随机变量$(X,Y)$的联合分布律;

(2) 求协方差$\operatorname{cov}(X,Y)$。

**解** (1) 依题意知$X$的可能取值为 1,2,3,4, $Y$的可能取值为 1,2,3,…,$(X,Y)$的联合分布律为

$$P\{X=i,Y=j\}=\frac{1}{6}\left(\frac{2}{6}\right)^{j-1}=\frac{1}{6}\cdot\left(\frac{1}{3}\right)^{j-1}$$

$$i=1,2,3,4;\qquad j=1,2,\cdots$$

(2) 由式(5.12)知,若求$\operatorname{cov}(X,Y)$,则首先要求出$E(X)$,$E(Y)$,$E(XY)$。

$$P\{X=i\}=\sum_{j=1}^{\infty}P\{X=i,Y=j\}=$$

$$\sum_{j=1}^{\infty}\frac{1}{6}\cdot\left(\frac{1}{3}\right)^{j-1}=\frac{1}{6}\cdot\frac{1}{1-\frac{1}{3}}=\frac{1}{4},\qquad i=1,2,3,4$$

于是

$$E(X)=\sum_{i=1}^{4}i\cdot P\{X=i\}=\frac{1}{4}(1+2+3+4)=\frac{5}{2}$$

$$P\{Y=j\}=\sum_{i=1}^{4}P\{X=i,Y=j\}=$$

$$\sum_{i=1}^{4}\frac{1}{6}\left(\frac{1}{3}\right)^{j-1}=\frac{2}{3}\left(\frac{1}{3}\right)^{j-1},\qquad j=1,2,\cdots$$

于是
$$\mathrm{E}(Y)=\sum_{j=1}^{\infty}j\cdot P\{Y=j\}=\sum_{j=1}^{\infty}j\cdot\frac{2}{3}\left(\frac{1}{3}\right)^{j-1}=\frac{2}{3}\sum_{j=1}^{\infty}j\cdot\left(\frac{1}{3}\right)^{j-1}$$

令 $t=\frac{1}{3}$，有 $|t|<1$，故

$$\mathrm{E}(Y)=\frac{2}{3}\sum_{j=1}^{\infty}j\,t^{j-1}=\frac{2}{3}\sum_{j=1}^{\infty}(t^j)'=$$

$$\frac{2}{3}\left(\sum_{j=1}^{\infty}t^j\right)'=\frac{2}{3}\left(\frac{t}{1-t}\right)'=\frac{2}{3}\cdot\frac{1}{(1-t)^2}$$

将 $t=\frac{1}{3}$ 代入上式，得

$$\mathrm{E}(Y)=\frac{3}{2}$$

$$\mathrm{E}(XY)=\sum_{i=1}^{4}\sum_{j=1}^{\infty}ijP\{X=i,Y=j\}=\sum_{i=1}^{4}\sum_{j=1}^{\infty}ij\,\frac{1}{6}\left(\frac{1}{3}\right)^{j-1}=$$

$$\frac{1}{6}\sum_{i=1}^{4}i\cdot\sum_{j=1}^{\infty}j\left(\frac{1}{3}\right)^{j-1}=\frac{1}{6}\cdot 10\cdot\frac{1}{\left(1-\frac{1}{3}\right)^2}=\frac{15}{4}$$

由式(5.12)得

$$\mathrm{cov}(X,Y)=\mathrm{E}(XY)-\mathrm{E}(X)\cdot\mathrm{E}(Y)=\frac{15}{4}-\frac{3}{2}\times\frac{5}{2}=0$$

另外，观察本题中 $X,Y$ 的联合分布律与边沿分布律的关系，易知

$$P\{X=i,Y=j\}=P\{X=i\}\cdot P\{Y=j\}$$
$$i=1,2,3,4;\qquad j=1,2,\cdots$$

即 $X$ 与 $Y$ 相互独立。故

$$\mathrm{cov}(XY)=\mathrm{E}(XY)-\mathrm{E}(X)\cdot\mathrm{E}(Y)=\mathrm{E}(X)\cdot\mathrm{E}(Y)-\mathrm{E}(X)\cdot\mathrm{E}(Y)=0$$

下例中的不等式，如果用第 1 章中的方法来证明，比较困难。引入随机变量，运用随机变量的数学期望、方差、相关系数等，则容易证明。

**例 7**　设 $A,B$ 是两个随机事件，证明：

$$|P(AB)-P(A)P(B)|\leqslant\sqrt{P(A)P(\bar{A})}\sqrt{P(B)P(\bar{B})}$$

**证**　引入服从 0－1 分布的随机变量：

$$X=\begin{cases}1, & \text{当事件 } A \text{ 发生时}\\ 0, & \text{当事件 } A \text{ 不发生时}\end{cases}$$

$$Y=\begin{cases}1, & \text{当事件 } B \text{ 发生时}\\ 0, & \text{当事件 } B \text{ 不发生时}\end{cases}$$

则

$$\mathrm{E}(X)=P(A),\quad \mathrm{E}(X^2)=P(A),\quad D(X)=P(A)P(\bar{A})$$

$$\mathrm{E}(Y)=P(B),\quad \mathrm{E}(Y^2)=P(B),\quad D(Y)=P(B)P(\bar{B})$$

$$\mathrm{E}(XY)=1\cdot 1\cdot P\{X=1,Y=1\}=P(AB)$$

$X$ 与 $Y$ 的相关系数为

$$\rho_{XY}=\frac{\mathrm{E}(XY)-\mathrm{E}(X)\mathrm{E}(Y)}{\sqrt{D(X)}\sqrt{D(Y)}}=\frac{P(AB)-P(A)P(B)}{\sqrt{P(A)P(\bar{A})}\sqrt{P(B)P(\bar{B})}}$$

由 $|\rho_{XY}|\leqslant 1$,得到

$$|P(AB)-P(A)P(B)|\leqslant\sqrt{P(A)P(\bar{A})}\sqrt{P(B)P(\bar{B})}$$

证毕。

## 5.5 矩、协方差矩阵

### 5.5.1 矩

矩是一些数字特征的泛称,在概率论和数理统计中,它占有重要的地位。前面讨论的数学期望、方差、协方差等数字特征都是某种矩。

**定义 10** 设 $X$ 和 $Y$ 是随机变量,若

$$\mathrm{E}(X^k),\quad k=1,2,\cdots$$

存在,则称它为$X$ 的 $k$ 阶原点矩。

若

$$\mathrm{E}(X-\mathrm{E}X)^k,\quad k=1,2,\cdots$$

存在,则称它为$X$ 的 $k$ 阶中心矩。

显然,$X$ 的数学期望就是一阶原点矩,方差就是二阶中心矩。

此外,还可以定义$k+l$ 阶混合原点矩 $\mathrm{E}(X^kY^l)$,$k+l$ 阶混合中心矩 $\mathrm{E}[(X-\mathrm{E}X)^k(Y-\mathrm{E}Y)^l]$,$k$ 阶绝对原点矩 $\mathrm{E}|X|^k$,$k$ 阶绝对中心矩 $\mathrm{E}|X-\mathrm{E}X|^k$。由于它们较少使用,故不作详细介绍。

### 5.5.2 协方差矩阵

对于 $n$ 维随机向量$(X_1,X_2,\cdots,X_n)$,若

$$\mathrm{C}_{ij}=\mathrm{cov}(X_i,X_j)=\mathrm{E}[(X_i-\mathrm{E}X_i)(X_j-\mathrm{E}X_j)]$$

$$i,j=1,2,\cdots,n$$

存在,则矩阵

$$\boldsymbol{C}=\begin{bmatrix} C_{11} & C_{12} & \cdots & C_{1n} \\ C_{21} & C_{22} & \cdots & C_{2n} \\ \vdots & \vdots & & \vdots \\ C_{n1} & C_{n2} & \cdots & C_{nn} \end{bmatrix} \tag{5.16}$$

称为 $n$ 维随机向量$(X_1,X_2,\cdots,X_n)$的协方差矩阵。显然它是一个对称矩阵。

利用矩阵，可以把二维正态随机变量的概率密度改写成较简洁的形式，从而很容易地把它推广到 $n$ 维正态随机变量$(X_1,X_2,\cdots,X_n)$的情形。

二维正态随机变量$(X_1,X_2)$的概率密度为

$$f(x_1,x_2)=\frac{1}{2\pi\sigma_1\sigma_2\sqrt{1-\rho^2}}\exp\left\{-\frac{1}{2(1-\rho^2)}\left[\left(\frac{x_1-\mu_1}{\sigma_1}\right)^2-\frac{2\rho(x_1-\mu_1)(x_2-\mu_2)}{\sigma_1\sigma_2}+\left(\frac{x_2-\mu_2}{\sigma_2}\right)^2\right]\right\}$$

若令

$$\boldsymbol{X}=\begin{bmatrix} x_1 \\ x_2 \end{bmatrix},\qquad \boldsymbol{U}=\begin{bmatrix} \mu_1 \\ \mu_2 \end{bmatrix}$$

$(X_1,X_2)$的协方差矩阵为

$$\boldsymbol{C}=\begin{bmatrix} C_{11} & C_{12} \\ C_{21} & C_{22} \end{bmatrix}=\begin{bmatrix} \sigma_1^2 & \rho\sigma_1\sigma_2 \\ \rho\sigma_1\sigma_2 & \sigma_2^2 \end{bmatrix}$$

它的行列式 $\det \boldsymbol{C}=\sigma_1^2\sigma_2^2(1-\rho^2)$，$\boldsymbol{C}$ 的逆矩阵为

$$\boldsymbol{C}^{-1}=\frac{1}{\det \boldsymbol{C}}\begin{bmatrix} \sigma_2^2 & -\rho\sigma_1\sigma_2 \\ -\rho\sigma_1\sigma_2 & \sigma_1^2 \end{bmatrix}$$

则

$$(\boldsymbol{X}-\boldsymbol{U})'\boldsymbol{C}^{-1}(\boldsymbol{X}-\boldsymbol{U})=\frac{1}{\det \boldsymbol{C}}(x_1-\mu_1,x_2-\mu_2)\begin{pmatrix} \sigma_2^2 & -\rho\sigma_1\sigma_2 \\ -\rho\sigma_1\sigma_2 & \sigma_1^2 \end{pmatrix}\begin{pmatrix} x_1-\mu_1 \\ x_2-\mu_2 \end{pmatrix}=\frac{1}{1-\rho^2}\left[\left(\frac{x_1-\mu_1}{\sigma_1}\right)^2-\frac{2\rho(x_1-\mu_1)(x_2-\mu_2)}{\sigma_1\sigma_2}+\left(\frac{x_2-\mu_2}{\sigma_2}\right)^2\right]$$

于是$(X_1,X_2)$的概率密度可写成

$$f(x_1,x_2)=\frac{1}{2\pi(\det \boldsymbol{C})^{\frac{1}{2}}}\exp\left[-\frac{1}{2}(\boldsymbol{X}-\boldsymbol{U})'\boldsymbol{C}^{-1}(\boldsymbol{X}-\boldsymbol{U})\right]$$

推广到 $n$ 维正态随机变量$(X_1,X_2,\cdots,X_n)$，其概率密度为

$$f(x_1,x_2,\cdots,x_n)=\frac{1}{(2\pi)^{\frac{n}{2}}(\det \boldsymbol{C})^{\frac{1}{2}}}\exp\left[-\frac{1}{2}(\boldsymbol{X}-\boldsymbol{U})'\boldsymbol{C}^{-1}(\boldsymbol{X}-\boldsymbol{U})\right]$$

式中

$$\boldsymbol{X}=\begin{bmatrix} x_1 \\ x_2 \\ \vdots \\ x_n \end{bmatrix},\qquad \boldsymbol{U}=\begin{bmatrix} \mu_1 \\ \mu_2 \\ \vdots \\ \mu_n \end{bmatrix}$$

$\boldsymbol{C}$ 是 $(X_1,X_2,\cdots,X_n)$ 的协方差矩阵式(5.16)。

## 习 题 五

1. 设随机变量 $X$ 的分布律为

| $X$ | $-1$ | 0 | 1 | 2 |
|---|---|---|---|---|
| $P$ | 0.1 | 0.3 | 0.4 | 0.2 |

求 $E(X)$,$E(X^2)$,$E(X-1)^2$。

2. 某一射手向一目标射击,每次击中的概率都是 0.8,现连续向目标射击,直到第一次击中为止,求射击次数 $X$ 的数学期望。

3. 若事件 $A$ 在第 $i$ 次试验中出现的概率为 $p_i$,设 $X$ 是事件 $A$ 在起初 $n$ 次独立重复试验中出现的次数,求 $E(X)$。

4. 有 3 只球、4 只盒子,盒子的编号为 1,2,3,4。随机地将球逐个放入 4 只盒子中去。设 $X$ 为至少有 1 只球的盒子的最小号码(例如 $X=3$ 表示:第 1 号与第 2 号盒子都是空的,第 3 号盒子至少有 1 只球),求 $E(X)$。

5. 将 4 个有区别的球随机放入编号为 1~4 的 4 个盒内,设 $X$ 为盒内球的最多个数,求 $X$ 的分布律,并求 $E(X)$。

6. 设做某项试验,每次成功的概率为 $P(0<P<1)$。独立地重复做这项试验,直到两次成功时终止。记 $X$ 为所做试验的次数,求:(1) $X$ 的分布律;(2) 试验恰做了偶数次的概率;(3) $E(X)$。

7. 将 100 支铅笔随机地分给 80 个孩子,如果每支铅笔分给哪个孩子是等可能的,问:平均有多少孩子得到铅笔?

8. 随机变量 $X$ 取非负整数 $n$ 的概率为 $P\{X=n\}=\dfrac{ab^n}{n!}$,已知 $E(X)=\mu$,试确定 $a$ 与 $b$。

9. 随机变量 $X$ 的取值为 $x_k=(-1)^k\dfrac{2^k}{k}$,$k=1,2,\cdots$,且对应的概率为 $p_k=\dfrac{1}{2^k}$,试说明 $E(X)$ 不存在。

10. 设随机变量 $X$ 的概率密度为

$$f(x)=\begin{cases}\dfrac{x}{2}, & 0\leqslant x\leqslant 2\\ 0, & \text{其他}\end{cases}$$

求:(1) $Y=2X$ 的数学期望;(2) $Y=X^2+1$ 的数学期望。

11. 对球的直径进行近似测量,设其值在 $[a,b]$ 上服从均匀分布,求球的体积的均值。

12. 设随机变量 $X_1,X_2$ 的概率密度分别为

$$f_1(x)=\begin{cases}2\mathrm{e}^{-2x}, & x>0\\ 0, & x\leqslant 0\end{cases}$$

$$f_2(x)=\begin{cases}4\mathrm{e}^{-4x}, & x>0\\ 0, & x\leqslant 0\end{cases}$$

求 $\mathrm{E}(X_1+X_2)$ 与 $\mathrm{E}(2X_1-3X_2^2)$。

13. 设随机变量$(X,Y)$的概率密度为

$$f(x,y)=\begin{cases}2, & 0<x<1,\quad 0<y<x\\ 0, & \text{其他}\end{cases}$$

求 $\mathrm{E}(X+Y)$与 $\mathrm{E}(XY)$。

14. 将 $n$ 只球(1～$n$ 号)随机地放进 $n$ 只盒子(1～$n$ 号)中去,1 只盒子装 1 只球。将 1 只球装入与球同号码的盒子中,称为一个配对,记 $X$ 为配对的个数,求 $\mathrm{E}(X)$。

15. 设随机变量 $X$ 服从拉普拉斯分布,其概率密度为

$$f(x)=\frac{1}{2\lambda}\exp\left(-\frac{|X-\mu|}{\lambda}\right),\qquad -\infty<x<\infty,\quad \lambda>0$$

求 $\mathrm{E}(X)$与 $D(X)$。

16. 设随机变量 $X$ 服从 $\Gamma$ 分布,其概率密度为

$$f(x)=\begin{cases}\dfrac{\beta}{\Gamma(\alpha)}(\beta x)^{\alpha-1}\mathrm{e}^{-\beta x}, & x>0\\ 0, & x\leqslant 0\end{cases}$$

式中,常数 $\alpha>0,\beta>0$,求 $\mathrm{E}(X)$与 $D(X)$。

17. 证明:当 $k=\mathrm{E}(X)$时,$\mathrm{E}(X-k)^2$ 的值最小,最小值为$D(X)$。(提示:$\mathrm{E}(X-k)^2=\mathrm{E}[(X-\mathrm{E}X)+(\mathrm{E}X-k)]^2$。)

18. 设二维随机变量$(X,Y)$的概率密度为

$$f(x,y)=\begin{cases}\dfrac{1}{\pi}, & x^2+y^2\leqslant 1\\ 0, & \text{其他}\end{cases}$$

试验证 $X$ 与 $Y$ 不是相互独立的,但 $X$ 与 $Y$ 是不相关的。

19. 设随机变量$(X,Y)$的概率密度为

$$f(x,y)=\begin{cases}1, & |y|<x,\quad 0<x<1\\ 0, & \text{其他}\end{cases}$$

求 $\mathrm{cov}(X,Y)$。

20. 设随机变量 $X_i(i=1,2)$具有概率密度函数

$$f(x_i)=\frac{1}{3\sqrt{2\pi}}\exp\left[-\frac{(x_i+2)^2}{18}\right],\qquad -\infty<x_i<+\infty$$

且 $X_1$ 与 $X_2$ 相互独立。给定常数 $a,b$,求 $D(aX_1-bX_2)$,$E(aX_1^2-bX_2^2)$。

21. 已知 $D(X)=25$,$D(Y)=36$,$\rho_{XY}=0.4$,求 $D(X+Y)$,$D(X-Y)$。

22. 已知随机变量 $X_1,X_2,X_3,X_4$ 相互独立,且服从同一分布,数学期望为零,方差为 $\sigma^2\neq 0$,令 $X=X_1+X_2+X_3$,$Y=X_2+X_3+X_4$,求 $X,Y$ 的相关系数。

23. 设随机变量$(X,Y)$的概率密度为

$$f(x,y)=\begin{cases}a\sin(x+y), & 0\leqslant x\leqslant \dfrac{\pi}{2},\quad 0\leqslant y\leqslant \dfrac{\pi}{2}\\ 0, & \text{其他}\end{cases}$$

求:(1) 常数 $a$;(2) $E(X)$,$D(X)$,$E(Y)$,$D(Y)$;(3) $\mathrm{cov}(X,Y)$及 $\rho_{XY}$。

24. 设 $X,Y$ 为随机变量,若 $U=aX+b$,$V=cY+d$,$ac>0$,试证:$U,V$ 的相关系数与 $X,Y$ 的相关系数相等。

# 第6章 大数定律和中心极限定理

## 6.1 切比雪夫不等式

这里介绍一个重要的不等式——切比雪夫不等式，它是大数定律和中心极限定理的理论基础。

设随机变量 $X$ 存在数学期望 $\mathrm{E}(X)$和方差 $D(X)$，则对任意的正数 $\varepsilon$，有

$$P\{|X-\mathrm{E}(X)|\geqslant\varepsilon\}\leqslant\frac{D(X)}{\varepsilon^2}\tag{6.1}$$

此式称为切比雪夫(Чебыщев)不等式。

**证** 这里仅就连续型的情形给出证明，离散型的情形由读者给出。

设随机变量 $X$ 的概率密度为 $f(x)$，则

$$\begin{aligned}P\{|X-\mathrm{E}(X)|\geqslant\varepsilon\}&=\int_{|X-\mathrm{E}(X)|\geqslant\varepsilon}f(x)\mathrm{d}x\leqslant\\&\int_{|X-\mathrm{E}(X)|\geqslant\varepsilon}\frac{(x-\mathrm{E}X)^2}{\varepsilon^2}f(x)\mathrm{d}x\leqslant\\&\frac{1}{\varepsilon^2}\int_{-\infty}^{+\infty}(x-\mathrm{E}X)^2f(x)\mathrm{d}x=\frac{D(X)}{\varepsilon^2}\end{aligned}$$

在式(6.1)中，若分别取 $\varepsilon=3\sqrt{D(X)},\ 4\sqrt{D(X)}$，则有

$$P\{|X-\mathrm{E}(X)|\geqslant 3\sqrt{D(X)}\}\leqslant\frac{1}{9}$$

$$P\{|X-\mathrm{E}(X)|\geqslant 4\sqrt{D(X)}\}\leqslant\frac{1}{16}$$

切比雪夫不等式也可以用下列形式表示：

$$P\{|X-\mathrm{E}X|<\varepsilon\}\geqslant 1-\frac{DX}{\varepsilon^2}\tag{6.2}$$

由切比雪夫不等式可知，当 $D(X)$越小时，$X$ 取值越集中在$\mathrm{E}(X)$附近，这正好说明方差刻画了随机变量取值的分散程度。

## 6.2 大数定律

在第1章中我们已经指出：随机事件的频率具有稳定性。也就是说，随着试验次数的增

多,随机事件出现的频率渐趋稳定于某个固定的常数。对于这点,大数定律将给予理论上的依据。下面只介绍大数定律的最基本情形。

**定理1(切比雪夫定理)** 设 $X_1,X_2,\cdots,X_n,\cdots$ 是相互独立的随机变量序列,每一 $X_i$ 都有有限的方差,且有公共的上界,即

$$D(X_i)\leqslant c,\qquad i=1,2,\cdots,n,\cdots$$

则对任意 $\varepsilon>0$,有

$$\lim_{n\to+\infty}P\left\{\left|\frac{1}{n}\sum_{i=1}^{n}X_i-\frac{1}{n}\sum_{i=1}^{n}\mathrm{E}(X_i)\right|<\varepsilon\right\}=1 \tag{6.3}$$

**证** 由数学期望的性质,有

$$\mathrm{E}\left(\frac{1}{n}\sum_{i=1}^{n}X_i\right)=\frac{1}{n}\sum_{i=1}^{n}\mathrm{E}X_i$$

由方差的性质,容易得到

$$D\left(\frac{1}{n}\sum_{i=1}^{n}X_i\right)=\frac{1}{n^2}\sum_{i=1}^{n}DX_i\leqslant\frac{c}{n}$$

由切比雪夫不等式可得

$$P\left\{\left|\frac{1}{n}\sum_{i=1}^{n}X_i-\frac{1}{n}\sum_{i=1}^{n}\mathrm{E}X_i\right|<\varepsilon\right\}\geqslant 1-\frac{D\left(\frac{1}{n}\sum\limits_{i=1}^{n}X_i\right)}{\varepsilon^2}\geqslant 1-\frac{c}{n\varepsilon^2}$$

在上式中令 $n\to+\infty$,并注意到概率不能大于1,即得

$$\lim_{n\to+\infty}P\left\{\left|\frac{1}{n}\sum_{i=1}^{n}X_i-\frac{1}{n}\sum_{i=1}^{n}\mathrm{E}(X_i)\right|<\varepsilon\right\}=1$$

一般地,随机变量序列 $X_1,X_2,\cdots,X_n,\cdots$ 简记为 $\{X_n\}$,简称随机序列。对于随机序列 $\{X_n\}$ 和随机变量 $X$(或常数 $a$),若对任意 $\varepsilon>0$,有

$$\lim_{n\to+\infty}P\{|X_n-X|<\varepsilon\}=1\qquad(\text{或}\lim_{n\to+\infty}P\{|X_n-a|<\varepsilon\}=1)$$

则称随机序列 $\{X_n\}$ 依概率收敛于 $X$(或常数 $a$)。

**推论** 若随机变量序列 $X_1,X_2,\cdots,X_n,\cdots$ 独立同分布,且存在有限的数学期望和方差,即

$$\mathrm{E}(X_i)=\mu,\qquad D(X_i)=\sigma^2\neq 0\qquad(i=1,2,\cdots,n,\cdots)$$

则对任意 $\varepsilon>0$,有

$$\lim_{n\to+\infty}P\{|\overline{X}-\mu|<\varepsilon\}=1 \tag{6.4}$$

式中

$$\overline{X}=\frac{1}{n}\sum_{i=1}^{n}X_i$$

式(6.4)表明:$\{\overline{X}\}$ 依概率收敛于常数 $\mu$。这正是第8章中用样本均值 $\overline{X}$ 作为总体均值 $\mu$ 的点估计的理论依据。

**定理 2(伯努利定理)**　设 $n_A$ 是 $n$ 次独立重复试验中事件 $A$ 发生的次数，$p$ 是事件 $A$ 在每次试验中发生的概率，则对任意 $\varepsilon>0$，成立

$$\lim_{n\to+\infty} P\left\{\left|\frac{n_A}{n}-p\right|<\varepsilon\right\}=1 \tag{6.5}$$

**证**　引入随机变量

$$X_i=\begin{cases}1, & \text{第 } i \text{ 次试验中 } A \text{ 发生}\\ 0, & \text{第 } i \text{ 次试验中 } A \text{ 不发生}\end{cases}$$

则 $n$ 次试验中事件 $A$ 发生的次数为

$$n_A = X_1+X_2+\cdots+X_n$$

由于是独立试验，所以 $X_1,X_2,\cdots,X_n$ 相互独立，且都服从 0－1 分布，即

$$\begin{matrix}P\{X_i=1\}=p\\ P\{X_i=0\}=1-p\end{matrix}, \qquad i=1,2,\cdots,n$$

于是 $$\mathrm{E}(X_i)=p, \qquad D(X_i)=p(1-p)\leqslant\frac{1}{4}$$

由式(6.4)即有

$$\lim_{n\to+\infty} P\left\{\left|\frac{n_A}{n}-p\right|<\varepsilon\right\}=1$$

伯努利大数定理表明：事件 $A$ 发生的频率 $\frac{n_A}{n}$ 依概率收敛于事件 $A$ 发生的概率。这正是用频率作为概率的估计值的理论依据。在实际应用中，通常做多次试验，获得某事件发生的频率，作为该事件发生的概率的估计值。

## 6.3　中心极限定理

在对大量随机现象的研究中发现，如果一个量是由大量相互独立的随机因素影响所造成的，而每一个别因素在总影响中所起的作用较小，那么这种量通常都服从或近似服从正态分布。例如测量误差、炮弹的弹着点、人体体重等都服从正态分布，这种现象就是中心极限定理的客观背景。

**定理 3(同分布的中心极限定理)**　设随机变量 $X_1,X_2,\cdots,X_n,\cdots$ 独立同分布，且具有有限的数学期望和方差，即

$$\mathrm{E}(X_i)=\mu, \qquad D(X_i)=\sigma^2\neq 0, \qquad i=1,2,\cdots,n,\cdots$$

记 $Y_n=\sum_{i=1}^{n}X_i$，则对任意实数 $x$，有

$$\lim_{n\to+\infty} P\left\{\frac{Y_n-n\mu}{\sqrt{n}\sigma}<x\right\}=\int_{-\infty}^{x}\frac{1}{\sqrt{2\pi}}\mathrm{e}^{-\frac{t^2}{2}}\mathrm{d}t \tag{6.6}$$

证略。

定理表明,当 $n$ 充分大时,随机变量 $\dfrac{\sum\limits_{i=1}^{n}X_i-n\mu}{\sqrt{n}\sigma}$ 近似地服从标准正态分布 $N(0,1)$。因此,$\sum\limits_{i=1}^{n}X_i$ 近似地服从正态分布 $N(n\mu,n\sigma^2)$。由此可见,正态分布在概率论中占有重要的地位。

**定理 4(De Moivre - Laplace 定理)** 设 $\mu_n$ 是 $n$ 次独立重复试验中事件 $A$ 出现的次数,$p$ 是在每次试验中 $A$ 出现的概率,则对任意有限区间$[a,b]$,恒有

$$\lim_{n\to+\infty}P\left\{a<\frac{\mu_n-np}{\sqrt{np(1-p)}}\leqslant b\right\}=\int_a^b\frac{1}{\sqrt{2\pi}}\mathrm{e}^{-\frac{t^2}{2}}\mathrm{d}t \tag{6.7}$$

**证** 我们把 $\mu_n$ 看成是 $n$ 个相互独立、服从同一 0-1 分布的随机变量 $X_1,X_2,\cdots,X_n$ 的和,即

$$\mu_n=X_1+X_2+\cdots+X_n$$

且 $\mathrm{E}(X_i)=p,\quad D(X_i)=p(1-p),\quad i=1,2,\cdots,n$

由定理 3 即得

$$\lim_{n\to+\infty}P\left\{\frac{\mu_n-np}{\sqrt{np(1-p)}}\leqslant x\right\}=\lim_{n\to+\infty}P\left\{\frac{\sum\limits_{i=1}^{n}X_i-np}{\sqrt{np(1-p)}}\leqslant x\right\}=\int_{-\infty}^{x}\frac{1}{\sqrt{2\pi}}\mathrm{e}^{-\frac{t^2}{2}}\mathrm{d}t$$

于是对于有限区间$[a,b]$有

$$\lim_{n\to+\infty}P\left\{a<\frac{\mu_n-np}{\sqrt{np(1-p)}}\leqslant b\right\}=\int_a^b\frac{1}{\sqrt{2\pi}}\mathrm{e}^{-\frac{t^2}{2}}\mathrm{d}t$$

**例 1** 某计算机系统有 120 个终端,每个终端有 5%的时间在使用,若各终端使用与否是相互独立的,试求有 10 个以上的终端在使用的概率。

**解** 我们把每个终端看作是一次试验,120 个终端看作是 $n=120$ 次独立试验,终端使用或者不使用看作试验的两个可能结果,终端使用的概率 $p=0.05$。以 $X$ 表示使用终端的个数,则所求概率为

$$P(X\geqslant 10)=1-P(X<10)=$$
$$1-P\left(\frac{X-np}{\sqrt{np(1-p)}}<\frac{10-np}{\sqrt{np(1-p)}}\right)$$

由中心极限定理得

$$P(X\geqslant 10)\approx 1-\Phi\left[\frac{10-np}{\sqrt{np(1-p)}}\right]=1-\Phi\left(\frac{10-120\times 0.05}{\sqrt{120\times 0.05\times 0.95}}\right)=$$
$$1-\Phi(1.68)=1-0.9535=0.0465$$

# 习 题 六

1. 设随机变量 $X$ 的概率密度为

$$f(x)=\frac{x^m}{m!}\mathrm{e}^{-x}, \qquad x\geqslant 0$$

利用切比雪夫不等式，证明

$$P\{0<X<2(m+1)\}\geqslant\frac{m}{m+1}$$

2. 用切比雪夫不等式确定当投掷一枚均匀硬币时，需投多少次，才能使出现正面的频率在 0.4～0.6 之间的概率不小于 90%？并用德莫弗-拉普拉斯定理计算同一问题，然后进行比较。

3. 现有一大批种子，其中良种占$\frac{1}{6}$。现从中任选 6 000 粒，问：在这些种子中，良种所占的比例与$\frac{1}{6}$之差小于 1%的概率是多少？

4. 设有 30 个电子器件 $D_1, D_2, \cdots, D_{30}$，它们的使用情况如下：$D_1$ 损坏，$D_2$ 接着使用；$D_2$ 损坏，$D_3$ 接着使用，等等。设器件 $D_i$ 的使用寿命服从参数 $\lambda=0.1$（单位：$\mathrm{h}^{-1}$）的指数分布。令 $T$ 为 30 个器件使用的总时数，问：$T$ 超过 350 h 的概率是多少？

5. 某单位设置一电话总机，共有 200 架电话分机。设每个电话分机有 5%的时间要使用外线通话，假定每个电话分机是否使用外线通话是相互独立的，问：总机需要安装多少条外线才能以 90%的概率保证每个分机都能即时使用？

# 第 7 章 统计量及其分布

## 7.1 总体与样本

在概率论部分,我们初步研究了随机事件的概率、随机变量及其分布。在实际问题中,随机现象可以用随机变量来描述。为了较全面地了解随机变量的规律性,就必须知道它的概率分布,或至少要知道它的一些数字特征,如数学期望、方差等。用什么方法才能确定出这个随机变量的概率分布或数字特征呢?这是我们十分关心的问题,也是我们所要着眼解决的基本问题。

由于大量的随机试验必能呈现出随机现象的规律性,因此从理论上说,只要对随机现象进行足够多次的观察,它的规律性一定能清楚地呈现出来。但在实际中,我们只能对随机现象进行有限次的观察或试验,以取得有代表性的观察数据,再对这些数据进行分析,从而找出相应的随机变量的概率分布或数字特征。

### 7.1.1 总体与个体

在数理统计中,我们把研究对象的全体称为总体,而把组成总体的每一单元称为个体。例如,当要研究某批灯泡的平均寿命(平均耐用时数)时,该批灯泡的全体就组成了总体,而其中每个灯泡就是个体。在研究某钢铁厂某一天生产的10 000 根钢筋的强度时,这10 000 根钢筋就组成一个总体,而每一根钢筋就是一个个体。

在实际中,我们主要关心的常常是研究对象的某个数量指标 $X$(如灯泡的寿命、钢筋的强度),它是一个随机变量。因此,总体通常是指某个随机变量取值的全体,其中每一个体都是一个实数。以后我们就把总体和数量指标 $X$ 可能取值的全体组成的集合等同起来。随机变量 $X$ 的分布就是总体的分布。

### 7.1.2 样本与样本值

从一个总体 $X$ 中,随机地抽取 $n$ 个个体 $x_1,x_2,\cdots,x_n$,其中每个 $x_i$ 是一次抽样观察的结果。我们称 $x_1,x_2,\cdots,x_n$ 为总体 $X$ 的一组样本观察值。对于某一次抽样结果来说,它是完全确定的一组数。但由于抽样的随机性,所以它又是随每次抽样观察而改变的,这样每个 $x_i$ 都可以看作某一个随机变量 $X_i(i=1,2,\cdots,n)$所取的观察值。我们将 $X_1,X_2,\cdots,X_n$ 称为容量是 $n$ 时的样本,$x_1,x_2,\cdots,x_n$ 就是样本 $X_1,X_2,\cdots,X_n$ 的一组观察值,称为样本值。

由于我们抽取样本的目的是为了对总体 $X$ 的某些特性进行估计、推断,因而要求抽取的样本具有独立性且与总体 $X$ 有相同的分布,这样的样本称为简单随机样本,获得简单随机样本的方法称为简单随机抽样。今后,如不作特殊声明,所提到的样本都是简单随机样本。

综上所述,所谓总体就是一个随机变量 $X$,所谓样本就是 $n$ 个相互独立且与 $X$ 有相同分布的随机变量 $X_1,X_2,\cdots,X_n$。显然,若总体 $X$ 具有分布函数 $F(x)$,则称 $X_1,X_2,\cdots,X_n$ 为来自于总体的样本,且 $(X_1,X_2,\cdots,X_n)$ 的联合分布函数为 $\prod\limits_{i=1}^{n}F(x_i)$ 。

例如,设总体 $X$ 服从参数为 $\lambda$ 的指数分布,$X_1,X_2,\cdots,X_n$ 为 $X$ 的样本,则 $(X_1,X_2,\cdots,X_n)$ 的分布函数 $F(x_1,x_2,\cdots,x_n)=\prod\limits_{i=1}^{n}(1-\mathrm{e}^{-\lambda x_i})$,其中 $x_1,x_2,\cdots,x_n$ 皆大于零。

## 7.2　样本矩和统计量

### 7.2.1　样本矩

设 $X_1,X_2,\cdots,X_n$ 为来自于总体 $X$ 的一个样本,称

$$\overline{X}=\frac{1}{n}\sum_{i=1}^{n}X_i \tag{7.1}$$

为样本均值;

$$S^2=\frac{1}{n-1}\sum_{i=1}^{n}(X_i-\overline{X})^2 \tag{7.2}$$

为样本方差;

$$A_k=\frac{1}{n}\sum_{i=1}^{n}X_i^k$$

为样本 $k$ 阶矩(或 $k$ 阶原点矩);

$$B_k=\frac{1}{n}\sum_{i=1}^{n}(X_i-\overline{X})^k$$

为样本 $k$ 阶中心矩。

显然,样本均值、样本方差、样本 $k$ 阶矩、样本 $k$ 阶中心矩都是随机变量。

如果 $x_1,x_2,\cdots,x_n$ 是样本 $X_1,X_2,\cdots,X_n$ 的观察值,则

$$\overline{x}=\frac{1}{n}\sum_{i=1}^{n}x_i$$

$$s^2=\frac{1}{n-1}\sum_{i=1}^{n}(x_i-\overline{x})^2$$

$$a_k = \frac{1}{n}\sum_{i=1}^{n} x_i^k$$

$$b_k = \frac{1}{n}\sum_{i=1}^{n} (x_i - \overline{x})^k$$

分别是 $\overline{X}, S^2, A_k, B_k$ 的观察值。

人们也许会问:样本矩与相应的总体矩有什么关系?可以证明,只要总体的 $k$ 阶矩存在,则样本 $k$ 阶矩依概率收敛于总体的 $k$ 阶矩。

## 7.2.2 统计量

在研究总体的性质时,除了用到样本外,还要用到由样本构造出的某种函数。这种函数在数理统计学中称为统计量。

**定义 1** 设 $X_1, X_2, \cdots, X_n$ 为总体的一个样本,$g(x_1, x_2, \cdots, x_n)$ 为一个连续函数,则称 $g(X_1, X_2, \cdots, X_n)$ 为一个统计量。

显然,$g(X_1, X_2, \cdots, X_n)$ 是一个随机变量。如果 $x_1, x_2, \cdots, x_n$ 是样本 $X_1, X_2, \cdots, X_n$ 的观察值,则 $g(x_1, x_2, \cdots, x_n)$ 是 $g(X_1, X_2, \cdots, X_n)$ 的观察值。

若总体 $X \sim N(\mu, \sigma^2)$,其中 $\mu, \sigma^2$ 是已知参数,而 $X_1, X_2, \cdots, X_n$ 为来自 $X$ 的样本,则 $\sum_{i=1}^{n} X_i$,$X_1^2 + X_2^2$,$\sum_{i=1}^{n}(X_i - \mu)^2$ 等都是统计量。

## 7.2.3 顺序统计量与经验分布函数

设 $X_1, X_2, \cdots, X_n$ 为来自于总体 $X$ 的一个样本,$x_1, x_2, \cdots, x_n$ 是样本观察值,将观察值按大小次序排列,得到

$$x_1^* \leqslant x_2^* \leqslant \cdots \leqslant x_n^*$$

我们规定 $X_k^*$ 取值为 $x_k^*$,由此而得到的 $X_1^*, X_2^*, \cdots, X_n^*$ 称为 $X_1, X_2, \cdots, X_n$ 的一组顺序统计量。显然,有

$$X_1^* \leqslant X_2^* \leqslant \cdots \leqslant X_n^*$$

且

$$X_1^* = \min_{1\leqslant i\leqslant n} X_i, \qquad X_n^* = \max_{1\leqslant i\leqslant n} X_i$$

记函数

$$F_n(x) = \begin{cases} 0, & x < x_1^* \\ \dfrac{k}{n}, & x_k^* \leqslant x < x_{k+1}^* \quad (k = 1, \cdots, n-1) \\ 1, & x \geqslant x_n^* \end{cases}$$

则称它为总体 $X$ 的经验分布函数或样本分布函数。$F_n(x)$ 可以作为 $X$ 的未知分布函数 $F(x)$ 的一个近似,$n$ 越大,近似程度越好。事实上,当 $n \to \infty$ 时,$F_n(x)$ 以概率 1 关于 $x$ 均匀地收敛

于 $F(x)$，即

$$P\{\lim_{n\to+\infty}\sup_{-\infty<x<+\infty}|F_n(x)-F(x)|=0\}=1$$

# 7.3　统计量的分布

在数理统计中，统计量是对总体的分布或数字特征进行推断的基础。因此求统计量的分布是数理统计的基本问题之一。

一般地说，要确定一个统计量的精确分布是非常复杂的，但对于一些特殊情形，如正态总体，这个问题就有简单的方法。由于正态总体是最常见的总体，所以在这里只研究正态总体的统计量的分布。

## 7.3.1　正态总体样本的线性函数的分布

设总体 $X\sim N(\mu,\sigma^2)$，$X_1,X_2,\cdots,X_n$ 是来自于 $X$ 的一个样本，则样本的线性函数

$$Y=a_1X_1+a_2X_2+\cdots+a_nX_n$$

也服从正态分布，且它的数学期望和方差分别是

$$\mathrm{E}Y=\mu\sum_{i=1}^{n}a_i$$

$$DY=\sigma^2\sum_{i=1}^{n}a_i^2$$

这里的 $a_1,a_2,\cdots,a_n$ 都是常数。

上述结论，在概率论中的多维随机变量部分得到证实。

特别地，当 $a_i=\dfrac{1}{n}$，$i=1,2,\cdots,n$ 时，线性函数 $Y$ 正好是样本的均值 $\overline{X}$，即

$$\overline{X}=\frac{1}{n}\sum_{i=1}^{n}X_i$$

服从正态分布，且

$$\mathrm{E}\,\overline{X}=\mu$$

$$D\,\overline{X}=\frac{\sigma^2}{n}$$

由此可见，$\overline{X}$ 的均值与总体 $X$ 的均值相等，而方差只等于总体方差的 $1/n$。这就是说，$n$ 越大，$\overline{X}$ 越向总体均值 $\mu$ 集中。

## 7.3.2　$\chi^2$ 分布

设 $X_1,X_2,\cdots,X_n$ 相互独立，且都服从 $N(0,1)$，则随机变量

$$\chi^2 = \sum_{i=1}^{n} X_i^2$$

的概率密度为

$$f(y) = \begin{cases} \dfrac{1}{2^{\frac{n}{2}}\Gamma\left(\dfrac{n}{2}\right)} y^{\frac{n}{2}-1} e^{-\frac{y}{2}}, & y > 0 \\ 0, & y \leqslant 0 \end{cases} \tag{7.3}$$

我们称 $\chi^2$ 服从自由度为 $n$ 的 $\chi^2$ 分布,记作 $\chi^2 \sim \chi^2(n)$。

**证** 记 $\chi^2$ 的分布函数为 $F(y)$。因为 $X_1, X_2, \cdots, X_n$ 相互独立,且都服从 $N(0,1)$,所以 $X_1, X_2, \cdots, X_n$ 的联合概率密度为

$$f(x_1, x_2, \cdots, x_n) = \prod_{i=1}^{n} \frac{1}{\sqrt{2\pi}} \exp\left(-\frac{1}{2}x_i^2\right) = \left(\frac{1}{2\pi}\right)^{\frac{n}{2}} \exp\left(-\frac{1}{2}\sum_{i=1}^{n} x_i^2\right)$$

因此,当 $y \leqslant 0$ 时,$F(y)=0$;当 $y>0$ 时,有

$$F(y) = P(\chi^2 \leqslant y) = \frac{1}{(2\pi)^{n/2}} \underset{\sum\limits_{i=1}^{n} x_i^2 \leqslant Y}{\int \cdots \int} \exp\left(-\frac{1}{2}\sum_{i=1}^{n} x_i^2\right) dx_1 \cdots dx_n$$

为了计算上述积分,作变换

$$\begin{cases} x_1 = \rho\cos\theta_1\cos\theta_2\cdots\cos\theta_{n-1} \\ x_2 = \rho\cos\theta_1\cos\theta_2\cdots\sin\theta_{n-1} \\ \quad\vdots \\ x_n = \rho\sin\theta_1 \end{cases}$$

此变换的雅可比行列式为

$$J = \frac{\partial(x_1, x_2, \cdots, x_n)}{\partial(\rho, \theta_1, \cdots, \theta_{n-1})} = \rho^{n-1} D(\theta_1, \cdots, \theta_{n-1})$$

式中,$D(\theta_1, \cdots, \theta_{n-1})$ 是 $\theta_1, \cdots, \theta_{n-1}$ 的函数,不包含变量 $\rho$。于是

$$F(y) = \frac{1}{(2\pi)^{n/2}} \int_0^{\sqrt{y}} \int_{-\frac{\pi}{2}}^{\frac{\pi}{2}} \cdots \int_{-\frac{\pi}{2}}^{\frac{\pi}{2}} \int_{-\pi}^{\pi} e^{-\frac{\rho^2}{2}} \rho^{n-1} D(\theta_1, \cdots, \theta_{n-1}) \cdot d\theta_1 \cdots d\theta_{n-1} d\rho =$$

$$C_n \int_0^{\sqrt{y}} e^{-\frac{\rho^2}{2}} \rho^{n-1} d\rho$$

式中

$$C_n = \frac{1}{(2\pi)^{n/2}} \int_{-\frac{\pi}{2}}^{\frac{\pi}{2}} \cdots \int_{-\frac{\pi}{2}}^{\frac{\pi}{2}} \int_{-\pi}^{\pi} D(\theta_1, \cdots, \theta_{n-1}) d\theta_1, \cdots, d\theta_{n-1}$$

令 $\rho^2 = t$,则

$$F(y) = C_n \cdot \frac{1}{2} \int_0^{y} e^{-\frac{t}{2}} t^{\frac{n}{2}-1} dt$$

因为
$$F(+\infty)=1=\int_0^{+\infty}\mathrm{e}^{-\frac{t}{2}}t^{\frac{n}{2}-1}\mathrm{d}t$$
并注意到
$$\Gamma\left(\frac{n}{2}\right)=\int_0^{+\infty}\mathrm{e}^{-t}t^{\frac{n}{2}-1}\mathrm{d}t$$
可得
$$C_n=\frac{1}{2^{\frac{n}{2}-1}\Gamma\left(\frac{n}{2}\right)}$$
代入前面的式子，可得
$$F(y)=\frac{1}{2^{\frac{n}{2}-1}\Gamma\left(\frac{n}{2}\right)}\int_0^y\mathrm{e}^{-\frac{t}{2}}t^{\frac{n}{2}-1}\mathrm{d}t$$
上式两端对 $y$ 求导，即得式(7.3)。

图 7 - 1 给出了当 $n=1,4,10$ 时，$\chi^2$ 分布的密度函数曲线。

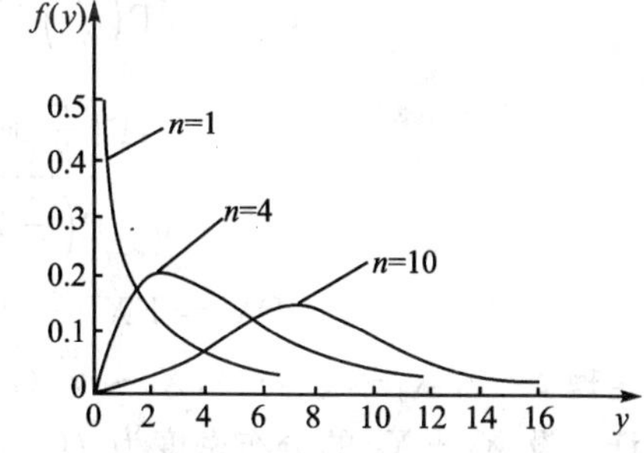


图 7　1　$\chi^2$ 分布的密度

对于给定的正数 $\alpha$：$0<\alpha<1$，使满足
$$\int_{-\infty}^{\chi_\alpha^2(n)}f(y)\mathrm{d}y=\alpha$$
的点 $\chi_\alpha^2(n)$，称为 $\chi^2$ 分布的(下侧)$\alpha$ 分位点。对于不同的 $\alpha$ 及 $n$，$\chi_\alpha^2(n)$的值可在附表 4 中查到。

例如，对于 $\alpha=0.9$，$n=14$，查得 $\chi_\alpha^2(n)=21.064$，即
$$P\{\chi^2(14)\leqslant 21.064\}=\int_0^{21.064}f(y)\mathrm{d}y=0.9$$

当 $n>45$ 时，附表 4 中没有列出，此时可用式
$$\chi_\alpha^2(n)\approx\frac{1}{2}(z_\alpha+\sqrt{2n-1})^2$$
求出 $\chi_\alpha^2(n)$的近似值。式中的 $z_\alpha$ 是标准正态分布的 $\alpha$ 分位点。

**定理 1**　若 $X\sim\chi^2(n)$，则 $X$ 的数学期望和方差是
$$\mathrm{E}X=n$$
$$DX=2n$$

**证**　由数学期望的定义得
$$\mathrm{E}X=\int_0^{+\infty}x\frac{1}{2^{\frac{n}{2}}\Gamma\left(\frac{n}{2}\right)}\mathrm{e}^{-\frac{x}{2}}x^{\frac{n}{2}-1}\mathrm{d}x=$$
$$\frac{1}{2^{\frac{n}{2}}\Gamma\left(\frac{n}{2}\right)}\int_0^{+\infty}\mathrm{e}^{-\frac{x}{2}}x^{\frac{n}{2}}\mathrm{d}x=$$

$$\frac{2}{\Gamma\left(\frac{n}{2}\right)}\int_0^{+\infty} \mathrm{e}^{-\frac{x}{2}}\left(\frac{x}{2}\right)^{\left(\frac{n}{2}+1\right)-1}\mathrm{d}\left(\frac{x}{2}\right)=$$

$$\frac{2\Gamma\left(\frac{n}{2}+1\right)}{\Gamma\left(\frac{n}{2}\right)}=\frac{2\,\frac{n}{2}\Gamma\left(\frac{n}{2}\right)}{\Gamma\left(\frac{n}{2}\right)}=n$$

$$\mathrm{E}X^2=\frac{1}{2^{\frac{n}{2}}\Gamma\left(\frac{n}{2}\right)}\int_0^{+\infty} x^2\mathrm{e}^{-\frac{x}{2}}x^{\frac{n}{2}-1}\mathrm{d}x=$$

$$\frac{4}{\Gamma\left(\frac{n}{2}\right)}\int_0^{+\infty} \mathrm{e}^{-\frac{x}{2}}\left(\frac{x}{2}\right)^{\left(\frac{n}{2}+2\right)-1}\mathrm{d}\left(\frac{x}{2}\right)=$$

$$\frac{4\Gamma\left(\frac{n}{2}+2\right)}{\Gamma\left(\frac{n}{2}\right)}=n(n+2)$$

于是

$$DX=\mathrm{E}X^2-(\mathrm{E}X)^2=n(n+2)-n^2=2n$$

**定理2** 若 $X_1\sim\chi^2(n_1)$,$X_2\sim\chi^2(n_2)$,且 $X_1$ 与 $X_2$ 相互独立,则 $X_1+X_2\sim\chi^2(n_1+n_2)$。

**证** 设 $X_1+X_2$ 的分布密度为 $f(x)$,则

$$f(x)=\int_{-\infty}^{+\infty} f_1(u)f_2(x-u)\mathrm{d}u$$

式中,$f_1(u)$,$f_2(u)$分别为 $X_1$ 和 $X_2$ 的概率密度,且

$$f_1(u)=\begin{cases}\dfrac{1}{2^{\frac{n_1}{2}}\Gamma\left(\frac{n_1}{2}\right)}u^{\frac{n_1}{2}-1}\mathrm{e}^{-\frac{u}{2}}, & u>0\\ 0, & u\leqslant 0\end{cases}$$

$$f_2(u)=\begin{cases}\dfrac{1}{2^{\frac{n_2}{2}}\Gamma\left(\frac{n_2}{2}\right)}u^{\frac{n_2}{2}-1}\mathrm{e}^{-\frac{u}{2}}, & u>0\\ 0, & u\leqslant 0\end{cases}$$

当 $x\leqslant 0$ 时,$f(x)=0$;当 $x>0$ 时,有

$$f(x)=\int_0^x \frac{1}{2^{\frac{n_1}{2}}\Gamma\left(\frac{n_1}{2}\right)}u^{\frac{n_1}{2}-1}\mathrm{e}^{-\frac{u}{2}}\cdot\frac{1}{2^{\frac{n_2}{2}}\Gamma\left(\frac{n_2}{2}\right)}(x-u)^{\frac{n_2}{2}-1}\mathrm{e}^{-\frac{x-u}{2}}\mathrm{d}u=$$

$$\frac{1}{2^{\frac{n_1+n_2}{2}}\Gamma\left(\frac{n_1}{2}\right)\Gamma\left(\frac{n_2}{2}\right)}\int_0^x u^{\frac{n_1}{2}-1}(x-u)^{\frac{n_2}{2}-1}\mathrm{e}^{-\frac{x}{2}}\mathrm{d}u$$

令 $u=xv$,则

$$f(x)=\frac{\mathrm{e}^{-\frac{x}{2}}x^{\frac{n_1+n_2}{2}-1}}{2^{\frac{n_1+n_2}{2}}\Gamma\left(\frac{n_1}{2}\right)\Gamma\left(\frac{n_2}{2}\right)}\int_0^1 v^{\frac{n_1}{2}-1}(1-v)^{\frac{n_2}{2}-1}\mathrm{d}v$$

利用
$$\int_0^1 v^{p-1}(1-v)^{q-1}\mathrm{d}v=\frac{\Gamma(p)\Gamma(q)}{\Gamma(p+q)}$$

即可得

$$f(x)=\frac{1}{2^{\frac{n_1+n_2}{2}}\Gamma\left(\frac{n_1+n_2}{2}\right)}x^{\frac{n_1+n_2}{2}-1}\mathrm{e}^{-\frac{x}{2}}$$

由此可见，$X_1+X_2$ 服从自由度为 $n_1+n_2$ 的 $\chi^2$ 分布。

**定理 3**　设 $X_1,X_2,\cdots,X_n$ 相互独立，且都服从 $N(\mu,\sigma^2)$，则

(1) $\overline{X}$ 与 $S^2$ 相互独立；

(2) $\frac{(n-1)}{\sigma^2}S^2\sim\chi^2(n-1)$。　　(7.4)

这里
$$\overline{X}=\frac{1}{n}\sum_{i=1}^{n}X_i,\qquad S^2=\frac{1}{n-1}\sum_{i=1}^{n}(X_i-\overline{X})^2$$

证明略。

## 7.3.3　t 分布

设 $X\sim N(0,1)$，$Y\sim\chi^2(n)$，且 $X$ 与 $Y$ 相互独立，则随机变量

$$T=\frac{X}{\sqrt{Y/n}}$$

的概率密度为

$$f(t)=\frac{\Gamma\left(\frac{n+1}{2}\right)}{\sqrt{n\pi}\Gamma\left(\frac{n}{2}\right)}\left(1+\frac{t^2}{n}\right)^{-\frac{n+1}{2}},\qquad -\infty<t<+\infty \tag{7.5}$$

称 $T$ 服从自由度为 $n$ 的 $t$ 分布，记作 $T\sim t(n)$。

**证**　$X$ 的概率密度是

$$f_X(x)=\frac{1}{\sqrt{2\pi}}\mathrm{e}^{-\frac{x^2}{2}}$$

$Y$ 的概率密度 $f_Y(y)$ 由式(7.3)给出，$X,Y$ 的联合概率密度是

$$\frac{1}{\sqrt{2\pi}}\mathrm{e}^{-\frac{u^2}{2}}\cdot f_Y(v)$$

于是
$$P\left(\frac{X}{\sqrt{Y/n}}\leqslant x\right)=P\left(\frac{X}{\sqrt{Y}}\leqslant\frac{x}{\sqrt{n}}\right)=\iint\limits_{\frac{u}{\sqrt{v}}\leqslant\frac{x}{\sqrt{n}}}\frac{1}{\sqrt{2\pi}}\mathrm{e}^{-\frac{u^2}{2}}f_Y(v)\mathrm{d}u\mathrm{d}v$$

作变量替换：$u=t\sqrt{s}$，$v=s$，它的雅可比行列式是

$$J=\begin{vmatrix}\dfrac{\partial u}{\partial s} & \dfrac{\partial u}{\partial t}\\ \dfrac{\partial v}{\partial s} & \dfrac{\partial v}{\partial t}\end{vmatrix}=\begin{vmatrix}\dfrac{t}{2\sqrt{s}} & \sqrt{s}\\ 1 & 0\end{vmatrix}=-\sqrt{s}$$

于是

$$P\left\{\frac{X}{\sqrt{Y/n}}\leqslant x\right\}=\iint\limits_{\substack{t\leqslant\frac{x}{\sqrt{n}}\\ s>0}}\frac{1}{\sqrt{2\pi}2^{\frac{n}{2}}\Gamma\left(\frac{n}{2}\right)}s^{\frac{n-1}{2}}\mathrm{e}^{-\frac{1}{2}(1+t^2)s}\mathrm{d}s\mathrm{d}t=$$

$$\int_{-\infty}^{\frac{x}{\sqrt{n}}}\frac{\mathrm{d}t}{\sqrt{\pi}\Gamma\left(\frac{n}{2}\right)}\cdot\int_0^{\infty}\left(\frac{s}{2}\right)^{\frac{n-1}{2}}\mathrm{e}^{-\frac{1}{2}(1+t^2)s}\cdot\frac{1}{2}\mathrm{d}s=$$

$$\int_{-\infty}^{\frac{x}{\sqrt{n}}}\frac{\mathrm{d}t}{\sqrt{\pi}\Gamma\left(\frac{n}{2}\right)}\cdot\int_0^{\infty}z^{\frac{n-1}{2}}\mathrm{e}^{(1+t^2)z}\mathrm{d}z$$

由于

$$\int_0^{+\infty}z^{\frac{n-1}{2}}\mathrm{e}^{-(1+t^2)z}\mathrm{d}z=\frac{\Gamma\left(\frac{n+1}{2}\right)}{(1+t^2)^{\frac{n+1}{2}}}$$

所以
$$P\left\{\frac{X}{\sqrt{Y/n}}\leqslant x\right\}=\int_{-\infty}^{x}\frac{\Gamma\left(\frac{n+1}{2}\right)}{\sqrt{n\pi}\Gamma\left(\frac{n}{2}\right)}\cdot\frac{1}{\left(1+\frac{u^2}{n}\right)^{\frac{n+1}{2}}}\mathrm{d}u$$

上式两边对 $x$ 求导，即得式(7.5)。

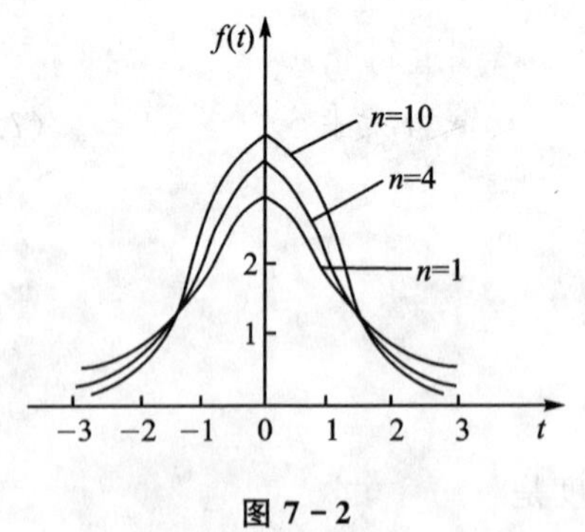


图 7-2

图 7-2 给出了当 $n=1,4,10$ 时的 $t(n)$ 分布的密度函数曲线，它的图形关于 $t=0$ 对称，且当 $n\to+\infty$ 时，有

$$\lim_{n\to+\infty}f(t)=\frac{1}{\sqrt{2\pi}}\mathrm{e}^{-\frac{t^2}{2}}$$

故当 $n$ 很大时，$t$ 分布近似于 $N(0,1)$。然而对于比较小的 $n$ 值，$t$ 分布与正态分布之间有较大的差异。对于给定的 $\alpha$：$0<\alpha<1$，可查 $t$ 分布表(见附表 3)求出 $t_\alpha(n)$，使得

$$P\{T\leqslant t_\alpha(n)\}=\int_{-\infty}^{t_\alpha(n)}f(t)\mathrm{d}t=\alpha$$

由 $f(t)$ 的对称性，可得

$$t_{1-\alpha}(n)=-t_{\alpha}(n)$$

若有数 $t_{1-\alpha/2}(n)$，满足

$$P\{|T|>t_{1-\frac{\alpha}{2}}(n)\}=\alpha$$

则称 $t_{1-\frac{\alpha}{2}}(n)$ 为双侧 $\alpha$ 分位点。

当 $n>45$ 时，$t$ 分布表中没有列出，此时可查标准正态分布表，得 $z_{\alpha}$，且有

$$t_{\alpha}(n)\approx z_{\alpha}$$

**定理 4**　设 $X_1,X_2,\cdots,X_n$ 相互独立，且都服从 $N(\mu,\sigma^2)$，则有

$$\frac{(\overline{X}-\mu)\sqrt{n}}{S}\sim t(n-1) \tag{7.6}$$

**证**　因为

$$\overline{X}\sim N(\mu,\sigma^2/n)$$

所以

$$\frac{\overline{X}-\mu}{\sigma/\sqrt{n}}\sim N(0,1)$$

又

$$\frac{(n-1)}{\sigma^2}S^2\sim\chi^2(n-1)$$

且 $\dfrac{\overline{X}-\mu}{\sigma/\sqrt{n}}$ 与 $\dfrac{n-1}{\sigma^2}S^2$ 相互独立，从而

$$\frac{\dfrac{\overline{X}-\mu}{\sigma/\sqrt{n}}}{\sqrt{\dfrac{(n-1)}{\sigma^2}S^2/(n-1)}}=\frac{(\overline{X}-\mu)\sqrt{n}}{S}\sim t(n-1)$$

**定理 5**　设 $X_1,X_2,\cdots,X_m$ 和 $Y_1,Y_2,\cdots,Y_n$ 分别是从正态总体 $N(\mu_1,\sigma^2)$ 和 $N(\mu_2,\sigma^2)$ 中所抽取的独立样本，则

$$T=\frac{(\overline{X}-\overline{Y})-(\mu_1-\mu_2)}{\sqrt{(m-1)S_1^2+(n-1)S_2^2}}\cdot\sqrt{\frac{mn(m+n-2)}{m+n}}\sim t(m+n-2) \tag{7.7}$$

**证**　因为

$$\overline{X}\sim N\left(\mu_1,\frac{\sigma^2}{m}\right),\qquad \overline{Y}\sim N\left(\mu_2,\frac{\sigma^2}{n}\right)$$

所以

$$\overline{X}-\overline{Y}\sim N\left(\mu_1-\mu_2,\frac{\sigma^2}{m}+\frac{\sigma^2}{n}\right)$$

于是

$$U=\frac{(\overline{X}-\overline{Y})-(\mu_1-\mu_2)}{\sigma\sqrt{\dfrac{1}{m}+\dfrac{1}{n}}}\sim N(0,1)$$

由定理 3 知

$$\frac{(m-1)}{\sigma^2}S_1^2 \sim \chi^2(m-1), \qquad \frac{(n-1)}{\sigma^2}S_2^2 \sim \chi^2(n-1)$$

且它们相互独立。由定理 2 知

$$V = \frac{(m-1)}{\sigma^2}S_1^2 + \frac{(n-1)}{\sigma^2}S_2^2 \sim \chi^2(m+n-2)$$

又由定理 3 知 $U, V$ 独立,于是按 $t$ 分布的定义得

$$\frac{U}{\sqrt{V/(m+n-2)}} = \frac{(\overline{X}-\overline{Y})-(\mu_1-\mu_2)}{\sqrt{(m-1)S_1^2+(n-1)S_2^2}} \cdot \sqrt{\frac{mn(m+n-2)}{m+n}} \sim t(m+n-2)$$

## 7.3.4 F 分布

设 $X \sim \chi^2(n_1)$, $Y \sim \chi^2(n_2)$,且 $X$ 与 $Y$ 相互独立,则随机变量

$$F = \frac{X/n_1}{Y/n_2}$$

的概率密度为

$$f(u) = \begin{cases} \dfrac{\Gamma[(n_1+n_2)/2]}{\Gamma\left(\dfrac{n_1}{2}\right)\Gamma\left(\dfrac{n_2}{2}\right)}\left(\dfrac{n_1}{n_2}\right)\left(\dfrac{n_1}{n_2}u\right)^{\frac{n_1}{2}-1}\left(1+\dfrac{n_1}{n_2}u\right)^{-\frac{n_1+n_2}{2}}, & u > 0 \\ 0, & u \leqslant 0 \end{cases} \tag{7.8}$$

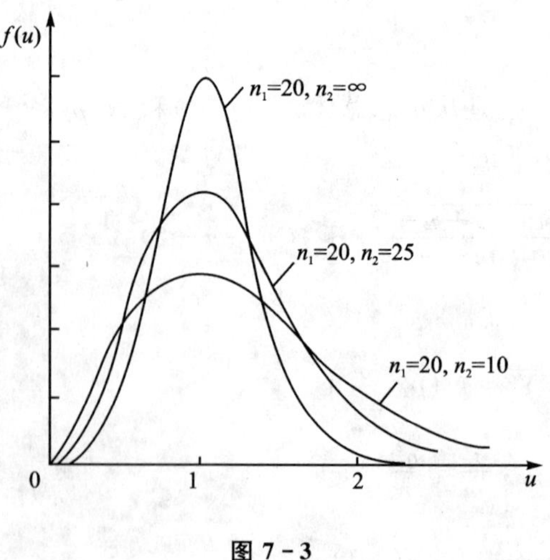


图 7-3

我们称 $F$ 服从自由度为$(n_1, n_2)$的F 分布,记作 $F \sim F(n_1, n_2)$。

证明略。

$f(u)$的图形如图 7-3 所示。

对于给定的 $\alpha$:$0<\alpha<1$,查 $F$ 分布表(见附表 5)可得分位点 $F_\alpha(n_1, n_2)$,使得

$$P\{F \leqslant F_\alpha(n_1, n_2)\} = \int_{-\infty}^{F_\alpha(n_1, n_2)} f(u)\mathrm{d}u = \alpha$$

且不难验证下式成立:

$$F_{1-\alpha}(n_1, n_2) = \frac{1}{F_\alpha(n_2, n_1)}$$

利用上式,可以求出 $F$ 分布表中没有列出的其他数值。

**例 1** 设 $X_1, X_2, \cdots, X_n$ 为来自于正态总体 $N(\mu, \sigma^2)$的样本,其中 $\sigma^2$ 已知,求 $\mathrm{E}[(\overline{X}-$

$\mu)^2]$、$D[(\overline{X}-\mu)^2]$。

**解**

$$E[(\overline{X}-\mu)^2]=D\overline{X}=\frac{\sigma^2}{n}$$

$$D[(\overline{X}-\mu)^2]=\frac{\sigma^4}{n^2}D\left(\frac{\overline{X}-\mu}{\sigma/\sqrt{n}}\right)^2$$

由于$\frac{\overline{X}-\mu}{\sigma/\sqrt{n}}\sim N(0,1)$，所以$\left(\frac{\overline{X}-\mu}{\sigma/\sqrt{n}}\right)^2\sim\chi^2(1)$。由定理 1 知

$$D[(\overline{X}-\mu)^2]=\frac{2\sigma^4}{n^2}$$

**例 2** 设 $X_1,X_2,\cdots,X_{32}$ 为来自于正态总体 $N(\mu,4^2)$ 的样本，令

$$Y=\frac{\sum_{i=1}^{16}(X_i-\mu)}{\sqrt{\sum_{j=17}^{32}(X_j-\mu)^2}}$$

求 $Y$ 的分布。

**解**

$$U=\frac{1}{16}\sum_{i=1}^{16}(X_i-\mu)\sim N(0,1)$$

$$V=\sum_{j=17}^{32}\left(\frac{X_j-\mu}{4}\right)^2\sim\chi^2(16)$$

且 $U$ 与 $V$ 相互独立，由 $t$ 分布的定义知，$Y$ 服从自由度为 16 的 $t$ 分布。

**例 3** 设 $X_1,X_2,\cdots,X_{18}$ 为正态总体 $N(1,\sigma^2)$ 的样本，若

$$P\left\{\sum_{j=13}^{18}(X_j-1)^2>a\sum_{i=1}^{12}(X_i-1)^2\right\}=0.95$$

已知 $F_{0.95}(12,6)=4$，即$P\{F(12,6)\leqslant 4\}=0.95$，求常数 $a$ 的值。

**解** 由 $P\left\{\sum_{j=13}^{18}(X_j-1)^2>a\sum_{i=1}^{12}(X_i-1)^2\right\}=0.95$，得

$$P\left\{\frac{\sum_{i=1}^{12}(X_i-1)^2}{2\sum_{j=13}^{18}(X_j-1)^2}<\frac{1}{2a}\right\}=0.95$$

因为

$$\frac{\sum_{i=1}^{12}(X_i-1)^2}{2\sum_{j=13}^{18}(X_j-1)^2}=\frac{\frac{1}{12}\sum_{i=1}^{12}(X_i-1)^2}{\frac{1}{6}\sum_{j=13}^{18}(X_j-1)^2}\sim F(12,6)$$

所以有$\frac{1}{2a}=4$，即 $a=\frac{1}{8}=0.125$。

# 习 题 七

1. 设 $X_1,X_2,\cdots,X_n$ 为 0-1 分布的一个样本,$\overline{X}$ 和 $S^2$ 分别为样本均值和样本方差,求 $E(\overline{X}),D(\overline{X})$ 和 $E(S^2)$。

2. 设 $X_1,X_2,\cdots,X_n$ 为泊松分布 $\pi(\lambda)$ 的一个样本,求 $(X_1,X_2,\cdots,X_n)$ 的分布律。

3. 在总体 $N(20,1.5^2)$ 中随机抽取一容量为 25 的样本,求样本均值 $\overline{X}$ 落在 19.6~20.3 之间的概率。

4. 设 $X_1,X_2,\cdots,X_{10}$ 为 $N(0,0.3^2)$ 的一个样本,求 $E\left[\sum\limits_{i=1}^{10}X_i^2\right],D\left[\sum\limits_{i=1}^{10}X_i^2\right]$,$P\left\{\sum\limits_{i=1}^{10}X_i^2>1.44\right\}$。

5. 查表求 $\chi^2_{0.90}(10),\chi^2_{0.95}(50),t_{0.95}(7),t_{0.05}(6),F_{0.99}(10,9),F_{0.10}(4,6)$。

6. 设 $X_1,X_2,\cdots,X_m$ 和 $Y_1,Y_2,\cdots,Y_n$ 分别是从 $N(\mu_1,\sigma^2)$ 和 $N(\mu_2,\sigma^2)$ 的总体中抽取的独立样本,$\overline{X}$ 和 $\overline{Y}$ 分别表示两样本的均值,$S_1^2$ 和 $S_2^2$ 分别表示对应的样本方差,$\alpha$ 和 $\beta$ 是两个固定的常数,试求统计量

$$\frac{\alpha(\overline{X}-\mu_1)+\beta(\overline{Y}-\mu_2)}{\sqrt{\dfrac{(m-1)S_1^2+(n-1)S_2^2}{m+n-2}}\sqrt{\dfrac{\alpha^2}{m}+\dfrac{\beta^2}{n}}}$$

的分布。

# 第 8 章　参数估计

## 8.1　参数的点估计

在研究总体 $X$ 的性质时，如果知道总体 $X$ 的分布，则是再好不过了。然而，在许多情况下，对总体的情况知道甚少或只知道部分信息。在这里，假定总体 $X$ 的分布的形式已经知道，未知的仅是其中的一个或几个参数，一旦这些参数知道后，总体 $X$ 的真分布就完全确定了。为了寻求这些参数的值，很自然地会想到用总体 $X$ 的样本值 $x_1,x_2,\cdots,x_n$ 来估计参数的值，这个问题称为参数的点估计问题。下面介绍参数点估计的两种方法。

### 8.1.1　矩估计法

**例 1**　某灯泡厂生产的一批灯泡，由于随机因素的影响，每个灯泡的使用寿命是不一样的。由中心极限定理和实际经验知道，灯泡的使用寿命 $X\sim N(\mu,\sigma^2)$，但不知道其中参数 $\mu$ 和 $\sigma^2$ 的具体数值。为了确定该批灯泡的质量，自然要求估计这批灯泡的平均寿命以及寿命长短的差异程度，即要求估计 $\mu$ 和 $\sigma^2$ 的值。

为了对参数 $\mu$ 和 $\sigma^2$ 进行估计，我们从总体中抽取样本 $X_1,X_2,\cdots,X_n$（对于一次具体的抽取，它就是具体的数值 $x_1,x_2,\cdots,x_n$，在不致引起混淆的情况下，今后也用 $x_1,x_2,\cdots,x_n$ 表示随机变量），根据样本矩在一定程度上反映了总体矩的特征，自然想到用样本矩作为总体矩的估计。

于是，我们分别用样本均值和样本方差作为总体均值 $\mu$ 和总体方差 $\sigma^2$ 的估计，记为 $\hat{\mu}$ 和 $\hat{\sigma}^2$，即有

$$\hat{\mu}=\frac{1}{n}\sum_{i=1}^{n}X_i=\overline{X} \tag{8.1}$$

$$\hat{\sigma}^2=\frac{1}{n-1}\sum_{i=1}^{n}(X_i-\overline{X})^2=S^2 \tag{8.2}$$

显然，$\hat{\mu}$，$\hat{\sigma}^2$ 都是样本 $X_1,X_2,\cdots,X_n$ 的函数，是统计量，分别称为 $\mu$ 和 $\sigma^2$ 的矩估计量。若 $x_1,x_2,\cdots,x_n$ 为样本值，则称

$$\hat{\mu}=\frac{1}{n}\sum_{i=1}^{n}x_i=\overline{x} \tag{8.1$'$}$$

$$\hat{\sigma}^2=\frac{1}{n-1}\sum_{i=1}^{n}(x_i-\overline{x})^2=s^2 \tag{8.2$'$}$$

分别为$\mu$和$\sigma^2$的矩估计值。对于不同的样本值,估计值也是不同的。

这种用样本矩来估计相应的总体矩的方法,称为矩估计法。这是一种古老的方法,但直到现在还是最为常用的一种方法。

**例2** 有一批零件,其长度$X \sim N(\mu, \sigma^2)$,现从中任取4件,测得长度(单位:mm)为12.6,13.4,12.8,13.2,试估计$\mu$和$\sigma^2$的值。

**解** 由

$$\bar{x} = \frac{1}{4}(12.6 + 13.4 + 12.8 + 13.2) = 13$$

$$s^2 = \frac{1}{4-1}[(12.6-13)^2 + (13.4-13)^2 + (12.8-13)^2 + (13.2-13)^2] = 0.133$$

得$\mu$和$\sigma^2$的估计值分别为13 mm和0.133 mm²。

**例3** 设随机变量$X$的概率密度为

$$f(x,\theta) = \begin{cases} \theta x^{\theta-1}, & 0 < x < 1 \\ 0, & \text{其他} \end{cases}$$

求$\theta$的矩估计。

**解** 因为 $$\mathrm{E}X = \int_0^1 x\theta x^{\theta-1}\mathrm{d}x = \int_0^1 x^\theta \mathrm{d}x = \frac{\theta}{\theta+1}x^{\theta+1}\bigg|_0^1 = \frac{\theta}{\theta+1}$$

即有

$$\theta = (\theta+1)\mathrm{E}X$$

$$\theta(1-\mathrm{E}X) = \mathrm{E}X$$

得到 $$\theta = \frac{\mathrm{E}X}{1-\mathrm{E}X}$$

由于样本均值$\bar{x}$是总体均值$\mathrm{E}X$的矩估计值,故$\theta$的矩估计

$$\hat{\theta} = \frac{\hat{\mathrm{E}X}}{1-\hat{\mathrm{E}X}} = \frac{\bar{x}}{1-\bar{x}}$$

## 8.1.2 极大似然估计法

这里介绍点估计的另一种常用方法——极大似然估计法。

为了说明极大似然估计的原理,先来考察一个简单的估计问题。

设袋中装有许多白球和黑球。已知两种球的数目之比为3∶1,试判断是白球多还是黑球多。

显然,从袋中任取一球为黑球的概率是$\frac{1}{4}$或者$\frac{3}{4}$,如果是$\frac{1}{4}$,则袋中的白球多;如果是$\frac{3}{4}$,就是黑球多。现在从袋中有放回地任取3只球,那么黑球数目$X$服从二项分布:

$$P\{X=x\}=C_3^x p^x(1-p)^{3-x}$$

$$x=0,1,2,3,\qquad p=\frac{1}{4},\frac{3}{4}$$

式中，$p$ 为取到黑球的概率。

分别计算 $p=\frac{1}{4}$ 和 $p=\frac{3}{4}$ 时，$P\{X=x\}$ 的值，列于下表。

| $x$ | 0 | 1 | 2 | 3 |
|---|---|---|---|---|
| $p=\frac{1}{4}$ 时，$P\{X=x\}$ 的值 | $\frac{27}{64}$ | $\frac{27}{64}$ | $\frac{9}{64}$ | $\frac{1}{64}$ |
| $p=\frac{3}{4}$ 时，$P\{X=x\}$ 的值 | $\frac{1}{64}$ | $\frac{9}{64}$ | $\frac{27}{64}$ | $\frac{27}{64}$ |

由于样本来自于总体，因而应很好地反映总体的特征。如果样本中的黑球数为 0，就应当估计 $p$ 为 $\frac{1}{4}$，而不估计为 $\frac{3}{4}$，因为概率 $\frac{27}{64}$ 比 $\frac{1}{64}$ 大。这说明，黑球数 $x=0$ 的样本来自于 $p=\frac{1}{4}$ 的总体比来自于 $p=\frac{3}{4}$ 的总体的可能性要大，因而取 $\frac{1}{4}$ 作为 $p$ 的估计比取 $\frac{3}{4}$ 作为 $p$ 的估计更合理。类似地，$x=1$ 时也取 $\frac{1}{4}$ 作为 $p$ 的估计。当 $x=2,3$ 时，取 $\frac{3}{4}$ 作为 $p$ 的估计，即得到 $p$ 的估计量为

$$\hat{p}(x)=\begin{cases}\frac{1}{4}, & x=0,1\\ \frac{3}{4}, & x=2,3\end{cases}$$

也就是说，根据样本的具体情况选择 $\hat{p}$，使得该样本发生的概率最大，即对每个 $x$，选取 $\hat{p}(x)$，使得

$$P\{x,\hat{p}(x)\}\geqslant P\{x,p'\}$$

式中，$p'$ 是不同于 $\hat{p}(x)$ 的另一值。这就是极大似然估计法的基本思想。

一般地，设总体 $X$ 的概率密度为 $f(x,\theta)$，其中 $\theta$ 是未知参数。$x_1,x_2,\cdots,x_n$ 为样本 $X_1,X_2,\cdots,X_n$ 的样本值，那么 $(X_1,\cdots,X_n)$ 落在点 $(x_1,\cdots,x_n)$ 的邻域内的概率是 $\prod_{i=1}^n f(x_i;\theta)\mathrm{d}x_i$。显然 $\prod_{i=1}^n f(x_i;\theta)\mathrm{d}x_i$ 是 $\theta$ 的函数。极大似然估计法就是选取 $\theta$ 的估计值 $\hat{\theta}$，使得样本在 $(x_1,\cdots,x_n)$ 的邻域内的概率 $\prod_{i=1}^n f(x_i;\theta)\mathrm{d}x_i$ 达到最大值，也就是使 $\prod_{i=1}^n f(x_i;\theta)$ 达到最大值。记

$$L(x_1,\cdots,x_n;\theta)=\prod_{i=1}^n f(x_i;\theta)\tag{8.3}$$

称 $L(x_1,\cdots,x_n;\theta)$ 为似然函数。

**定义 1** 如果 $L(x_1,\cdots,x_n;\theta)$ 在 $\hat{\theta}$ 达到最大值,则称 $\hat{\theta}$ 是 $\theta$ 的极大似然估计。

因此,求总体参数 $\theta$ 的极大似然估计值 $\hat{\theta}$ 就是求似然函数的最大值问题。

根据微积分的知识,要使 $L$ 达到最大值,$\hat{\theta}$ 必须满足

$$\frac{\mathrm{d}L}{\mathrm{d}\theta}=0$$

通常,$L$ 与 $\ln L$ 在同一值处达到最大,$\hat{\theta}$ 也可由

$$\frac{\mathrm{d}\ln L}{\mathrm{d}\theta}=0$$

求得,这在计算上常常带来方便。如果 $\ln L$ 不存在极值点,比如,$\ln L$ 是 $\theta$ 的线性函数,那就只有直接求似然函数 $L$ 的极大值。

若总体 $X$ 的概率密度为 $f(x;\theta_1,\theta_2,\cdots,\theta_k)$,其中 $\theta_1,\cdots,\theta_k$ 为未知数,此时似然函数为

$$L(x_1,\cdots,x_n;\theta_1,\cdots,\theta_k)=\prod_{i=1}^{n}f(x_i;\theta_1,\cdots,\theta_k) \tag{8.4}$$

求解方程组

$$\frac{\partial\ln L}{\partial\theta_i}=0,\quad i=1,2,\cdots,k$$

即可得到极大似然估计 $\hat{\theta}_1,\cdots,\hat{\theta}_k$。

数学上可以严格证明,在一定条件下,只要样本容量 $n$ 足够大,极大似然估计和未知参数的真值可相差任意小。

**例 4** 设总体 $X$ 服从参数为 $\lambda$ 的指数分布,即有概率密度

$$f(x,\lambda)=\begin{cases}\lambda\mathrm{e}^{-\lambda x}, & x>0\\ 0, & x\leqslant 0\end{cases}\quad(\lambda>0)$$

又 $x_1,\cdots,x_n$ 为来自于总体 $X$ 的样本值,试求 $\lambda$ 的极大似然估计。

**解** 似然函数为

$$L(x_1,\cdots,x_n;\lambda)=\lambda^n\prod_{i=1}^{n}\mathrm{e}^{-\lambda x_i}=\lambda^n\mathrm{e}^{-\lambda\sum\limits_{i=1}^{n}x_i}$$

于是

$$\ln L=n\ln\lambda-\lambda\sum_{i=1}^{n}x_i$$

$$\frac{\mathrm{d}\ln L}{\mathrm{d}\lambda}=\frac{n}{\lambda}-\sum_{i=1}^{n}x_i$$

方程

$$\frac{\mathrm{d}\ln L}{\mathrm{d}\lambda}=0$$

的根为 $\hat{\lambda}=\frac{1}{\bar{x}}$。经验证,$\ln L$ 在 $\lambda=\hat{\lambda}=\frac{1}{\bar{x}}$ 处达到最大,所以 $\hat{\lambda}$ 是 $\lambda$ 的极大似然估计。

**例 5**　设 $x_1,\cdots,x_n$ 为正态总体 $N(\mu,\sigma^2)$ 的一个样本值，求 $\mu$ 和 $\sigma^2$ 的极大似然估计。

**解**　似然函数为

$$L(x_1,\cdots,x_n;\mu,\sigma^2)=\prod_{i=1}^{n}\frac{1}{\sqrt{2\pi}\sigma}\exp\left[-\frac{1}{2\sigma^2}(x_i-\mu)^2\right]=$$

$$\left(\frac{1}{2\pi\sigma^2}\right)^{\frac{n}{2}}\exp\left[-\frac{1}{2\sigma^2}\sum_{i=1}^{n}(x_i-\mu)^2\right]$$

$$\ln L=-\frac{n}{2}\ln(2\pi\sigma^2)-\frac{1}{2\sigma^2}\sum_{i=1}^{n}(x_i-\mu)^2$$

解方程组

$$\begin{cases}\dfrac{\partial\ln L}{\partial\mu}=\dfrac{1}{\sigma^2}\displaystyle\sum_{i=1}^{n}(x_i-\mu)=0\\[2ex]\dfrac{\partial\ln L}{\partial\sigma^2}=-\dfrac{n}{2\sigma^2}+\dfrac{1}{2\sigma^4}\displaystyle\sum_{i=1}^{n}(x_i-\mu)^2=0\end{cases}$$

得

$$\hat{\mu}=\frac{1}{n}\sum_{i=1}^{n}x_i=\overline{x}$$

$$\hat{\sigma}^2=\frac{1}{n}\sum_{i=1}^{n}(x_i-\overline{x})^2$$

这就是 $\mu$ 和 $\sigma^2$ 的极大似然估计。由此可见，对于正态总体，$\mu$ 的矩估计和极大似然估计是相同的，都是样本均值。而 $\sigma^2$ 的矩估计是样本方差 $s^2$，极大似然估计是 $\frac{n-1}{n}s^2$。在有些书中，定义样本方差为

$$s^{*2}=\frac{1}{n}\sum_{i=1}^{n}(x_i-\overline{x})^2$$

除了上面介绍的矩法和极大似然估计法以外，还有其他估计总体参数的方法，如顺序统计量法，这里就不介绍了。

## 8.2　点估计量的优良性

8.1 节中，介绍了估计总体参数的两个常用的方法：矩估计法和极大似然估计法，并且已经知道，对于同一个参数，用矩估计法和极大似然估计法得出的估计量有时是相同的，有时是不同的。究竟采用哪一个估计量好呢？这就涉及到用什么标准来评价估计量好坏的问题。通常采用下列标准。

### 8.2.1　无偏估计

**定义 2**　设 $\hat{\theta}(x_1,\cdots,x_n)$（简记为 $\hat{\theta}$）为未知参数 $\theta$ 的估计量，若

$$E(\hat{\theta}) = \theta \tag{8.5}$$

则称 $\hat{\theta}$ 为$\theta$的无偏估计。

**例 1** 样本均值和样本方差分别是总体均值和总体方差的无偏估计量。

**解** $$E(\overline{X}) = E\left(\frac{1}{n}\sum_{i=1}^{n}X_i\right) = \frac{1}{n}E\left(\sum_{i=1}^{n}X_i\right) = \frac{1}{n}\sum_{i=1}^{n}EX_i = EX = \mu$$

$$E(S^2) = E\left[\frac{1}{n-1}\sum_{i=1}^{n}(X_i - \overline{X})^2\right] =$$

$$\frac{1}{n-1}E\left\{\sum_{i=1}^{n}[(X_i - \mu) - (\overline{X} - \mu)]^2\right\} =$$

$$\frac{1}{n-1}E\left[\sum_{i=1}^{n}(X_i - \mu)^2 - 2\sum_{i=1}^{n}(X_i - \mu)(\overline{X} - \mu) + n(\overline{X} - \mu)^2\right] =$$

$$\frac{1}{n-1}\left\{\sum_{i=1}^{n}E[(X_i - \mu)^2] - nE[(\overline{X} - \mu)^2]\right\} =$$

$$\frac{1}{n-1}\left(n\sigma^2 - n \cdot \frac{\sigma^2}{n}\right) = \sigma^2$$

式中,$\mu$,$\sigma^2$ 分别是总体的均值和方差。

但是,$\frac{1}{n}\sum_{i=1}^{n}(X_i - \overline{X})^2$ 不是总体方差的无偏估计。事实上

$$E\left[\frac{1}{n}\sum_{i=1}^{n}(X_i - \overline{X})^2\right] = E\left[\frac{n-1}{n} \cdot \frac{1}{n-1}\sum_{i=1}^{n}(X_i - X)^2\right] =$$

$$\frac{n-1}{n}E\left[\frac{1}{n-1}\sum_{i=1}^{n}(X_i - \overline{X})^2\right] = \frac{n-1}{n}\sigma^2$$

所以,它是有偏的。

显然,$X_i(i=1,2,\cdots,n)$ 和 $\sum_{i=1}^{n}a_iX_i\left(\sum_{i=1}^{n}a_i = 1\right)$ 都是总体均值的无偏估计。同是总体均值的无偏估计,究竟哪个最佳? 这就涉及到第二个标准。

## 8.2.2 最小方差无偏估计

设 $\hat{\theta}$ 是 $\theta$ 的无偏估计量,我们很自然地要求 $\hat{\theta}$ 与 $\theta$ 尽可能接近,即 $E(\hat{\theta} - \theta)^2$ 要尽量小。而

$$E(\hat{\theta} - \theta)^2 = D(\hat{\theta})$$

这就看出,当 $\hat{\theta}$ 是 $\theta$ 的无偏估计量时,其方差越小越好。因此方差最小的无偏估计就是一个最佳的估计。

**定义 3**　设 $\hat{\theta}_1$ 是 $\theta$ 的一个无偏估计，若对于 $\theta$ 的任一无偏估计 $\hat{\theta}_2$，有

$$D(\hat{\theta}_1) \leqslant D(\hat{\theta}_2) \tag{8.6}$$

则称 $\hat{\theta}_1$ 是 $\theta$ 的最小方差无偏估计。

**例 2**　设 $X_1,\cdots,X_n$ 来自于总体 $X$ 的样本，总体 $X$ 的均值和方差分别为 $\mu$ 和 $\sigma^2$，求 $\mu$ 的最小方差线性无偏估计。

**解**　$\mu$ 的线性估计是将 $X_1,\cdots,X_n$ 的线性函数

$$a_1X_1 + a_2X_2 + \cdots + a_nX_n$$

作为 $\mu$ 的估计量。问题是如何选取 $a_1,\cdots,a_n$ 的值，使得无偏性和最小方差这两个要求都能得到满足。易知

$$\mathrm{E}(a_1X_1 + a_2X_2 + \cdots + a_nX_n) = \mu\left(\sum_{i=1}^{n} a_i\right)$$

$$D(a_1X_1 + a_2X_2 + \cdots + a_nX_n) = \sigma^2\left(\sum_{i=1}^{n} a_i^2\right)$$

无偏性要求 $\sum\limits_{i=1}^{n} a_i = 1$ 。最小方差要求 $\sum\limits_{i=1}^{n} a_i^2$ 达到最小，这是一个求条件极值问题。用拉格朗日乘数法，令

$$g(a_1,\cdots,a_n) = \sum_{i=1}^{n} a_i^2 - \lambda\left(\sum_{i=1}^{n} a_i - 1\right)$$

对 $a_i$ 求偏导得

$$\frac{\partial g}{\partial a_i} = 2a_i - \lambda, \qquad i = 1,2,\cdots,n$$

解方程组
$$\frac{\partial g}{\partial a_i} = 0, \qquad i = 1,2,\cdots,n$$

得
$$a_i = \frac{\lambda}{2}, \qquad i = 1,2,\cdots,n$$

即 $a_i$ 全相等，记 $a_1=a_2=\cdots=a_n=a$，由条件

$$1 = \sum_{i=1}^{n} a_i = \sum_{i=1}^{n} a = na$$

得到 $a=\frac{1}{n}$，于是

$$\overline{X} = \frac{1}{n}\sum_{i=1}^{n} X_i$$

是 $\mu$ 的最小方差无偏估计。从这里，我们看到了选取样本均值 $\overline{X}$ 作为总体均值的估计的优良性质。

一般来说，无偏估计优于有偏估计。如果都是无偏估计量，就要进一步比较方差大小，方

差小的为好。若 $\hat{\theta}_1$ 和 $\hat{\theta}_2$ 都是 $\theta$ 的无偏估计量,且 $D(\hat{\theta}_1)<D(\hat{\theta}_2)$ 成立,则通常称估计量 $\hat{\theta}_1$ 较 $\hat{\theta}_2$ 有效。

**例 3** 设总体 $X$ 的概率密度函数为

$$f(x;\theta)=\begin{cases}\dfrac{1}{\theta}, & 0<x<\theta \\ 0, & x\leqslant 0 \text{ 或 } x\geqslant\theta\end{cases}\qquad(\theta>0)$$

$X_1,X_2,X_3$ 是总体 $X$ 的样本,令

$$\hat{\theta}_1=\frac{4}{3}\max(X_1,X_2,X_3),\qquad \hat{\theta}_2=4\min(X_1,X_2,X_3)$$

$\hat{\theta}_1,\hat{\theta}_2$ 作为 $\theta$ 的估计量,哪一个比较好?

**解** 首先判定估计量的无偏性。为此先求出

$$\xi=\max(X_1,X_2,X_3),\qquad \eta=\min(X_1,X_2,X_3)$$

的概率密度函数。

总体 $X$ 的分布函数

$$F(x;\theta)=\begin{cases}0, & x\leqslant 0 \\ \dfrac{x}{\theta}, & 0<x<\theta \\ 1, & x\geqslant\theta\end{cases}\qquad(\theta>0)$$

样本 $X_1,X_2,X_3$ 相互独立,与总体 $X$ 同分布,得到 $\xi$ 的分布函数为

$$F_\xi(x)=[F_{X_i}(x)]^3=\begin{cases}0, & x\leqslant 0 \\ \left(\dfrac{x}{\theta}\right)^3, & 0<x<\theta \\ 1, & x\geqslant\theta\end{cases}$$

概率密度为

$$f_\xi(x)=\begin{cases}\dfrac{3x^2}{\theta^3}, & 0<x<\theta \\ 0, & x\leqslant 0 \text{ 或 } x\geqslant\theta\end{cases}\qquad(\theta>0)$$

$\eta$ 的分布函数为

$$F_\eta(x)=1-[1-F_{X_i}(x)]^3=\begin{cases}0, & x\leqslant 0 \\ 1-\left(1-\dfrac{x}{\theta}\right)^3, & 0<x<\theta \\ 1, & x\geqslant\theta\end{cases}$$

概率密度为

$$f_\eta(x)=\begin{cases}\dfrac{3}{\theta}\left(1-\dfrac{x}{\theta}\right)^2, & 0<x<\theta \\ 0, & x\leqslant 0 \text{ 或 } x\geqslant\theta\end{cases}\qquad(\theta>0)$$

于是

$$E(\hat{\theta}_1) = E\left(\frac{4}{3}\xi\right) = \frac{4}{3}\int_0^\theta x \cdot \frac{3x^2}{\theta^3}dx = \frac{4}{\theta^3} \cdot \frac{x^4}{4}\Big|_0^\theta = \theta$$

$$E(\hat{\theta}_2) = E(4\eta) = 4\int_0^\theta x \cdot \frac{3}{\theta}\left(1 - \frac{x}{\theta}\right)^2 dx = \theta$$

故 $\hat{\theta}_1$ 和 $\hat{\theta}_2$ 都是 $\theta$ 的无偏估计量。进一步比较方差大小：

$$D(\hat{\theta}_1) = E(\hat{\theta}_1)^2 - [E(\hat{\theta}_1)]^2 = \frac{16}{9}E(\xi^2) - \theta^2 = \frac{16}{15}\theta^2 - \theta^2 = \frac{1}{15}\theta^2$$

式中

$$E(\xi^2) = \int_0^\theta x^2 \cdot \frac{3x^2}{\theta^3}dx = \frac{3}{\theta^3}\int_0^\theta x^4 dx = \frac{3}{5}\theta^2$$

$$D(\hat{\theta}_2) = E(\hat{\theta}_2)^2 - [E(\hat{\theta}_2)]^2 = 16E(\eta^2) - \theta^2 = \frac{8}{5}\theta^2 - \theta^2 = \frac{3}{5}\theta^2$$

式中

$$E(\eta^2) = \int_0^\theta x^2 \cdot \frac{3}{\theta}\left(1 - \frac{x}{\theta}\right)^2 dx = \frac{3}{\theta^3}\int_0^\theta (\theta x - x^2)^2 dx = \frac{1}{10}\theta^2$$

显然，$D(\hat{\theta}_1) < D(\hat{\theta}_2)$，故 $\hat{\theta}_1$ 比 $\hat{\theta}_2$ 更好。

### 8.2.3　一致估计

设 $\hat{\theta}(X_1, X_2, \cdots, X_n)$ 为总体参数 $\theta$ 的估计量，显然 $\hat{\theta}$ 与样本 $X_1, \cdots, X_n$ 有关，我们希望 $\hat{\theta}$ 会随着样本容量 $n$ 的增大而越接近于 $\theta$，这一要求便是衡量估计量好坏的另一标准。

**定义 4**　设 $\hat{\theta}(X_1, \cdots, X_n)$ 为未知参数 $\theta$ 的估计量，若 $\hat{\theta}$ 依概率收敛于 $\theta$，即对任意的 $\varepsilon > 0$，有

$$\lim_{n \to +\infty} P\{|\hat{\theta} - \theta| < \varepsilon\} = 1 \tag{8.7}$$

成立，则称 $\hat{\theta}$ 为 $\theta$ 的一致性估计。

**例 4**　试证样本均值 $\overline{X}$ 为总体均值 $\mu$ 的一致性估计。

**证**　因为

$$E(\overline{X}) = E\left(\frac{1}{n}\sum_{i=1}^n X_i\right) = \mu$$

所以，对于相互独立且服从同一分布的随机变量 $X_1, \cdots, X_n$，由大数定律，即得

$$\lim_{n \to +\infty} P\{|\overline{X} - \mu| < \varepsilon\} = \lim_{n \to +\infty} P\left\{\left|\frac{1}{n}\sum_{i=1}^n X_i - E\left(\frac{1}{n}\sum_{i=1}^n X_n\right)\right| < \varepsilon\right\} = 1$$

此外，还可证明样本方差 $S^2$ 是总体方差 $\sigma^2$ 的一致性估计。

还有别的优良性标准，这里不再介绍。

**例 5**　证明正态总体 $N(\mu, \sigma^2)$ 的样本方差 $S^2$ 是总体方差 $\sigma^2$ 的一致性估计量。

**证** 由切比雪夫不等式,有

$$P\{|S^2-\sigma^2|<\varepsilon\}=P\{|S^2-\mathrm{E}S^2|<\varepsilon\}\geqslant 1-\frac{DS^2}{\varepsilon^2}$$

而
$$DS^2=D\left[\frac{(n-1)S^2}{\sigma^2}\cdot\frac{\sigma^2}{n-1}\right]=\frac{\sigma^4}{(n-1)^2}D\left[\frac{(n-1)S^2}{\sigma^2}\right]=$$

$$\frac{\sigma^4}{(n-1)^2}\cdot 2(n-1)=\frac{2\sigma^4}{n-1}$$

所以
$$P\{|S^2-\sigma^2|<\varepsilon\}\geqslant 1-\frac{2\sigma^4}{\varepsilon^2(n-1)}$$

上式两边取极限并注意到概率不能大于1,即得

$$\lim_{n\to+\infty}P\{|S^2-\sigma^2|<\varepsilon\}=1$$

证毕。

# 8.3 置信区间

在前面,我们讨论了总体参数$\theta$的点估计问题,用$\hat{\theta}(x_1,\cdots,x_n)$作为$\theta$的估计,但是$\hat{\theta}$与$\theta$到底相差多少没有给出。在这里,我们要给出$\theta$所在的一个区间,同时还要给出此区间包含参数$\theta$的可靠程度,这就是对参数的区间估计问题。首先,给出置信区间和置信限的概念。

为讨论方便,在本章以下各节中,用$x_1,x_2,\cdots,x_n$表示总体的样本,也表示样本值。

## 8.3.1 置信区间的概念

设总体分布含有一未知参数$\theta$,又$x_1,\cdots,x_n$为来自于总体的样本,若对于给定的$\alpha(0<\alpha<1)$,统计量$\theta_1(x_1,\cdots,x_n)$和$\theta_2(x_1,\cdots,x_n)$满足

$$P\{\theta_1(x_1,\cdots,x_n)\leqslant\theta\leqslant\theta_2(x_1,\cdots,x_n)\}=1-\alpha \tag{8.8}$$

则称区间$[\theta_1,\theta_2]$为$\theta$相应于置信度是$1-\alpha$的置信区间,简称置信区间。

$\theta_1$和$\theta_2$分别称为置信下限和置信上限。$1-\alpha$称为置信度。

由于$\theta_1(x_1,\cdots,x_n)$和$\theta_2(x_1,\cdots,x_n)$是统计量,它们是随机变量,因此区间$[\theta_1,\theta_2]$是随机区间。

从式(8.8)看出,我们有$1-\alpha$的把握保证

$$\theta_1(x_1,\cdots,x_n)\leqslant\theta\leqslant\theta_2(x_1,\cdots,x_n)$$

当$\alpha$很小时,随机区间以较大的概率包含$\theta$。具体地说,如果做多次抽样(每次抽$n$个样品),每次抽样得到的样本值$x_1,\cdots,x_n$可以确定一个区间,每个这样的区间可能包含$\theta$,也可能不包含$\theta$,但是在这么多的区间中,包含$\theta$的约占$1-\alpha$,不包含$\theta$的只占$\alpha$左右。例如,当$\alpha=0.05$时,做100次抽样,则从平均的意义上说,将有95个区间包含$\theta$。

显然，置信区间的长度与样本容量 $n$ 有关。我们自然希望置信区间越短越好。在 $\alpha$ 不变的情况下，只有加大样本容量，才能缩短置信区间的长度。$n$ 的大小可视具体情况而定。

### 8.3.2　单侧置信限

在有些实际问题中，我们只关心置信区间的下限或上限，即给出置信区间$[\theta_1, +\infty)$或$(-\infty, \theta_2]$就够了。例如在考虑元器件的使用寿命时，平均寿命越长越好；平均寿命过短就有问题了。对于这种情况，我们关心的自然是置信下限了。

若对于给定的 $\alpha(0<\alpha<1)$、统计量 $\theta_1(x_1, \cdots, x_n)$，满足

$$P\{\theta \geqslant \theta_1(x_1, \cdots, x_n)\} = 1-\alpha \tag{8.9}$$

则称区间$[\theta_1, +\infty)$为 $\theta$ 相应于置信度是 $1-\alpha$ 的单侧置信区间，$\theta_1$ 称为置信度是 $1-\alpha$ 的单侧置信下限。

若统计量 $\theta_2(x_1, x_2, \cdots, x_n)$满足

$$P\{\theta \leqslant \theta_2\} = 1-\alpha \tag{8.10}$$

则称区间$(-\infty, \theta_2]$为 $\theta$ 相应于置信度量 $1-\alpha$ 的单侧置信区间，$\theta_2$ 称为置信度是 $1-\alpha$ 的单侧置信上限。

## 8.4　正态总体均值和方差的区间估计

我们知道，正态随机变量是最为常见的，特别是很多产品的指标服从或近似服从正态分布。因此，我们主要研究正态总体参数的区间估计。先研究均值的区间估计，然后再研究方差的区间估计。这些在实际应用中是很重要的。

### 8.4.1　均值的区间估计

下面分两种情况进行讨论。

**1. 方差 *DX* 已知，对 EX 进行区间估计**

设总体 $X \sim N(\mu, \sigma^2)$，其中 $\sigma^2$ 已知。又 $x_1, \cdots, x_n$ 为来自于总体的样本。由第 7 章第 7.3 节中的结论可知

$$\overline{x} = \frac{1}{n}(x_1 + \cdots + x_n) \sim N\left(\mu, \frac{\sigma^2}{n}\right)$$

于是

$$\frac{\overline{x}-\mu}{\sigma/\sqrt{n}} \sim N(0,1)$$

由标准正态分布可知，对于给定的 $\alpha$，可以找到一个数 $z_{1-\frac{\alpha}{2}}$，使

$$P\left\{\left|\frac{\overline{x}-\mu}{\sigma/\sqrt{n}}\right| \leqslant z_{1-\frac{\alpha}{2}}\right\} = 1-\alpha$$

即
$$P\left\{\overline{x}-z_{1-\frac{\alpha}{2}}\frac{\sigma}{\sqrt{n}}\leqslant\mu\leqslant\overline{x}+z_{1-\frac{\alpha}{2}}\frac{\sigma}{\sqrt{n}}\right\}=1-\alpha$$

也就是说,$\mu$ 落在区间$\left[\overline{x}-z_{1-\frac{\alpha}{2}}\frac{\sigma}{\sqrt{n}},\ \overline{x}+z_{1-\frac{\alpha}{2}}\frac{\sigma}{\sqrt{n}}\right]$内的概率为$1-\alpha$。区间

$$\left[\overline{x}-z_{1-\frac{\alpha}{2}}\frac{\sigma}{\sqrt{n}},\ \overline{x}+z_{1-\frac{\alpha}{2}}\frac{\sigma}{\sqrt{n}}\right] \tag{8.11}$$

即为 $\mu$ 的置信区间。称 $z_{1-\frac{\alpha}{2}}$ 为在置信度 $1-\alpha$ 下的临界值,或称为标准正态分布的双侧分位点。

当 $\alpha=0.05$ 时,查标准正态分布表得临界值 $z_{1-\frac{\alpha}{2}}=1.96$,此时 $\mu$ 的置信区间是

$$\left[\overline{x}-1.96\frac{\sigma}{\sqrt{n}},\ \overline{x}+1.96\frac{\sigma}{\sqrt{n}}\right]$$

当 $\alpha=0.01$ 时,查表得临界值 $z_{1-\frac{\alpha}{2}}=2.58$,此时 $\mu$ 的置信区间是

$$\left[\overline{x}-2.58\frac{\sigma}{\sqrt{n}},\ \overline{x}+2.58\frac{\sigma}{\sqrt{n}}\right]$$

从上可知,$\alpha$ 越大,置信区间越小,$\mu$ 落在区间内的把握也就越小。因此,在实际应用中,要适当选取 $\alpha$。

**例 1** 已知某种滚珠的直径服从正态分布,且方差为 0.06,现从某日生产的一批滚珠中随机地抽取 6 只,测得直径的数据(单位:mm)为

14.6　15.1　14.9　14.8　15.2　15.1

试求该批滚珠平均直径的 95%置信区间。

**解** 当 $\alpha=0.05$ 时,查表得

$$z_{1-\frac{\alpha}{2}}=1.96$$

$$\overline{x}=\frac{1}{6}(14.6+15.1+14.9+14.8+15.2+15.1)=14.95$$

于是
$$\overline{x}-1.96\frac{\sigma}{\sqrt{n}}=14.95-1.96\frac{\sqrt{0.06}}{\sqrt{6}}=14.75$$

$$\overline{x}+1.96\frac{\sigma}{\sqrt{n}}=15.15$$

故所求置信区间为[14.75, 15.15]。

对于不是服从正态分布的总体,只要 $n$ 足够大,则由中心极限定理,随机变量

$$Y=\frac{\overline{X}-\mathrm{E}X}{\sqrt{DX/n}}$$

近似地服从标准正态分布,因此仍然可以用

$$\left[\overline{x}-z_{1-\frac{\alpha}{2}}\frac{\sqrt{DX}}{\sqrt{n}},\ \overline{x}+z_{1-\frac{\alpha}{2}}\frac{\sqrt{DX}}{\sqrt{n}}\right]$$

作为 EX 的置信区间，但此时又多了一次误差。

**2. 方差 $DX$ 未知，对 EX 进行区间估计**

上面的讨论是在 $DX$ 已知的情况下进行的，但实际应用中往往是 $DX$ 未知的情况。

设 $x_1,\cdots,x_n$ 为正态总体 $N(\mu,\sigma^2)$ 的一个样本，由于 $\sigma^2$ 未知，我们用样本方差 $s^2$ 来代替总体方差 $\sigma^2$，根据第 7 章定理 4，统计量

$$T=\frac{\overline{x}-\mu}{s/\sqrt{n}}$$

服从自由度为 $n-1$ 的 $t$ 分布。于是，对给定的 $\alpha$，查 $t$ 分布表可得临界值 $t_{1-\frac{\alpha}{2}}(n-1)$，使得

$$P\left\{\left|\frac{\overline{x}-\mu}{s/\sqrt{n}}\right|\leqslant t_{1-\frac{\alpha}{2}}(n-1)\right\}=1-\alpha$$

即

$$P\left\{\overline{x}-t_{1-\frac{\alpha}{2}}(n-1)\frac{s}{\sqrt{n}}\leqslant\mu\leqslant\overline{x}+t_{1-\frac{\alpha}{2}}(n-1)\frac{s}{\sqrt{n}}\right\}=1-\alpha$$

故得均值 $\mu$ 的置信区间为

$$\left[\overline{x}-t_{1-\frac{\alpha}{2}}(n-1)\frac{s}{\sqrt{n}},\ \overline{x}+t_{1-\frac{\alpha}{2}}(n-1)\frac{s}{\sqrt{n}}\right]\tag{8.12}$$

当 $\alpha=0.05$，$n=9$ 时，查 $t$ 分布表得临界值 $t_{1-\frac{\alpha}{2}}(n-1)=2.306$，因此，在方差 $\sigma^2$ 未知的情况下，$\mu$ 的置信区间是

$$\left[\overline{x}-2.306\frac{s}{\sqrt{9}},\ \overline{x}+2.306\frac{s}{\sqrt{9}}\right]$$

**例 2**　设有某种产品，其长度服从正态分布。现从该种产品中随机抽取 9 件，得样本均值 $\overline{x}=9.28$ cm，样本标准差 $s=0.36$ cm，试求该产品平均长度的 90% 置信区间。

**解**　当 $\alpha=0.10$，$n=9$ 时，查 $t$ 分布表得 $t_{1-\frac{\alpha}{2}}(n-1)=t_{0.95}(8)=1.86$，于是

$$\overline{x}-t_{1-\frac{\alpha}{2}}(n-1)\frac{s}{\sqrt{n}}=9.28-1.86\frac{0.36}{3}=9.06$$

$$\overline{x}+t_{1-\frac{\alpha}{2}}(n-1)\frac{s}{\sqrt{n}}=9.50$$

故所求置信区间为[9.06，9.50]。

**例 3**　设灯泡的寿命服从正态分布，现从一批灯泡中随机地抽取 6 只，测得寿命的数据（单位：h）为

1 020　　1 010　　1 050　　1 040　　1 050　　1 030

求灯泡寿命平均值的置信度为 0.95 的单侧置信下限。

**解**　由于总体方差未知，故统计量

$$T=\frac{\overline{x}-\mu}{s/\sqrt{n}}\sim t(n-1)$$

于是对给定的 $\alpha$,查 $t$ 分布表可得临界值 $t_{1-\alpha}(n-1)$,使得

$$P\left\{\frac{\overline{x}-\mu}{s/\sqrt{n}} \leqslant t_{1-\alpha}(n-1)\right\}=1-\alpha$$

即
$$P\left\{\mu \geqslant \overline{x}-\frac{s}{\sqrt{n}}t_{1-\alpha}(n-1)\right\}=1-\alpha$$

由此得到 $\mu$ 的置信度为 $1-\alpha$ 的单侧置信区间为

$$\left[\overline{x}-\frac{s}{\sqrt{n}}t_{1-\alpha}(n-1),+\infty\right)$$

$\mu$ 的置信度为 $1-\alpha$ 的单侧置信下限为

$$\theta_1=\overline{x}-\frac{s}{\sqrt{n}}t_{1-\alpha}(n-1)$$

本例中,$1-\alpha=0.95$, $n=6$, $t_{1-\alpha}(n-1)=t_{0.95}(5)=2.015\ 0$, $\overline{x}=1\ 033.3$, $s=18.69$,代入得单侧置信下限为

$$\theta_1=1\ 033.3-\frac{18.69}{\sqrt{6}}\times 2.015\ 0=1\ 017.9$$

## 8.4.2 方差的区间估计

设总体 $X\sim N(\mu,\sigma^2)$,$x_1,\cdots,x_n$ 是来自于总体 $X$ 的样本。现利用样本给出 $\sigma^2$ 的置信区间。考虑统计量

$$Y=\frac{(n-1)s^2}{\sigma^2}$$

由第 7 章定理 3 可知,统计量 $Y\sim\chi^2(n-1)$。于是,对给定的 $\alpha$,查 $\chi^2$ 分布表,可得临界值 $\chi^2_{\frac{\alpha}{2}}(n-1)$ 及 $\chi^2_{1-\frac{\alpha}{2}}(n-1)$,使得

$$P\left\{\chi^2_{\frac{\alpha}{2}}(n-1)\leqslant\frac{(n-1)s^2}{\sigma^2}\leqslant\chi^2_{1-\frac{\alpha}{2}}(n-1)\right\}=1-\alpha$$

因此,在总体 $N(\mu,\sigma^2)$ 中的参数 $\mu$ 为未知的情况下,方差 $\sigma^2$ 的置信区间为

$$\left[\frac{(n-1)s^2}{\chi^2_{1-\frac{\alpha}{2}}(n-1)},\frac{(n-1)s^2}{\chi^2_{\frac{\alpha}{2}}(n-1)}\right] \tag{8.13}$$

注意,这里选取的临界值 $\chi^2_{\frac{\alpha}{2}}(n-1)$,$\chi^2_{1-\frac{\alpha}{2}}(n-1)$ 不是唯一的。例如可选取 $\chi^2_{\frac{\alpha}{3}}(n-1)$,$\chi^2_{1-\frac{2}{3}\alpha}(n-1)$,等等。

顺便指出,$\sigma$ 的置信区间是

$$\left[\sqrt{\frac{(n-1)s^2}{\chi^2_{1-\frac{\alpha}{2}}(n-1)}},\sqrt{\frac{(n-1)s^2}{\chi^2_{\frac{\alpha}{2}}(n-1)}}\right] \tag{8.14}$$

**例 4** 某自动车床生产的零件,其长度 $X$ 服从正态分布,现抽查 16 个零件,测得长度(单

位：mm)如下：

12.15　12.12　12.01　12.08　12.09　12.16　12.03　12.01

12.06　12.13　12.07　12.11　12.08　12.01　12.03　12.06

试求 $DX$ 的置信度为 95%的置信区间。

**解**　经计算可得

$$\overline{x} = 12.075$$

$$s^2 = 0.002\,44$$

查 $\chi^2$ 分布表得

$$\chi^2_{\alpha/2}(n-1) = 6.26, \qquad \chi^2_{1-\frac{\alpha}{2}}(n-1) = 27.5$$

$$\frac{(n-1)s^2}{\chi^2_{\alpha/2}(n-1)} = \frac{15 \times 0.002\,44}{6.26} = 0.005\,8$$

$$\frac{(n-1)s^2}{\chi^2_{1-\alpha/2}(n-1)} = \frac{15 \times 0.002\,44}{27.5} = 0.001\,3$$

故 $DX$ 的置信区间为[0.001 3，0.005 8]。

# 8.5　二正态总体均值差和方差比的区间估计

## 8.5.1　二正态总体均值差的区间估计

设 $x_1,\cdots,x_m$ 和 $y_1,\cdots,y_n$ 分别来自于正态总体 $N(\mu_1,\sigma_1^2)$和 $N(\mu_2,\sigma_2^2)$的两独立样本，相应的样本均值和样本方差分别记为 $\overline{x}, s_m^2$ 和 $\overline{y}, s_n^2$。我们的任务是求 $\mu_1-\mu_2$ 的置信区间。下面按总体方差的不同情况分别进行讨论。

### 1. 方差 $\sigma_1^2$ 和 $\sigma_2^2$ 都已知

由第 7 章第 7.3 节中的结论可知

$$\overline{x} \sim N\left(\mu_1, \frac{\sigma_1^2}{m}\right), \qquad \overline{y} \sim N\left(\mu_2, \frac{\sigma_2^2}{n}\right)$$

$$\overline{x} - \overline{y} \sim N\left(\mu_1 - \mu_2, \frac{\sigma_1^2}{m} + \frac{\sigma_2^2}{n}\right)$$

于是

$$\frac{(\overline{x}-\overline{y})-(\mu_1-\mu_2)}{\sqrt{\dfrac{\sigma_1^2}{m}+\dfrac{\sigma_2^2}{n}}} \sim N(0,1)$$

如同 8.4 节一样讨论，可得 $\mu_1-\mu_2$ 的置信区间为

$$\left[\overline{x}-\overline{y}-z_{1-\frac{\alpha}{2}}\sqrt{\frac{\sigma_1^2}{m}+\frac{\sigma_2^2}{n}},\ \overline{x}-\overline{y}+z_{1-\frac{\alpha}{2}}\sqrt{\frac{\sigma_1^2}{m}+\frac{\sigma_2^2}{n}}\right] \tag{8.15}$$

**2. 方差 $\sigma_1^2,\sigma_2^2$都为未知**

这时,只要 $m,n$ 足够大,就以 $s_m^2,s_n^2$分别代替$\sigma_1^2,\sigma_2^2$,并用

$$\left[\overline{x}-\overline{y}-z_{1-\frac{\alpha}{2}}\sqrt{\frac{s_m^2}{m}+\frac{s_n^2}{n}},\ \overline{x}-\overline{y}+z_{1-\frac{\alpha}{2}}\sqrt{\frac{s_m^2}{m}+\frac{s_n^2}{n}}\right] \tag{8.16}$$

作为 $\mu_1-\mu_2$ 的近似置信区间。

**3. 方差 $\sigma_1^2=\sigma_2^2=\sigma^2$且为未知**

由第 7 章定理 5 知,统计量

$$\frac{(\overline{x}-\overline{y})-(\mu_1-\mu_2)}{\sqrt{(m-1)S_m^2+(n-1)S_n^2}}\cdot\sqrt{\frac{mn(m+n-2)}{m+n}}$$

服从于 $t(m+n-2)$分布。由此可得 $\mu_1-\mu_2$ 的置信区间为

$$\left[\overline{x}-\overline{y}\pm t_{1-\frac{\alpha}{2}}(m+n-2)\sqrt{(m-1)s_m^2+(n-1)s_n^2}\cdot\sqrt{\frac{m+n}{mn(m+m-2)}}\right] \tag{8.17}$$

这里假设未知方差 $\sigma_1^2=\sigma_2^2$。实际问题是否这样,需要进行检验,这是关于参数假设检验的问题,下一章再进行讨论。

**例 1** 有两台车床 $A$ 和 $B$ 同生产一种型号的零件,为了比较这两台车床所生产零件直径的均值,随机地抽取 $A$ 车床生产的零件 8 个,测得平均直径 $\overline{x}_A=15.20$ mm,标准离差 $s_A=0.31$ mm。随机地抽取 $B$ 车床生产的零件 9 个,测得平均值 $\overline{x}_B=14.82$ mm,标准离差 $s_B=0.28$ mm。根据以往经验可以认为,这两台车床所生产的零件的直径都服从正态分布,且它们的方差相等。求二总体均值差 $\mu_A-\mu_B$ 的 95%置信区间。

**解** 由抽样的随机性可推知两样本相互独立,又因它们的总体方差相等,因此由式(8.17)可求得置信区间。

在这里,$\alpha=0.05$, $m=8$, $n=9$,查 $t$ 分布表得临界值

$$t_{1-\frac{\alpha}{2}}(m+n-2)=2.131$$

$$\sqrt{(m-1)s_m^2+(n-1)s_n^2}=\sqrt{7\times0.096+8\times0.078}=1.138$$

$$\sqrt{\frac{m+n}{mn(m+n-2)}}=\sqrt{\frac{8+9}{8\times9\times15}}=0.125$$

$$2.131\times1.138\times0.125=0.303$$

$$\overline{x}_A-\overline{y}_B=15.20-14.82=0.38$$

故所求置信区间是[0.077, 0.683]。由此可认为 $\mu_A>\mu_B$。

## 8.5.2 二正态总体方差比的区间估计

设二正态总体 $N(\mu_1,\sigma_1^2)$和 $N(\mu_2,\sigma_2^2)$,其中参数均为未知。$s_1^2,s_2^2$是分别来自于两总体且容量各为 $m$ 和 $n$ 的独立样本的方差。考虑统计量

$$\frac{s_1^2/s_2^2}{\sigma_1^2/\sigma_2^2}$$

由于

$$\frac{(m-1)s_1^2}{\sigma_1^2} \sim \chi^2(m-1)$$

$$\frac{(n-1)s_2^2}{\sigma_2^2} \sim \chi^2(n-1)$$

所以

$$\frac{\dfrac{(m-1)s_1^2}{\sigma_1^2}\Bigg/(m-1)}{\dfrac{(n-1)s_2^2}{\sigma_2^2}\Bigg/(n-1)} = \frac{s_1^2/s_2^2}{\sigma_1^2/\sigma_2^2} \sim F(m-1,n-1)$$

对于给定的 $\alpha$，查 $F$ 分布表得临界值 $F_{\alpha/2}(m-1,n-1)$ 和 $F_{1-\alpha/2}(m-1,n-1)$，使

$$P\left\{F_{\alpha/2}(m-1,n-1) \leqslant \frac{s_1^2/s_2^2}{\sigma_2^1/\sigma_2^2} \leqslant F_{1-\alpha/2}(m-1,n-1)\right\} = 1-\alpha$$

于是，$\sigma_1^2/\sigma_2^2$ 的 $1-\alpha$ 置信区间为

$$\left[\frac{s_1^2}{s_2^2 F_{1-\frac{\alpha}{2}}(m-1,n-1)}, \frac{s_1^2}{s_2^2 F_{\frac{\alpha}{2}}(m-1,n-1)}\right] \tag{8.18}$$

当置信区间的下限大于 1 时，则 $\sigma_1^2 > \sigma_2^2$；当区间的上限小于 1 时，则 $\sigma_1^2 < \sigma_2^2$。

在这里，比较两个方差时，我们采用比的形式，但能否采用差 $\sigma_1^2-\sigma_2^2$ 的形式，请读者考虑。

**例 2**　设有二正态总体 $N(\mu_1,\sigma_1^2)$ 和 $N(\mu_2,\sigma_2^2)$，其中参数均为未知。随机地从两总体中分别抽取容量为 10 和 15 的独立样本，测得样本方差分别为 $s_1^2=0.21$，$s_2^2=0.67$，求二总体方差比 $\sigma_1^2/\sigma_2^2$ 的 0.95 置信区间。

**解**　这里 $\alpha=0.05$，$m=10$，$n=15$，查 $F$ 分布表得

$$F_{1-\alpha/2}(m-1,n-1) = F_{0.975}(9,\ 14) = 3.21$$

$$F_{\alpha/2}(m-1,n-1) = F_{0.025}(9,\ 14) = \frac{1}{F_{0.975}(14,\ 9)} = \frac{1}{3.80}$$

$$\frac{s_1^2}{s_2^2} = \frac{0.21}{0.67} = 0.31$$

故所求置信区间为[0.096，1.18]。

## 习 题 八

1. 设 $X_1,\cdots,X_n$ 为来自于总体 $X$ 的样本。总体 $X$ 的概率密度为

$$f(x;a,b) = \begin{cases} \dfrac{1}{b-a}, & a \leqslant x \leqslant b\ (b>a) \\ 0, & \text{其他} \end{cases}$$

求参数 $a,b$ 的矩估计量。

2. 设总体 $X$ 的概率密度为

$$f(x,\theta)=\begin{cases}\theta x^{\theta-1}, & 0<x<1\\ 0, & \text{其他}\end{cases}$$

又 $x_1,\cdots,x_n$ 为总体 $X$ 的一个样本值,试求参数 $\theta$ 的极大似然估计。

3. 设 $x_1,\cdots,x_n$ 为正态总体 $N(\mu,\sigma^2)$ 的一个样本值,$\mu$ 和 $\sigma^2$ 均为未知,试求 $P(X<t)$ 的极大似然估计。

4. 已知某种灯泡的寿命服从正态分布,从某日所生产的该种灯泡中随机抽取 10 只,测得其寿命(单位:h)为

| 1 067 | 919 | 1 196 | 785 | 1 126 |
|---|---|---|---|---|
| 936 | 918 | 1 156 | 920 | 948 |

设总体参数均为未知,试用极大似然估计法估计该日生产的灯泡能使用 1 300 h 以上的概率。

5. 设 $X_1,\cdots,X_n$ 为泊松分布 $\Pi(\lambda)$ 的一个样本,试证样本方差 $S^2$ 是 $\lambda$ 的无偏估计。

6. 设 $X_1,\cdots,X_n$ 为总体 $N(\mu,\sigma^2)$ 的一个样本。试适当选择常数 $C$,使 $C\sum\limits_{i=1}^{n-1}(X_{i+1}-X_i)^2$ 为 $\sigma^2$ 的无偏估计。

7. 设 $\hat{\theta}$ 是参数 $\theta$ 的无偏估计,且有 $D(\hat{\theta})>0$。试证 $(\hat{\theta})^2$ 不是 $\theta^2$ 的无偏估计。

8. 设 $X_1,X_2,\cdots,X_n$ 为总体的一个样本,试证下列估计量:

$$\hat{\theta}_1=\frac{1}{5}X_1+\frac{3}{10}X_2+\frac{1}{2}X_3$$

$$\hat{\theta}_2=\frac{1}{3}X_1+\frac{1}{4}X_2+\frac{5}{12}X_3$$

$$\hat{\theta}_3=\frac{1}{3}X_1+\frac{3}{4}X_2-\frac{1}{12}X_3$$

都是总体均值 $\mu$ 的无偏估计量,且问哪一个最佳?

9. 设 $X_1,X_2,\cdots,X_n$ 为 $N(0,\sigma^2)$ 的样本。

(1) 求 $\sigma^2$ 的极大似然估计量 $\hat{\sigma}^2$;

(2) 试证 $\hat{\sigma}^2$ 是 $\sigma^2$ 的无偏估计量、一致性估计量。

10. 对某一零件的长度进行 5 次独立测量得(单位:cm):

11.2　　10.8　　10.9　　11.3　　10.9

已知测量无系统误差,且测量长度服从 $N(\mu,4)$,求该零件长度的 95%置信区间。如果总体方差 $\sigma^2$ 未知,置信区间为何?

11. 为了估计一批灯泡的平均寿命,从该批灯泡中随机抽取 10 只灯泡,得 $\bar{x}=1\ 500$ h,$s^2=400\ \text{h}^2$,设灯泡的寿命服从正态分布,求平均寿命 $\mu$ 的 95%置信区间。

12. 对铝的密度进行 16 次独立测量，得 $\overline{x}=2.705$，$s=0.029$，试求铝的密度的 95%置信区间（测量值可认为服从正态分布）。

13. 设正态总体 $N(\mu,\sigma^2)$的方差 $\sigma^2$ 为已知，容量 $n$ 为多大的样本，才能使总体均值 $\mu$ 的 $1-\alpha$ 置信区间的长度不大于 $L$？

14. 在第 11 题的条件下，求方差 $\sigma^2$ 的 95%置信区间。

15. 随机地从甲批导线中抽取 4 根，从乙批导线中抽取 5 根，测得其电阻(单位:Ω)为

甲批导线：　0.143　0.142　0.143　0.137

乙批导线：　0.140　0.142　0.136　0.138　0.140

设甲、乙两批导线的电阻分别服从 $N(\mu_1,\sigma^2)$和 $N(\mu_2,\sigma^2)$，并且它们相互独立。试求 $\mu_1-\mu_2$ 的 95%置信区间。

16. 有两位化验员 $A$ 和 $B$，他们用相同的测量方法各自独立地对某种聚合物的含氯量进行了 10 次测量。测量值的方差依次为 0.541 9 和 0.606 5，设 $\sigma_A^2$ 和 $\sigma_B^2$ 分别为 $A$，$B$ 所测量的数据总体（均为正态分布）的方差，求方差比 $\sigma_A^2/\sigma_B^2$ 的 95%置信区间。

# 第9章 假设检验

## 9.1 假设检验问题

在第8章中，我们分别介绍了参数的点估计和区间估计，然而在实际问题中还会遇到另一类很重要的统计推断问题，它是根据抽取的样本信息来判定总体是否具有某种性质。这就是本章要讨论的假设检验问题。

下面先看几个例子，然后再来讨论假设检验的方法。

**例1** 某厂有一批产品，按国家规定标准，次品率不得超过4%才能出厂。现从中任取10件进行检验(每次取1件，取后放回)，发现有4件次品，问：该批产品能否出厂？

从次品率的角度来看，这批产品不能出厂。但我们现在所关心的问题是如何根据抽样得到的次品率$\frac{4}{10}$来推断整批产品的次品率是否超过4%。

一般的方法是：首先假设该批产品的次品率$p\leqslant 4\%$，然后利用抽样的结果来判断这一假设是否成立。

**例2** 某车间生产的一种铜丝，其折断力服从$N(570,64)$。现改变生产工艺，并从新产品中抽取10个样品进行测量，得$\bar{x}=575.2$ kg，问：折断力大小与原来是否相同？(假定方差不会改变。)

若以$X$表示折断力，那么这个例子的问题就转化为：如何根据抽样的结果来判断等式$\mathrm{E}X=570$是否成立？

**例3** 两台机床同加工一种零件，为检查产品质量，分别从其产品中抽取若干个样品测量零件尺寸(单位：cm)，得

第一台机床为

6.2　5.7　6.5　6.0　6.3　5.8　5.7

第二台机床为

5.6　5.9　5.6　5.7　5.8　6.0　5.5　5.7

问：这两台机床的加工尺寸是否有显著差异？

若以$X$表示第一台机床生产零件的尺寸，$Y$表示另一台机床生产零件的尺寸，则问题化为：由抽样结果检验等式$\mathrm{E}X=\mathrm{E}Y$是否成立。

**例4** 某厂生产的一种钢筋，其抗断强度一直服从正态分布。今换一批材料生产，问：其

抗断强度是否仍服从正态分布？

更一般的问题是：如何根据抽样的结果来判断总体 $X$ 的分布函数 $F(x)$ 是否等于给定的函数 $F_0(x)$？

上述这些例子所代表的问题是很广泛的，它们的共同特点是：先对总体的参数或总体的分布函数的形式作某种假设，然后由抽样结果对假设是否成立进行推断。

例 1、例 2、例 3 是对总体参数的假设进行判断，这类问题称为参数的假设检验；例 4 是对总体分布形式的假设进行判断，这类问题称为分布的假设检验。今后，我们把对于总体参数或分布形式所作的某种假设记为 $H_0$，如例 1 中的假设 $H_0: p\leqslant 4\%$；例 2 中的假设 $H_0: \mathrm{E}X=570$，等等。

对于一个假设检验问题，提出假设 $H_0$，这仅仅是第一步，接下来就是要判断假设 $H_0$ 是否成立。为此必须建立判断假设 $H_0$ 的方法，称判断假设 $H_0$ 的方法为假设检验。怎样对一个假设 $H_0$ 进行检验呢？这里我们通过例 1 来说明假设检验的基本思想方法。

例 1 要检验的是假设 $H_0: p\leqslant 0.04$。如果假设成立，那么抽查 10 件中有 4 件次品的概率是

$$P_{10}(4) = \mathrm{C}_{10}^4 p^4 (1-p)^6$$

当 $p=0.04$ 时，

$$P_{10}(4) = \frac{10\times 9\times 8\times 7}{4!}(0.04)^4(0.96)^6 < 210\times(0.04)^4 < 0.001$$

当 $p<0.04$ 时，更有 $P_{10}(4)<0.001$。这就是说，“抽取 10 件有 4 件次品”这一事件发生的可能性是很小的。根据实际推断原理，可以认为这个事件在一次试验（抽取）中不会发生。然而，这个事件在一次抽取中已经发生，这是不合理的。产生这种不合理的现象在于假设 $p\leqslant 0.04$，因此不能接受原假设 $p\leqslant 0.04$。故该批产品不能出厂。

上述的推理方法是简单的。首先假定假设 $H_0$ 成立，而后导致了一个不合理的现象，此时假设不能成立。但如果没有导致不合理的现象发生，此时就不能拒绝假设 $H_0$，而接受 $H_0$。

由于正态总体广泛存在，因此我们主要讨论有关正态总体的假设检验问题。

## 9.2　正态总体均值和方差的假设检验

### 9.2.1　正态总体均值的假设检验

#### 1. 已知方差 $\sigma^2$，检验假设 $H_0: \mu=\mu_0$

设总体 $N(\mu,\sigma^2)$，这里的 $\sigma^2$ 为已知，现要检验总体 $X$ 的均值 $\mu$ 是否等于已知的常数 $\mu_0$。先考察下面的例子。

**例 1** 某糖厂有一台自动打包机打包,额定标准每包质量为 100 kg。设包质量服从正态分布,且根据以往经验,其方差 $\sigma^2=(0.4)^2$。某天开工后,为检查打包机工作情况,随机地抽取 9 包,称得质量(单位:kg)如下:

99　98.5　102.5　101　98　99　102　102.1　100.5

问这天打包机工作是否正常?

这就是已知方差 $\sigma^2=(0.4)^2$,检验假设 $H_0:\mu=100$ 是否成立的问题。

先提出假设 $H_0:\mu=\mu_0$。

在 $\mu=\mu_0$ 成立的条件下,总体 $X\sim N(\mu_0,\sigma^2)$。设 $x_1,\cdots,x_n$ 为来自于总体的样本,现在就是要利用样本来检验假设是否成立。

我们知道,样本均值

$$\overline{x}=\frac{1}{n}\sum_{i=1}^{n}x_i\sim N\left(\mu_0,\frac{\sigma^2}{n}\right)$$

于是统计量

$$U=\frac{\overline{x}-\mu_0}{\sigma/\sqrt{n}}\sim N(0,1)$$

对给定的 $\alpha$(称为检验水平),查标准正态分布表可找到 $z_{1-\frac{\alpha}{2}}$,使得

$$P\left\{\left|\frac{\overline{x}-\mu_0}{\sigma/\sqrt{n}}\right|>z_{1-\frac{\alpha}{2}}\right\}=\alpha$$

这就是说,事件 $\left\{\left|\frac{\overline{x}-\mu_0}{\sigma/\sqrt{n}}\right|>z_{1-\frac{\alpha}{2}}\right\}$ 是一个小概率事件。根据实际推断原理,如果这个事件在一次抽取中发生了,就认为原先的假设 $H_0:\mu=\mu_0$ 不成立,而拒绝这个假设。我们称

$$\left|\frac{\overline{x}-\mu_0}{\sigma/\sqrt{n}}\right|>z_{1-\frac{\alpha}{2}} \tag{9.1}$$

为检验的拒绝域。

这里要说明的是,我们是根据一次抽样的结果来判断假设是否成立。也就是说,尽管事件 $\left\{\left|\frac{\overline{x}-\mu_0}{\sigma/\sqrt{n}}\right|>z_{1-\frac{\alpha}{2}}\right\}$ 发生的可能性很小,但这个事件仍可能发生,这样在假设 $H_0$ 为真时,有可能作出拒绝 $H_0$ 的错误判断。在数理统计中,称这种类型的错误为第一类错误,犯这类错误的概率就是 $\alpha$。

再回到具体例子上来。

设 $\alpha=0.05$,查标准正态分布表,得临界值 $z_{1-\frac{\alpha}{2}}=1.96$,使

$$P\left\{\left|\frac{\overline{x}-100}{0.4/\sqrt{9}}\right|>1.96\right\}=0.05$$

显然,$\left\{\left|\frac{\overline{x}-100}{0.4/\sqrt{9}}\right|>1.96\right\}$ 是小概率事件。由样本值算出

$$\overline{x} = 100.29$$

从而有

$$|U| = \left|\frac{\overline{x} - 100}{0.4/\sqrt{9}}\right| = 2.175 > 1.96$$

这一结果表明，小概率事件$\{|U|>1.96\}$在一次抽样中发生了，这是不合理的。故假设$H_0: \mu=100$不能成立，即认为打包机的工作不正常。习惯上说这天打包机打包的质量与规定质量有显著差异。

若给定$\alpha=0.01$，查标准正态分布表有$z_{1-\alpha/2}=2.58$，使得

$$P\left\{\left|\frac{\overline{x} - 100}{0.4/\sqrt{9}}\right| > 2.58\right\} = 0.01$$

但

$$\left|\frac{\overline{x} - 100}{0.4/\sqrt{9}}\right| = 2.175 < 2.58$$

这时就没有理由拒绝原先假设$H_0$，因而接受假设$H_0$，即在$\alpha=0.01$时，认为打包机工作正常。

由此可见，$\alpha$的值影响着检验的结论。在这里，我们接受假设$H_0$也可能犯错误，因为当假设$H_0$不成立时，由一次抽样有可能使下式成立，即

$$\left|\frac{\overline{x} - 100}{0.4/\sqrt{9}}\right| < z_{1-\frac{\alpha}{2}}$$

这种“以假当真”的错误，叫做犯第二类错误。

犯这类错误的概率记为$\beta$。很自然地，我们希望犯两类错误的概率$\alpha$和$\beta$都比较小，但事实上，在样本容量$n$一定的情况下，要$\alpha$小时$\beta$就大，$\beta$小时$\alpha$就大，不可能同时都小。在$\alpha$一定的情况下，要使$\beta$小些，只有增大样本的容量$n$。因此，在实际问题中，要适当选取$\alpha$，然后增加样本容量$n$来减小$\beta$。

由例 1 归纳出处理假设检验问题的步骤如下：

(1) 根据问题提出假设$H_0$；

(2) 选取统计量$U$，并由样本值计算出它的值；

(3) 对于给定的检验水平$\alpha$，查标准正态分布表，得临界值$z_{1-\frac{\alpha}{2}}$；

(4) 将$|U|$与$z_{1-\alpha/2}$进行比较。当$|U|>z_{1-\alpha/2}$时，拒绝$H_0$；当$|U|<z_{1-\frac{\alpha}{2}}$时，接受$H_0$。

### 2. 未知方差 $\sigma^2$，检验假设 $H_0: \mu=\mu_0$

由于$\sigma^2$未知，我们用样本方差$s^2$代替$\sigma^2$，并选取

$$T = \frac{\overline{x} - \mu_0}{s/\sqrt{n}}$$

作为检验的统计量。由第 7 章定理 4 知

$$T \sim t(n-1)$$

对给定的 $\alpha$,查 $t$ 分布表,得临界值 $t_{1-\frac{\alpha}{2}}(n-1)$,使

$$P\{|T|>t_{1-\alpha/2}(n-1)\}=\alpha$$

于是,我们得到拒绝域

$$|T|>t_{1-\frac{\alpha}{2}}(n-1)$$

即

$$\left|\frac{\overline{x}-\mu_0}{s/\sqrt{n}}\right|>t_{1-\frac{\alpha}{2}}(n-1) \tag{9.2}$$

由样本值算出 $|T|$ 后与 $t_{1-\frac{\alpha}{2}}(n-1)$ 相比较,若 $|T|>t_{1-\frac{\alpha}{2}}(n-1)$,则拒绝假设 $H_0$;否则,接受 $H_0$。

**例 2** 在某砖厂生产的一批砖中,随机地抽取 6 块进行抗断强度试验,测得结果(单位:kg/cm²)如下:

32.56　　29.66　　31.64　　30.00　　31.87　　31.03

设砖的抗断强度服从正态分布,问:这批砖的平均抗断强度是否为 32.50(kg/cm²)?(取 $\alpha=0.05$)

**解** (1) 假设 $H_0:\mu=32.50$。

(2) 计算统计量 $T$ 的值。算出

$$\overline{x}=31.13,\qquad s=1.13$$

$$T=\frac{\overline{x}-32.50}{s/\sqrt{n}}=\frac{31.13-32.50}{1.13/\sqrt{6}}=-2.97$$

(3) 当 $\alpha=0.05$ 时,查 $t$ 分布表得,$t_{1-\frac{\alpha}{2}}(n-1)=t_{0.975}(5)=2.57$。

(4) 比较 $|T|$ 与 $t_{1-\frac{\alpha}{2}}(n-1)$ 的大小。现在 $|T|>t_{1-\frac{\alpha}{2}}(n-1)$,故拒绝假设 $H_0$。

读者可能已发现,这里检验用的统计量与均值的区间估计所用的统计量是一致的。事实上,上述检验与区间估计之间有着密切的联系。例如 $\mu$ 的置信度为 $1-\alpha$ 的置信区间是满足不等式

$$\left|\frac{\overline{x}-\mu}{s/\sqrt{n}}\right|\leqslant t_{1-\frac{\alpha}{2}}(n-1)$$

的 $\mu$ 值的集合。而假设 $H_0:\mu=\mu_0$ 的检验实质上是找出 $\mu$ 的置信区间,如果 $\mu_0$ 落在置信区间内,则接受假设 $H_0$;如果落在置信区间外,就拒绝假设 $H_0$。

有的时候,我们还要检验总体的均值 $\mu$ 是等于 $\mu_0$ 还是大于 $\mu_0$,即要在假设 $H_0:\mu=\mu_0$ 或 $H_1:\mu>\mu_0$ 中作出选择。这里的 $H_1$ 称为备选假设,而把 $H_0$ 称为原假设。

### 3. 已知方差 $\sigma^2$,检验假设 $H_0:\mu=\mu_0$; $H_1:\mu>\mu_0$

下面只给出结果。

对于给定的水平 $\alpha$,查标准正态分布表,得临界值 $z_{1-\alpha}$。若由样本算出的值

$$\frac{\overline{x}-\mu_0}{\sigma/\sqrt{n}} > z_{1-\alpha} \tag{9.3}$$

则拒绝假设 $H_0$，即接受备选假设 $H_1$；否则，接受假设 $H_0$。

**例 3**　某厂生产的一种铜丝，它的主要质量指标是折断力大小。根据以往资料分析，可以认为折断力 $X$ 服从正态分布，且数学期望 $EX=\mu=570$ N，标准差是 $\sigma=8$ N。今换了原材料新生产一批铜丝，并从中抽出 10 个样品，测得折断力(单位：N)为

578　572　568　570　572　570　570　572　596　584

从性能上看，估计折断力的方差不会变化，问：这批铜丝的折断力是否比以往生产的铜丝的折断力大？(取 $\alpha=0.05$)

**解**　(1) 假设 $H_0:\mu=570$；$H_1:\mu>570$。

(2) 计算统计量 $\dfrac{\overline{x}-570}{\sigma/\sqrt{n}}$ 的值。算出

$$\overline{x}=575.2$$

$$\frac{\overline{x}-570}{\sigma/\sqrt{n}}=\frac{575.2-570}{8/\sqrt{10}}=2.055$$

(3) 当 $\alpha=0.05$ 时，查标准正态分布表得临界值 $z_{1-\alpha}=Z_{0.95}=1.645$。

(4) 比较 $\dfrac{\overline{x}-570}{\sigma/\sqrt{n}}$ 与 $z_{1-\alpha}$ 的值的大小。现在

$$\frac{\overline{x}-570}{\sigma/\sqrt{n}}=2.055>1.645=z_{1-\alpha}$$

故拒绝假设 $H_0$，即接受 $H_1$。也就是说，新生产的铜丝的折断力比以往生产的铜丝的折断力要大。

在多数情形下，总体的方差 $\sigma^2$ 未知，此时可用样本方差代替总体方差，而选用

$$\frac{\overline{x}-\mu_0}{s/\sqrt{n}}$$

作为检验用的统计量，它服从自由度为 $n-1$ 的 $t$ 分布。因此，对给定的 $\alpha$，若

$$\frac{\overline{x}-\mu_0}{s/\sqrt{n}} > t_{1-\alpha}(n-1) \tag{9.4}$$

则拒绝 $H_0$，即接受 $H_1$；否则，接受 $H_0$。

我们把例 1、例 2 的检验称为双边检验，而把例 3 的检验称为单边检验，且是右边检验。有时候还要用到左边检验，即检验

$$H_0:\mu=\mu_0;\qquad H_1:\mu<\mu_0$$

在方差 $\sigma^2$ 已知的条件下，对给定的 $\alpha$，若

$$\frac{\overline{x}-\mu_0}{\sigma\sqrt{n}} < -z_{1-\alpha} \tag{9.5}$$

则拒绝假设 $H_0$，即接受 $H_1$；否则，接受 $H_0$。

在方差 $\sigma^2$ 未知的条件下，对给定的 $\alpha$，若

$$\frac{\overline{x}-\mu_0}{s/\sqrt{n}} < -t_{1-\alpha}(n-1) \tag{9.6}$$

则拒绝假设 $H_0$，即接受 $H_1$；否则，接受 $H_0$。

**例 4** 已知某零件的质量 $X \sim N(\mu, \sigma^2)$，由经验知 $\mu = 10$ g，$\sigma^2 = 0.05$。技术改革后，抽取 8 个样品，测得质量(单位：g)为

$$9.8\quad 9.5\quad 10.1\quad 9.6\quad 10.2\quad 10.1\quad 9.8\quad 10.0$$

若方差 $\sigma^2$ 不变，问：平均质量是否比 10 为小？(取 $\alpha = 0.05$)

**解** 本例是一个左边检验问题，在 $\alpha = 0.05$ 下检验均值 $\mu$ 的假设

$$H_0: \mu = 10, \qquad H_1: \mu < 10$$

由样本值计算出 $\overline{x} = 9.9$。

$$\frac{\overline{x}-10}{\sigma/\sqrt{n}} = \frac{9.9-10}{\sqrt{0.05}/\sqrt{8}} = -1.26$$

查标准正态分布表得 $z_{1-\alpha} = Z_{0.95} = 1.645$，于是

$$\frac{\overline{x}-10}{\sigma/\sqrt{n}} = -1.26 > -1.645 = -z_{1-\alpha}$$

故接受假设 $H_0: \mu = 10$。

## 9.2.2 正态总体方差的假设检验

### 1. 未知均值 $\mu$，检验假设 $H_0: \sigma^2 = \sigma_0^2$

设正态总体 $N(\mu, \sigma^2)$，这里的 $\mu$ 为未知，现要检验总体的方差 $\sigma^2$ 是否等于已知的常数 $\sigma_0^2$。

我们知道，样本方差 $s^2$ 是 $\sigma^2$ 的无偏估计量，因此 $s^2/\sigma^2$ 不能太大或太小；否则，应否定 $H_0$。考虑统计量

$$\chi^2 = \frac{(n-1)s^2}{\sigma_0^2}$$

由第 7 章定理 3 知道，在假设 $H_0: \sigma^2 = \sigma_0^2$ 成立时，统计量 $\chi^2$ 服从自由度为 $n-1$ 的 $\chi^2$ 分布。

对给定的水平 $\alpha$，通过查 $\chi^2$ 分布表可找到 $\chi^2_{1-\frac{\alpha}{2}}(n-1)$ 和 $\chi^2_{\frac{\alpha}{2}}(n-1)$，使得下面两式成立：

$$P\{\chi^2 > \chi^2_{1-\frac{\alpha}{2}}(n-1)\} = \frac{\alpha}{2}$$

$$P\{\chi^2 < \chi^2_{\frac{\alpha}{2}}(n-1)\} = \frac{\alpha}{2}$$

由样本值计算统计量 $\chi^2 = (n-1)s^2/\sigma_0^2$ 的值。如果

$$\frac{(n-1)s^2}{\sigma_0^2} > \chi^2_{1-\frac{\alpha}{2}}(n-1) \tag{9.7}$$

或

$$\frac{(n-1)s^2}{\sigma_0^2} < \chi^2_{\frac{\alpha}{2}}(n-1) \tag{9.8}$$

则拒绝假设 $H_0(\sigma^2=\sigma_0^2)$；否则，接受 $H_0$。

**例 5**　某厂生产螺钉，生产一直比较稳定，长期以来，螺钉的直径服从方差为 $\sigma^2=0.000\ 2\ \text{cm}^2$ 的正态分布。今从产品中随机抽取 10 只进行测量，得螺钉直径的数据(单位：cm)如下：

1.19　1.21　1.21　1.18　1.17　1.20　1.20　1.17　1.19　1.18

问：是否可以认为该厂生产的螺钉的直径的方差为 $0.000\ 2\ \text{cm}^2$？(取 $\alpha=0.05$)

**解**　检验 $H_0:\sigma^2=0.000\ 2$。

由样本值得

$$\overline{x}=1.19$$

$$s^2=\frac{1}{n-1}\sum_{i=1}^{n}(x_i-\overline{x})^2=0.000\ 22$$

故

$$\chi^2=\frac{(n-1)s^2}{\sigma_0^2}=10$$

查 $\chi^2$ 分布表，得 $\chi^2_{1-\frac{\alpha}{2}}(9)=19.0$，　$\chi^2_{\frac{\alpha}{2}}(9)=2.7$ 。现在

$$\chi^3_{\frac{\alpha}{2}}(9)=2.7<10<19.0=\chi^2_{1-\frac{\alpha}{2}}(9)$$

因此接受假设 $H_0:\sigma^2=0.000\ 2$。

### 2. 未知均值 $\mu$，检验假设 $H_0:\sigma^2=\sigma_0^2$；$H_1:\sigma^2>\sigma_0^2$

这种情况在实际中会经常遇到。仍以样本方差 $s^2$ 与 $\sigma_0^2$ 比较，如果比值 $s^2/\sigma_0^2$ 很大，就要拒绝 $H_0$。换句话说，如果 $s^2/\sigma_0^2$ 很小，就要拒绝 $H_1$；否则，接受 $H_1$。

统计量

$$W=\frac{(n-1)s^2}{\sigma_0^2}=\frac{\sum_{i=1}^{n}(x_i-\overline{x})^2}{\sigma_0^2}$$

服从自由度为 $n-1$ 的 $\chi^2$ 分布。对给定的水平 $\alpha$，从 $\chi^2$ 分布表可找到临界值 $\chi^2_{1-\alpha}(n-1)$，使得

$$P\{W>\chi^2_{1-\alpha}(n-1)\}=\alpha$$

由样本值计算出统计量 $W$ 的值，如果

$$W=\frac{(n-1)s^2}{\sigma_0^2}>\chi^2_{1-\alpha}(n-1) \tag{9.9}$$

则拒绝 $H_0(\sigma^2=\sigma_0^2)$，即接受 $H_1(\sigma^2>\sigma_0^2)$；否则，接受 $H_0$。

在生产部门中，为了分析产品的稳定性，进行抽样检验，如果算得样本方差 $s^2$ 比原来的方

差 $\sigma_0^2$ 大,则可用右边检验 $H_0:\sigma^2=\sigma_0^2$, $H_1:\sigma^2>\sigma_0^2$。

**例6** 在例5的条件下,问:该厂生产的螺钉直径的方差是否比0.000 2大?

**解** 先算出样本方差,由例1知 $s^2=0.000\,22$,它比0.000 2大。所以,本例是一个右边检验问题,即在水平 $\alpha=0.05$ 下,检验假设

$$H_0:\sigma^2=0.000\,2;\qquad H_1:\sigma^2>0.000\,2$$

由例5已知

$$W=\frac{(n-1)s^2}{\sigma_0^2}=10$$

查 $\chi^2$ 分布表,得临界值 $\chi^2_{0.95}(9)=16.9$,故有 $W<16.9$,于是接受假设 $H_0$。

有时还需要进行左边检验,这种情况在实际应用中也是很重要的。

**3. 未知均值 $\mu$,检验假设 $H_0:\sigma^2=\sigma_0^2$; $H_1:\sigma^2<\sigma_0^2$**

此时,如果比值 $s^2/\sigma_0^2$ 很小,就应拒绝 $H_0(\sigma^2=\sigma_0^2)$,即接受 $H_1(\sigma^2<\sigma_0^2)$;否则,可以接受 $H_0$,即拒绝 $H_1$。

仍以

$$W=\frac{(n-1)s^2}{\sigma_0^2}$$

作为检验用的统计量。

在水平 $\alpha$ 下,查 $\chi^2$ 分布表得 $\chi^2_\alpha(n-1)$。若由样本值算出统计量 $W$ 的值,且

$$W=\frac{(n-1)s^2}{\sigma_0^2}<\chi^2_\alpha(n-1) \tag{9.10}$$

成立,则拒绝 $H_0$,即接受 $H_1$;否则,接受 $H_0$。

在分析产品的稳定性有无变化时,如果算得样本方差 $s^2$ 比原先的方差 $\sigma_0^2$ 小,则可用左边检验。

## 9.3 二正态总体均值差和方差比的假设检验

### 9.3.1 二正态总体均值差的假设检验

在实际问题中,我们还常遇到两个总体均值的比较问题。设总体 $X\sim N(\mu_1,\sigma_1^2)$, $Y\sim N(\mu_2,\sigma_2^2)$,且 $X$ 与 $Y$ 相互独立。$x_1,\cdots,x_m$ 为来自于 $X$ 的样本,样本均值为 $\bar{x}$,样本方差为 $s_m^2$; $y_1,\cdots,y_n$ 为来自于 $Y$ 的样本,样本均值为 $\bar{y}$,样本方差为 $s_n^2$。下面分类进行讨论。

**1. 已知 $\sigma_1^2$ 和 $\sigma_2^2$,检验假设 $H_0:\mu_1=\mu_2$**

选取

$$U=\frac{\overline{x}-\overline{y}}{\sqrt{\frac{\sigma_1^2}{m}+\frac{\sigma_2^2}{n}}}$$

作为检验统计量，且在假设 $H_0$ 成立的条件下知 $U\sim N(0,1)$。于是对给定的 $\alpha$，查标准正态分布表，得 $z_{1-\frac{\alpha}{2}}$，使

$$P\{|U|>z_{1-\frac{\alpha}{2}}\}=\alpha$$

于是，得到检验的拒绝域

$$|U|>z_{1-\frac{\alpha}{2}}$$

即

$$\left|\frac{\overline{x}-\overline{y}}{\sqrt{\frac{\sigma_1^2}{m}+\frac{\sigma_2^2}{n}}}\right|>z_{1-\frac{\alpha}{2}} \tag{9.11}$$

再由样本值算出统计量 $U$ 的值，若 $|U|>z_{1-\frac{\alpha}{2}}$，则拒绝 $H_0$；若 $|U|<z_{1-\frac{\alpha}{2}}$，则接受 $H_0$。

**2. 未知 $\sigma_1^2$ 和 $\sigma_2^2$，但 $\sigma_1^2=\sigma_2^2$，检验 $H_0:\mu_1=\mu_2$**

这时，选用

$$T=\frac{\overline{x}-\overline{y}}{\sqrt{(m-1)s_m^2+(n-1)s_n^2}}\cdot\sqrt{\frac{mn(m+n-2)}{m+n}}$$

作为检验统计量，且在 $H_0$ 成立下知 $T\sim t(m+n-2)$。于是对给定的 $\alpha$，查 $t$ 分布表，得 $t_{1-\frac{\alpha}{2}}(m+n-2)$，使

$$P\{|T|>t_{1-\frac{\alpha}{2}}(m+m-2)\}=\alpha$$

于是，得到检验的拒绝域

$$|T|>t_{1-\frac{\alpha}{2}}(m+n-2)$$

即

$$\left|\frac{\overline{x}-\overline{y}}{\sqrt{(m-1)s_m^2+(n-1)s_n^2}}\cdot\sqrt{\frac{mn(m+n-2)}{m+n}}\right|>t_{1-\frac{\alpha}{2}}(m+n-2) \tag{9.12}$$

由样本值算出 $T$ 的值，若 $|T|>t_{1-\frac{\alpha}{2}}(m+n-2)$，则拒绝 $H_0$；否则，接受 $H_0$。

**例 1**　为了研究正常成年男、女血液红细胞平均数的差别，检查某地正常成年男子156 名，正常成年女子 74 名，计算得男性红细胞平均数为 465.13 万/$\text{mm}^3$，样本标准差为 54.80 万/$\text{mm}^3$；女性红细胞平均值为 422.16 万/$\text{mm}^3$，样本标准差为 49.20 万/$\text{mm}^3$。根据经验知道，正常成年男性红细胞数 $X$ 和女性红细胞数 $Y$ 都服从正态分布，且方差相等。试检验：该地正常成年人的红细胞平均数是否与性别有关？（取 $\alpha=0.01$）

**解**　本例要求检验 $H_0:\mu_1=\mu_2$，这里

$$m=156,\qquad n=74$$

$$\overline{x} = 465.13 \text{万}/\text{mm}^3, \qquad \overline{y} = 422.16 \text{万}/\text{mm}^3$$
$$s_m = 54.80 \text{万}/\text{mm}^3, \qquad s_n = 49.20 \text{万}/\text{mm}^3$$

由此算出

$$T = \frac{\overline{x} - \overline{y}}{\sqrt{(m-1)s_m^2 + (n-1)s_n^2}} \cdot \sqrt{\frac{mn(m+n-2)}{m+n}} =$$
$$\frac{465.13 - 422.16}{\sqrt{155 \times (54.80)^2 + 73 \times (49.20)^2}} \sqrt{\frac{156 \times 74 \times 228}{230}} \approx$$
$$\frac{42.97 \times 106.97}{801.36} \approx 5.73$$

查标准正态分布表得

$$t_{1-\frac{\alpha}{2}}(m+n-2) = t_{0.995}(228) \approx z_{0.995} = 2.57$$

于是有$|T| = 5.73 > 2.57$,故拒绝假设 $H_0$,即认为正常成年男性红细胞数与女性红细胞数有显著差别。

**3. 已知 $\sigma_1^2$ 和 $\sigma_2^2$,检验 $H_0: \mu_1 = \mu_2$; $H_1: \mu_1 > \mu_2$**

对给定的 $\alpha$,若

$$\frac{\overline{x} - \overline{y}}{\sqrt{\frac{\sigma_1^2}{m} + \frac{\sigma_2^2}{n}}} > z_{1-\alpha} \tag{9.13}$$

则拒绝 $H_0$;否则,接受 $H_0$。

若 $\sigma_1^2$ 和 $\sigma_2^2$ 未知,但 $\sigma_1^2 = \sigma_2^2$,则当

$$\frac{\overline{x} - \overline{y}}{\sqrt{(m-1)s_m^2 + (n-1)s_n^2}} \cdot \sqrt{\frac{mn(m+n-2)}{m+n}} > t_{1-\alpha}(m+n-2) \tag{9.14}$$

时,拒绝 $H_0$;否则,接受 $H_0$。

**4. 检验 $H_0: \mu_1 = \mu_2$; $H_1: \mu_1 < \mu_2$**

若 $\sigma_1^2$ 和 $\sigma_2^2$ 已知,则对于给定的 $\alpha$,当

$$\frac{(\overline{x} - \overline{y})}{\sqrt{\frac{\sigma_1^2}{m} + \frac{\sigma_2^2}{n}}} < -z_{1-\alpha} \tag{9.15}$$

时,拒绝 $H_0$;否则,接受 $H_0$。

若 $\sigma_1^2$ 和 $\sigma_2^2$ 未知,但 $\sigma_1^2 = \sigma_2^2$,则对于给定的 $\alpha$,当

$$\frac{\overline{x} - \overline{y}}{\sqrt{(m-1)s_m^2 + (n-1)s_n^2}} \cdot \sqrt{\frac{mn(m+n-2)}{m+n}} < -t_{1-\alpha}(m+n-2) \tag{9.16}$$

时,拒绝 $H_0$;否则,接受 $H_0$。

**例 2** 某厂使用两种不同的工艺生产同一类型产品。现对产品进行分析比较,抽取用第

一种工艺生产的样品 120 件，测得平均质量为 1.25 kg，标准差为 0.52 kg；抽取用第二种工艺生产的样品 60 件，测得平均质量为 1.32 kg，标准差为 0.45 kg。设产品的质量都服从正态分布，且方差相等，问：在水平 $\alpha=0.05$ 下，能否认为使用第二种工艺生产的产品的平均质量较使用第一种工艺的大？

**解**　检验 $H_0:\mu_1=\mu_2$；$H_1:\mu_1<\mu_2$。这里

$$m=120,\qquad n=60$$
$$\overline{x}=1.25,\qquad \overline{y}=1.32$$
$$s_m=0.52,\qquad s_n=0.45$$

于是

$$T=\frac{\overline{x}-\overline{y}}{\sqrt{(m-1)s_m^2+(n-1)s_n^2}}\cdot\sqrt{\frac{mn(m+n-2)}{m+n}}=$$
$$\frac{1.25-1.32}{\sqrt{119\times(0.52)^2+59\times(0.45)^2}}\sqrt{\frac{120\times 60\times 78}{180}}\approx$$
$$\frac{-0.07}{6.64}\times 84.38\approx -0.889$$

对给定的 $\alpha=0.05$，查表得，$t_{1-\alpha}(m+n-2)\approx z_{0.95}=1.645$，从而知有 $T=-0.889>-1.645=-t_{1-\alpha}(m+n-2)$，故接受 $H_0$，即不能认为使用第二种工艺生产的产品的平均质量较使用第一种工艺的大。

## 9.3.2　二正态总体方差比的假设检验

### 1. 未知 $\mu_1$ 和 $\mu_2$，检验假设 $H_0:\sigma_1^2=\sigma_2^2$

设 $x_1,x_2,\cdots,x_m$ 为总体 $X\sim N(\mu_1,\sigma_1^2)$ 的一个样本，$y_1,y_2,\cdots,y_n$ 为总体 $Y\sim N(\mu_2,\sigma_2^2)$ 的一个样本，且 $X$ 与 $Y$ 相互独立。为检验假设 $H_0:\sigma_1^2=\sigma_2^2$，仍需要用到样本方差 $s_1^2$ 和 $s_2^2$。此处

$$s_1^2=\frac{1}{m-1}\sum_{i=1}^{m}(x_i-\overline{x})^2$$
$$s_2^2=\frac{1}{n-1}\sum_{i=1}^{n}(y_i-\overline{y})^2$$

考虑统计量

$$F=\frac{s_1^2}{s_2^2}$$

由于

$$\sum_{i=1}^{m}(x_i-\overline{x})^2/\sigma_1^2\sim\chi^2(m-1)$$
$$\sum_{i=1}^{n}(y_i-\overline{y})^2/\sigma_1^2\sim\chi^2(n-1)$$

于是

$$\frac{\sum_{i=1}^{m}(x_i-\overline{x})^2/\sigma_1^2(m-1)}{\sum_{i=1}^{n}(y_i-\overline{y})^2/\sigma_1^2(n-1)}=\frac{\sigma_2^2}{\sigma_1^2}\cdot\frac{s_1^2}{s_2^2}$$

在假设 $H_0:\sigma_1^2=\sigma_2^2$成立下,统计量 $F=s_1^2/s_2^2$服从于自由度为$(m-1,n-1)$的 $F$ 分布。

对给定的水平 $\alpha$,查 $F$ 分布表可找到临界值 $F_{1-\frac{\alpha}{2}}(m-1,n-1)$和 $F_{\frac{\alpha}{2}}(m-1, n-1)$,使得

$$P\{F>F_{1-\frac{\alpha}{2}}(m-1,\ n-1)\}=\frac{\alpha}{2}$$

$$P\{F<F_{\frac{\alpha}{2}}(m-1,n-1)\}=\frac{\alpha}{2}$$

于是,得到检验的拒绝域

$$F>F_{1-\frac{\alpha}{2}}(m-1,\ n-1)\tag{9.17}$$

或

$$F<F_{\frac{\alpha}{2}}(m-1,n-1)\tag{9.18}$$

根据样本值 $x_1,x_2,\cdots,x_m;y_1,y_2,\cdots,y_n$ 可算出 $F$ 的值,如果 $F>F_{1-\frac{\alpha}{2}}(m-1,n-1)$或 $F<F_{\frac{\alpha}{2}}(m-1,n-1)$,则拒绝 $H_0:\sigma_1^2=\sigma_2^2$;如果 $F_{\frac{\alpha}{2}}(m-1,n-1)<F<F_{1-\frac{\alpha}{2}}(m-1,n-1)$,则接受 $H_0$。

**例 3** 在例 2 中,我们假定用两种不同工艺生产的产品质量有相等的方差,现在就来检验这一假设 $H_0:\sigma_1^2=\sigma_2^2$。

这里

$$m=120,\qquad n=60$$

$$s_1^2=(0.52)^2,\qquad s_2^2=(0.45)^2$$

所以

$$F=\frac{s_1^2}{s_2^2}=\left(\frac{0.52}{0.45}\right)^2=1.33$$

在 $\alpha=0.05$ 时,查 $F$ 分布表,得

$$F_{1-\frac{\alpha}{2}}(m-1,\ n-1)=F_{0.975}(119,\ 59)=1.58$$

$$F_{\frac{\alpha}{2}}(m-1,\ n-1)=0.65$$

现在

$$0.95<F=1.33<1.58$$

故接受假设 $H_0:\sigma_1^2=\sigma_2^2$。

### 2. 未知 $\mu_1$ 和 $\mu_2$,检验假设 $H_0:\sigma_1^2=\sigma_2^2$; $H_1:\sigma_1^2>\sigma_2^2$

选取比值

$$F=\frac{s_1^2}{s_2^2}$$

作为检验用统计量。

对给定的 $\alpha$，查 $F$ 分布表，得 $F_{1-\alpha}(m-1,\ n-1)$。由样本值算出统计量 $F$ 的值，若

$$F > F_{1-\alpha}(m-1,\ n-1) \tag{9.19}$$

成立，则拒绝 $H_0$；否则，接受 $H_0$。

**3. 未知 $\mu_1$ 和 $\mu_2$，检验假设 $H_0:\sigma_1^2=\sigma_2^2$；$H_1:\sigma_1^2<\sigma_2^2$**

如果

$$\frac{s_1^2}{s_2^2} < F_\alpha(m-1, n-1) \tag{9.20}$$

则拒绝 $H_0$，即接受 $H_1$；否则，接受 $H_0$。

**例 4**　有两台机床加工同一种零件，这两台机床生产的零件尺寸都服从正态分布。今从两台机床生产的零件中分别抽取 11 个和 9 个零件进行测量，得数据（单位：mm）如下：

甲机床：

6.2　5.7　6.5　6.0　6.3　5.8　5.7　6.0　6.0　5.8　6.0

乙机床：

5.6　5.9　5.6　5.7　5.8　6.0　5.5　5.7　5.5

问：甲机床的加工精度是否比乙机床的加工精度差？（取 $\alpha=0.05$）

**解**　先算出样本均值和样本方差，经计算得

$$\overline{x} = 5.6, \qquad \overline{y} = 5.7$$

$$s_1^2 = 0.064, \qquad s_2^2 = 0.03$$

本例要求检验 $H_0:\sigma_1^2=\sigma_2^2$；$H_1:\sigma_1^2>\sigma_2^2$。

这里

$$m = 11, \qquad n = 9$$

$$F = \frac{s_1^2}{s_2^2} = \frac{0.064}{0.03} = 2.13$$

当 $\alpha=0.05$ 时，查 $F$ 分布表得，$F_{1-\alpha}(m-1,\ n-1)=F_{0.95}(10,8)=3.35$，于是有 $F=2.13<3.35=F_{1-\alpha}(m-1,\ n-1)$，故接受 $H_0$，即认为两台机床加工精度没有显著性差异。

为了便于查阅，我们将正态总体均值、方差的检验法列表（见表 9-1）如下：

**表 9-1　正态总体均值、方差的检验法**

| | 原假设 $H_0$ | 备选假设 $H_1$ | 检验统计量 | 拒绝域 |
|---|---|---|---|---|
| 1 | $\mu=\mu_0$<br>（$\sigma^2$已知） | $\mu\neq\mu_0$<br>$\mu>\mu_0$<br>$\mu<\mu_0$ | $U=\dfrac{x-\mu_0}{\sigma/\sqrt{n}}\sim N(0,1)$ | $\lvert U\rvert>z_{1-\frac{\alpha}{2}}$<br>$U>z_{1-\alpha}$<br>$U<-z_{1-\alpha}$ |

续表 9－1

| | 原假设 $H_0$ | 备选假设 $H_1$ | 检验统计量 | 拒绝域 |
|---|---|---|---|---|
| 2 | $\mu=\mu_0$ ($\sigma^2$未知) | $\mu\neq\mu_0$<br>$\mu>\mu_0$<br>$\mu<\mu_0$ | $T=\dfrac{\overline{x}-\mu_0}{s/\sqrt{n}}\sim t(n-1)$ | $\|T\|>t_{1-\frac{\alpha}{2}}(n-1)$<br>$T>t_{1-\alpha}(n-1)$<br>$T<-t_{1-\alpha}(n-1)$ |
| 3 | $\mu_1=\mu_2$ ($\sigma_1^2,\sigma_2^2$已知) | $\mu_1\neq\mu_2$<br>$\mu_1>\mu_2$<br>$\mu_1<\mu_2$ | $U=\dfrac{\overline{x}-\overline{y}}{\sqrt{\dfrac{\sigma_1^2}{m}+\dfrac{\sigma_2^2}{n}}}\sim N(0,1)$ | $\|U\|>z_{1-\frac{\alpha}{2}}$<br>$U>z_{1-\alpha}$<br>$U<-z_{1-\alpha}$ |
| 4 | $\mu_1=\mu_2$ ($\sigma_1^2=\sigma_2^2$未知) | $\mu_1\neq\mu_2$<br>$\mu_1>\mu_2$<br>$\mu_1<\mu_2$ | $T=\dfrac{\overline{x}-\overline{y}}{\sqrt{(m-1)s_m^2+(n-1)s_n^2}}\cdot\sqrt{\dfrac{mn(m+n-2)}{m+n}}\sim t(m+n-2)$ | $\|T\|>t_{1-\frac{\alpha}{2}}(m+n-2)$<br>$T>t_{1-\alpha}(m+n-2)$<br>$T<-t_{1-\alpha}(m+n-2)$ |
| 5 | $\sigma^2=\sigma_0^2$ ($\mu$未知) | $\sigma^2\neq\sigma_0^2$<br>$\sigma^2>\sigma_0^2$<br>$\sigma^2<\sigma_0^2$ | $\chi^2=\dfrac{(n-1)s^2}{\sigma_0^2}\sim\chi^2(n-1)$ | $\chi^2>\chi^2_{1-\alpha/2}(n-1)$<br>或 $\chi^2<\chi^2_{\alpha/2}(n-1)$<br>$\chi^2>\chi^2_{1-\alpha}(n-1)$<br>$\chi^2<\chi^2_{\alpha}(n-1)$ |
| 6 | $\sigma_1^2=\sigma_2^2$ ($\mu_1,\mu_2$ 未知) | $\sigma_1^2\neq\sigma_2^2$<br>$\sigma_1^2>\sigma_2^2$<br>$\sigma_1^2<\sigma_2^2$ | $F=\dfrac{s_1^2}{s_2^2}\sim F(m-1,n-1)$ | $F>F_{1-\alpha/2}(m-1,n-1)$<br>或 $F<F_{\alpha/2}(m-1,n-1)$<br>$F>F_{1-\alpha}(m-1,n-1)$<br>$F<F_{\alpha}(m-1,n-1)$ |

## 9.4 总体分布的假设检验

前面讨论的参数假设检验问题都是在假设总体具有正态分布的前提下，根据样本对总体的未知均值或方差的假设进行检验。然而在很多情况下，并不知道总体的分布形式。怎样才能知道一个总体的分布呢？这是本节所要解决的问题。一般来说，总是先对总体的分布形式进行种种假设，然后根据样本进行检验。检验总体分布有多种方法，如直方图法、概率纸法。这些方法比较简便、直观，但不那么精细。

下面介绍一种比较常用的检验法，称为 $\chi^2$ 检验法。它是在总体分布未知的情况下，根据样本 $x_1,\cdots,x_n$ 来检验有关总体分布的假设

$$H_0:\text{总体 } X \text{ 的分布函数为 } F(x)$$

的一种方法。用这种方法时，要求总体分布的参数都是已知的；如果未知，就用参数的估计值

去代替未知参数。

检验方法如下：

把实轴$(-\infty,+\infty)$分为 $k$ 个不相交的区间

$$(-\infty,a_1],(a_1,a_2],\cdots,(a_{k-1},+\infty)$$

用 $f_i$ 表示 $x_1,\cdots,x_n$ 落入第 $i$ 个区间中的个数$(i=1,2,\cdots,k)$，称为实际频数。$\frac{f_i}{n}$是频率。

如果假设 $H_0$ 成立，则 $p_i$ 是可以算出来的。事实上

$$p_1=P(X\leqslant a_1)=F(a_1)$$

$$p_i=P(a_{i-1}<X\leqslant a_i)=F(a_i)-F(a_{i-1}),\qquad i=2,3,\cdots,k-1$$

$$p_k=P(X>a_{k-1})=1-F(a_{k-1})$$

这里 $F(x)$是已知的。称 $np_i$ 为理论频数。

根据概率与频率的关系知道，如果 $H_0$ 成立，那么$\frac{f_i}{n}$与 $p_i$ 差不多，也就是$\left(\frac{f_i}{n}-p_i\right)^2$应该比较小，于是

$$\chi^2=\sum_{i=1}^{k}\left(\frac{f_i}{n}-p_i\right)^2\cdot\frac{n}{p_i}=\sum_{i=1}^{k}\frac{(f_i-np_i)^2}{np_i}$$

也应该比较小。这里的因子$\frac{n}{p_i}$起平衡作用。因为对于较小的 $p_i$，当$\left(\frac{f_i}{n}-p_i\right)$较大时，其平方$\left(\frac{f_i}{n}-p_i\right)^2$也不会很大。

皮尔逊证明了：当 $n$ 充分大$(n\geqslant 50)$时，不论总体 $X$ 服从什么分布，统计量

$$\chi^2=\sum_{i=1}^{k}\frac{(f_i-np_i)^2}{np_i}$$

近似地服从自由度为 $k-r-1$ 的 $\chi^2$ 分布。这里的 $r$ 是总体中未知参数的个数。

因此，对给定的水平 $\alpha$，查 $\chi^2$ 分布表可得 $\chi^2_{1-\alpha}(k-r-1)$，使

$$P\{\chi^2>\chi^2_{1-\alpha}(k-r-1)\}=\alpha$$

即事件$\{\chi^2>\chi^2_{1-\alpha}(k-r-1)\}$是一小概率事件。

由样本值 $x_1,x_2,\cdots,x_n$ 算出统计量 $\chi^2$ 的值，并与 $\chi^2_{1-\alpha}(k-r-1)$ 进行比较。若 $\chi^2>\chi^2_{1-\alpha}(k-r-1)$，则拒绝 $H_0$；否则，就接受 $H_0$。

**例 1**　从某地的 12 岁男孩中随机地选出 120 名，测得他们的身高为(单位：cm)

| | | | | | |
|---|---|---|---|---|---|
| 128.1 | 134.1 | 126.0 | 133.4 | 142.7 | 135.8 |
| 138.4 | 145.1 | 150.4 | 152.7 | 140.3 | 140.2 |
| 141.4 | 142.9 | 142.2 | 154.3 | 127.4 | 140.8 |

| | | | | | |
|---|---|---|---|---|---|
| 138.9 | 133.1 | 144.4 | 124.3 | 125.6 | 131.0 |
| 137.6 | 134.8 | 136.6 | 141.4 | 142.7 | 148.1 |
| 137.3 | 136.6 | 139.7 | 144.7 | 152.1 | 147.9 |
| 146.0 | 127.7 | 123.1 | 142.8 | 150.3 | 147.9 |
| 127.7 | 125.4 | 136.9 | 139.1 | 136.2 | 139.9 |
| 144.3 | 139.6 | 134.6 | 139.5 | 136.2 | 138.8 |
| 142.4 | 141.3 | 155.8 | 150.7 | 126.0 | 136.8 |
| 146.2 | 143.0 | 154.4 | 130.3 | 122.7 | 139.0 |
| 141.6 | 140.6 | 136.4 | 138.9 | 145.2 | 135.7 |
| 138.4 | 138.3 | 142.7 | 143.8 | 141.2 | 160.3 |
| 150.0 | 133.1 | 140.6 | 143.1 | 142.7 | 146.3 |
| 131.8 | 132.3 | 141.0 | 140.2 | 134.5 | 136.1 |
| 128.2 | 139.8 | 138.1 | 135.3 | 136.2 | 138.1 |
| 146.4 | 148.5 | 143.7 | 144.5 | 139.7 | 139.4 |
| 142.7 | 141.2 | 146.8 | 147.7 | 134.7 | 147.5 |
| 138.4 | 131.0 | 132.3 | 135.9 | 135.9 | 156.9 |
| 129.1 | 132.9 | 140.6 | 135.0 | 139.7 | 142.4 |

试用 $\chi^2$ 检验法检验该地 12 岁男孩身高 $X$ 服从正态分布。(取 $\alpha=0.05$)

**解** 由于没有给出总体的均值和方差,因此需先估计参数,这里用极大似然估计法进行估计。经过计算知道

$$\hat{\mu}=\frac{1}{n}\sum_{i=1}^{n}x_i=139.5$$

$$\hat{\sigma}^2=\frac{1}{n}(x_i-\overline{x})^2=55$$

$$\hat{\sigma}=7.42$$

本例就是检验假设 $H_0$:$X\sim N(139.5, 55)$。

现在有 120 个数据,其中最小的是 122.7,最大的是 160.3,以 126.05, 130.05, 134.05, 138.05, 142.05, 150.05, 154.05 这些数作为分点,将实轴$(-\infty,+\infty)$分为 9 个区间,可等分,也可不等分。在 $\chi^2$ 检验中,一般要求分组时每组中的样本个数不少于 5;如果小于 5,则可以合并区间。

当 $H_0$ 成立时,我们来计算 $p_i(i=1,2,\cdots,9)$的值。

用 $F(x)$表示 $N(139.05, (7.42)^2)$的分布函数,则

$$p_1=F(a_1)$$

$$p_2 = F(a_2) - F(a_1)$$
$$p_3 = F(a_3) - F(a_2)$$
$$p_4 = F(a_4) - F(a_3)$$
$$p_5 = F(a_5) - F(a_4)$$
$$p_6 = F(a_6) - F(a_5)$$
$$p_7 = F(a_7) - F(a_6)$$
$$p_8 = F(a_8) - F(a_7)$$
$$p_9 = 1 - F(a_8)$$

利用标准正态分布表可计算 $F(a_i)$的值,此时

$$F(a_1) = \Phi\left(\frac{126.05 - 139.5}{7.42}\right) = \Phi(-1.81) = 0.034\ 4$$
$$F(a_2) = \Phi\left(\frac{130.05 - 139.5}{7.42}\right) = \Phi(-1.27) = 0.102\ 1$$
$$F(a_3) = \Phi\left(\frac{134.05 - 139.5}{7.42}\right) = \Phi(-0.73) = 0.232\ 7$$
$$F(a_4) = \Phi\left(\frac{138.05 - 139.5}{7.42}\right) = \Phi(-0.20) = 0.420\ 7$$
$$F(a_5) = \Phi\left(\frac{142.05 - 139.5}{7.42}\right) = \Phi(0.34) = 0.633\ 1$$
$$F(a_6) = \Phi(0.88) = 0.810\ 6$$
$$F(a_7) = \Phi(1.42) = 0.922\ 2$$
$$F(a_8) = \Phi(1.96) = 0.975\ 0$$

故得

$$p_1 = 0.034\ 4,\quad p_2 = 0.067\ 7,\quad p_3 = 0.130\ 6$$
$$p_4 = 0.188,\quad p_5 = 0.212\ 4,\quad p_6 = 0.177\ 5$$
$$p_7 = 0.111\ 6,\quad p_8 = 0.052\ 8\quad p_9 = 0.025\ 0$$

下面计算 $\chi^2$ 的值。为便于检查,列出表 9-2。

**表 9-2　例 1 分组数据计算**

| 组　号 | $f_i$ | $p_i$ | $np_i$ | $f_i - np_i$ | $(f_i - np_i)^2$ | $(f_i - np_i)^2/np_i$ |
|---|---|---|---|---|---|---|
| 1 | 5 | 0.034 4 | 4.128 | 0.872 | 0.760 | 0.184 |
| 2 | 8 | 0.067 7 | 8.124 | −0.124 | 0.015 | 0.002 |
| 3 | 10 | 0.130 6 | 15.67 | −5.67 | 32.15 | 2.052 |
| 4 | 22 | 0.188 0 | 22.56 | −0.56 | 0.31 | 0.014 |
| 5 | 33 | 0.212 4 | 25.49 | 7.51 | 56.40 | 2.213 |

**续表 9-2**

| 组　号 | $f_i$ | $p_i$ | $np_i$ | $f_i-np_i$ | $(f_i-np_i)^2$ | $(f_i-np_i)^2/np_i$ |
|---|---|---|---|---|---|---|
| 6 | 20 | 0.177 5 | 21.30 | −1.30 | 1.69 | 0.079 |
| 7 | 11 | 0.111 6 | 13.39 | −2.39 | 5.71 | 0.426 |
| 8 | 6 | 0.052 8 | 6.336 | −0.336 | 0.11 | 0.017 |
| 9 | 5 | 0.025 0 | 3.000 | 2.000 | 4.00 | 1.333 |

所以

$$\chi^2=\sum_{i=1}^{9}\frac{(f_i-np_i)^2}{np_i}=0.184+0.002+\cdots+0.017+1.333=6.32$$

查 $\chi^2$ 分布表,得

$$\chi^2_{1-\alpha}(k-r-1)=\chi^2_{0.95}(9-2-1)=\chi^2_{0.95}(6)=12.95$$

显然,$\chi^2=6.31<12.95=\chi^2_{1-\alpha}(k-r-1)$,故接受 $H_0$,即认为该地 12 岁男孩的身高基本上是正态分布 $N(139.5,(7.42)^2)$。

**例 2**　在公路某处,观察过路的汽车的辆数。在 50 分钟内,观察每 15 秒内过路汽车的辆数,得到的次数分布如下:

| 过路的辆数 | 0 | 1 | 2 | 3 | 4 | 5 |
|---|---|---|---|---|---|---|
| 次　　数 | 92 | 68 | 28 | 11 | 1 | 0 |

问:这个分布能否看作是泊松分布?(取 $\alpha=0.1$)

**解**　我们来检验假设

$$H_0: X\sim P(X=k)=\frac{\lambda^k e^{-\lambda}}{k!},\qquad k=0,1,\cdots$$

因为参数 $\lambda$ 未知,所以先估计参数 $\lambda$。由样本值得

$$\hat{\lambda}=\bar{x}=\frac{68+2\times 28+3\times 11+4}{92+68+28+11+1}=\frac{161}{200}=0.805$$

在 $H_0$ 成立下,计算 $p_i$ 的值:

$$p_1=P(X=0)=e^{-\lambda}\frac{\lambda^0}{0!}=e^{-\lambda}=e^{-0.805}=0.447$$

$$p_2=\frac{e^{-\lambda}\lambda}{1!}=0.447\times 0.805=0.360$$

$$p_3=e^{-\lambda}\frac{\lambda^2}{2!}=0.447\times\frac{(0.805)^2}{2}=0.145$$

$$p_4=0.447\times\frac{(0.805)^3}{3!}=0.039$$

$$p_5 = 0.447 \times \frac{(0.805)^4}{4!} = 0.008$$

$$p_6 = 0.447 \times \frac{(0.805)^5}{5!} = 0.001$$

下面列出表 9－3，计算 $\chi^2$ 的值。

**表 9－3 例 2 分组数据计算**

| $f_i$ | $p_i$ | $np_i$ | $f_i - np_i$ | $(f_i - np_i)^2$ | $(f_i - np_i)^2/np_i$ |
|---|---|---|---|---|---|
| 92 | 0.447 | 89.4 | 2.6 | 6.76 | 0.076 |
| 68 | 0.360 | 72 | －4 | 16 | 0.222 |
| 28 | 0.145 | 29 | －1 | 1 | 0.034 |
| 11<br>1<br>0 | 0.039<br>0.008<br>0.001 | 7.8<br>1.6 } 9.6<br>0.2 | 2.4 | 5.76 | 0.6 |

得到

$$\chi^2 = 0.076 + 0.222 + 0.034 + 0.6 = 0.932$$

查自由度为 4－1－1＝2 的 $\chi^2$ 分布的临界值得

$$\chi^2_{0.9}(2) = 4.605$$

显然，$\chi^2 = 0.932 < 4.605 = \chi^2_{0.9}(2)$，故接受假设 $H_0$，即在水平 10％下，可认为观察数据服从泊松分布。

# 习题九

1. 对某地区的六年级小学生进行数学测验，设测验成绩服从正态分布。今从中抽取 10 名学生的成绩，算得平均分为 61.6 分，标准差 $s=14.4$，是否可以认为该地区六年级小学生数学成绩的平均分为 60 分？（取 $\alpha=0.05$）

2. 某厂生产某种零件，其尺寸服从正态分布。今从生产的一批零件中抽取 6 个样品，测得尺寸数据（单位：mm）如下：

52.66　　49.66　　51.64　　50.00　　51.87　　51.03

在水平 $\alpha=0.05$ 下，这批零件的平均尺寸是否为 52.50 mm？

3. 某厂生产一种钢索的断裂强度服从正态分布 $N(\mu,\sigma^2)$，其中 $\sigma=40\ \text{kg/cm}^2$。现从一批这种钢索中抽取 9 个样品，测得断裂强度平均值 $\bar{x}$，它比正常生产时的均值 $\mu$ 大 $20\ \text{kg/cm}^2$。设总体方差不变，问：在 $\alpha=0.01$ 下，能否认为这批钢索的质量有显著提高？

4. 从一台车床加工的一批轴料中抽取 15 件测量其椭圆度,得标准差 $s=0.025$。设椭圆度服从正态分布。问:在 $\alpha=0.05$ 下,该批轴料椭圆度的方差与规定的 $\sigma^2=0.0004$ 有无显著差别?

5. 某种导线,要求其电阻的标准差不得超过 0.005 Ω。今在生产的一批导线中抽取 9 个样品,测得 $s=0.007\ \Omega$。设总体为正态分布,问:在 $\alpha=0.05$ 下,能否认为这批导线的标准差显著地偏大?

6. 某电工器材厂生产一批保险丝,今从中抽取 10 根,试验其溶化时间,结果为

42　65　75　78　71　59　57　68　54　55

问:是否可认为该批保险丝的溶化时间的方差大于 80?(设溶化时间服从正态分布,取 $\alpha=0.05$。)

7. 在漂白工艺中要考察温度对针织品断裂强度的影响。在 70°与 80°下分别重复作了 8 次试验,测得断裂强度(单位:kg)的数据如下:

70°:　20.5　18.8　19.8　20.9　21.5　19.5　21.0　21.2

80°:　17.7　20.3　20.0　18.8　19.0　20.1　20.2　19.1

问:在水平 $\alpha=0.05$ 下,70°下的强度与 80°下的强度有无显著差异?

8. 在第 7 题的条件下,能否认为 70°下的强度比 80°下的强度显著地大?

9. 某铁矿有 10 个样品,每个样品用两种方法各化验一次,测得含铁量(%)如下:

方法 A:　28.22　33.95　38.25　42.52　37.62

　　　　37.84　36.12　35.11　34.45　32.83

方法 B:　28.27　33.99　38.20　42.42　37.67

　　　　37.85　36.21　35.20　34.40　32.86

设两组数据都来自正态总体。试在 $\alpha=0.05$ 下,检验假设 $H_0:\sigma_A^2=\sigma_B^2$。

10. 从自动精密机床的产品传送带中取出 200 个零件,以 1 μm 以内的测量精度检查零件尺寸,把测量值与额定尺寸的偏差按每隔 5 μm 进行分组,计算出这种偏差落在各组内的频数 $f_i$,数据列于下表:

| 组号 | 组限 | $f_i$ | 组号 | 组限 | $f_i$ |
|---|---|---|---|---|---|
| 1 | −20～−15 | 7 | 6 | 5～10 | 41 |
| 2 | −15～−10 | 11 | 7 | 10～15 | 26 |
| 3 | −10～−5 | 15 | 8 | 15～20 | 17 |
| 4 | −5～0 | 24 | 9 | 20～25 | 7 |
| 5 | 0～5 | 49 | 10 | 25～30 | 3 |

试用 $\chi^2$ 检验法检验 $H_0$:尺寸偏差服从正态分布。(取 $\alpha=0.05$)

# 第 10 章 方差分析

方差分析是对试验数据进行统计分析，鉴别各因素效应的一种有效方法。在这里，可控制的试验条件称为因素，因素变化的各个等级称为水平。20 世纪 20 年代，英国统计学家费歇尔(R. A. Fisher)首先把方差分析使用到农业试验上。后来，这种方法在十分广阔的范围内成功地推广应用。

## 10.1 单因素方差分析

如果某项试验只考察一个因素的水平变化，而其他因素都保持不变，那么，称这种试验为单因素试验。

### 10.1.1 单因素等重复试验的分析

设因素 $A$ 有 $m$ 个水平，记为 $A_1, A_2, \cdots, A_m$。为了鉴别 $A$ 的水平变化对于试验结果的影响如何，在其他因素保持不变的条件下，对 $A$ 的每个水平都做 $n$ 次独立重复试验。第 $i$ 个水平 $A_i(i-1,2,\cdots,m)$ 的第 $j(j=1,2,\cdots,n)$ 次试验的结果数据记为 $X_{ij}$，那么，全部试验结果可列成表(见表 10－1)。

表 10－1 单因素试验数据表

| 试验结果 / 试验号 / 水平 | 1 | 2 | … | $j$ | … | $n$ | 组平均 |
|---|---|---|---|---|---|---|---|
| $A_1$ | $X_{11}$ | $X_{12}$ | … | $X_{1j}$ | … | $X_{1n}$ | $\overline{X}_1$ |
| $A_2$ | $X_{21}$ | $X_{22}$ | … | $X_{2j}$ | … | $X_{2n}$ | $\overline{X}_2$ |
| ⋮ | ⋮ | ⋮ | | ⋮ | | ⋮ | ⋮ |
| $A_i$ | $X_{i1}$ | $X_{i2}$ | … | $X_{ij}$ | … | $X_{in}$ | $\overline{X}_i$ |
| ⋮ | ⋮ | ⋮ | | ⋮ | | ⋮ | ⋮ |
| $A_m$ | $X_{m1}$ | $X_{m2}$ | … | $X_{mj}$ | … | $X_{mn}$ | $\overline{X}_m$ |

表 10－1 中第 $i$ 行是在第 $i$ 个水平 $A_i(i=1,2,\cdots,m)$ 下取得的一组容量为 $n$ 的简单随机样本，样本平均值

$$\overline{X}_i = \frac{1}{n}\sum_{j=1}^{n} X_{ij}, \qquad i = 1,2,\cdots,m \tag{10.1}$$

称为组平均值。全部数据的总平均值为

$$\overline{X} = \frac{1}{mn}\sum_{i=1}^{m}\sum_{j=1}^{n} X_{ij} = \frac{1}{m}\sum_{i=1}^{m}\overline{X}_i \tag{10.2}$$

每一组样本对于其平均值的离差平方和

$$\sum_{j=1}^{n}(X_{ij} - \overline{X}_i)^2, \qquad i = 1,2,\cdots,m$$

反映了同一水平下各次试验结果的离散程度。它是由不可控的随机因素造成的。记

$$S_{\mathrm{E}} = \sum_{i=1}^{m}\sum_{j=1}^{n}(X_{ij} - \overline{X}_i)^2 \tag{10.3}$$

称为组内离差平方和或称为误差平方和。而各个水平下的组平均值 $\overline{X}_i$( $i=1,2,\cdots,m$) 相对于总平均值 $\overline{X}$ 的离差平方和

$$\sum_{i=1}^{m}(\overline{X}_i - \overline{X})^2$$

反映了不同水平导致试验结果的离散程度。记

$$S_{\mathrm{A}} = \sum_{j=1}^{n}\sum_{i=1}^{m}(\overline{X}_i - \overline{X})^2 = n\sum_{i=1}^{m}(\overline{X}_i - \overline{X})^2 \tag{10.4}$$

称为组间离差平方和。所有数据 $X_{ij}$ 与总平均值 $\overline{X}$ 的离差平方和

$$S_{\mathrm{T}} = \sum_{i=1}^{m}\sum_{j=1}^{n}(X_{ij} - \overline{X})^2 \tag{10.5}$$

称为总离差平方和。可以证明

$$S_{\mathrm{T}} = S_{\mathrm{E}} + S_{\mathrm{A}} \tag{10.6}$$

事实上,有

$$S_{\mathrm{T}} = \sum_{i=1}^{m}\sum_{j=1}^{n}(X_{ij} - \overline{X})^2 = \sum_{i=1}^{m}\sum_{j=1}^{n}[(X_{ij} - \overline{X}_i) + (\overline{X}_i - \overline{X})]^2 =$$

$$\sum_{i=1}^{m}\sum_{j=1}^{n}(X_{ij} - \overline{X}_i)^2 + n\sum_{i=1}^{n}(\overline{X}_i - \overline{X})^2 = S_{\mathrm{E}} + S_{\mathrm{A}}$$

式(10.6)表明:总离差平方和是由组内离差平方和与组间离差平方和两个部分组成的。

方差分析的基本思想是:如果组间离差平方和 $S_{\mathrm{A}}$ 显著地大于组内离差平方和 $S_{\mathrm{E}}$,则说明:试验结果的差异主要是由于因素的水平变化引起的。也就说明,该因素对于试验结果的影响是显著的。为此,要寻找合理的显著性标准。

通常,设在每个水平 $A_i(i=1,2,\cdots,m)$下的试验结果服从于数学期望为 $\mu_i$、方差为 $\sigma^2$(注意:相等方差)的正态分布,则有

$$X_{ij} \sim N(\mu_i,\sigma^2), \qquad i = 1,2,3,\cdots,m, \qquad j = 1,2,3,\cdots,n \tag{10.7}$$

如果水平的改变并不影响总体，那么各个水平相应的各个总体数学期望 $\mu_i(i=1,2,\cdots,m)$ 都应相等；否则，$\mu_i(i=1,2,\cdots,m)$ 不全相等，说明水平的改变引起了试验结果的差异。此时，$S_A$ 应显著地大于 $S_E$。所以，为了鉴别因素 $A$ 的水平变化对试验结果的影响，只要在给定的显著性水平 $\alpha$ 下，检验假设

$$H_0:\mu_1=\mu_2=\cdots=\mu_m=\mu$$

备选假设

$$H_1:\mu_1,\mu_2,\cdots,\mu_m \text{ 不全相等}$$

并且，控制第一类错误，令

$$P\left\{\frac{S_A/(m-1)}{S_E/(l-m)}>k>1 \mid H_0 \text{ 真}\right\}=\alpha$$

式中，$m-1$ 是 $S_A$ 的自由度，$l=m\times n$，$l-m$ 是 $S_E$ 的自由度。在 $H_0$ 真的条件下，式(10.7)变为

$$X_{ij}\sim N(\mu,\sigma^2),\qquad i=1,2,\cdots,m,\qquad j=1,2,\cdots,n$$

由第 7 章定理 3 的结论(2)，有

$$\frac{S_T}{\sigma^2}\sim\chi^2(l-1)$$

又由本节结尾给出的分解定理，有

$$\frac{S_A}{\sigma^2}\sim\chi^2(m-1),\qquad \frac{S_E}{\sigma^2}\sim\chi^2(l-m)$$

由此得到

$$F=\frac{S_A/(m-1)}{S_E/(l-m)}\sim F(m-1,l-m)$$

所以

$$k=F_{1-\alpha}(m-1,l-m)$$

检验的拒绝域为

$$F=\frac{S_A/(m-1)}{S_E/(l-m)}>F_{1-\alpha}(m-1,l-m) \tag{10.8}$$

当试验数据满足式(10.8)时，拒绝 $H_0$，表明因素 $A$ 对试验结果的影响显著。而当不满足式(10.8)时，接受 $H_0$，表明因素 $A$ 的影响不显著，试验结果的差异主要是由各种不可控的随机因素造成的。

但是，这种检验毕竟与所给显著性水平 $\alpha$ 的大小有关。在实际应用中.通常约定：当 $F>F_{0.99}$ 时，称因素 $A$ 的影响为高度显著；当 $F_{0.95}\leqslant F<F_{0.99}$ 时，称 $A$ 的影响为显著；当 $F<F_{0.95}$ 时，称 $A$ 无显著影响。

方差分析的计算结果可列成表，称为方差分析表(见表 10-2)。

**表10-2　单因素方差分析表**

| 方差来源 | 平方和 | 自由度 | $F$ 值 | $F_{1-\alpha}$ 值 | 显著性 |
|---|---|---|---|---|---|
| 组间(因素 $A$) | $S_A$ | $m-1$ | $F=\dfrac{S_A/(m-1)}{S_E/(l-m)}$ | $F_{1-\alpha}(m-1,l-m)$ | |
| 组内(误差) | $S_E$ | $l-m$ | | | |
| 总和 | $S_T$ | $l-1$ | | | |

**例1**　在电流强度的四个不同水平下,测试电解铜的纯度,对每种电流强度各做了5次独立重复试验,测得电解铜含杂质率数据,列于下表:

| 杂质率/% \ 试验号 \ 电流/A | 1 | 2 | 3 | 4 | 5 |
|---|---|---|---|---|---|
| $A_1(10)$ | 1.7 | 2.1 | 2.2 | 2.1 | 1.9 |
| $A_2(15)$ | 2.1 | 2.2 | 2.0 | 2.2 | 2.1 |
| $A_3(20)$ | 1.5 | 1.3 | 1.8 | 1.4 | 1.7 |
| $A_4(25)$ | 1.9 | 1.9 | 2.2 | 2.3 | 2.0 |

试判断:电流强度对杂质率有无显著影响?(设杂质率服从相同方差的正态分布。)

**解**　组平均值

$$\bar{x}_i = \frac{1}{5}\sum_{j=1}^{5} x_{ij}, \qquad i = 1,2,3,4$$

$$\bar{x}_1 = \frac{1}{5}(1.7+2.1+2.2+2.1+1.9) = 2.00$$

$$\bar{x}_2 = \frac{1}{5}(2.1+2.2.+2.0+2.2+2.1) = 2.12$$

$$\bar{x}_3 = \frac{1}{5}(1.5+1.3+1.8+1.4+1.7) = 1.54$$

$$\bar{x}_4 = \frac{1}{5}(1.9+1.9+2.2+2.3+2.0) = 2.06$$

总平均值
$$\bar{x} = \frac{1}{4}\sum_{i=1}^{4}\bar{x}_i = 1.93$$

组内离差平方和可由式(10.3)得

$$S_E = \sum_{i=1}^{4}\sum_{j=1}^{5}(x_{ij}-\bar{x}_i)^2 = 0.492$$

由式(10.4),组间离差平方和为

$$S_A = 5\sum_{i=1}^{4}(\bar{x}_i-\bar{x})^2 = 1.05$$

则
$$F=\frac{S_A/3}{S_E/16}=\frac{1.05\times16}{0.49\times3}=11.38$$

而 $F_{0.99}(3,16)=5.29$，得知 $F>F_{0.99}(3,16)$。于是认为电流强度的变化对电解铜的杂质率有高度显著的影响。列出方差分析表：

| 方差来源 | 平方和 | 自由度 | F 值 | $F_{1-\alpha}$ 值 | 显著性 |
|---|---|---|---|---|---|
| 组间 | $S_A=1.05$ | 3 | $F=\dfrac{S_A/3}{A_E/16}=11.38$ | $F_{0.99}(3,16)=5.29$ | ** |
| 组内 | $S_B=0.492$ | 16 | | | |
| 总和 | $S_T=1.542$ | 19 | | | |

注“**”表示“高度显著”。

为了简化计算，减少计算误差，将式(10.3)、式(10.4)、式(10.5) 化为

$$\left.\begin{aligned}
T &= \sum_{i=1}^{m}\sum_{j=1}^{n}X_{ij}\\
l &= mn\\
Q_A &= \frac{1}{n}\sum_{i=1}^{m}\Big(\sum_{j=1}^{n}X_{ij}\Big)^2\\
W &= \sum_{i=1}^{m}\sum_{j=1}^{n}X_{ij}^2\\
S_A &= Q_A-\frac{T^2}{l}\\
S_E &= W-Q_A\\
S_T &= S_A+S_E=W-\frac{T^2}{l}
\end{aligned}\right\}\qquad(10.9)$$

特别当数据的位数较多时，可以在每一个原数据上加上或者乘以一个常数，然后再运用式(10.9)来作计算，原则上不会影响方差分析结论的正确性。

**例 2** 有三台同样规格的机器，用来生产厚度为 0.25 cm 的铝板。现对每台机器的产品取 5 个样品，测得铝板厚度(单位:cm)列于下表：

| 试验号 \ 厚度 $x_{ij}$/cm \ 机器号 | Ⅰ | Ⅱ | Ⅲ |
|---|---|---|---|
| 1 | 0.236 | 0.257 | 0.258 |
| 2 | 0.238 | 0.253 | 0.264 |
| 3 | 0.248 | 0.255 | 0.259 |
| 4 | 0.245 | 0.254 | 0.267 |
| 5 | 0.243 | 0.261 | 0.262 |

设铝板厚度服从方差相同的正态分布,问:在显著性水平 $\alpha=0.05$ 下,三台机器有无显著差异?

**解** 首先简化数据,令

$$y_{ij}=1\,000(x_{ij}-0.250)$$

列于下表,并在表上进行计算:

| $y_{ij}$ | 1 | 2 | 3 | 4 | 5 | $\sum$ | $(\sum)^2$ |
|---|---|---|---|---|---|---|---|
| Ⅰ | −14 | −12 | −2 | −5 | −7 | −40 | 1 600 |
| Ⅱ | 7 | 3 | 5 | 4 | 11 | 30 | 900 |
| Ⅲ | 8 | 14 | 9 | 17 | 12 | 60 | 3 600 |
| 总和 | | | | | | 50 | 6 100 |

由式(10.9)计算得到

$$\frac{T^2}{l}=\frac{(50)^2}{15}=166.67$$

$$Q_A=\frac{1}{5}\sum_{i=1}^{3}\Big(\sum_{j=1}^{5}y_{ij}\Big)^2=\frac{6\,100}{5}=1\,220$$

$$W=\sum_{i=1}^{3}\sum_{j=1}^{5}y_{ij}^2=1\,412$$

$$S_A=Q_A-\frac{T^2}{l}=1\,053.33$$

$$S_E=W-Q_A=192$$

且 $S_A,S_E$ 的自由度分别为

$$f_A=3-1=2,\qquad f_E=15-3=12$$

计算 $F$ 值

$$F=\frac{S_A/2}{S_E/12}=\frac{1\,053.33\times 6}{192}=32.92$$

列出方差分析表:

| 方差来源 | 平方和 | 自由度 | $F$ 值 | $F_{1-\alpha}$ 值 | 显著性 |
|---|---|---|---|---|---|
| 机器间 | $S_A=1\,053.33$ | 2 | | | |
| 误 差 | $S_E=192$ | 12 | $F=32.92$ | $F_{0.95}(2,12)=3.89$ | * |
| 总 和 | $S_T=1\,245.33$ | 14 | | | |

注:“*”表示“显著”。

因为 $F>F_{0.95}(2,12)$,所以在 $\alpha=0.05$ 下,三台机器的差异是显著的。

## 10.1.2　一般模型

设因素 $A$ 有 $m$ 个水平，记为 $A_1,A_2,\cdots,A_m$。在其他因素保持不变的条件下，取第 $i(i=1,2,\cdots,m)$ 个水平 $A_i$，做 $n_i$ 次独立重复试验。其中

$$n_1+n_2+\cdots+n_m=l$$

第 $i$ 个水平 $A_i$ 的第 $j$ 次试验结果记为 $X_{ij}$，设

$$X_{ij}\sim N(\mu,\sigma^2),\qquad j=1,2,\cdots,n_i,\qquad i=1,2,\cdots,m$$

进一步表示为线性模型

$$\left.\begin{aligned}X_{ij}&=\mu_i+\varepsilon_{ij},\qquad j=1,2,\cdots,n_i\\ \varepsilon_{ij}&\sim N(0,\sigma)^2,\qquad i=1,2,\cdots,m\end{aligned}\right\}\tag{10.10}$$

式中，$\sigma^2$ 和 $\mu_1,\mu_2,\cdots,\mu_m$ 都是未知常数，而各个 $\varepsilon_{ij}$ 是相互独立、服从相同正态分布 $N(0,\sigma^2)$ 的随机变量，令

$$\mu=\frac{1}{m}\sum_{i=1}^{m}\mu_i$$

并且记 $\delta_i=\mu_i-\mu$，称为水平 $A_i$ 的效应。那么，模型(10.10)化为

$$\begin{cases}X_{ij}=\mu+\delta_i+\varepsilon_{ij}, & j=1,2,\cdots,n_i\\ \varepsilon_{ij}\sim N(0,\sigma^2), & i=1,2,\cdots,m\end{cases}$$

检验 $\mu_1,\mu_2,\cdots,\mu_m$ 是否相等的问题转化为检验 $\delta_1,\delta_2,\cdots,\delta_m$ 是否都等于零。也就是，在显著性水平 $\alpha$ 下，检验假设

$$H_0:\delta_1,\delta_2,\cdots,\delta_m\text{ 不全为零}$$

容易推得检验的拒绝域为

$$F=\frac{S_A/(m-1)}{S_E/(l-m)}>F_{1-\alpha}(m-1,l-m)$$

式中

$$\left.\begin{aligned}S_A&=\sum_{i-1}^{m}n_i(\overline{X}_i-\overline{X})^2\\ S_E&=\sum_{i=1}^{m}\sum_{j-1}^{n_i}(X_{ij}-\overline{X}_i)^2\\ \overline{X}_i&=\frac{1}{n_i}\sum_{j-1}^{n_i}X_{ij},\qquad i=1,2,\cdots,m\\ \overline{X}&=\frac{1}{l}\sum_{i=1}^{m}\sum_{j=1}^{n_i}X_{ij}\end{aligned}\right\}\tag{10.11}$$

为了简化计算，减少计算误差，把以上公式化为

$$\left.\begin{aligned}
T &= \sum_{i=1}^{m}\sum_{j=1}^{n_i} X_{ij} \\
l &= n_1 + n_2 + \cdots + n_m \\
Q_{\mathrm{A}} &= \sum_{i=1}^{m} \frac{1}{n}\left(\sum_{j=1}^{n_i} X_{ij}\right)^2 \\
W &= \sum_{i=1}^{m}\sum_{j=1}^{n_i} X_{ij}^2 \\
S_{\mathrm{A}} &= Q_{\mathrm{A}} - \frac{T^2}{l} \\
S_{\mathrm{E}} &= W - Q_{\mathrm{A}} \\
S_{\mathrm{T}} &= S_{\mathrm{A}} + S_{\mathrm{E}} = W - \frac{T^2}{l}
\end{aligned}\right\} \tag{10.12}$$

**例 3** 设灯丝材料不同的灯泡寿命服从方差相同的正态分布。灯丝材料有四种,试根据下表所列试验结果,在显著性水平 $\alpha=0.05$ 下,判断:灯丝材料的变化对灯泡寿命的影响是否显著?

| 试验号 / 寿命 $x_{ij}$/小时 / 灯丝材料 | 1 | 2 | 3 | 4 | 5 | 6 | 7 | 8 |
|---|---|---|---|---|---|---|---|---|
| $A_1$ | 1 600 | 1 610 | 1 650 | 1 680 | 1 700 | 1 720 | 1 800 | — |
| $A_2$ | 1 580 | 1 640 | 1 640 | 1 700 | 1 750 | — | — | — |
| $A_3$ | 1 460 | 1 550 | 1 600 | 1 620 | 1 640 | 1 660 | 1 740 | 1 820 |
| $A_4$ | 1 510 | 1 520 | 1 530 | 1 570 | 1 600 | 1 680 | — | — |

**解** 令 $y_{ij}=\dfrac{1}{10}(x_{ij}-1\,640)$,列于下表,并在表上进行计算:

| $y_{ij}$ | 1 | 2 | 3 | 4 | 5 | 6 | 7 | 8 | $\sum$ | $\frac{1}{n_i}(\sum)^2$ |
|---|---|---|---|---|---|---|---|---|---|---|
| $A_1$ | −4 | −3 | 1 | 4 | 6 | 8 | 16 | | 28 | 112 |
| $A_2$ | −6 | 0 | 0 | 6 | 11 | | | | 11 | 24.2 |
| $A_3$ | −18 | −9 | −4 | −2 | 0 | 2 | 10 | 18 | −3 | 1.125 |
| $A_4$ | −13 | −12 | −11 | −7 | −4 | 4 | | | −43 | 308.167 |
| 总和 | | | | | | | | | −7 | 445.492 |

由式(10.12)计算得到

$$\frac{T^2}{l} = \frac{(-7)^2}{26} = 1.885$$

$$Q_A = 445.492$$

$$W = \sum_{i=1}^{4} \sum_{j=1}^{n_i} y_{ij}^2 = 1\ 959$$

$$S_A = Q_A - \frac{T^2}{l} = 443.607$$

$$S_E = W - Q_A = 1\ 513.508$$

$$S_T = S_A + S_E = 1\ 957.115$$

计算 $F$ 值：

$$F = \frac{S_A/3}{S_E/22} = \frac{443.607 \times 22}{1\ 513.508 \times 3} = 2.15$$

列出方差分析表。

<table>
<tr><th>方差来源</th><th>平方和</th><th>自由度</th><th>F 值</th><th>$F_{1-\alpha}$ 值</th><th>显著性</th></tr>
<tr><td>机器间</td><td>$S_A=443.607$</td><td>3</td><td rowspan="3">$F=2.15$</td><td rowspan="3">$F_{0.95}(3,22)=3.05$</td><td rowspan="3">不显著</td></tr>
<tr><td>误　差</td><td>$S_E=151.508$</td><td>22</td></tr>
<tr><td>总　和</td><td>$S_T=1\ 957.115$</td><td>25</td></tr>
</table>

由于 $F<F_{0.95}(3,22)$，因此在 $\alpha=0.05$ 下认为灯丝采用不同材料对于灯泡寿命没有显著影响。

### 10.1.3 分解定理

设各平方和 $Q_j$ 的自由度为 $f_j, j=1,2,\cdots,k$，并且 $f_1+f_2+\cdots+f_k=n$。如果

$$Q_1 + Q_2 + \cdots + Q_k \sim \chi^2(n)$$

则有

$$Q_j \sim \chi^2(f_j), \qquad j = 1,2,\cdots,k$$

并且 $Q_1, Q_2, \cdots, Q_k$ 相互独立。

证明略。

## 10.2 双因素方差分析

双因素方差分析是要检验两个因素对于试验结果的影响。本节介绍双因素无重复试验的分析。

设因素 $A$ 有 $m$ 个水平：$A_1, A_2, \cdots, A_m$，因素 $B$ 有 $n$ 个水平：$B_1, B_2, \cdots, B_n$，在其他因素不

变的条件下,取 $A_i(i=1,2,\cdots,m)$ 和 $B_j(j=1,2,\cdots,n)$ 做一次试验,试验结果记为 $X_{ij}$,那么,全部试验结果是 $m\times n$ 个相互独立(由试验的独立性决定的)的容量为1的样本 $X_{ij}$,列成表,即表10-3。

**表10-3　双因素试验数据表**

| $X_{ij}$ \ B \ A | $B_1$ | $B_2$ | $\cdots$ | $B_j$ | $\cdots$ | $B_n$ | $\overline{X}_{i\cdot}$ |
|---|---|---|---|---|---|---|---|
| $A_1$ | $X_{11}$ | $X_{12}$ | $\cdots$ | $X_{1j}$ | $\cdots$ | $X_{1n}$ | $\overline{X}_{1\cdot}$ |
| $A_2$ | $X_{21}$ | $X_{22}$ | $\cdots$ | $X_{2j}$ | $\cdots$ | $X_{2n}$ | $\overline{X}_{2\cdot}$ |
| $\vdots$ | $\vdots$ | $\vdots$ | | $\vdots$ | | $\vdots$ | $\vdots$ |
| $A_i$ | $X_{i1}$ | $X_{i2}$ | $\cdots$ | $X_{ij}$ | $\cdots$ | $X_{in}$ | $\overline{X}_{i\cdot}$ |
| $\vdots$ | $\vdots$ | $\vdots$ | | $\vdots$ | | $\vdots$ | $\vdots$ |
| $A_m$ | $X_{m1}$ | $X_{m2}$ | $\cdots$ | $X_{mj}$ | $\cdots$ | $X_{mn}$ | $\overline{X}_{m\cdot}$ |
| $\overline{X}_{\cdot j}$ | $\overline{X}_{\cdot 1}$ | $\overline{X}_{\cdot 2}$ | $\cdots$ | $\overline{X}_{\cdot j}$ | $\cdots$ | $\overline{X}_{\cdot n}$ | |

设
$$X_{ij}\sim N(\mu_{ij},\sigma^2),\quad i=1,2,\cdots,m,\quad j=1,2,\cdots,n \tag{10.13}$$

记 $\mu=\dfrac{1}{mn}\sum\limits_{i=1}^{m}\sum\limits_{j=1}^{n}\mu_{ij}$,且设

$$\mu_{ij}=\mu+\alpha_i+\beta_j$$

则有

$$\sum_{i=1}^{m}\alpha_i=0,\qquad \sum_{j=1}^{n}\beta_j=0$$

$\alpha_i$ 称为因素 $A$ 的第 $i$ 个水平 $A_i$ 的效应,$\beta_j$ 称为因素 $B$ 的第 $j$ 个水平 $B_j$ 的效应。于是,式(10.13)可改写为线性模型:

$$\begin{cases}X_{ij}=\mu+\alpha_i+\beta_j+\varepsilon_{ij}, & i=1,2,\cdots,m\\ \varepsilon_{ij}\sim N(0,\sigma^2), & j=1,2,\cdots,n\end{cases}$$

式中,$\mu,\sigma^2,\alpha_i,\beta_j$ 都是未知常数,而各个 $\varepsilon_{ij}$ 是相互独立、服从相同正态分布的随机变量。要判断因素 $A$、因素 $B$ 的水平变化对于试验结果的影响是否显著,只要检验假设

$$H_{0A}:\alpha_1=\alpha_2=\cdots=a_m=0$$
$$H_{0B}:\beta_1=\beta_2=\cdots=\beta_n=0$$

备选假设

$$H_{1A}:\alpha_1,\alpha_2,\cdots,a_m\text{ 不全为零},\qquad H_{1B}:\beta_1,\beta_2,\cdots,\beta_n\text{ 不全为零}$$

为此,要对试验数据进行分析,选择适当的统计量,找出检验的拒绝域。

表 10－3 中的 $\overline{X}_{i}.$ 是因素 $A$ 在水平 $A_i$ 下的组平均，$\overline{X}._{j}$ 是因素 $B$ 在水平 $B_j$ 下的组平均，$\overline{X}$ 是全部样本的总平均，即有

$$\left.\begin{aligned}
\overline{X}_{i\cdot} &= \frac{1}{n}\sum_{j=1}^{n} X_{ij}, \qquad i=1,2,\cdots,m \\
\overline{X}_{\cdot j} &= \frac{1}{m}\sum_{i=1}^{m} X_{ij}, \qquad j=1,2,\cdots,n \\
\overline{X} &= \frac{1}{mn}\sum_{i=1}^{m}\sum_{j=1}^{n} X_{ij}
\end{aligned}\right\} \tag{10.14}$$

全部样本 $X_{ij}$ 的总离差平方和为

$$\begin{aligned}
S_{\mathrm{T}} &= \sum_{i=1}^{m}\sum_{j=1}^{n}(X_{ij}-\overline{X})^2 = \\
&\sum_{i=1}^{m}\sum_{j=1}^{n}[(\overline{X}_{i\cdot}-\overline{X})+(\overline{X}_{\cdot j}-\overline{X})+(X_{ij}-\overline{X}_{i\cdot}-\overline{X}_{\cdot j}+\overline{X})]^2 = \\
&n\sum_{i=1}^{n}(\overline{X}_{i\cdot}-\overline{X})^2+m\sum_{j=1}^{n}(\overline{X}_{\cdot j}-\overline{X})^2+\sum_{i=1}^{m}\sum_{j=1}^{n}(X_{ij}-\overline{X}_{i\cdot}-\overline{X}_{\cdot j}+\overline{X})^2
\end{aligned}$$

上式等号右端第一项是由因素 $A$ 的水平变化造成的，记为 $S_A$，称为$A$ 的离差平方和；第二项是由因素 $B$ 的水平变化造成的，记为 $S_B$，称为$B$ 的离差平方和；第三项是剩余离差平方和，又称误差平方和，记为 $S_{\mathrm{E}}$，即有

$$\left.\begin{aligned}
S_A &= n\sum_{i=1}^{m}(\overline{X}_{i\cdot}-\overline{X})^2 \\
S_B &= m\sum_{j=1}^{n}(\overline{X}_{\cdot j}-\overline{X})^2 \\
S_{\mathrm{E}} &= \sum_{i=1}^{m}\sum_{j=1}^{n}(X_{ij}-\overline{X}_{i\cdot}-\overline{X}_{\cdot j}+\overline{X})^2 \\
S_{\mathrm{T}} &= S_A+S_B+S_{\mathrm{E}}
\end{aligned}\right\} \tag{10.15}$$

当 $H_{0A}$ 和 $H_{0B}$ 都真时，全部 $X_{ij}$ 都取自同一正态总体 $N(\mu,\sigma^2)$，于是

$$\frac{S_{\mathrm{T}}}{\sigma^2} \sim \chi^2(mn-1)$$

又由 10.1 节中的分解定理，有

$$\frac{S_A}{\sigma^2} \sim \chi^2(m-1), \qquad \frac{S_B}{\sigma^2} \sim \chi^2(n-1)$$

$$\frac{S_{\mathrm{E}}}{\sigma^2} \sim \chi^2[(m-1)(n-1)]$$

由此构造 $F$ 统计量为

$$F_A=\frac{(n-1)S_A}{S_E}\sim F(m-1,(m-1)(n-1))$$

$$F_B=\frac{(m-1)S_B}{S_E}\sim F(n-1,(m-1)(n-1))$$

那么,在显著性水平 $\alpha$ 下检验假设 $H_{0A}$ 和 $H_{0B}$ 得到:当

$$F_A>F_{1-\alpha}(m-1,(m-1)(n-1))$$

时,则在水平 $\alpha$ 下拒绝 $H_{0A}$,即在水平 $\alpha$ 下认为因素 $A$ 的影响是显著的;否则,接受 $H_{0A}$,表明 $A$ 的影响不显著。同样地,当

$$F_B>F_{1-\alpha}(n-1,(m-1)(n-1))$$

时,在水平 $\alpha$ 下拒绝 $H_{0B}$,表明 $B$ 的影响显著;否则,接受 $H_{0B}$,表明 $B$ 的影响不显著。列出方差分析表 10-4 。

**表 10-4　双因素方差分析表**

| 方差来源 | 平方和 | 自由度 | $F$ 值 | $F_{1-\alpha}$ 值 | 显著性 |
|---|---|---|---|---|---|
| 因素 $A$ | $S_A$ | $m-1$ | $F_A=\frac{(n-1)S_A}{S_B}$ | $F_{1-\alpha}=(m-1,(m-1)(n-1))$ | |
| 因素 $B$ | $S_B$ | $n-1$ | $F_B=\frac{(m-1)S_B}{S_B}$ | $F_{1-\alpha}=(n-1,(m-1)(n-1))$ | |
| 误差 | $S_E$ | $(m-1)(n-1)$ | | | |
| 总和 | $S_T$ | $mn-1$ | | | |

为了简化计算,减少计算误差,把式(10.15)化为

$$\left.\begin{aligned}S_A&=Q_A-\frac{T^2}{l}\\S_B&=Q_B-\frac{T^2}{l}\\S_E&=W-Q_A-Q_B+\frac{T^2}{l}\\S_T&=S_A+S_B+S_E=W-\frac{T^2}{l}\end{aligned}\right\}\tag{10.16}$$

式中

$$Q_A=\frac{1}{n}\sum_{i=1}^{m}\Big(\sum_{j=1}^{n}X_{ij}\Big)^2$$

$$Q_B=\frac{1}{m}\sum_{j=1}^{n}\Big(\sum_{i=1}^{m}X_{ij}\Big)^2$$

$$T=\sum_{i=1}^{m}\sum_{j=1}^{n}X_{ij},\qquad l=mn,\qquad W=\sum_{i=1}^{m}\sum_{j=1}^{n}X_{ij}^2$$

还可以在原数据上加上或乘以一个常数，再用式(10.16)计算，不影响结论的正确性。

**例1**　研究橡胶配方，考虑了三种不同的促进剂和四种不同分量的氧化锌。每一配方做一次试验，测得数据(300 %定强)如下。

| 数据 $x_{ij}$ 氧化锌 $B$ / 促进剂 $A$ | $B_1$ | $B_2$ | $B_3$ | $B_4$ |
|---|---|---|---|---|
| $A_1$ | 32 | 35 | 35.5 | 38.5 |
| $A_2$ | 33.5 | 36.5 | 38 | 39.5 |
| $A_3$ | 36 | 37.5 | 39.5 | 43 |

问：促进剂和氧化锌对于橡胶定强有无显著影响？(取 $\alpha=0.01$)

**解**　令 $y_{ij}=2(x_{ij}-37.5)$，把 $y_{ij}$ 的数值列于下表，并且进行计算：

| $y_{ij}$ | $B_1$ | $B_2$ | $B_3$ | $B_4$ | $\sum$ | $(\sum)^2$ |
|---|---|---|---|---|---|---|
| $A_1$ | −11 | −5 | −4 | 2 | −18 | 324 |
| $A_2$ | −8 | −2 | 1 | 4 | −5 | 25 |
| $A_3$ | −3 | 0 | 4 | 11 | 12 | 144 |
| $\sum$ | −22 | −7 | 1 | 17 | −11 | 493 |
| $(\sum)^2$ | 484 | 49 | 1 | 289 | 823 | |

用式(10.16)，计算得到

$$Q_A=\frac{493}{4}=123.25$$

$$Q_B=\frac{823}{3}=274.33$$

$$\frac{T^2}{l}=\frac{(-11)^2}{2}=10.08$$

$$W=\sum_{i=1}^{m}\sum_{j=1}^{n}y_{ij}^2=397$$

$$S_A=Q_A-\frac{T^2}{l}=123.25-10.08=113.17$$

$$S_B=Q_B-\frac{T^2}{l}=274.33-10.08=264.25$$

$$S_T=W-\frac{T^2}{l}=397-10.08=386.92$$

$$S_E=S_T-S_A-S_B=9.5$$

再计算 $F$ 统计量的值:

$$F_A = \frac{(n-1)S_A}{S_E} = \frac{3\times 113.17}{9.5} = 35.74$$

$$F_B = \frac{(m-1)S_B}{S_E} = \frac{2\times 264.25}{9.5} = 55.63$$

列出方差分析表如下:

| 方差来源 | 平方和 | 自由度 | $F$ 值 | $F_{1-\alpha}$ 值 | 显著性 |
|---|---|---|---|---|---|
| 因素 $A$ | $S_A=113.17$ | 2 | $F_A=35.74$ | $F_{0.99}(2,6)=10.92$ | ** |
| 因素 $B$ | $S_B=264.25$ | 3 | $F_B=55.63$ | $F_{0.99}(3,6)=9.78$ | ** |
| 误差 | $S_E=9.5$ | 6 | | | |
| 总和 | $S_T=386.92$ | 11 | | | |

因为 $F_A>F_{0.99}(2,6)$,$F_B>F_{0.99}(3,6)$所以,在水平 $\alpha=0.01$ 下,因素 $A$ 和 $B$ 都高度显著。就是说,促进剂和氧化锌对于橡胶定强的影响都是高度显著的。

## 10.3 有交互作用的双因素方差分析

在双因素试验中,不仅各个因素的水平变化可能影响试验结果,而且,因素与因素之间的不同水平搭配也可能影响试验结果。因素 $A$ 与因素 $B$ 的不同水平搭配对于试验结果产生的影响称为 $A$ 与 $B$ 的交互作用,记为$A\times B$。为了不仅考察各个因素,而且考察交互作用是否显著,通常对每一水平搭配做独立重复试验,以获得足够的数据。

设因素 $A$ 有 $m$ 个水平:$A_1,A_2,\cdots,A_m$,因素 $B$ 有 $n$ 个水平:$B_1,B_2,\cdots,B_n$。取 $A$ 与 $B$ 的每一种水平搭配,都做独立重复试验 $r$ 次。在水平 $A_i$ 与 $B_j$ 条件下所做的第 $k$ 次试验结果记为 $X_{ijk}(i=1,2,\cdots,m;\ j=1,2,\cdots,n;k=1,2,\cdots,r)$。设

$$\begin{cases} X_{ijk} \sim N(\mu_{ij},\sigma^2) \\ \mu_{ij} = \mu+\alpha_i+\beta_j+\gamma_{ij}, \quad i=1,2,\cdots,m;\quad j=1,2,\cdots,n;\quad k=1,2,\cdots,r \end{cases}$$

式中

$$\mu = \frac{1}{mn}\sum_{i=1}^{m}\sum_{j=1}^{n}\mu_{ij}, \qquad \sum_{i=1}^{m}\alpha_i = 0, \qquad \sum_{j=1}^{n}\beta_j = 0$$

$$\sum_{i=1}^{m}\gamma_{ij} = \sum_{j=1}^{n}\gamma_{ij} = 0$$

$\alpha_i$ 是 $A$ 的第 $i$ 个水平 $A_i$ 的效应,$\beta_j$ 是 $B$ 的第 $j$ 个水平 $B_j$ 的效应,$\gamma_{ij}$ 称为水平 $A_i$ 与水平 $B_j$ 的搭配产生的交互效应。

把上述假设改写为线性模型:

$$\begin{cases} X_{ijk} = \mu + \alpha_i + \beta_j + \gamma_{ij} + \varepsilon_{ijk} \\ \varepsilon_{ijk} \sim N(0,\sigma^2) \\ i = 1,2,\cdots,m; \quad j = 1,2,\cdots,n; \quad k = 1,2,\cdots,r \end{cases}$$

要判断因素 $A,B$ 及其交互作用 $A\times B$ 的影响是否显著，只要在显著性水平 $\alpha$ 下检验假设

$$H_{01}:\alpha_1 = \alpha_2 = \cdots = \alpha_m$$

$$H_{02}:\beta_1 = \beta_2 = \cdots = \beta_n$$

$H_{03}$：对一切 $i = 1,2,\cdots,m$ 和 $j = 1,2,\cdots,n$，有 $\gamma_{ij} = 0$

与 10.2 节的分析方法类同，总离差平方和可以分解为各因素、交互作用及随机误差的离差平方和之和。

$$\left.\begin{aligned} S_T &= \sum_{i=1}^{m}\sum_{j=1}^{n}\sum_{k=1}^{r}(X_{ijk} - \overline{X})^2 = S_A + S_B + S_{A\times B} + S_E \\ S_A &= nr\sum_{i=1}^{m}(\overline{X}_{i\cdot\cdot} - \overline{X})^2 \\ S_B &= mr\sum_{j=1}^{n}(\overline{X}_{\cdot j\cdot} - \overline{X})^2 \\ S_{A\times B} &= r\sum_{i=1}^{m}\sum_{j=1}^{n}(\overline{X}_{ij\cdot} - \overline{X}_{i\cdot\cdot} - \overline{X}_{\cdot j\cdot} + \overline{X})^2 \\ S_E &= \sum_{i=1}^{m}\sum_{j=1}^{n}\sum_{k=1}^{r}(X_{ijk} - \overline{X}_{ij\cdot})^2 \end{aligned}\right\} \tag{10.17}$$

式中

$$\overline{X} = \frac{1}{mnr}\sum_{i=1}^{m}\sum_{j=1}^{n}\sum_{k=1}^{r}X_{ijk}$$

$$\overline{X_{ij\cdot}} = \frac{1}{r}\sum_{k=1}^{r}X_{ijk}, \qquad \overline{X_{i\cdot\cdot}} = \frac{1}{nr}\sum_{j=1}^{n}\sum_{k=1}^{r}X_{ijk}, \qquad \overline{X_{\cdot j\cdot}} = \frac{1}{mr}\sum_{i=1}^{m}\sum_{k=1}^{r}X_{ijk}$$

进一步构造 $F$ 统计量：

$$F_A = \frac{S_A/(m-1)}{S_E/mn(r-1)} \sim F(m-1,\ mn(r-1))$$

$$F_B = \frac{S_B/(n-1)}{S_E/mn(r-1)} \sim F(n-1,\ mn(r-1))$$

$$F_{A\times B} = \frac{S_{A\times B}/(m-1)(n-1)}{S_E/mn(r-1)} \sim F((m-1)(n-1),\ mn(r-1))$$

并且可以证明，当

$$F_A > F_{1-\alpha}(m-1,\ mn(r-1))$$

时，则在水平 $\alpha$ 下拒绝 $H_{01}$，即因素 $A$ 显著；当

$$F_B > F_{1-\alpha}(n-1,\ mn(r-1))$$

时,则在水平 $\alpha$ 下拒绝 $H_{02}$,即因素 $B$ 显著;当

$$F_{A\times B} > F_{1-\alpha}((m-1)(n-1), mn(r-1))$$

时,则在水平 $\alpha$ 下拒绝 $H_{03}$,即交互作用 $A\times B$ 显著。把以上结果列成方差分析表,即表10-5。

**表10-5　有交互作用的方差分析表**

| 方差来源 | 平方和 | 自由度 | F 值 | $F_{1-\alpha}$ 值 | 显著性 |
|---|---|---|---|---|---|
| $A$ | $S_A$ | $m-1$ | $F_A=\dfrac{S_A/(m-1)}{S_E/mn(r-1)}$ | $F_{1-\alpha}(m-1, mn(r-1))$ | |
| $B$ | $S_B$ | $n-1$ | $F_B=\dfrac{S_B/(n-1)}{S_E/mn(r-1)}$ | $F_{1-\alpha}(n-1, mn(r-1))$ | |
| $A\times B$ | $S_{A\times B}$ | $(m-1)(n-1)$ | $F_{A\times B}=\dfrac{S_{A\times B}/(m-1)(n-1)}{S_E/mn(r-1)}$ | $F_{1-\alpha}((m-1)(n-1), mn(r-1))$ | |
| 误差 | $S_E$ | $mn(r-1)$ | | | |
| 总和 | $S_T$ | $mnr-1$ | | | |

为了简化计算,减少计算误差,把式(10.17)化为

$$\left.\begin{aligned} S_A &= Q_A - \frac{T^2}{l} \\ S_B &= Q_B - \frac{T^2}{l} \\ S_{A\times B} &= Q_{AB} - Q_A - Q_B + \frac{T^2}{l} \\ S_E &= W - Q_{AB} \\ S_T &= S_A + S_B + S_{A\times B} + S_E = W - \frac{T^2}{l} \end{aligned}\right\} \tag{10.18}$$

式中

$$Q_A = \frac{1}{nr}\sum_{i=1}^{m}\left(\sum_{j=1}^{n}\sum_{k=1}^{r}X_{ijk}\right)^2$$

$$Q_B = \frac{1}{mr}\sum_{j=1}^{n}\left(\sum_{i=1}^{m}\sum_{k=1}^{r}X_{ijk}\right)^2$$

$$Q_{AB} = \frac{1}{r}\sum_{i=1}^{m}\sum_{j=1}^{n}\left(\sum_{k=1}^{r}X_{ijk}\right)^2$$

$$T = \sum_{i=1}^{m}\sum_{j=1}^{n}\sum_{k=1}^{r}X_{ijk}, \qquad l = mnr, \qquad W = \sum_{i=1}^{m}\sum_{j=1}^{n}\sum_{k=1}^{r}X_{ijk}^2$$

**例1**　用四种燃料、三种推进器做火箭射程试验。对于燃料和推进器的每种搭配,都试验两次,测得火箭射程(海里)列于下表:

| 推进器 $B$ / 射程 $X_{ijk}$ / 燃料 $A$ | $B_1$ | $B_2$ | $B_3$ |
|---|---|---|---|
| $A_1$ | 58.2<br>52.6 | 56.2<br>41.2 | 65.3<br>60.8 |
| $A_2$ | 49.1<br>42.8 | 54.1<br>50.5 | 51.8<br>48.4 |
| $A_3$ | 60.1<br>58.3 | 70.9<br>73.2 | 39.2<br>40.7 |
| $A_4$ | 75.8<br>71.5 | 58.2<br>51.0 | 48.7<br>41.4 |

试检验:燃料、推进器以及它们的交互作用对于射程的影响是否显著?

**解**　试验数据列表计算如下:

| $B$ / $X_{ijk}$ / $A$ | $B_1$ | $B_2$ | $B_3$ | $\sum$ | $(\sum)^2$ |
|---|---|---|---|---|---|
| $A_1$ | 110.8 | 97.4 | 126.1 | 334.3 | 111 756.49 |
| $A_2$ | 91.9 | 104.6 | 199.2 | 296.9 | 88 030.89 |
| $A_3$ | 118.4 | 144.1 | 79.7 | 342.4 | 117 237.76 |
| $A_4$ | 147.3 | 109.2 | 90.1 | 346.6 | 120 131.56 |
| $\sum$ | 468.4 | 455.3 | 396.3 | 1 320 | 437 156.70 |
| $(\sum)^2$ | 219 398.56 | 207 298.09 | 157 053.69 | 583 750.34 | |

运用式(10.18),计算得到

$$\frac{T^2}{l} = \frac{(1\ 320)^2}{24} = 72\ 600$$

$$Q_A = \frac{437\ 156.70}{6} = 72\ 859.45$$

$$Q_B = \frac{583\ 750.34}{8} = 72\ 968.79$$

$$Q_{AB} = 74\ 999.37$$

$$W = 75\ 236.98$$

$$S_A = Q_A - \frac{T^2}{l} = 259.45$$

$$S_B = Q_B - \frac{T^2}{l} = 368.79$$

$$S_{A\times B} = Q_{AB} - Q_A - Q_B + \frac{T^2}{l} = 1\ 771.13$$

$$S_{\mathrm{E}} = W - Q_{AB} = 237.61$$

$$S_{\mathrm{T}} = W - \frac{T^2}{l} = 2\ 636.98$$

再计算统计量的值

$$F_A = \frac{S_A/3}{S_{\mathrm{E}}/12} = 4.37$$

$$F_B = \frac{S_B/2}{S_{\mathrm{E}}/12} = 9.31$$

$$F_{A\times B} = \frac{S_{A\times B}/6}{S_{\mathrm{E}}/12} = 14.91$$

最后,列出方差分析表如下:

| 方差来源 | 平方和 | 自由度 | $F$ 值 | $F_{1-\alpha}$ 值 | 显著性 |
|---|---|---|---|---|---|
| $A$ | 259.45 | 3 | $F_A=4.37$ | $F_{0.95}(3,12)=3.49$ | * |
| $B$ | 368.79 | 2 | $F_B=9.31$ | $F_{0.99}(2,12)=6.93$ | ** |
| $A\times B$ | 1 771.13 | 6 | $F_{A\times B}=14.91$ | $F_{0.99}(6,12)=4.82$ | ** |
| 误差 | 237.61 | 12 | | | |
| 总和 | 2 636.98 | 23 | | | |

由此可知,燃料对于射程的影响是显著的。推进器、燃料与推进器的交互作用对于射程的影响都是高度显著的;而且,从试验数据来看,$A_4B_1$ 或者 $A_3B_2$ 的水平搭配是最好的。

## 习题十

1. 在用钡泥制取硝酸钡的过程中,为了判断溶钡酸度对于废水中硝酸钡的含量有无显著影响,取酸度 pH 为 4,3,2,1 四个水平,每个水平下都做四次独立重复试验,测得废水中硝酸钡含量(%)如下:

| 含量 $X_{ij}$ 酸度 $A$ / 试验号 | $A_1$ (pH=4) | $A_2$ (pH=3) | $A_3$ (pH=2) | $A_4$ (pH=1) |
|---|---|---|---|---|
| 1 | 6.17 | 5.89 | 5.01 | 4.28 |
| 2 | 6.73 | 5.73 | 5.19 | 4.75 |
| 3 | 6.45 | 5.50 | 5.37 | 4.79 |
| 4 | 6.53 | 5.61 | 5.26 | 4.50 |

试作方差分析。(取 $\alpha=0.01$)

2. 对三个工厂 $A_1,A_2,A_3$ 生产的电池，各随机地抽取 5 只样品，测得寿命(小时)数据如下：

| 工　厂 | 寿　命 | | | | |
|---|---|---|---|---|---|
| $A_1$ | 40 | 48 | 38 | 42 | 45 |
| $A_2$ | 26 | 34 | 30 | 28 | 32 |
| $A_3$ | 39 | 40 | 43 | 50 | 50 |

试在水平 $\alpha=0.05$ 下检验：各厂生产的电池的平均寿命有无显著差异？

3. 对五个工厂生产的灯泡抽样测定光通量(单位：lm/W)，测量值列于下表：

| 工　厂 | 测量值 | | | | | |
|---|---|---|---|---|---|---|
| 1 | 9.47 | 9.00 | 9.12 | 9.27 | 9.27 | 9.25 |
| 2 | 10.80 | 11.28 | 11.15 | | | |
| 3 | 10.37 | 10.42 | 10.28 | | | |
| 4 | 10.65 | 10.33 | | | | |
| 5 | 9.54 | 8.62 | | | | |

试在水平 $\alpha=0.01$ 下检验：不同工厂生产的灯泡的光通量有无显著差异？

4. 四名工人各操作机器 $A_1,A_2,A_3$ 各一天，其日产量(件)记录如下：

| 日产量 工人 / 机器 | $B_1$ | $B_2$ | $B_3$ | $B_4$ |
|---|---|---|---|---|
| $A_1$ | 50 | 47 | 47 | 53 |
| $A_2$ | 53 | 54 | 57 | 58 |
| $A_3$ | 52 | 42 | 41 | 48 |

试在水平 $\alpha=0.05$ 下检验:机器之间或者工人之间是否存在显著差异?

5. 下表给出某化工过程在三种浓度、四种温度的所有不同搭配下的得率数据:

| 得率 浓度/% \ 温度/℃ | 10 | 24 | 38 | 52 |
|---|---|---|---|---|
| 2 | 14<br>10 | 11<br>11 | 13<br>9 | 10<br>12 |
| 4 | 9<br>7 | 10<br>8 | 7<br>11 | 6<br>10 |
| 6 | 5<br>11 | 13<br>14 | 12<br>13 | 14<br>10 |

试在水平 $\alpha=0.05$ 下检验:浓度效应、温度效应以及它们的交互作用效应是否显著?

# 第 11 章　回归分析

变量与变量之间的关系大体上分为两类:确定性关系与非确定性关系。确定性关系是指:一个或一组自变量的数值能够确定因变量的数值,也称为函数关系。例如,自由落体下落路程 $s$ 与下落时间 $t$ 之间必定遵循等加速运动 $s=\frac{1}{2}gt^2$;又如,电阻 $R$ 两端的端电压 $U$ 与通过的电流 $I$ 之间必定遵循欧姆定律 $U=IR$。然而,在自然界和生产实践中,往往遇到另一类变量之间存在关系,却不确定,不能由一个或一组变量的数值去确定另一变量的值。例如,孩子的身高值与父母的身高有关,一般来说,父母较高的,孩子也长得较高,但是却不能由父母的身高值来确定孩子的身高值。又如,人的血压与年龄的关系;炼钢过程中,熔毕碳与精炼时间的关系;棉纱质量与原棉质量的关系;农作物的产量与气候、农药、施肥量的关系;消费者对某种商品的需求量与该商品价格的关系,等等。这些关系的共同特点是:有关系却不确定;并且,在大量重复试验(或观察)中,又会呈现出统计规律性。这类具有统计规律性的非确定关系,称为相关关系(或称统计相关)。一般地表为

$$Y=f(x_1,x_2,\cdots,x_n)+\varepsilon$$

式中,$\varepsilon$ 是数学期望为零的随机变量。

回归分析是研究相关关系的一种数理统计方法。回归分析的基本问题是:

(1) 寻求表述 $Y$ 与 $x_1,x_2,\cdots,x_n$ 的相关关系的经验回归方程,简称回归方程。

(2) 利用回归方程,在一定置信度下,预估当自变量 $x_1,x_2,\cdots,x_n$ 取确定值时,随机变量 $Y$ 的取值范围,称为预测问题。

(3) 为使 $Y$ 在给定的范围内取值,利用回归方程,控制自变量 $x_1,x_2,\cdots,x_n$ 的取值范围,称为控制问题。

在诸如寻找经验公式、各种预测预报、产品的质量控制、工艺最优化等多方面,回归分析都有广泛的、行之有效的应用。

## 11.1　一元线性回归方程

设 $x$ 是可控制或可精确观察得到数据的变量,而 $Y$ 是与 $x$ 具有相关关系的随机变量。对于 $x$ 的每个确定值 $x_i(i=1,2,\cdots,n)$,独立地做一次试验,得到随机变量 $Y$ 的相应观察值 $y_i(i=1,2,\cdots,n)$,从而构成 $n$ 对数据

$$(x_1,y_1),(x_2,y_2),\cdots,(x_n,y_n)$$

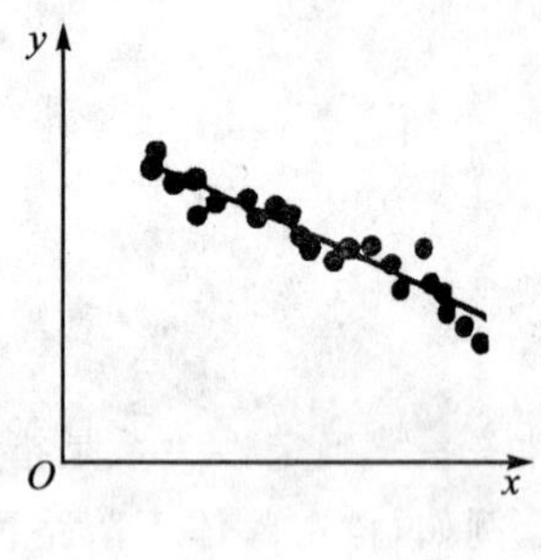


图 11-1

称为一组容量为 $n$ 的样本观察值。在平面直角坐标系中,作这组样本值的图形,称为散点图。如果这 $n$ 个点大致散布在一条直线的近旁(见图11-1),那么,$Y$ 与 $x$ 可能具有线性相关关系。设

$$Y = a + bx + \varepsilon \tag{11.1}$$

$\varepsilon$ 是数学期望为零的随机变量,通常设 $\varepsilon$ 服从正态分布 $N(0,\sigma^2)$,于是,$Y$ 的数学期望

$$\mathrm{E}Y = a + bx$$

由样本值 $(x_i,y_i)(i=1,2,\cdots,n)$ 对 $a,b$ 作出估计,从而求得 $\mathrm{E}Y$ 的估计值 $\hat{y}$,即

$$\hat{y} = \hat{a} + \hat{b}x \tag{11.2}$$

称为一元线性回归方程。线性回归方程的图形称为回归直线。$\hat{y}$ 称为回归值。$\hat{b}$ 称为回归系数,它表示自变量 $x$ 每增加一单位,引起 $\mathrm{E}Y$ 的改变量。

求线性回归方程的问题,又称为求 $Y$ 对 $x$ 的线性回归。工程上称之为配直线。基本方法包括两个步骤:

(1) 求 $a,b$ 的估计值,从而求出线性回归方程;

(2) 作线性相关性检验,又称回归显著性检验。

### 11.1.1 $a,b$ 的最小二乘估计

对于平面直线 $l{:}\,y=a+bx$ 与 $n$ 对样本值 $(x_i,y_i)$,$i=1,2,\cdots,n$,量 $|y_i-(a+bx_i)|$ 描述了点 $(x_i,y_i)$ 沿 $y$ 轴方向到直线 $l$ 的距离。令

$$Q(a,b) = \sum_{i=1}^{n}[y_i - (a + bx_i)]^2$$

描述 $n$ 个点 $(x_i,y_i)(i=1,2,\cdots,n)$ 与直线 $l$ 的偏离程度。显然,偏离愈小愈好。满足

$$Q(\hat{a},\hat{b}) = \min Q(a,b)$$

的 $\hat{a},\hat{b}$,称为 $a,b$ 的最小二乘估计值。令

$$\begin{cases} \dfrac{\partial Q}{\partial a} = -2\sum\limits_{i=1}^{n}[y_i - (a + bx_i)] = 0 \\ \dfrac{\partial Q}{\partial b} = -2\sum\limits_{i=1}^{n}[y_i - (a + bx_i)]x_i = 0 \end{cases}$$

化为方程组

$$\left.\begin{aligned} na + n\bar{x}b &= n\bar{y} \\ n\bar{x}a + \Big(\sum_{i=1}^{n}x_i^2\Big)b &= \sum_{i=1}^{n}x_iy_i \end{aligned}\right\} \tag{11.3}$$

称为正规方程组。其中

$$\bar{x}=\frac{1}{n}\sum_{i=1}^{n}x_i,\qquad \bar{y}=\frac{1}{n}\sum_{i=1}^{n}y_i$$

由于 $x_i(i=1,2,\cdots,n)$不全相同，正规方程组的系数行列式

$$\begin{vmatrix} n & n\bar{x} \\ n\bar{x} & \sum_{i=1}^{n}x_i^2 \end{vmatrix}=n\sum_{i=1}^{n}(x_i-\bar{x})^2\neq 0$$

正规方程组(11.3)必有唯一解。解得 $a,b$ 的最小二乘估计值分别为

$$\left.\begin{aligned} &\hat{a}=\bar{y}-\hat{b}\bar{x} \\ &\hat{b}=\frac{S_{xy}}{S_{xx}} \\ &S_{xy}=\sum_{i=1}^{n}(x_i-\bar{x})(y_i-\bar{y})=\sum_{i=1}^{n}x_iy_i-\frac{1}{n}\Big(\sum_{i=1}^{n}x_i\Big)\Big(\sum_{i=1}^{n}y_i\Big) \\ &S_{xx}=\sum_{i=1}^{n}(x_i-\bar{x})^2=\sum_{i=1}^{n}x_i^2-\frac{1}{n}\Big(\sum_{i=1}^{n}x_i\Big)^2 \end{aligned}\right\} \tag{11.4}$$

可以证明，$\hat{a},\hat{b}$ 是 $a,b$ 的最小方差无偏估计。

## 11.1.2　线性回归方程

式(11.2)给出了线性回归方程。把式(11.4)中第一式代入式(11.2)，线性回归方程改写为

$$\hat{y}=\bar{y}+\hat{b}(x-\bar{x}) \tag{11.5}$$

式(11.5)表明，点$(\bar{x},\bar{y})$在回归直线上。换句话说，回归直线通过散点图的几何重心，而且

$$\frac{1}{n}\sum_{i=1}^{n}\hat{y}_i=\frac{1}{n}\sum_{i=1}^{n}[\bar{y}+\hat{b}(x_i-\bar{x})]=\bar{y}+\hat{b}\left(\frac{1}{n}\sum_{i=1}^{n}x_i-\bar{x}\right)=\bar{y}$$

上式表明，$Y$ 的样本平均也是回归值的平均。

**例 1**　在硝酸钠的溶解度试验中，在不同温度 $x$(℃)下，测得溶解于 100 份水中的硝酸钠份数 $Y$ 的数据如下：

| $x_i$ | 0 | 4 | 10 | 15 | 21 | 29 | 36 | 51 | 68 |
|---|---|---|---|---|---|---|---|---|---|
| $y_i$ | 66.7 | 71.0 | 76.3 | 80.6 | 85.7 | 92.9 | 99.4 | 113.6 | 125.1 |

试求 $Y$ 对 $x$ 的回归方程。

**解**　首先作散点图(见图 11-2)。由于散点大致在一直线上，确定回归方程的形式为线性方程

$$\hat{y}=\hat{a}+\hat{b}x$$

为求 $\hat{a},\hat{b}$，列表计算(见表 11-1)。

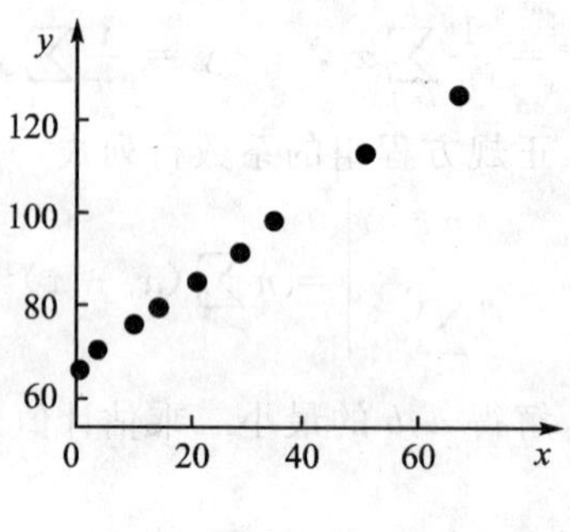


图 11－2

表 11－1　一元回归数据计算(例 1)

| 序　号 | $x$ | $y$ | $x^2$ | $y^2$ | $xy$ |
|---|---|---|---|---|---|
| 1 | 0 | 66.7 | 0 | 4 448.89 | 0 |
| 2 | 4 | 71.0 | 16 | 5 041.00 | 284.0 |
| 3 | 10 | 76.3 | 100 | 5 821.69 | 763.0 |
| 4 | 15 | 80.6 | 225 | 6 496.36 | 1 209.0 |
| 5 | 21 | 85.7 | 441 | 7 344.49 | 1 799.7 |
| 6 | 29 | 92.9 | 841 | 8 630.41 | 2 694.1 |
| 7 | 36 | 99.4 | 1 296 | 9 880.36 | 3 578.4 |
| 8 | 51 | 113.6 | 2 601 | 12 904.96 | 5 793.6 |
| 9 | 68 | 125.1 | 4 624 | 15 650.01 | 8 506.8 |
| $\sum$ | 234 | 811.3 | 10 144 | 76 218.17 | 24 628.6 |

由式(11.4)计算得到

$$S_{xy}=\sum_{i=1}^{n}x_iy_i-\frac{1}{n}\Big(\sum_{i=1}^{n}x_i\Big)\Big(\sum_{i=1}^{n}y_i\Big)=$$

$$24\ 628.6-\frac{1}{9}(234)(811.3)=3\ 534.8$$

$$S_{xx}=\sum_{i=1}^{n}x_i^2-\frac{1}{n}\Big(\sum_{i=1}^{n}x_i\Big)^2=$$

$$10\ 144-\frac{1}{9}(234)^2=4\ 060$$

$$\hat{b}=\frac{S_{xy}}{S_{xx}}=\frac{3\ 534.8}{4\ 060}=0.870\ 6$$

$$\hat{a}=\bar{y}-\hat{b}\bar{x}=\frac{1}{9}[811.3-(0.870\ 6)(234)]=67.507\ 8$$

于是得到回归方程

$$\hat{y} = 67.5078 + 0.8706x$$

这样得到的回归方程能否表示 $Y$ 与 $x$ 的线性相关关系呢？就方法本身而言，即使对于一堆杂乱的、与线性关系相差甚远的散点，也能用最小二乘法建立一个线性方程。但这个方程是没有意义的。只有当 $Y$ 与 $x$ 具有线性相关关系时，求得的线性回归方程才能表示 $Y$ 与 $x$ 的线性相关关系。为此，需要作相关性检验。

## 11.1.3　线性相关性检验

在线性相关关系的假设式(11.1)中，如果 $b=0$，那么 $Y$ 与 $x$ 在事实上不存在线性相关关系。只有当 $b\neq 0$ 时，式(11.1)才表示 $Y$ 与 $x$ 之间的线性相关关系。因此，检验 $Y$ 与 $x$ 之间线性相关关系的假设的问题转化为检验 $b$ 是否为零的问题。为了选择适当的统计量，找出检验的拒绝域，首先对样本值作如下分析：

随机变量 $Y$ 的样本离差平方和(以下简称总和)为

$$S_{yy} = \sum_{i=1}^{n}(y_i - \bar{y})^2 =$$

$$\sum_{i=1}^{n}[(y_i - \hat{y}_i) + (\hat{y}_i - \bar{y})]^2 =$$

$$\sum_{i=1}^{n}(y_i - \hat{y}_i)^2 + \sum_{i=1}^{n}(\hat{y}_i - \bar{y})^2 + 2\sum_{i=1}^{n}(y_i - \hat{y}_i)(\hat{y}_i - \bar{y})$$

把式(11.5)代入上式最末项得到

$$\sum_{i=1}^{n}(y_i - \hat{y}_i)(\hat{y}_i - \bar{y}) =$$

$$\sum_{i=1}^{n}[(y_i - \bar{y}) - \hat{b}(x_i - \bar{x})][\hat{b}(x_i - \bar{x})] = \hat{b}(S_{xy} - \hat{b}S_{xx}) = 0$$

于是有

$$\left.\begin{aligned} S_{yy} &= U + Q \\ U &= \sum_{i=1}^{n}(\hat{y}_i - \bar{y})^2 \\ Q &= \sum_{i=1}^{n}(y_i - \hat{y}_i)^2 \end{aligned}\right\} \tag{11.6}$$

$U$ 是 $n$ 个回归值 $\hat{y}_i(i=1,2,\cdots,n)$的离差平方和，而 $\hat{y}_i$ 是回归直线上横坐标为 $x_i$ 的点的纵坐标。所以，$U$ 是由 $n$ 个 $x_i(i=1,2,\cdots,n)$的离散性，通过 $x$ 对 $Y$ 的相关关系造成的，并且有

$$U = \sum_{i=1}^{n}(\hat{y}_i - \bar{y})^2 = \sum_{i=1}^{n}[\bar{y} + \hat{b}(x_i - \bar{x}) - \bar{y}]^2 = (\hat{b})^2 S_{xx} \tag{11.7}$$

这就说明,对于确定的 $x_i(i=1,2,\cdots,n)$,$U$ 还与回归直线的斜率 $\hat{b}$ 有关。$|\hat{b}|$ 较大,$U$ 也就较大。称 $U$ 为回归平方和(以下简称回归和)。称 $Q$ 为剩余平方和(以下简称余和),或称残差平方和。$Q$ 是 $x$ 对 $Y$ 的非线性影响以及试验的随机误差造成的。式(11.6)表明:总和 $S_{yy}$ 分解为回归和 $U$ 与余和 $Q$ 两个部分。为了便于计算 $U$ 与 $Q$,把 $\hat{b}=\dfrac{S_{xy}}{S_{xx}}$ 代入式(11.7),从而把式(11.6)化为

$$\left.\begin{aligned} U &= \frac{S_{xy}^2}{S_{xx}} \\ Q &= S_{yy} - U \\ S_{yy} &= \sum_{i=1}^{n} y_i^2 - \frac{1}{n}\Big(\sum_{i=1}^{n} y_i\Big)^2 \end{aligned}\right\} \tag{11.8}$$

式中,$S_{xx}$ 与 $S_{xy}$ 已由式(11.4)给出了计算公式。

在显著性水平 $\alpha$ 下,检验假设 $H_0:b=0$,有以下两个检验法。

### 1. $r$ 检验法

考察回归和 $U$ 相对于总和 $S_{yy}$ 的比。由式(11.8)得

$$\frac{U}{S_{yy}} = \frac{S_{xy}^2}{S_{xx}S_{yy}} \leqslant 1$$

**定义 1** 把

$$r = \frac{S_{xy}}{\sqrt{S_{xx}S_{yy}}} \tag{11.9}$$

称为样本相关系数。简称相关系数。

显然,$|r|\leqslant 1$。一般地,$|r|$ 愈大,$\dfrac{U}{S_{yy}}=r^2$ 也愈大,表明 $U$ 在总和 $S_{yy}$ 中所占的比率也愈大,从而表明 $Y$ 与 $x$ 的线性相关关系愈显著。特殊地,当 $r=0$ 时,表明 $Y$ 与 $x$ 不存在线性相关关系;而当 $|r|=1$ 时,$U=S_{yy}$,表明 $Y$ 的全部样本点 $y_i(i=1,2,\cdots,n)$ 都在回归直线上,此时称 $Y$ 与 $x$ 完全线性相关,并且,当 $r=1$ 时,称为完全正相关;当 $r=-1$ 时,称为完全负相关。

$Y$ 与 $x$ 之间线性相关的程度又称为线性回归的显著性程度。以相关系数 $r$ 为统计量,可以证明,当

$$|\, r \,| > r_\alpha(n-2)$$

时,在水平 $\alpha$ 下拒绝 $H_0$,认为线性回归显著。其中 $n$ 是样本容量,$r_\alpha(n-2)$ 是相关系数临界值,可查相关系数临界值 $r_\alpha$ 表(见附表 6)得到。

### 2. $F$ 检验法

把回归和 $U$ 与余和 $Q$ 比较。可以证明:

在 $H_0:b=0$ 成立的条件下,有

$$\frac{U}{\sigma^2} \sim \chi^2(1)$$
$$\frac{Q}{\sigma^2} \sim \chi^2(n-2) \tag{11.10}$$

从而在 $b=0$ 且 $\frac{U}{\sigma^2}$ 与 $\frac{Q}{\sigma^2}$ 相互独立的条件下，统计量

$$F = \frac{U}{Q/(n-2)} \sim F(1, n-2) \tag{11.11}$$

显然，$F$ 值愈大，在总和 $S_{yy}$ 中，$U$ 相对于 $Q$ 所占的比率愈大，回归也愈显著。可以证明，当

$$F > F_{1-\alpha}(1, n-2)$$

时，在水平 $\alpha$ 下拒绝 $H_0$，线性回归显著。

以上两个检验法是一致的。事实上，

$$F = \frac{U}{Q/(n-2)} = (n-2)\frac{U/S_{yy}}{(S_{yy}-U)/S_{yy}} = (n-2)\frac{r^2}{1-r^2}$$

从而可以推得 $F>F_{1-\alpha}(1, n-2)$ 等价于 $|r|>r_\alpha(n-2)$。

除了以上两种检验法以外，还有 $t$ 检验法，本书从略。

**例 2**　对例 1 作线性相关性检验。

**解法 1**　例 1 中已求得

$$S_{xy} = 3\ 534.8, \qquad S_{xx} = 4\ 060$$

由表 11－1 及式(11.9)、式(11.10)，计算得到

$$S_{yy} = \sum_{i=1}^{n} y_i^2 - \frac{1}{n}\Big(\sum_{i=1}^{n} y_i\Big)^2 = 76\ 218.17 - \frac{1}{9}(811.3)^2 = 3\ 083.982\ 2$$

$$r = \frac{S_{xy}}{\sqrt{S_{xx}S_{yy}}} = 0.998\ 96$$

查附表 6 得相关系数临界值

$$r_{0.01}(7) = 0.797\ 7, \qquad r_{0.001}(7) = 0.898\ 2$$

$$r \geqslant r_{0.001}(7)$$

可见，在 $\alpha=0.001$ 下，$Y$ 与 $x$ 的线性相关关系高度显著。

**解法 2**　由式(11.8)，计算得到

$$U = \frac{S_{xy}^2}{S_{xx}} = \frac{(3\ 534.8)^2}{4\ 060} = 3\ 077.539\ 7$$

$$Q = S_{yy} - U = 6.442\ 5$$

由式(11.11)计算 $F$ 值，得

$$F = \frac{(n-1)U}{Q} = 3\ 343.85$$

查 $F$ 分布表(附表 5)，得 $F_{0.999}(1,7)=29.25$，故

$$F > F_{0.999}(1,7)$$

在 $\alpha=0.001$ 下,回归效果高度显著。

以上 $F$ 检验,也可列出方差分析表(见表 11-2)来表示。

**表 11-2　一元回归方差分析表**

| 方差来源 | 平方和 | 自由度 | $F$ 值 | $F_\alpha$ 值 | 显著性 |
|---|---|---|---|---|---|
| 回归 | $U=3\,077.54$ | 1 | $F=\dfrac{U/1}{Q/7}=3\,343.85$ | $F_{0.999}(1,7)=29.25$ | * * |
| 剩余 | $Q=6.442\,5$ | 7 | | | |
| 总和 | $S_{yy}=3\,083.98$ | 8 | | | |

**例 3**　合成纤维抽丝工段第一导丝盘的速度 $Y$(对丝质量是重要参数)与电流周波 $x$ 有密切关系,由生产过程记录得到以下数据:

| $x$ | 49.2 | 50.0 | 49.3 | 49.0 | 49.0 | 49.5 | 49.8 | 49.9 | 50.2 | 50.2 |
|---|---|---|---|---|---|---|---|---|---|---|
| $y$ | 16.7 | 17.0 | 16.8 | 16.6 | 16.7 | 16.8 | 16.9 | 17.0 | 17.0 | 17.1 |

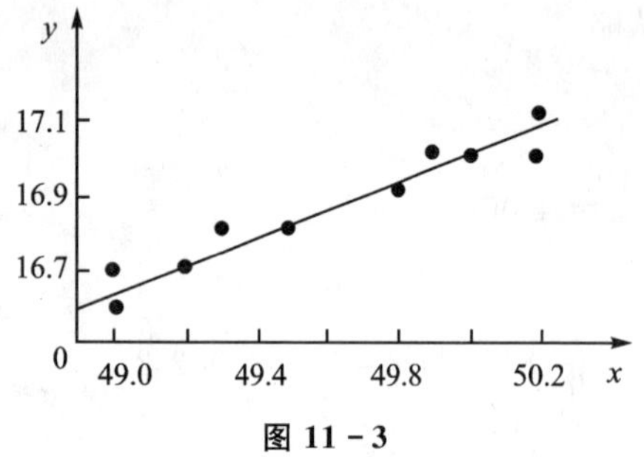

图 11-3

求表示 $Y$ 与 $x$ 相关关系的经验公式。

**解**　首先作散点图 11-3。由于散点大致在一直线近旁,从而确定回归方程形为线性方程

$$\hat{y} = \hat{a} + \hat{b}x$$

为了简化计算,令

$$\left.\begin{aligned} u &= 10(x-49) \\ v &= 10(y-16.6) \end{aligned}\right\} \qquad (*)$$

然后列表 11-3,并作计算:

**表 11-3　一元回归数据计算(例 3)**

| 序　号 | $x$ | $y$ | $u$ | $v$ | $u^2$ | $v^2$ | $uv$ |
|---|---|---|---|---|---|---|---|
| 1 | 49.2 | 16.7 | 2 | 1 | 4 | 1 | 2 |
| 2 | 50.0 | 17.0 | 10 | 4 | 100 | 16 | 40 |
| 3 | 49.3 | 16.8 | 3 | 2 | 9 | 4 | 6 |
| 4 | 49.0 | 16.6 | 0 | 0 | 0 | 0 | 0 |
| 5 | 49.0 | 16.7 | 0 | 1 | 0 | 1 | 0 |
| 6 | 49.5 | 16.8 | 5 | 2 | 25 | 4 | 10 |
| 7 | 49.8 | 16.9 | 8 | 3 | 64 | 9 | 24 |
| 8 | 49.9 | 17.0 | 9 | 4 | 81 | 16 | 36 |
| 9 | 50.2 | 17.0 | 12 | 4 | 144 | 16 | 48 |
| 10 | 50.2 | 17.1 | 12 | 5 | 144 | 25 | 60 |
| $\sum$ | | | 61 | 26 | 571 | 92 | 226 |

从式(∗)中解出

$$\begin{cases} x = 49.0 + \dfrac{1}{10}u \\ y = 16.6 + \dfrac{1}{10}v \end{cases}$$

从而有

$$\bar{x} = 49.0 + \frac{1}{10}\bar{u} = 49.0 + \frac{1}{10} \cdot \frac{61}{10} = 49.61$$

$$\bar{y} = 16.6 + \frac{1}{10}\bar{v} = 16.6 + \frac{1}{10} \cdot \frac{26}{10} = 16.86$$

$$S_{xx} = \frac{1}{100}S_{uu} = \frac{1}{100}\left[\sum_{i=1}^{10} u_i^2 - \frac{1}{10}\left(\sum_{i=1}^{10} u_i\right)^2\right] = \frac{1}{100}\left[571 - \frac{(61)^2}{10}\right] = 1.989$$

$$S_{xy} = \frac{1}{100}S_{uv} = \frac{1}{100}\left[\sum_{i=1}^{10} u_i v_i - \frac{1}{10}\left(\sum_{i=1}^{10} u_i\right)\left(\sum_{i=1}^{10} v_i\right)\right] = \frac{1}{100}\left[226 - \frac{1}{10}(61)(26)\right] = 0.674$$

$$S_{yy} = \frac{1}{100}S_{vv} = \frac{1}{10}\left[\sum_{i=1}^{10} v_i^2 - \frac{1}{10}\left(\sum_{i=1}^{10} v_i\right)^2\right] = \frac{1}{100}\left[92 - \frac{1}{10}(26)^2\right] = 0.244$$

$$\hat{b} = \frac{S_{xy}}{S_{xx}} = \frac{0.674}{1.989} = 0.3389 \approx 0.339$$

$$\hat{a} = \bar{y} - \hat{b}\bar{x} = 16.86 - (0.3389)(49.61) = 0.047$$

于是得到所求回归方程为

$$\hat{y} = 0.047 + 0.339x$$

最后，作线性相关性检验。相关系数

$$r = \frac{S_{xy}}{\sqrt{S_{xx}S_{yy}}} = \frac{0.674}{\sqrt{1.989 \times 0.244}} = 0.967$$

查附表 6 得相关系数临界值

$$r_{0.01}(8) = 0.7646$$

显然 $r > r_{0.01}(8)$，回归效果显著。线性回归方程可以作为速度 $Y$ 与电流周波 $x$ 相关关系的经验公式。

## 11.2 预测与控制

### 11.2.1 预 测

在求得了 $Y$ 对 $x$ 的线性回归方程

$$\hat{y} = \hat{a} + \hat{b}x$$

之后,对于给定的自变量值 $x_0$,利用回归方程,估计随机变量 $Y$ 的观察值 $y_0$ 的取值范围,称为预测问题。$y_0$ 的 $100(1-\alpha)\%$ 置信区间称为 $y_0$ 的 $100(1-\alpha)\%$ 预测区间,$1-\alpha$ 称为预测水平。设

$$Y \sim N(a+bx, \sigma^2)$$

显然,$Y$ 的样本 $y_1, y_2, \cdots, y_n$ 相互独立,且与 $Y$ 同分布。由式(11.4)得

$$\hat{b} = \frac{S_{xy}}{S_{xx}} = \frac{\sum_{i=1}^{n}(x_i-\bar{x})(y_i-\bar{y})}{S_{xx}} = \sum_{i=1}^{n}\frac{x_i-\bar{x}}{S_{xx}}y_i$$

表明 $\hat{b}$ 是 $n$ 个独立正态随机变量 $y_1, y_2, \cdots, y_n$ 的线性组合,是一个正态随机变量,且

$$\mathrm{E}(\hat{b}) = \sum_{i=1}^{n}\frac{x_i-\bar{x}}{S_{xx}}\mathrm{E}(y_i) = \sum_{i=1}^{n}\frac{x_i-\bar{x}}{S_{xx}}(a+bx_i) =$$

$$\frac{a}{S_{xx}}\sum_{i=1}^{n}(x_i-\bar{x}) + \frac{b}{S_{xx}}\sum_{i=1}^{n}(x_i-\bar{x})[(x_i-\bar{x})+\bar{x}] = b$$

$$D(\hat{b}) = \sum_{i=1}^{n}\left(\frac{x_i-\bar{x}}{S_{xx}}\right)^2 D(y_i) = \frac{\sigma^2}{S_{xx}}$$

由式(11.5)得

$$\hat{y}_0 = \bar{y} + \hat{b}(x_0-\bar{x})$$

表明 $\hat{y}_0$ 也是一个正态随机变量,且

$$\mathrm{E}(\hat{y}_0) = a + bx_0$$

$$D(\hat{y}_0) = D(\bar{y}) + (x_0-\bar{x})^2 D(\hat{b}) =$$

$$\frac{\sigma^2}{n} + \frac{\sigma^2}{S_{xx}}(x_0-\bar{x})^2 =$$

$$\sigma^2\left[\frac{1}{n} + \frac{(x_0-\bar{x})^2}{S_{xx}}\right]$$

即

$$\hat{y}_0 \sim N\left(a+bx_0,\ \sigma^2\left[\frac{1}{n} + \frac{(x_0-\bar{x})^2}{S_{xx}}\right]\right)$$

由 $y_0$ 与 $\hat{y}_0$ 的独立性知

$$y_0 - \hat{y}_0 \sim N\left(0,\ \sigma^2\left[1 + \frac{1}{n} + \frac{(x_0-\bar{x})^2}{S_{xx}}\right]\right)$$

于是

$$\frac{y_0-\hat{y}_0}{\sqrt{D(y_0-\hat{y}_0)}} \sim N(0,1)$$

又由式(11.10),构造统计量

$$T=\frac{(y_0-\hat{y}_0)/\sqrt{D(y_0-\hat{y}_0)}}{\sqrt{Q/\sigma^2(n-2)}}=$$

$$\frac{y_0-\hat{y}_0}{\sqrt{\frac{Q}{n-2}}\sqrt{1+\frac{1}{n}+\frac{(x_0-\overline{x})^2}{S_{xx}}}}$$

显然，$T$ 服从自由度为 $n-2$ 的 $t$ 分布。由

$$P\{|T|<t_{1-\frac{\alpha}{2}}(n-2)\}=1-\alpha$$

中解得 $y_0$ 的 $100(1-\alpha)\%$ 预测区间为

$$\left.\begin{array}{l}(\hat{y}_0-\delta(x_0),\ \hat{y}_0+\delta(x_0))\\ \delta(x_0)=t_{1-\frac{\alpha}{2}}(n-2)\sqrt{\frac{Q}{n-2}}\sqrt{1+\frac{1}{n}+\frac{(x_0-\overline{x})^2}{S_{xx}}}\end{array}\right\}\tag{11.12}$$

把式(11.12)中的 $x_0$ 换成任意 $x$，相应地，$\hat{y}_0$ 换成 $\hat{y}$，且令

$$y_{(1)}=\hat{y}-\delta(x),\qquad y_{(2)}=\hat{y}+\delta(x)$$

它们的图形是两条曲线，形成以这两条曲线为边界，并且包含回归直线 $\hat{y}=\hat{a}+\hat{b}x$ 的带形域，如图 11－4 所示。在任意 $x$ 处，$Y$ 的观察值 $y$ 落在此域内的概率为 $1-\alpha$。

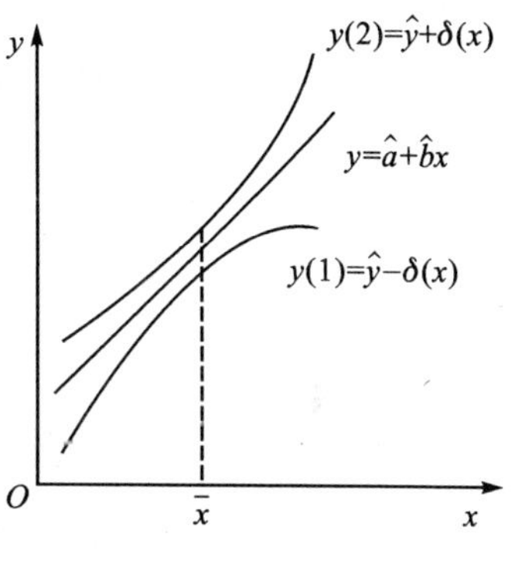


图 11－4

由式(11.12)可见，当 $x_0=\overline{x}$ 时，$\delta(x_0)$ 达到最小值，预测区间的长度 $2\delta(\overline{x})$ 也最小，带形域在 $\overline{x}$ 处最窄。

**例 1**　对第 11.1 节例 1，求 95％预测区间。

**解**　由第 11.1 节例 1 知，回归方程为

$$\hat{y}=67.5078+0.8706x$$

且 $n=9$，$\overline{x}=\frac{234}{9}=26$。

又由第 11.1 节例 2 知，$Q=6.4425$。

取 $\alpha=0.05$，查表得 $t_{0.975}(7)=2.3646$。由式(11.12)得

$$\delta(x)=2.3646\sqrt{\frac{6.4425}{7}}\sqrt{1+\frac{1}{9}+\frac{(x-26)^2}{4060}}=$$

$$2.2685\sqrt{\frac{10}{9}+\frac{(x-26)^2}{4060}}$$

$y$ 的 95％预测区间为

$$(67.5078+0.8706x-\delta(x),\ 67.5078+0.8706x+\delta(x))$$

如在 $x=25$ 处，$y$ 的 95％预测区间为

$$(86.8813,\ 91.6643)$$

当样本容量 $n$ 充分大，且 $x_0$ 接近 $\overline{x}$ 时，

$$\sqrt{1+\frac{1}{n}+\frac{(x_0-\overline{x})^2}{S_{xx}}}\approx 1$$

且 $t$ 分布近似为标准正态分布,$t_{1-\frac{\alpha}{2}}(n-2)\approx z_{1-\frac{\alpha}{2}}$,得到 $y_0$ 的 $100(1-\alpha)\%$近似预测区间

$$\left.\begin{aligned}&(\hat{y}_0-d,\ \hat{y}_0+d)\\&d=z_{1-\frac{\alpha}{2}}\sqrt{\frac{Q}{n-2}}\end{aligned}\right\}\tag{11.13}$$

把 $x_0$ 换成任意 $x$,相应地,$\hat{y}_0$ 换成 $\hat{y}$,得到

$$\left.\begin{aligned}y_{(1)}&=\hat{y}-d\\y_{(2)}&=\hat{y}+d\end{aligned}\right\}\tag{11.14}$$

这是两条与回归直线平行的直线,构成带形区域。在任意 $x$ 处,$Y$ 的观察值 $y$ 落在 $y_{(1)}$ 与 $y_{(2)}$ 之间的概率近似等于$1-\alpha$。

**例 2** 某种合金钢的抗拉强度 $Y$ 与含碳量 $x$ 有关,按已知信息,可以认为 $Y$ 服从 $N(a+bx,\sigma^2)$。根据 92 炉钢样的数据,已经算得

$$\overline{x}=0.125\,5,\quad S_{xx}=0.301\,8$$
$$\overline{y}=45.80,\quad S_{yy}=2\,941$$
$$S_{xy}=26.70$$

试求:

(1) $Y$ 对 $x$ 的回归方程;

(2) 当 $x_0=0.115$ 时,$y_0$ 的预测水平为 0.95 的预测区间。

**解** (1) $\hat{b}=\dfrac{S_{xy}}{S_{xx}}=\dfrac{26.70}{0.301\,8}=88.469$

$$\hat{a}=\overline{y}-\hat{b}\overline{x}=45.80-88.469\times 0.125\,5=34.697$$

得到线性回归方程

$$\hat{y}=34.697+88.469x$$

相关系数 $$r=\frac{S_{xy}}{\sqrt{S_{xx}S_{yy}}}=\frac{26.70}{\sqrt{0.301\,8\times 2\,941}}=0.896$$

而相关系数临界值 $r_{0.05}(90)=0.205\,0$(查附表 6)。显然 $r>r_{0.05}(90)$,回归效果显著。

(2) 由于 $n=92$ 较大,采用近似预测区间(11.13)。

当 $x_0=0.115$ 时,有

$$\hat{y}_0=34.697+88.469\times 0.115=44.871$$

$\alpha=0.05$,查附表 2 得 $z_{1-\frac{\alpha}{2}}=1.96$,由式(11.8)得

$$Q=S_{yy}-\frac{S_{xy}^2}{S_{xx}}=2\,941-\frac{(26.7)^2}{0.301\,8}=578.873$$

$$\sqrt{\frac{Q}{n-2}}=\sqrt{\frac{578.873}{90}}=2.536$$

得到

$$d = 1.96 \times 2.536 = 4.971$$

于是所求 $y_0$ 的 95%近似预测区间为

$$(44.871 - 4.971,\ 44.871 + 4.971)$$

即为

$$(39.900,\ 49.842)$$

## 11.2.2　控　制

控制是预测的逆问题。要使随机变量 $Y$ 以一定概率取某个给定范围内的值，问：$x$ 值应当控制在什么范围内？就是说，对于给定的区间$(y_1,y_2)$，以及给定的 $\alpha$，$0<\alpha<1$，求 $x_1$ 与 $x_2$，使得当 $x_1<x_2$ 时，有

$$P\{y_1 < Y < y_2\} = 1 - \alpha$$

在这里，我们只讨论样本容量 $n$ 很大的情形。只要把 $y_1,y_2$ 代入式(11.14)给出的两个直线方程，令

$$\begin{cases} y_1 = \hat{y} - d = \hat{a} + \hat{b}x_1 - z_{1-\frac{\alpha}{2}}\sqrt{Q/(n-2)} \\ y_2 = \hat{y} + d = \hat{a} + \hat{b}x_2 + z_{1-\frac{\alpha}{2}}\sqrt{Q/(n-2)} \end{cases}$$

解出

$$\left.\begin{aligned} x_1 &= \frac{1}{\hat{b}}\left(y_1 - \hat{a} + z_{1-\frac{\alpha}{2}}\sqrt{Q/(n-2)}\right) \\ x_2 &= \frac{1}{\hat{b}}\left(y_2 - \hat{a} - z_{1-\frac{\alpha}{2}}\sqrt{Q/(n-2)}\right) \end{aligned}\right\} \tag{11.15}$$

值得注意的是，要实现控制，所给区间$(y_1,y_2)$的长度必须大于 $2d$，即 $y_2-y_1>2d$。在此前提下，当 $\hat{b}>0$ 时，$x_1<x_2$，$x$ 应控制在区间$(x_1,x_2)$内；而当 $\hat{b}<0$ 时，$x_1>x_2$，$x$ 应控制在区间$(x_2,x_1)$内，如图 11-5 所示。

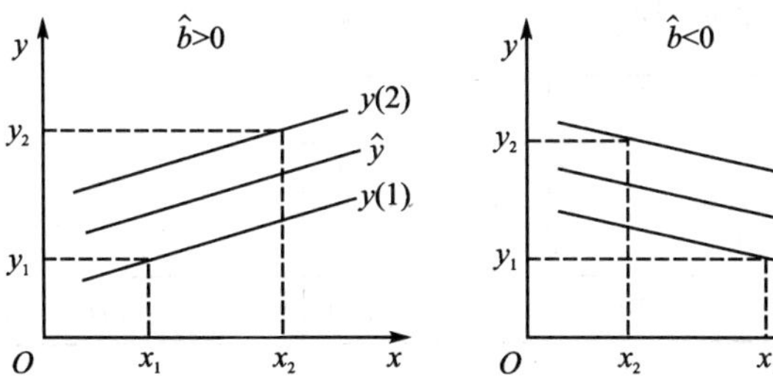


**图 11-5**

类似地，给定 $y_0$ 与 $\alpha(0<\alpha<1)$，要使

$$P\{Y > y_0\} = 1 - \alpha \quad 或 \quad P\{Y < y_0\} = 1 - \alpha$$

问：$x$ 应控制在什么范围？当 $y_1=y_2=y_0$ 时，式(11.15)化为

$$\left.\begin{aligned} x_1 &= \frac{1}{\hat{b}}\left[y_0 - \hat{a} + z_{1-\alpha}\sqrt{Q/(n-2)}\right] \\ x_2 &= \frac{1}{\hat{b}}\left[y_0 - \hat{a} - z_{1-\alpha}\sqrt{Q/(n-2)}\right] \end{aligned}\right\} \tag{11.16}$$

如果 $\hat{b}>0$,那么 $x_1>x_2$。当 $x>x_1$ 时,使得 $P\{Y>y_0\}=1-\alpha$;而当 $x<x_2$ 时,使得 $P\{Y<y_0\}=1-\alpha$。$\hat{b}<0$ 的情形,请读者考虑。

**例 3** 在例 2 中,要使合金钢的抗拉强度 $Y$ 以 99%的概率超过 45.8,应控制含碳量 $x$ 在什么范围?

**解** $Y$ 对 $x$ 的回归方程为

$$\hat{y} = 34.697 + 88.469x$$

$$y_0 = 45.8$$

由式(11.16),有

$$x_1 = \frac{1}{\hat{b}}\left[y_0 - \hat{a} + z_{0.99}\sqrt{Q/(n-2)}\right] =$$

$$\frac{1}{88.469}(45.8 - 34.697 + 2.326 \times 2.536) = 0.192$$

当 $x>0.192$ 时,能使 $P\{Y>45.8\}=0.99$。

## 11.3 可线性化的曲线回归

如果随机变量 $Y$ 与自变量 $x$ 的相关关系不是线性的,而是某种曲线关系,那么,其中的一些情形,只要作适当的变量替换,非线性回归问题就能够转化为线性回归问题来处理。举例说明如下:

**例 1** 在炼钢过程中,由于钢液及炉渣对钢包包衬耐火材料的浸蚀,使其容积不断增大。下表给出钢包容积增大量 $Y$ 随使用次数 $x$ 变化的数据:

| $x$ | 2 | 3 | 4 | 5 | 6 | 7 | 8 | 9 |
|---|---|---|---|---|---|---|---|---|
| $y$ | 6.42 | 8.20 | 9.58 | 9.50 | 9.70 | 10.00 | 9.93 | 9.99 |
| $x$ | 10 | 11 | 12 | 13 | 14 | 15 | 16 | |
| $y$ | 10.49 | 10.59 | 10.59 | 10.80 | 10.60 | 10.90 | 10.76 | |

求回归方程。

**解** 首先用这 15 对数据作散点图(见图 11-6)。散点大致呈双曲线型。因此回归方程形为

$$\frac{1}{\hat{y}} = \hat{a} + \frac{\hat{b}}{x}$$

只要令 $u=\dfrac{1}{x}$，$v=\dfrac{1}{y}$，则双曲线型回归方程化为线性方程

$$\hat{v} = \hat{a} + \hat{b}u$$

用一元线性回归的方法进行计算，得到

$$\bar{u} = 0.158\ 7, \qquad \bar{v} = 0.103\ 1$$

$$S_{uu} = 0.206\ 5$$

$$S_{vv} = 0.003\ 791$$

$$S_{uv} = 0.027\ 09$$

$$\hat{b} = \frac{S_{uv}}{S_{uu}} = 0.131\ 2$$

$$\hat{a} = \bar{v} - \hat{b}\bar{u} = 0.082\ 3$$

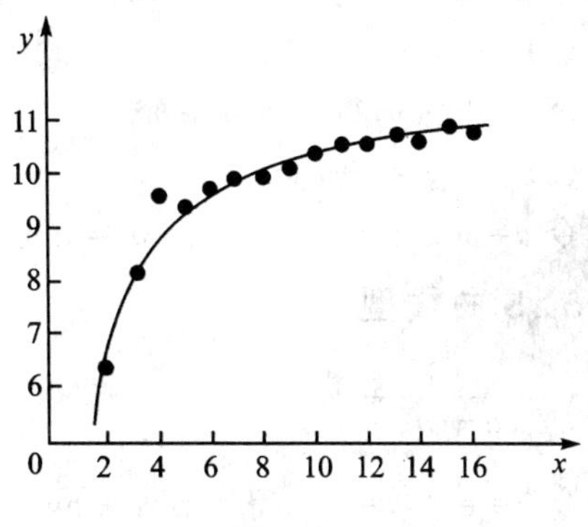


图 11－6

于是得到线性回归方程

$$\hat{v} = 0.082\ 3 + 0.131\ 2u$$

用 $u=\dfrac{1}{x}$，$v=\dfrac{1}{y}$ 代入，得到所求回归方程为

$$\frac{1}{\hat{y}} = 0.082\ 3 + \frac{0.131\ 2}{x}$$

可线性化的曲线，常用的有以下几种形式：

**1．双曲线型**

(1) $y = a + \dfrac{b}{x}$

令 $u = \dfrac{1}{x}$，得 $y = a + bu$。

(2) $\dfrac{1}{y} = a + \dfrac{b}{x}$

令 $u = \dfrac{1}{x}$，$v = \dfrac{1}{y}$，得 $v = a + bu$。

**2．指数曲线型**

$y = ae^{bx}$

若 $a>0$，则令 $v=\ln y$，得 $v = \ln a + bx$。

若 $a<0$，则令 $v=\ln(-y)$，得 $v = \ln(-a) + bx$。

**3．幂函数型**

$y = ax^b\ (x > 0)$

若 $a>0$，则令 $v=\ln y$，$u=\ln x$，得 $v = \ln a + bu$。

$a<0$ 的情形类推。

**4. 对数曲线型**

(1) $y=a+b\log x$

令 $u=\log x$,得 $y=a+bu$。

(2) $\log y=a+bx$

令 $v=\log y$,得 $v=a+bx$。

(3) $\log y=a+b\log x$

令 $u=\log x, v=\log y$,得 $v=a+bx$。

**5. S 曲线型**

$$y=\frac{1}{a+b\mathrm{e}^{-x}}$$

令 $u=\mathrm{e}^{-x}, v=\frac{1}{y}$,得 $v=a+bu$。

## 11.4 多元线性回归

设 $x_1, x_2, \cdots, x_r$ 是 $r$ 个可控制或可精确观察得到数据的变量,$Y$ 是与 $x_1, x_2, \cdots, x_r$ 具有线性相关关系的随机变量,即

$$Y=b_0+b_1x_1+b_2x_2+\cdots+b_rx_r+\varepsilon$$

$\varepsilon$ 是数学期望为零的随机误差。对 $n$ 组样本观察值$(x_{i1}, x_{i2}, \cdots, x_{ir}; y_i)$,$i=1,2,\cdots,n$,$n>r$,得

$$\left.\begin{array}{l} y_i=b_0+b_1x_{i1}+b_2x_{i2}+\cdots+b_rx_{ir}+\varepsilon_i \\ \mathrm{E}(\varepsilon_i)=0 \\ D(\varepsilon_i)=\sigma^2, \quad i=1,2,\cdots,n \\ \varepsilon_1, \varepsilon_2, \cdots, \varepsilon_n \text{ 互不相关} \end{array}\right\} \tag{11.17}$$

记
$$\boldsymbol{Y}=\begin{bmatrix} y_1 \\ y_2 \\ \vdots \\ y_n \end{bmatrix}, \quad \boldsymbol{\varepsilon}=\begin{bmatrix} \varepsilon_1 \\ \varepsilon_2 \\ \vdots \\ \varepsilon_n \end{bmatrix}$$

$$\boldsymbol{b}=\begin{bmatrix} b_0 \\ b_1 \\ \vdots \\ b_r \end{bmatrix}, \quad \boldsymbol{X}=\begin{bmatrix} 1 & x_{11} & \cdots & x_{1r} \\ 1 & x_{21} & \cdots & x_{2r} \\ \vdots & \vdots & & \vdots \\ 1 & x_{n1} & \cdots & x_{nr} \end{bmatrix}$$

于是,式(11.7)可表为

$$\left.\begin{aligned}&\boldsymbol{Y}=\boldsymbol{X}\boldsymbol{b}+\boldsymbol{\varepsilon}\\&\mathrm{E}(\boldsymbol{\varepsilon})=\boldsymbol{0}\\&\mathrm{cov}(\boldsymbol{\varepsilon},\boldsymbol{\varepsilon})=\sigma^2\boldsymbol{I}_n\end{aligned}\right\}\tag{11.18}$$

式中，$\boldsymbol{I}_n$ 是 $n$ 阶单位矩阵。式(11.18)称为多元线性回归模型，并且简记为$(\boldsymbol{Y},\boldsymbol{X}\boldsymbol{b},\sigma^2\boldsymbol{I}_n)$。

现在来讨论以下三个问题：

(1) 求参数 $\boldsymbol{b}$ 的估计值，从而求出回归方程；

(2) 检验 $Y$ 与 $x_1,x_2,\cdots,x_r$ 的线性相关性；

(3) 检验每个变量 $x_j$ 对于 $Y$ 的影响的显著性。

### 11.4.1　回归参数 b 的最小二乘估计

令

$$Q(\boldsymbol{b})=\sum_{i=1}^{n}[y_i-(b_0+b_1x_{i1}+b_2x_{i2}+\cdots+b_rx_{ir})]^2=(\boldsymbol{Y}-\boldsymbol{X}\boldsymbol{b})'(\boldsymbol{Y}-\boldsymbol{X}\boldsymbol{b})\tag{11.19}$$

式中，$(\boldsymbol{Y}-\boldsymbol{X}\boldsymbol{b})'$是$(\boldsymbol{Y}-\boldsymbol{X}\boldsymbol{b})$转置矩阵。

**定义 2**　在多元线性回归模型$(\boldsymbol{Y},\boldsymbol{X}\boldsymbol{b},\sigma^2\boldsymbol{I}_n)$中，如果存在 $\boldsymbol{b}$ 的估计值 $\hat{\boldsymbol{b}}$，对于任意一组实数 $b_0,b_1,\cdots,b_r$ 构成的列向量 $\boldsymbol{b}=(b_0,b_1,\cdots,b_r)'$，不等式

$$Q(\hat{\boldsymbol{b}})\leqslant Q(\boldsymbol{b})\tag{11.20}$$

都成立，则称 $\hat{\boldsymbol{b}}$ 是 $\boldsymbol{b}$ 的最小二乘估计。

**定理 1**　在线性模型$(\boldsymbol{Y},\boldsymbol{X}\boldsymbol{b},\sigma^2\boldsymbol{I}_n)$中，设矩阵 $\boldsymbol{X}$ 列线性无关，则唯一存在 $\boldsymbol{b}$ 的最小二乘估计

$$\hat{\boldsymbol{b}}=(\boldsymbol{X}'\boldsymbol{X})^{-1}\boldsymbol{X}'\boldsymbol{Y}\tag{11.21}$$

式中，$\boldsymbol{X}'$是 $\boldsymbol{X}$ 的转置矩阵，$(\boldsymbol{X}'\boldsymbol{X})^{-1}$是 $\boldsymbol{X}'\boldsymbol{X}$ 的逆矩阵。

**证明**　先证唯一存在式(11.21)。由式(11.19)得

$$\begin{cases}\dfrac{\partial Q}{\partial b_0}=-2\displaystyle\sum_{i=1}^{n}(y_i-b_0-b_1x_{i1}-\cdots-b_rx_{ir})\\\dfrac{\partial Q}{\partial b_j}=-2\displaystyle\sum_{i=1}^{n}(y_i-b_0-b_1x_{i1}-\cdots-b_rx_{ir})x_{ij}\\j=1,2,\cdots,r\end{cases}$$

令 $\dfrac{\partial Q}{\partial b_j}=0,j=0,1,2,\cdots,r$，得到正规方程组

$$\left.\begin{aligned}&b_0n+b_1\sum_{i=1}^{n}x_{i1}+\cdots+b_r\sum_{i=1}^{n}x_{ir}=\sum_{i=1}^{n}y_i\\&b_0\sum_{i=1}^{n}x_{ij}+b_1\sum_{i=1}^{n}x_{ij}x_{i1}+\cdots+b_r\sum_{i=1}^{n}x_{ij}x_{ir}=\sum_{i=1}^{n}x_{ij}y_i\\&j=1,2,\cdots,r\end{aligned}\right\}\tag{11.22}$$

改写成矩阵方程

$$\begin{bmatrix} n & \sum x_{i1} & \sum x_{i2} & \cdots & \sum x_{ir} \\ \sum x_{i1} & \sum x_{i1}^2 & \sum x_{i1}x_{i2} & \cdots & \sum x_{i1}x_{ir} \\ \vdots & \vdots & \vdots & & \vdots \\ \sum x_{ir} & \sum x_{ir}x_{i1} & \sum x_{ir}x_{i2} & \cdots & \sum x_{ir}^2 \end{bmatrix} \begin{bmatrix} b_0 \\ b_1 \\ \vdots \\ b_r \end{bmatrix} = \begin{bmatrix} 1 & 1 & \cdots & 1 \\ x_{11} & x_{21} & \cdots & x_{n1} \\ x_{12} & x_{22} & \cdots & x_{n2} \\ \vdots & \vdots & & \vdots \\ x_{1r} & x_{2r} & \cdots & x_{nr} \end{bmatrix} \begin{bmatrix} y_1 \\ y_2 \\ \vdots \\ y_n \end{bmatrix}$$

即得正规方程的矩阵表示式

$$\boldsymbol{X}'\boldsymbol{X}\boldsymbol{b} = \boldsymbol{X}'\boldsymbol{Y} \qquad (*)$$

由题设,矩阵 $\boldsymbol{X}$ 列线性无关,故 $\boldsymbol{X}$ 的秩 $R(\boldsymbol{X})=r+1$, $\boldsymbol{X}'\boldsymbol{X}$ 为 $(r+1)$ 阶满秩对称阵,正规方程 $(*)$存在唯一解

$$\hat{\boldsymbol{b}} = (\boldsymbol{X}'\boldsymbol{X})^{-1}\boldsymbol{X}'\boldsymbol{Y}$$

下面证 $\hat{\boldsymbol{b}}$ 是 $\boldsymbol{b}$ 的最小二乘估计,只要证 $\hat{\boldsymbol{b}}$ 满足式(11.20)即可。由式(11.19)得

$$\begin{aligned} \boldsymbol{Q}(\boldsymbol{b}) =& (\boldsymbol{Y}-\boldsymbol{X}\boldsymbol{b})'(\boldsymbol{Y}-\boldsymbol{X}\boldsymbol{b}) = \\ & [(\boldsymbol{Y}-\boldsymbol{X}\hat{\boldsymbol{b}})+(\boldsymbol{X}\hat{\boldsymbol{b}}-\boldsymbol{X}\boldsymbol{b})]'[(\boldsymbol{Y}-\boldsymbol{X}\hat{\boldsymbol{b}})+(\boldsymbol{X}\hat{\boldsymbol{b}}-\boldsymbol{X}\boldsymbol{b})] = \\ & (\boldsymbol{Y}-\boldsymbol{X}\hat{\boldsymbol{b}})'(\boldsymbol{Y}-\boldsymbol{X}\hat{\boldsymbol{b}}) + (\boldsymbol{Y}-\boldsymbol{X}\hat{\boldsymbol{b}})'(\boldsymbol{X}\hat{\boldsymbol{b}}-\boldsymbol{X}\boldsymbol{b}) + \\ & (\boldsymbol{X}\hat{\boldsymbol{b}}-\boldsymbol{X}\boldsymbol{b})'(\boldsymbol{Y}-\boldsymbol{X}\hat{\boldsymbol{b}}) + (\boldsymbol{X}\hat{\boldsymbol{b}}-\boldsymbol{X}\boldsymbol{b})'(\boldsymbol{X}\hat{\boldsymbol{b}}-\boldsymbol{X}\boldsymbol{b}) \end{aligned}$$

上式右端第2,3项分别为零。事实上,有

$$(\boldsymbol{Y}-\boldsymbol{X}\hat{\boldsymbol{b}})'(\boldsymbol{X}\hat{\boldsymbol{b}}-\boldsymbol{X}\boldsymbol{b}) = (\boldsymbol{X}'\boldsymbol{Y}-\boldsymbol{X}'\boldsymbol{X}\hat{\boldsymbol{b}})'(\hat{\boldsymbol{b}}-\boldsymbol{b}) = \boldsymbol{0}$$

$$(\boldsymbol{X}\hat{\boldsymbol{b}}-\boldsymbol{X}\boldsymbol{b})'(\boldsymbol{Y}-\boldsymbol{X}\hat{\boldsymbol{b}}) = (\hat{\boldsymbol{b}}-\boldsymbol{b})'(\boldsymbol{X}'\boldsymbol{Y}-\boldsymbol{X}'\boldsymbol{X}\hat{\boldsymbol{b}}) = \boldsymbol{0}$$

于是

$$\begin{aligned} \boldsymbol{Q}(\boldsymbol{b}) =& (\boldsymbol{Y}-\boldsymbol{X}\hat{\boldsymbol{b}})'(\boldsymbol{Y}-\boldsymbol{X}\hat{\boldsymbol{b}}) + (\boldsymbol{X}\hat{\boldsymbol{b}}-\boldsymbol{X}\boldsymbol{b})'(\boldsymbol{X}\hat{\boldsymbol{b}}-\boldsymbol{X}\boldsymbol{b}) = \\ & \boldsymbol{Q}(\hat{\boldsymbol{b}}) + (\boldsymbol{X}\hat{\boldsymbol{b}}-\boldsymbol{X}\boldsymbol{b})'(\boldsymbol{X}\hat{\boldsymbol{b}}-\boldsymbol{X}\boldsymbol{b}) \geqslant \boldsymbol{Q}(\hat{\boldsymbol{b}}) \end{aligned}$$

即 $\hat{\boldsymbol{b}}$ 是 $\boldsymbol{b}$ 的最小二乘估计。证毕。

$\boldsymbol{b}$ 的最小二乘估计量 $\hat{\boldsymbol{b}}$ 还具有如下性质:

(1) $\hat{\boldsymbol{b}}$ 是 $\boldsymbol{b}$ 的线性无偏估计;

(2) $\text{cov}((\hat{\boldsymbol{b}},\hat{\boldsymbol{b}})=\sigma^2(\boldsymbol{X}'\boldsymbol{X})^{-1}$;

(3) $\text{E}\boldsymbol{Q}(\hat{\boldsymbol{b}})=(n-r-1)\sigma^2$。

## 11.4.2 $\hat{b}$ 的计算

$\hat{\boldsymbol{b}}=(\hat{b}_0\ \hat{b}_1 \cdots \hat{b}_r)'$满足正规方程(11.22),由式(11.22)的第一个方程解 $\hat{b}_0$,且记

$$\bar{y} = \frac{1}{n}\sum_{i=1}^{n} y_i$$

$$\bar{x}_j = \frac{1}{n}\sum_{i=1}^{n} x_{ij}, \qquad j = 1,2,\cdots,r$$

得到

$$\hat{b}_0 = \bar{y} - \sum_{j=1}^{r} \bar{x}_j \hat{b}_j \tag{11.23}$$

再代入式(11.22)的第二个方程,得到

$$\sum_{j=1}^{r} l_{ij}\hat{b}_j = l_{iy}$$

式中

$$\left.\begin{aligned} l_{ij} &= \sum_{k=1}^{n}(x_{ki}-\bar{x}_i)(x_{kj}-\bar{x}_j) = \sum_{k=1}^{n} x_{ki}x_{kj} - n\bar{x}_i\bar{x}_j \\ l_{iy} &= \sum_{k=1}^{n}(x_{ki}-\bar{x}_i)(y_k-\bar{y}) = \sum_{k=1}^{n} x_{ki}y_k - n\bar{x}_i\bar{y} \\ & i,j = 1,2,\cdots,r \end{aligned}\right\} \tag{11.24}$$

记

$$\boldsymbol{L} = \begin{bmatrix} l_{11} & l_{12} & \cdots & l_{1r} \\ l_{21} & l_{22} & \cdots & l_{2r} \\ \vdots & \vdots & & \vdots \\ l_{r1} & l_{r2} & \cdots & l_{rr} \end{bmatrix} \tag{11.25}$$

解得

$$\begin{bmatrix} \hat{b}_1 \\ \hat{b}_2 \\ \vdots \\ \hat{b}_r \end{bmatrix} = \boldsymbol{L}^{-1} \begin{bmatrix} l_{1y} \\ l_{2y} \\ \vdots \\ l_{ry} \end{bmatrix} \tag{11.26}$$

**例 1** 平炉炼钢过程中,随着矿石及炉气的氧化作用,铁水的含碳量不断降低。冶炼初期(熔化期)的总含碳量 $Y$ 与所加天然矿石量 $x_1$、烧结矿石量 $x_2$、熔化时间 $x_3$ 有关。实测得某号平炉的 49 组数据列于下表,试求 $Y$ 对 $x_1,x_2,x_3$ 的线性回归方程。

| 序 号 | $x_1$ | $x_2$ | $x_3$ | $y$ | 序 号 | $x_1$ | $x_2$ | $x_3$ | $y$ |
|---|---|---|---|---|---|---|---|---|---|
| 1 | 2 | 18 | 50 | 4.330 2 | 26 | 9 | 6 | 39 | 2.706 6 |
| 2 | 7 | 9 | 40 | 3.648 5 | 27 | 12 | 5 | 51 | 5.631 4 |
| 3 | 5 | 14 | 46 | 4.483 0 | 28 | 6 | 13 | 41 | 5.815 2 |
| 4 | 12 | 3 | 43 | 5.546 8 | 29 | 12 | 7 | 47 | 5.130 2 |
| 5 | 1 | 20 | 64 | 5.497 0 | 30 | 0 | 24 | 61 | 5.391 0 |

续表

| 序　号 | $x_1$ | $x_2$ | $x_3$ | $y$ | 序　号 | $x_1$ | $x_2$ | $x_3$ | $y$ |
|---|---|---|---|---|---|---|---|---|---|
| 6 | 3 | 12 | 40 | 3.112 5 | 31 | 5 | 12 | 37 | 4.458 3 |
| 7 | 3 | 17 | 64 | 5.118 2 | 32 | 4 | 15 | 49 | 4.656 9 |
| 8 | 6 | 5 | 39 | 3.875 9 | 33 | 0 | 20 | 45 | 4.521 2 |
| 9 | 7 | 8 | 37 | 4.670 0 | 34 | 6 | 16 | 42 | 4.865 0 |
| 10 | 0 | 23 | 55 | 4.953 6 | 35 | 4 | 17 | 48 | 5.356 6 |
| 11 | 3 | 16 | 60 | 5.006 0 | 36 | 10 | 4 | 48 | 4.609 8 |
| 12 | 0 | 18 | 49 | 5.270 1 | 37 | 4 | 14 | 36 | 2.381 5 |
| 13 | 8 | 4 | 50 | 5.377 2 | 38 | 5 | 13 | 36 | 3.874 6 |
| 14 | 6 | 14 | 51 | 5.484 9 | 39 | 9 | 8 | 51 | 4.591 9 |
| 15 | 0 | 21 | 51 | 4.596 0 | 40 | 6 | 13 | 54 | 5.158 8 |
| 16 | 3 | 14 | 51 | 5.664 5 | 41 | 5 | 8 | 100 | 5.437 3 |
| 17 | 7 | 12 | 56 | 6.079 5 | 42 | 5 | 11 | 44 | 3.996 0 |
| 18 | 16 | 0 | 48 | 3.219 4 | 43 | 8 | 6 | 63 | 4.397 0 |
| 19 | 6 | 16 | 45 | 5.807 6 | 44 | 2 | 13 | 55 | 4.062 2 |
| 20 | 0 | 15 | 52 | 4.730 6 | 45 | 7 | 8 | 50 | 2.290 5 |
| 21 | 9 | 0 | 40 | 4.680 5 | 46 | 4 | 10 | 45 | 4.711 5 |
| 22 | 4 | 6 | 32 | 3.127 2 | 47 | 10 | 5 | 40 | 4.531 0 |
| 23 | 0 | 17 | 47 | 2.610 4 | 48 | 3 | 17 | 64 | 5.363 7 |
| 24 | 9 | 0 | 44 | 3.717 4 | 49 | 4 | 15 | 72 | 6.077 1 |
| 25 | 2 | 16 | 39 | 3.894 6 | | | | | |

**解**　由式(11.24)对 49 组数据作计算,列于表 11-4。

**表 11-4　多元回归数据计算**

| | $x_1$ | $x_2$ | $x_3$ | $y$ | |
|---|---|---|---|---|---|
| $\sum x_{ij}$ | 259 | 578 | 241 1 | 224.516 9 | $\sum y_i$ |
| $\bar{x}_j$ | 5.286 | 11.796 | 49.204 | 4.582 0 | $\bar{y}$ |
| $\sum x_{ij}^2$ | 2031 | 8 572 | 124 879 | 1 073.636 1 | $\sum y_i^2$ |
| $\sum x_{k1}x_{kj}$ | | 2 137 | 12 355 | 1 180.299 2 | $\sum_k x_{k1}y_k$ |
| $\sum x_{k2}x_{kj}$ | | | 29 216 | 2 717.513 5 | $\sum_k x_{k2}y_k$ |

续表 11-4

| | $x_1$ | $x_2$ | $x_3$ | $y$ | |
|---|---|---|---|---|---|
| | | | | 11 292.719 2 | $\sum_k x_{k3}y_k$ |
| $l_{1j}$ | 662.00 | −918.14 | −388.86 | −6.43 | $l_{1y}$ |
| $l_{2j}$ | | 1 753.96 | 776.04 | 69.13 | $l_{2y}$ |
| $l_{3j}$ | | | 6 247.96 | 245.57 | $l_{3y}$ |

得到

$$\boldsymbol{L}=\begin{bmatrix} 662.00 & -918.14 & -388.86 \\ -918.14 & 1\,753.96 & 776.04 \\ -388.86 & 776.04 & 6\,247.96 \end{bmatrix}$$

$$\boldsymbol{L}^{-1}=\begin{bmatrix} 0.005\,515 & 0.002\,894 & -0.000\,016\,23 \\ 0.002\,894 & 0.002\,122 & -0.000\,083\,45 \\ -0.000\,016\,23 & -0.000\,083\,45 & 0.000\,169\,4 \end{bmatrix}$$

$$\begin{bmatrix} \hat{b}_1 \\ \hat{b}_2 \\ \hat{b}_3 \end{bmatrix}=\boldsymbol{L}^{-1}\begin{bmatrix} -6.43 \\ 69.13 \\ 245.57 \end{bmatrix}=\begin{bmatrix} 0.161 \\ 0.108 \\ 0.036 \end{bmatrix}$$

又由式(11.23)得

$$\hat{b}_0=4.582-5.286\times 0.161-11.796\times 0.108-49.204\times 0.036=0.697$$

于是得到线性回归方程

$$\hat{y}=0.697+0.161x_1+0.108x_2+0.036x_3$$

## 11.4.3　回归方程的显著性检验

与一元线性回归相类同，随机变量 $Y$ 的样本离差平方和 $S_{yy}$ 可分解为回归平方和 $U$ 与剩余平方和 $Q$ 两个部分，且有

$$\left.\begin{aligned} S_{yy} &= \sum_{i=1}^{n}(y_i-\bar{y})^2=\sum_{i=1}^{n}y_i^2-n\bar{y}^2 \\ U &= \sum_{i=1}^{n}(\hat{y}_i-\bar{y})^2=\sum_i \hat{\beta}_i l_{iy} \\ Q &= S_{yy}-U \end{aligned}\right\} \tag{11.27}$$

在水平 $\alpha$ 下检验 $H_0: b_1=b_2=\cdots=b_r=0$，在 $H_0$ 真的条件下，

$$F=\frac{U/r}{Q/(n-r-1)}\sim F(r,\ n-r-1) \tag{11.28}$$

当 $F>F_{1-\alpha}(r,\ n-r-1)$时,拒绝 $H_0$。

**例 2** 在例 1 中,在 $\alpha=0.05$ 下,检验回归方程的线性相关性。

**解** 由式(11.27)得

$$S_{yy}=1073.636-49\times(224.517)^2=44.905$$

$$U=0.161\times(-6.443)+0.108\times69.130+0.036\times245.571=15.221$$

$$Q=S_{yy}-U=29.684$$

$$F=\frac{U/r}{Q/(n-r-1)}=7.69>F_{0.95}(3,\ 45)=2.80$$

线性相关关系显著。

列出方差分析表如下:

| 方差来源 | 平方和 | 自由度 | F 值 | $F_\alpha$ 值 | 显著性 |
|---|---|---|---|---|---|
| 回归和 | $U=15.221$ | 3 | 7.69 | $F_{0.95}(3,45)=2.80$ | * |
| 剩余和 | $Q=29.684$ | 45 | | | |
| 总和 | $S_{yy}=44.905$ | 48 | | | |

## 11.4.4 回归系数的显著性检验

矩阵 $\boldsymbol{L}^{-1}$中的元素用 $C_{ij}$ 表示,称

$$Q_j=\frac{\hat{b}_j^2}{C_{jj}} \tag{11.29}$$

为变量 $x_j$ 的偏回归平方和。$Q_j$越大,表明 $x_j$ 对 $y$ 的影响越显著。

在水平 $\alpha$ 下检验 $H_{0j}:\hat{b}_j=0\ (j=1,2,\cdots,r)$,在 $H_{0j}$ 真的条件下,

$$F_j=\frac{Q_j}{Q/n-r-1}\sim F(1,\ n-r-1) \tag{11.30}$$

当 $F_j>F_{1-\alpha}(1,\ n-r-1)$时,拒绝 $H_{0j}$。

**例 3** 在例 1 中,检验 $\hat{b}_j(j=1,2,3)$的显著性。(取 $\alpha=0.05$)

**解** 由式(11.29)得

$$Q_1=\frac{(0.161)^2}{0.005515}=4.677$$

$$Q_2=\frac{(0.108)^2}{0.002122}=5.456$$

$$Q_3=\frac{(0.036)^2}{0.0001694}=7.608$$

由式(11.30)得

$$F_1=\frac{4.677}{29.6835/45}=7.09>F_{0.95}(1,\ 45)=4.06$$

$$F_2 = \frac{5.4561}{29.6835/45} = 8.27 > F_{0.95}(1, 45) = 4.06$$

$$F_3 = \frac{7.6078}{29.6835/45} = 11.53 > F_{0.95}(1, 45) = 4.06$$

表明在水平 $\alpha=0.05$ 下，$x_1$，$x_2$，$x_3$ 对 $y$ 的影响都较显著。

## 习题十一

1. 下表数据是退火温度 $x$(℃)对黄铜延性 $Y$ 效应的试验结果，$Y$ 的观察值 $y$ 以延长度计算，且设 $Y$ 为正态随机变量，求 $Y$ 对 $x$ 的回归方程。

| $x$/℃ | 300 | 400 | 500 | 600 | 700 | 800 |
|---|---|---|---|---|---|---|
| $y$/% | 40 | 50 | 55 | 60 | 67 | 70 |

2. 以家庭为单位，某种商品年需求量 $Y$ 与该商品价格 $x$ 之间的一组调查数据如下：

| $x$/元 | 1 | 2 | 2 | 2.3 | 2.5 | 2.6 | 2.8 | 3 | 3.3 | 3.5 |
|---|---|---|---|---|---|---|---|---|---|---|
| $y$/斤 | 5 | 3.5 | 3 | 2.7 | 2.4 | 2.5 | 2 | 1.5 | 1.2 | 1.2 |

求 $Y$ 对 $x$ 的回归方程，并作相关性检验。

3. 炼铝厂测得所产铸模用铝的硬度 $x$ 与抗张强度 $Y$ 的数据如下：

| $x$ | 68 | 53 | 70 | 84 | 60 | 72 | 51 | 83 | 70 | 64 |
|---|---|---|---|---|---|---|---|---|---|---|
| $y$ | 288 | 293 | 349 | 343 | 290 | 354 | 283 | 324 | 340 | 286 |

(1) 求 $Y$ 对 $x$ 的回归方程，并作相关性检验；

(2) 试在预测水平 95%下，预测当硬度 $x=65$ 时的抗张强度 $Y$ 的取值范围。

4. 对某平炉记录了 34 炉的溶毕碳 $x$(0.01%)与精炼时间 $Y$(分钟)的数据，并且算得

$$\bar{x} = \frac{1}{34}\sum_{i=1}^{34} x_i = 150.09$$

$$\bar{y} = \frac{1}{34}\sum_{i=1}^{34} y_i = 158.23$$

$$S_{xx} = \sum_{i=1}^{34}(x_i - \bar{x})^2 = 25\ 462.7$$

$$S_{yy} = \sum_{i=1}^{34}(y_i - \bar{y})^2 = 50\ 094.0$$

$$S_{xy}=\sum_{i=1}^{34}(x_i-\overline{x})(y_i-\overline{y})=32\ 325.3$$

现测得某炉溶毕碳为145,试在预测水平95%下,估计该炉所需精炼时间。

5. 测得混凝土的抗压强度 $x$ 与抗剪强度 $Y$ 的数据如下:

| $x/(\mathrm{kg}\cdot\mathrm{cm}^{-2})$ | 141 | 152 | 168 | 182 | 195 | 204 | 223 | 254 | 277 |
|---|---|---|---|---|---|---|---|---|---|
| $y/(\mathrm{kg}\cdot\mathrm{cm}^{-2})$ | 23.1 | 24.2 | 27.2 | 27.8 | 28.7 | 31.4 | 32.5 | 34.8 | 36.2 |

由文献知,$Y$ 与 $x$ 的相关关系属于幂函数型。试求 $Y$ 对 $x$ 的回归方程。

6. 在第11.3节例1中,回归方程改用

$$\hat{y}=\hat{a}\exp\left(\frac{\hat{b}}{x}\right)$$

的形式,求 $\hat{a},\hat{b}$。

7. 在药物的临床研究中,病人对新药 $A$ 的反应 $Y$ 与其对标准药物 $B$ 的反应 $x_1$ 及病人的心率 $x_2$ 有关。观测到10组数据:

| $x_1$ | 1.9 | 0.8 | 1.1 | 0.1 | −0.1 | 4.4 | 4.6 | 1.6 | 5.5 | 3.4 |
|---|---|---|---|---|---|---|---|---|---|---|
| $x_2$ | 66 | 62 | 64 | 61 | 63 | 70 | 68 | 62 | 68 | 66 |
| $y$ | 0.7 | −1.0 | −0.2 | −1.2 | −0.1 | 3.4 | 0.0 | 0.8 | 3.7 | 2.0 |

试求 $Y$ 对 $x_1,x_2$ 的线性回归方程,作回归显著性检验。

# 第 12 章　随机过程的基本概念

随机过程是研究随机现象变化发展过程的理论。它产生于 20 世纪初期，是由于物理学、生物学、通信与控制理论、管理科学等方面的需要发展起来的。尤其近 40 年来，随着应用领域的扩大，随机过程理论研究日臻深刻。

## 12.1　随机过程的定义及分类

### 12.1.1　随机过程的概念

为了明了随机过程的定义，先来分析两个例子。

**例 1**　在一条自动生产线上检验产品质量，每次检验一个，区分正品或次品。那么，整个检验的样本空间 $S=\{e\}$，$e$ 是由逐次检验的结果：正品或次品组成的序列。为了描述检验的全过程，引入二元函数

$$X(e,t)=\begin{cases}0, & \text{第 } t \text{ 次查出正品} \\ t, & \text{第 } t \text{ 次查出次品}\end{cases} \qquad t\in T\equiv\{1,2,3,\cdots,n,\cdots\}$$

$X(e,t)$ 具有两个特点：

(1) 对每一确定的 $e\in S$（注意：每一样本点对应一次试验的实现），$X(e,t)$ 是 $t$ 的实函数。对所有 $e\in S$，$X(e,t)$是一簇 $t$ 的函数。

(2) 对每一确定 $t\in T$，$X(e,t)$ 是一个随机变量。对所有 $t\in T$，$X(e,t)$ 是一簇随机变量。

若具有这样两个特点，则用来描述随机事件发展全过程的二元函数 $X(e,t)$ 就是随机过程。

**例 2**　电阻的热噪声电压。由于电阻内部自由电子的随机运动，导致电阻端电压随机起伏。起伏部分的电压称为热噪声电压。显然，对于某装置内的固定电阻、热噪声电压的大小，在各次试验中是不同的，即使在同一次试验中，也随时间 $t$ 的推移而变化。由此可知，热噪声电压也是一个二元函数 $V(e,t)$，也具有例 1 中 $X(e,t)$ 的两个特点。

在完全相同的条件下，多次用仪器自动记录下热噪声电压随时间 $t$ 变化的曲线：$v_1(t)$，$v_2(t)$，…，$v_n(t)$（如图 12－1 所示）。它们都是 $t$ 的实函数，$t\in T\equiv(0,+\infty)$。对于 $t$ 的一个确定值 $t_0$，对应 $n$ 个电压值$v_1(t_0)$，$v_2(t_0)$，…，$v_n(t_0)$是随机变量 $V(e,t_0)$的 $n$ 个观察值。

在以上这类例子的背景下，摒弃它们的物理意义，抽象出它们共有的数学模型，得到随机过程的两个定义：

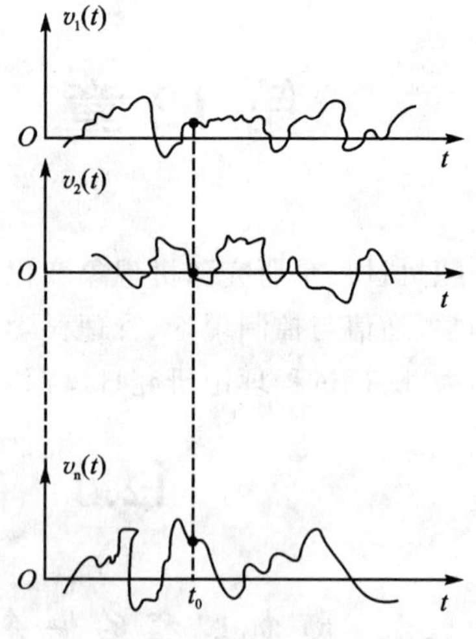

图 12-1

**定义 1** 设随机试验的样本空间 $S=\{e\}$,如果对于每个 $e\in S$,对应有参数 $t$ 的函数 $X(e,t),t\in T\subset(-\infty,+\infty)$,那么,对于所有的 $e\in S$,得到一簇 $t$ 的函数

$$\{X(e,t),t\in T\}$$

称为随机过程,简称过程。简记为 $\{X(t),t\in T\}$ 或 $X(t)$。$T$ 称为参数集。

由此定义得

(1) 对于 $S$ 中的每一特定的 $e$,$X(t)$是仅依赖于 $t$ 的函数,称为随机过程的样本函数。它是随机过程的一次物理实现。随机过程 $X(t)$的样本函数用 $x(t)$来表示,以避免与随机过程的记号 $X(t)$相混淆。在例 2 中,$v_i(t)\ (i=1,2,\cdots,n)$ 是热噪声电压 $V(e,t)$的样本函数。随机过程是依赖于样本空间的一簇样本函数。

(2) 对于任意给定的 $t_1\in T$,$X(t_1)$ 是一个随机变量,称为随机过程在 $t=t_1$ 时的状态变量,简称状态。在例 1 中,当 $t=1$ 时,有

$$X(e,1)=\begin{cases}0, & \text{第 1 次查出正品}\\ 1, & \text{第 1 次查出次品}\end{cases}$$

就是过程在 $t=1$ 的状态。它是一个随机变量。那么,对于所有的 $t\in T$,随机过程 $\{X(t),t\in T\}$ 是一簇随机变量,于是得到下面的定义:

**定义 2** 给定参数集 $T\subset(-\infty,+\infty)$,如果对于每个 $t\in T$,对应有随机变量 $X(t)$,则称随机变量簇 $\{X(t),t\in T\}$ 为随机过程。

随机过程作为随机变量簇,可能取值的集合称为过程的状态空间,又称过程的值域,记为 $S$。状态空间中的每一元素也称为一个状态,它是过程的状态变量以某一概率的取值。在例 1 中,过程 $X(t)$的状态空间 $S=\{0,1,2,\cdots,n,\cdots\}$。而在例 2 中,热噪声电压 $V(t)$ 的状态空间 $S=\{v\mid v\in(-\infty,+\infty)\}$。

如果过程的参数集 $T$ 是任何非空集,那么 $\{X(t),\ t\in T\}$ 通常称为随机函数。

## 12.1.2 随机过程的分类

通常有两种分类法:一种是按随机过程的参数集和状态空间来分类;另一种是按随机过程的概率结构来分类。

按参数集和状态空间,随机过程分为

(1) 参数离散、状态离散的随机过程;

(2) 参数离散、状态连续的随机过程;

(3) 参数连续、状态离散的随机过程;

(4) 参数连续、状态连续的随机过程。

例 1 中的 $X(t)$是一个参数离散、状态离散的随机过程。例 2 中的 $V(t)$ 是一个参数连续、状态连续的随机过程。下面再举两个例子。

**例 3**　某气象台把一年内第 $t$ 天的降雨量记为 $X(t)$，那么每年 365 天的降雨量记录 $\{X(t),t=1,2,3,\cdots,365\}$是一个参数离散、状态连续的随机过程。

**例 4**　以 $N(t)$表示某电话交换台在时段$[0,t)$内接到的呼唤次数，那么，对于固定的 $t$，$N(t)$是一个随机变量。对于一切 $t\in[0,+\infty)$，$\{N(t),t\in[0,+\infty)\}$ 是一个连续参数、离散状态的随机过程。

离散参数随机过程就是随机变量序列，简称随机序列。一般地记 $X_n = X(t_n)$，于是

$$\{X(t),\ t=t_1,t_2,\cdots,t_n,\cdots\}=\{X_n\}$$

按概率结构来分，随机过程的种类很多。这里列举几个重要类型：

(1) 二阶矩过程，包括正态过程、平稳过程等；

(2) 马尔可夫(Марков)过程，包括马尔可夫链、泊松(Poisson)过程、维纳(Wiener)过程、扩散过程等；

(3) 更新过程；

(4) 鞅。

本书将在以后的章节中部分地作介绍。

## 12.2　随机过程的概率分布

设 $\{X(t),t\in T\}$ 是一随机过程，对于参数集 $T$ 中的任意 $n$ 个参数：$t_1,t_2,\cdots t_n$，过程的 $n$ 个状态：$X(t_1),X(t_2),\cdots,X(t_n)$ 的联合分布函数

$$F(x_1,x_2,\cdots,x_n;t_1,t_2,\cdots,t_n)=P\{X(t_1)\leqslant x_1,X(t_2)\leqslant x_2,\cdots,X(t_n)\leqslant x_n\}$$

称为随机过程 $X(t)$的 $n$ 维分布函数，$n=1,2,3,\cdots$。如果存在非负函数 $f(x_1,x_2,\cdots,x_n;t_1,t_2,\cdots,t_n)$，使得

$$F(x_1,x_2,\cdots,x_n;t_1,t_2,\cdots,t_n)=\int_{-\infty}^{x_n}\cdots\int_{-\infty}^{x_2}\int_{-\infty}^{x_1}f(x_1x_2\cdots x_n;t_1,t_2,\cdots,t_n)\mathrm{d}x_1\mathrm{d}x_2\cdots\mathrm{d}x_n$$

成立，则称 $f$ 为随机过程 $X(t)$ 的 $n$ 维概率密度，$n=1,2,3,\cdots$。

一般来说，分布函数族

$$\{F(x_1,x_2,\cdots,x_n;t_1,t_2,\cdots,t_n),\quad n=1,2,3,\cdots\}$$

或概率密度族

$$\{f(x_1,x_2,\cdots,x_n;t_1,t_2,\cdots,t_n),\quad n=1,2,3,\cdots\}$$

完全地确定了随机过程的统计特性。

特殊地，如果对于任何正整数 $n$，随机过程的任意 $n$ 个状态都是相互独立的，则称此过程

为独立随机过程。独立随机过程的 $n$ 维分布函数(或 $n$ 维概率密度)必等于相应 $n$ 个一维分布函数(或一维概率密度)的乘积,即有

$$F(x_1,x_2,\cdots,x_n;t_1,t_2,\cdots,t_n)=\prod_{i=1}^{n}F_i(x_i;t_i)$$

$$n=2,3,4,\cdots$$

由此可知,独立随机过程的一维分布函数或一维概率密度就能确定该过程的统计特性。

**例 1** 在第 12.1 节例 1 中,设各次检验相互独立地进行,每次检验的次品率为 $p$,$0<p<1$,求随机过程 $X(t)$ 在 $t_1=1$ 和 $t_2=2$ 时的二维分布函数。

**解** 在 $t_1=1$ 和 $t_2=2$ 时,过程的状态 $X(1)$ 和 $X(2)$ 的分布律分别为

| $X(1)$ | 0 | 1 |
|---|---|---|
| $P$ | $1-p$ | $p$ |

| $X(2)$ | 0 | 2 |
|---|---|---|
| $P$ | $1-p$ | $p$ |

一维分布函数分别为

$$F_1(x;1)=P\{X(1)\leqslant x\}=\begin{cases}0, & x<0\\ 1-p, & 0\leqslant x<1\\ 1, & x\geqslant 1\end{cases}$$

$$F_2(x;2)=P\{X(2)\leqslant x\}=\begin{cases}0, & x<0\\ 1-p, & 0\leqslant x<2\\ 1, & x\geqslant 2\end{cases}$$

由 $X(1)$ 与 $X(2)$ 相互独立,二维分布函数

$$F(x_1,x_2;1,2)=F_1(x_1;1)\cdot F_2(x_2;2)=$$

$$\begin{cases}0, & x_1<0 \text{ 或 } x_2<0\\ (1-p)^2, & 0\leqslant x_1<1,\quad 0\leqslant x_2<2\\ 1-p, & \begin{cases}0\leqslant x_1<1\\ x_2\geqslant 2\end{cases} \text{ 或 } \begin{cases}x_1\geqslant 1\\ 0\leqslant x_2<2\end{cases}\\ 1, & x_1\geqslant 1,\quad x_2\geqslant 2\end{cases}$$

**例 2** 设随机过程 $Z(t)=(X^2+Y^2)t$,$t>0$,式中 $X$ 与 $Y$ 是相互独立的标准正态随机变量。试求此过程的一维概率密度。

**解** $X$ 与 $Y$ 的联合概率密度

$$f(x,y)=\frac{1}{2\pi}\exp\left(-\frac{x^2+y^2}{2}\right),\qquad -\infty<x<+\infty,\quad -\infty<y<+\infty$$

当 $z>0$ 时,有

$$F(z;t)=P\{Z(t)\leqslant z\}=P\left\{X^2+Y^2\leqslant\frac{z}{t}\right\}=$$

$$\iint_{x^2+y^2\leqslant\frac{z}{t}} \frac{1}{2\pi}\exp\left(-\frac{x^2+y^2}{2}\right)\mathrm{d}x\mathrm{d}y =$$

$$\int_0^{2\pi}\int_0^{\sqrt{z/t}} \frac{1}{2\pi}\exp\left(-\frac{r^2}{2}\right)r\mathrm{d}r\mathrm{d}\theta = 1-\exp\left(-\frac{z}{2t}\right)$$

当 $z\leqslant 0$ 时，有

$$F(z;t) = P\left\{X^2+Y^2\leqslant\frac{z}{t}\right\} = 0$$

$Z(t)$的一维概率密度

$$f(z;t) = \frac{\mathrm{d}}{\mathrm{d}z}F(z;t) = \begin{cases}\frac{1}{2t}\exp\left(-\frac{z}{2t}\right), & z>0\\ 0, & z\leqslant 0\end{cases} \quad (t>0)$$

设 $\{X(t),t\in T_1\}$ 和 $\{Y(t),t\in T_2\}$ 是两个随机过程，由过程 $X(t)$ 的任意 $m$ 个状态 $X(t_1),X(t_2),\cdots,X(t_m)$，过程$Y(t)$的任意 $n$ 个状态 $Y(t'_1),Y(t'_2),\cdots,Y(t'_n)$，组成 $m+n$ 维随机向量。其分布函数

$$F_{XY}(x_1,\cdots,x_m,y_1,\cdots,y_n;t_1,\cdots,t_m,t'_1,\cdots,t'_n)$$

称为随机过程$X(t)$和$Y(t)$的 $m+n$ 维联合分布函数。如果对于任何正整数 $m$ 和 $n$，对于 $T_1$ 中的任意数组 $t_1,t_2,\cdots,t_m$ 以及 $T_2$ 中的任意数组 $t'_1,t'_2,\cdots,t'_n$，关系式

$$F_{XY}(x_1,\cdots,x_m,y_1,\cdots,y_n;t_1,\cdots,t_m,t'_1,\cdots,t'_n) =$$

$$F_X(x_1,\cdots,x_m;t_1,\cdots,t_m)\cdot F_Y(y_1,\cdots,y_n;t'_1,\cdots,t'_n)$$

都成立，则称两个随机过程 $X(t)$ 与 $Y(t)$ 相互独立。式中 $F_X(x_1,\cdots,x_m;t_1,\cdots,t_m)$ 是随机过程 $X(t)$ 的 $m$ 维分布函数，$F_Y(y_1,\cdots,y_n;t'_1,\cdots,t'_n)$ 是随机过程 $Y(t)$ 的 $n$ 维分布函数。

## 12.3　随机过程的数字特征

设 $\{X(t),t\in T\}$ 是一随机过程，对于任意给定的 $t\in T$，过程在 $t$ 的状态 $X(t)$的数学期望

$$\mu_X(t) = \mathrm{E}[X(t)] = \int_{-\infty}^{+\infty} xf_1(x;t)\mathrm{d}x \tag{12.1}$$

式中，$f_1(x;t)$ 是 $X(t)$ 的一维概率密度。对于一切 $t\in T$，$\mu_X(t)$ 是 $t$ 的函数，称为随机过程 $X(t)$的均值函数，简称均值。它是过程 $X(t)$的所有样本函数在 $t$ 处函数值的加权平均，如图 12－2 所示。

随机过程在 $t$ 的状态 $X(t)$的二阶原点矩

$$\Psi_X^2(t) = \mathrm{E}[X^2(t)] \tag{12.2}$$

称为随机过程 $X(t)$ 的均方值函数，简称均方值。二阶中心矩

$$\sigma_X^2(t) = D[X(t)] = \mathrm{E}\{[X(t)-\mu_X(t)]^2\} \tag{12.3}$$

称为随机过程 $X(t)$ 的方差函数,简称方差,而称 $\sigma_X(t)$ 为均方差。方差与均方差描述随机过程 $X(t)$ 的所有样本函数在 $t$ 处的函数值相对于 $\mu_X(t)$ 的偏离程度。

任选 $t_1 \in T, t_2 \in T$,若对应有过程在 $t_1, t_2$ 的两个状态 $X(t_1), X(t_2)$,那么,$X(t_1)$ 和 $X(t_2)$ 的二阶混合原点矩

$$R_X(t_1,t_2) = \mathrm{E}[X(t_1)X(t_2)] = \int_{-\infty}^{+\infty}\int_{-\infty}^{+\infty} x_1 x_2 f_2(x_1,x_2;t_1,t_2)\mathrm{d}x_1\mathrm{d}x_2 \tag{12.4}$$

称为随机过程 $X(t)$ 的自相关函数。在不致产生混淆的情况下,简称相关函数。在式(12.4)中,$f_2(x_1,x_2;t_1,t_2)$ 是随机过程 $X(t)$ 在 $t_1, t_2$ 处的二维概率密度。过程的两个状态 $X(t_1)$ 和 $X(t_2)$ 的二阶混合中心矩

$$C_X(t_1,t_2) = \mathrm{E}\{[X(t_1)-\mu_X(t_1)][X(t_2)-\mu_X(t_2)]\} \tag{12.5}$$

称为随机过程 $X(t)$ 的自协方差函数,简称协方差函数。

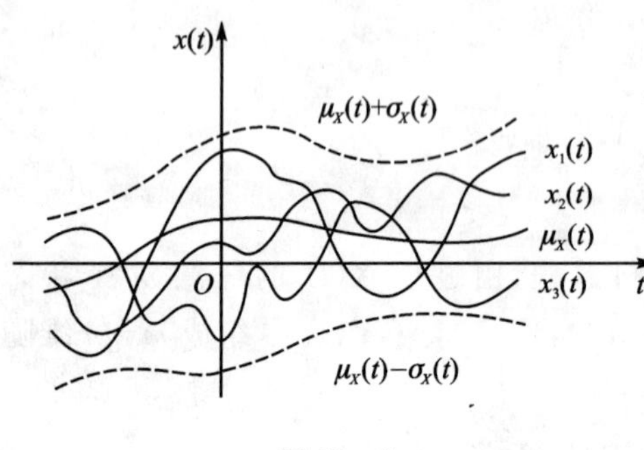


图 12-2

均值、均方值、方差和均方差是刻画随机过程在各个状态的统计特性的,而自相关函数和自协方差函数是刻画随机过程的任何两个不同状态的统计特性的。这五个数字特征之间,具有如下关系:

$$\left.\begin{aligned} \Psi_X^2(t) &= \mathrm{E}[X^2(t)] = R_X(t,t) \\ C_X(t_1,t_2) &= R_X(t_1,t_2) - \mu_X(t_1)\mu_X(t_2) \\ \sigma_X^2(t) &= C_X(t,t) = \Psi_X^2(t) - \mu_X^2(t) \end{aligned}\right\} \tag{12.6}$$

由式(12.2)和式(12.4),显然可得式(12.6)中的第一式。现在来证第二式和第三式。

$$\begin{aligned} C_X(t_1,t_2) =& \mathrm{E}\{[X(t_1)-\mu_X(t_1)][X(t_2)-\mu_X(t_2)]\} = \\ & \mathrm{E}[X(t_1)X(t_2)] - \mu_X(t_1)\mathrm{E}[X(t_2)] - \mu_X(t_2)\mathrm{E}[X(t_1)] + \mu_X(t_1)\mu_X(t_2) = \\ & R_X(t_1,t_2) - \mu_X(t_1)\mu_X(t_2) \end{aligned}$$

$$\sigma_X^2 = \mathrm{E}\{[X(t)-\mu_X(t)]^2\} = C_X(t,t) = R_X(t,t) - \mu_X^2(t) = \Psi_X^2(t) - \mu_X^2(t)$$

式(12.6)表明,均值和自相关函数确定其他数字特征。因而,在诸数字特征中,均值和自相关函数是最重要的。

**例 1** 设随机相位正弦波 $X(t) = a\cos(\omega t + \Theta)$,$-\infty < t < +\infty$,式中,$a, \omega$ 是常数,$\Theta$ 是在区间 $(0, 2\pi)$ 上服从均匀分布的随机变量。求 $X(t)$ 的均值函数、方差函数、自相关函数和自协方差函数。

**解** $\Theta$ 的概率密度为 $f(\theta) = \begin{cases} \dfrac{1}{2\pi}, & 0 < \theta < 2\pi \\ 0, & \text{其他} \end{cases}$

由均值的定义以及随机变量的函数的数学期望的求法，得到

$$\mu_X(t)=\mathrm{E}[X(t)]=\mathrm{E}[a\cos(\omega t+\Theta)]=\int_0^{2\pi}a\cos(\omega t+\theta)\cdot\frac{1}{2\pi}\mathrm{d}\theta=0$$

相类似地，有

$$R_X(t_1,t_2)=\mathrm{E}\{a^2\cos(\omega t_1+\Theta)\cos(\omega t_2+\Theta)\}=$$

$$a^2\int_0^{2\pi}\cos(\omega t_1+\theta)\cos(\omega t_2+\theta)\cdot\frac{1}{2\pi}\mathrm{d}\theta=\frac{a^2}{2}\cos\omega(t_2-t_1)$$

令 $\tau=t_2-t_1$，则

$$R_X(t_1,t_2)=\frac{a^2}{2}\cos\omega\tau$$

由式(12.6)得

$$C_X(t_1,t_2)=R_X(t_1,t_2)-\mu_X(t_1)\mu_X(t_2)=\frac{a^2}{2}\cos\omega\tau$$

$$\sigma_X^2(t)=C_X(t,t)=\frac{a^2}{2}$$

**例 2**　设随机过程 $Z(t)=X+Yt,-\infty<t<+\infty$，式中，$X$ 服从 $N(a,\sigma_1^2)$，$Y$ 服从 $N(b,\sigma_2^2)$，且 $X$ 与 $Y$ 的相关系数 $\rho_{XY}=\rho$，求 $Z(t)$ 的自相关函数。

**解**　$R_Z(t_1,t_2)=\mathrm{E}\{(X+Yt_1)(X+Yt_2)\}=\mathrm{E}(X^2)+t_1t_2\mathrm{E}(Y^2)+(t_1+t_2)\mathrm{E}(XY)$

$\mathrm{E}(X^2)=D(X)+(\mathrm{E}X)^2=\sigma_1^2+a^2$

$\mathrm{E}(Y^2)=D(Y)+(\mathrm{E}Y)^2=\sigma_2^2+b^2$

$\mathrm{E}(XY)=\mathrm{cov}(X,Y)+(\mathrm{E}X)(\mathrm{E}Y)=$

$$\rho_{XY}\sqrt{D(X)\cdot D(Y)}+(\mathrm{E}Y)(\mathrm{E}Y)=\rho\sigma_1\sigma_2+ab$$

得到

$$R_Z(t_1,t_2)=a^2+\sigma_1^2+t_1t_2(b^2+\sigma_2^2)+(ab+\rho\sigma_1\sigma_2)(t_1+t_2)$$

**例 3**　设随机振幅矩形波 $Y(t)=X\,g(t),t>0$，式中，$X$ 服从参数 $p=\frac{1}{2}$ 的 0－1 分布，$g(t)$是如图 12－3 所示的周期为 $l$ 的矩形波。求 $Y(t)$的均值、方差。

**解**　随机变量 $X$ 的分布律为

| $X$ | 0 | 1 |
|---|---|---|
| $P$ | $\frac{1}{2}$ | $\frac{1}{2}$ |

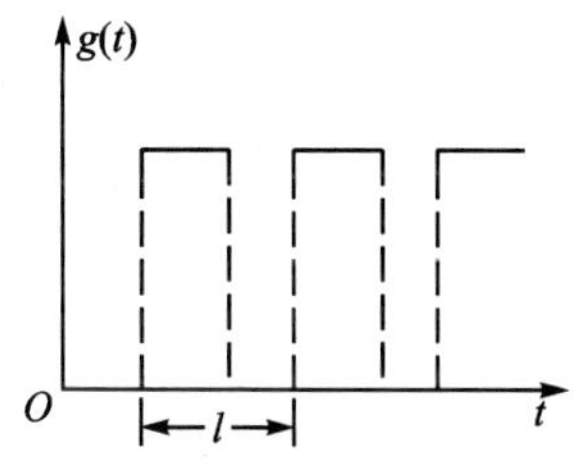


图 12－3

故有

$$E(X)=\frac{1}{2}$$

$$D(X)=\frac{1}{4}$$

$$\mu_Y(t)=E[X\,g(t)]=g(t)E(X)=\frac{1}{2}g(t)$$

$$\sigma_Y^2=D[X\,g(t)]=g^2(t)D(X)=\frac{1}{4}g^2(t)$$

对于两个随机过程 $\{X(t),t\in T_1\}$ 和 $\{Y(t),t\in T_2\}$，任选 $t_1\in T_1,t_2\in T_2$，对应有过程 $X(t)$ 在 $t_1$ 的状态 $X(t_1)$ 和过程 $Y(t)$ 在 $t_2$ 的状态 $Y(t_2)$。$X(t_1)$ 和 $Y(t_2)$ 的二阶混合原点矩

$$R_{XY}(t_1,t_2)=E[X(t_1)Y(t_2)] \tag{12.7}$$

称为随机过程 $X(t)$ 和 $Y(t)$ 的互相关函数。$X(t_1)$ 和 $Y(t_2)$ 的二阶混合中心矩

$$C_{XY}(t_1,t_2)=E\{[X(t_1)-\mu_X(t_1)][Y(t_2)-\mu_Y(t_2)]\} \tag{12.8}$$

称为随机过程 $X(t)$ 和 $Y(t)$ 的互协方差函数，并且有

$$C_{XY}(t_1,t_2)=R_{XY}(t_1,t_2)-\mu_X(t_1)\mu_Y(t_2) \tag{12.9}$$

如果对于任意 $t_1\in T_1$ 和任意 $t_2\in T_2$，都有

$$C_{XY}(t_1,t_2)=0$$

亦即

$$E[X(t_1)Y(t_2)]=E[X(t_1)]\cdot E[Y(t_2)]$$

则称随机过程 $X(t)$ 和 $Y(t)$ 是不相关的。

相互独立的两个随机过程必不相关。事实上，由过程 $X(t)$ 与 $Y(t)$ 的相互独立性，必有

$$f_{XY}(x,y;t_1,t_2)=f_X(x;t_1)f_Y(y;t_2)$$

于是有

$$E[X(t_1)Y(t_2)]=\int_{-\infty}^{+\infty}\int_{-\infty}^{+\infty}xy\,f_{XY}(x,y;t_1,t_2)\mathrm{d}x\mathrm{d}y=$$

$$\int_{-\infty}^{+\infty}xf_X(x;t_1)\mathrm{d}x\cdot\int_{-\infty}^{+\infty}yf_Y(y;t_2)\mathrm{d}y=E[X(t_1)]\cdot E[Y(t_2)]$$

对于任意 $t_1\in T_1$ 和 $t_2\in T_2$ 都成立，即 $X(t)$ 与 $Y(t)$ 不相关。然而，不相关的两个随机过程却不一定相互独立。

**例 4** 设某接收机收到周期信号电压 $S(t)$ 和噪声电压 $N(t)$，且设 $E[N(t)]=0$，$N(t)$ 与 $S(t)$ 互不相关。试导出输出电压 $V(t)=S(t)+N(t)$ 的均值、自相关函数与输入电压的数字特征的关系。

**解**

$$\mu_V(t)=E[S(t)+N(t)]=\mu_S(t)$$

$$R_V(t_1,t_2)=\mathrm{E}\{[S(t_1)+N(t_1)][S(t_2)+N(t_2)]\}=$$
$$\mathrm{E}[S(t_1)S(t_2)]+\mathrm{E}[S(t_1)N(t_2)]+\mathrm{E}[S(t_2)N(t_1)]+\mathrm{E}[N(t_1)N(t_2)]$$

由于 $S(t)$ 与 $N(t)$ 互不相关，且

$$\mathrm{E}[S(t_1)N(t_2)]=\mathrm{E}[S(t_1)]\cdot\mathrm{E}[N(t_2)]=0$$
$$\mathrm{E}[S(t_2)N(t_1)]=\mathrm{E}[S(t_2)]\cdot\mathrm{E}[N(t_1)]=0$$

得到

$$R_V(t_1,t_2)=R_S(t_1,t_2)+R_N(t_1,t_2)$$

# 习题十二

1. 设随机相位正弦波 $X(t)=a\cos(t+\Theta)$，其中 $a$ 是正常数，$\Theta$ 是在 $(0,2\pi)$ 上服从均匀分布的随机变量。

(1) 当 $\Theta$ 取值 $\theta=\frac{\pi}{4},\frac{\pi}{2},\pi$ 时，相应的样本函数是什么？作它们的图形。

(2) 求 $X(t)$ 在 $t=\frac{\pi}{4}$ 时的一维概率密度。

2. 依据独立重复抛掷硬币的试验定义随机过程

$$X(t)=\begin{cases}-t, & \text{第 } t \text{ 次出现花面}\\ t, & \text{第 } t \text{ 次出现字面}\end{cases}\qquad t=1,2,3,\cdots$$

每次试验各以 $\frac{1}{2}$ 的概率出现花面或者出现字面。试求 $X(t)$ 的一维分布函数 $F_1(x;1)$ 和二维分布函数 $F_2(x_1,x_2;1,2)$。

3. 设随机过程 $Y(t)=X\sin\omega t$，式中，$\omega$ 是常数，$X$ 服从 $N(\mu,\sigma^2)$，求 $Y(t)$ 的一维概率密度。

4. 设随机过程 $Z(t)=X+Yt,t>1$，$X,Y$ 是相互独立的随机变量，且同在 $(0,1)$ 上服从均匀分布。求 $Z(t)$ 的一维分布函数。

5. 设随机过程 $Z(t)=X\cos\omega t+Y\sin\omega t$，式中，$\omega$ 是常数，$X$ 和 $Y$ 是相互独立的标准正态随机变量，求 $Z(t)$ 的均值、自相关函数。

6. 求独立随机过程的自协方差函数。

7. 设随机过程 $Y(t)=\mathrm{e}^{-Xt}$，$X$ 是在 $(0,1)$ 上服从均匀分布的随机变量，求 $Y(t)$ 的均值函数、自相关函数。

8. 设随机过程 $Z(t)=X+Yt$，式中，$X,Y$ 都是随机变量，已知 $X$ 与 $Y$ 的协方差矩阵

$$\boldsymbol{C}=\begin{pmatrix}\sigma_1^2 & r\\ r & \sigma_2^2\end{pmatrix}$$

求 $Z(t)$ 的自协方差函数。

9. 给定随机过程 $X(t)$ 和常数 $a$,设

$$Y(t)=X(t+a)-X(t)$$

试以 $X(t)$ 的自相关函数表示 $Y(t)$ 的自相关函数。

10. 给定随机过程 $X(t)$,定义另一随机过程

$$Y(t)=\begin{cases}1, & \text{当 } X(t)\leqslant x\\ 0, & \text{当 } X(t)>x\end{cases}$$

$x$ 是任意实数。试证:$Y(t)$ 的均值和自相关函数分别是 $X(t)$ 的一维和二维分布函数。

11. 设 $X(t)$ 是独立随机过程,且其均值 $\mu_X(t)=\mu$ 是一个常数。又设随机过程

$$Y(t)=X(t)+\varphi(t)$$

式中,$\varphi(t)$ 是普通实函数。

(1) 求 $Y(t)$ 的自相关函数。

(2) 求 $X(t)$ 和 $Y(t)$ 的互相关函数、互协方差函数。

12. 设 $\{X_n,n=1,2,3,\cdots\}$ 是具有状态空间 $S=\{0,1\}$ 的独立随机序列,且 $P\{X_n=0\}=\dfrac{2}{3}$, $P\{X_n=1\}=\dfrac{1}{3}$,并令

$$Y_n=\sum_{i=1}^{n}X_i$$

(1) 求随机序列 $\{Y_n,n=0,1,2,\cdots\}$ 的一维分布律;

(2) 求 $\{Y_n,n=0,1,2,\cdots\}$ 的均值函数、自相关函数;

(3) 求两个随机序列 $\{X_n,n=1,2,3,\cdots\}$ 和 $\{Y_n,n=0,1,2,\cdots\}$ 的互相关函数、互协方差函数。

# 第 13 章　平稳过程

平稳过程是应用极为广泛的一类随机过程。它的统计特征不随时间的推移而变化。

## 13.1　严平稳过程

**定义 1**　对于任意实数 $\varepsilon$,如果随机过程$\{X(t),t\in T\}$的任意 $n$ 维分布函数满足

$$F(x_1,x_2,\cdots,x_n;t_1,t_2,\cdots,t_n)=$$
$$F(x_1,x_2,\cdots,x_n;t_1+\varepsilon,t_2+\varepsilon,\cdots,t_n+\varepsilon),\qquad n=1,2,3,\cdots \tag{13.1}$$

则称 $X(t)$为严平稳过程,或称狭义平稳过程。

式(13.1)称为严平稳性条件。严平稳的含义是:过程的任何有限维概率分布与参数 $t$ 的原点选取无关。如果参数 $t$ 代表时间,那么可以说,过程的任何有限维概率分布不随时间的推移而改变。

特殊地,取 $\varepsilon=-t_1,t_2-t_1=\tau$,过程的一维、二维分布函数分别化为

$$F_1(x_1;t_1)=F_1(x_1;t_1+\varepsilon)=F_1(x_1;0)=F_1(x_1)$$
$$F_2(x_1,x_2;t_1,t_2)=F_2(x_1,x_2;t_1+\varepsilon,t_2+\varepsilon)=F_2(x_1,x_2;0,\tau)=F_2(x_1,x_2;\tau)$$

上式表明,严平稳过程的一维分布函数 $F_1(x_1)$不依赖于参数 $t$;二维分布函数 $F_2(x_1,x_2;\tau)$仅依赖于参数间距 $\tau=t_2-t_1$,而与 $t_1,t_2$ 本身无关。

对于严平稳过程 $X(t)$的状态变量离散或连续两种情形,式(13.1)分别等价于

$$P\{X(t_1)=x_1,X(t_2)=x_2,\cdots,X(t_n)=x_n\}=$$
$$P\{X(t_1+\varepsilon)=x_1,X(t_2+\varepsilon)=x_2,\cdots,X(t_n+\varepsilon)=x_n\}$$

或者

$$f(x_1,x_2,\cdots,x_n;t_1,t_2,\cdots,t_n)=f(x_1,x_2,\cdots,x_n;t_1+\varepsilon,t_2+\varepsilon,\cdots,t_n+\varepsilon)$$

相应地有:一维分布律或一维概率密度不依赖于参数 $t$;二维分布律或二维概率密度仅依赖于参数间距 $\tau=t_2-t_1$。

就以过程的状态连续的情形而论,由于

$$f_1(x_1;t_1)=f_1(x_1)$$
$$f_2(x_1,x_2;t_1,t_2)=f_2(x_1,x_2;\tau),\qquad \tau=t_2-t_1$$

导出下列各数字特征(如果存在):

$$\mathrm{E}[X(t)]=\int_{-\infty}^{+\infty}xf_1(x)\mathrm{d}x=\mu_X$$

$$E[X^2(t)] = \int_{-\infty}^{+\infty} x^2 f_1(x)\mathrm{d}x = \Psi_X^2$$

$$D[X(t)] = \int_{-\infty}^{+\infty} (x-\mu_X)^2 f_1(x)\mathrm{d}x = \sigma_X^2$$

$$E[X(t)X(t+\tau)] = \int_{-\infty}^{+\infty}\int_{-\infty}^{+\infty} x_1 x_2 f_2(x_1,x_2;\tau)\mathrm{d}x_1\mathrm{d}x_2 = R_X(\tau)$$

$$E\{[X(t)-\mu_X][X(t+\tau)-\mu_X]\} = R_X(\tau)-\mu_X^2 = C_X(\tau)$$

于是得到命题：

**定理1** 设$\{X(t),t\in T\}$是严平稳过程，如果过程的二阶矩存在，那么

(1)

$$E[X(t)] = \mu_X$$

$$E[X^2(t)] = \Psi_X^2$$

$$D[X(t)] = \sigma_X^2$$

均为常数，与参数$t$无关；

(2)

$$E[X(t)X(t+\tau)] = R_X(\tau)$$

$$E\{[X(t)-\mu_X][X(t+\tau)-\mu_X]\} = C_X(\tau)$$

仅依赖于参数间距$\tau$，而不依赖于$t$。

定理1表明，严平稳过程的数字特征也与参数$t$的原点选取无关，或者说，不随时间的推移而改变。数字特征的这一性质也称为平稳性。必须注意，定理1的逆定理是不成立的。满足定理1中(1)和(2)的$X(t)$不一定满足式(13.1)，从而$X(t)$不一定是严平稳过程。

下面来看两个例题。

**例1(Bernoulli序列)** 独立重复地进行某项试验，每次试验"成功"的概率为$p(0<p<1)$，"失败"的概率为$1-p$。以$X_n$表示第$n$次试验"成功"的次数，试验证$\{X_n,n=1,2,3,\cdots\}$是严平稳过程。

**解**

$$X_n = \begin{cases} 0, & \text{第 } n \text{ 次试验“失败”} \\ 1, & \text{第 } n \text{ 次试验“成功”} \end{cases}$$

$$P\{X_n = k\} = p^k(1-p)^{1-k}, \qquad k=0,1$$

且$\{X_n,n=1,2,3,\cdots\}$是独立随机序列。任取$m$个正整数：$i_1,i_2,\cdots,i_m$，$m$维分布律

$$P\{X_{i_1}=k_1,X_{i_2}=k_2,\cdots,X_{i_m}=k_m\} =$$

$$\prod_{r=1}^{m} P\{X_{i_r}=k_r\} = \prod_{r=1}^{m} p^{k_r}(1-p)^{1-k_r}, \qquad k_r=0,1$$

$m$维分布律不依赖于$i_1,i_2,\cdots,i_m$，对任意正整数$l$，必有

$$P\{X_{i_1+l}=k_1,X_{i_2+l}=k_2,\cdots,X_{i_m+l}=k_m\} =$$

$$\prod_{r=1}^{m} p^{k_r}(1-p)^{1-k_r} = P\{X_{i_1}=k_1,X_{i_2}=k_2,\cdots,X_{i_m}=k_m\}$$

故 Bernoulli 序列$\{X_n, n=1,2,3,\cdots\}$是严平稳过程。

**例 2** 设 $X,Y$ 是相互独立的标准正态随机变量，$Z(t)=(X^2+Y^2)t$，$t>0$。试验证随机过程 $Z(t)$不是严平稳过程；$Z(t)$的数字特征也不具有平稳性。

**解** $Z(t)$的一维分布函数

$$F(z;t)=\begin{cases}1-\mathrm{e}^{-\frac{z}{2t}}, & z>0\\ 0, & z\leqslant 0\end{cases}$$

(详见第 12 章第 12.2 节例 2)显然依赖于参数 $t$，故对任意实数 $\varepsilon$，有

$$F(z;t)\neq F(z;t+\varepsilon)$$

$Z(t)$不是严平稳过程。$Z(t)$的一维概率密度为

$$f(z;t)=\begin{cases}\dfrac{1}{2t}\mathrm{e}^{-\frac{z}{2t}}, & z>0\\ 0, & z\leqslant 0\end{cases}$$

$\mathrm{E}[Z(t)]=2t$ 依赖于 $t$，即 $Z(t)$的均值函数不满足平稳性。

## 13.2 广义平稳过程

严平稳性的判定，往往难以实现。通常研究或应用一类广义平稳过程。虽然它的 $n$ 维概率分布不具有严平稳的性质，但是它的数字特征却与严平稳过程一样具有平稳性。

**定义 2** 设随机过程 $X(t)$对于任意 $t\in T$ 满足：

(1) $\mathrm{E}[X^2(t)]$ 存在且有限；

(2) $\mathrm{E}[X(t)]=\mu_X$ 是常数；

(3) $\mathrm{E}[X(t)X(t+\tau)]=R_X(\tau)$ 仅依赖于 $\tau$，而与 $t$ 无关，

则称 $X(t)$为广义平稳过程，或称宽平稳过程，简称平稳过程。

参数集 $T$ 为整数集或可列集的平稳过程又称为平稳序列，或称平稳时间序列。

由定义 2 与式(12.6)，得到

$$D[X(t)]=\Psi_X^2-\mu_X^2=\sigma_X^2 \qquad (常数)$$

$$C_X(t,t+\tau)=R_X(\tau)-\mu_X^2=C_X(\tau) \qquad (仅依赖于 \tau，而与 t 无关)$$

就是说，广义平稳过程的数字特征具有平稳性，与参数 $t$ 的原点选取无关；或者说，不随时间的推移而改变。下面来看几个平稳过程的例子。

**例 1** 随机相位正弦波 $X(t)=a\cos(\omega t+\Theta)$，式中 $a$ 和 $\omega$ 是常数，$\Theta$ 是在$(0,2\pi)$上服从均匀分布的随机变量。验证 $X(t)$是平稳过程。

**验证** 由第 12 章第 12.3 节例 1 知

$$\mathrm{E}[X(t)]=0 \qquad 是常数$$

$$\mathrm{E}[X(t)X(t+\tau)]=\frac{a^2}{2}\cos\omega\tau \qquad \text{仅依赖于 }\tau$$

$$\mathrm{E}[X^2(t)]=\frac{a^2}{2} \qquad \text{是常数}$$

所以,$X(t)=a\cos(\omega t+\Theta)$是平稳过程。

**例2** 随机振幅正弦波 $Z(t)=X\cos 2\pi t+Y\sin 2\pi t$,其中,$X$ 和 $Y$ 都是随机变量,且 $\mathrm{E}(X)=\mathrm{E}(Y)=0$, $D(X)=D(Y)=1$,$\mathrm{E}(XY)=0$,可以验证 $Z(t)$是平稳过程。(请读者验证。)

**例3** 白噪声序列。互不相关的随机变量序列 $\{X_n,n=0,\pm1,\pm2,\cdots\}$,$\mathrm{E}(X_n)=0$,$D(X_n)=\sigma^2\neq0$,是一个平稳序列。

**验证** 取 $\tau$ 为任意非零整数,由 $X_n$ 与 $X_{n+\tau}$互不相关,则有

$$\mathrm{E}[X_nX_{n+\tau}]=\mathrm{E}(X_n)\mathrm{E}(X_{n+\tau})=0$$

$$\mathrm{E}[X_n^2]=D(X_n)+(\mathrm{E}X_n)^2=\sigma^2$$

所以,$\{X_n,n=0,\pm1,\pm2,\cdots\}$是平稳序列。

**例4** 通信系统中的加密序列。设$\{\xi_0,\eta_0,\xi_1,\eta_1,\cdots,\xi_n,\eta_n,\cdots\}$是相互独立的随机变量序列。$\xi_n(n=0,1,2,\cdots)$同分布,$\eta_n(n=0,1,2,\cdots)$同分布,$\mathrm{E}(\xi_n)=\mathrm{E}(\eta_n)\equiv0$,$D(\xi_n)=D(\eta_n)\equiv\sigma^2\neq0$。设

$$X_n=\xi_n+\eta_n+(-1)^n(\xi_n-\eta_n)$$

则加密序列$\{X_n,n=0,1,2,\cdots\}$是平稳序列。(请读者验证。)

**例5** 随机电报信号。电报信号用电流 $I$ 或 $-I$ 给出,任意时刻 $t$ 的电报信号 $X(t)$为 $I$ 或 $-I$ 的概率各为$\frac{1}{2}$。又以 $N(t)$表示$[0,t)$内信号变化的次数,已知$\{N(t),t\geqslant0\}$是一泊松过程,则$\{X(t),t\geqslant0\}$是一个平稳过程。

**验证**

$$\mathrm{E}[X(t)]=I\,P\{X(t)=I\}-I\,P\{X(t)=-I\}=\frac{I}{2}-\frac{I}{2}=0$$

$$\mathrm{E}[X(t)X(t+\tau)]=I^2P\{X(t)X(t+\tau)=I^2\}-I^2P\{X(t)X(t+\tau)=-I^2\}=$$

$$I^2\sum_{n=0}^{+\infty}P\{N(t+\tau)-N(t)=2n\}-I^2\sum_{n=0}^{+\infty}P\{N(t+\tau)-N(t)=2n+1\}$$

由泊松过程的定义,有

$$P\{N(t+\tau)-N(t)=k\}=\frac{(\lambda\mid\tau\mid)^k}{k!}\mathrm{e}^{-\lambda|\tau|}$$

$$k=0,1,2,\cdots, \qquad \lambda>0$$

于是得到

$$\mathrm{E}[X(t)X(t+\tau)]=I^2\sum_{n=0}^{+\infty}\frac{(\lambda\mid\tau\mid)^{2n}}{(2n)!}\mathrm{e}^{-\lambda|\tau|}-I^2\sum_{n=0}^{+\infty}\frac{(\lambda\mid\tau\mid)^{2n+1}}{(2n+1)!}\mathrm{e}^{-\lambda|\tau|}=$$

$$I^2 e^{-\lambda|\tau|}\left\{\sum_{n=0}^{+\infty}\frac{(-\lambda|\tau|)^{2n}}{2n!}+\sum_{n=0}^{+\infty}\frac{(-\lambda|\tau|)^{2n+1}}{(2n+1)!}\right\}=$$

$$I^2 e^{-\lambda|\tau|}\sum_{n=0}^{+\infty}\frac{(-\lambda|\tau|)^{n}}{n!}=I^2 e^{-2\lambda|\tau|}$$

$$E[X^2(t)]=I^2$$

所以,$\{X(t),t\geqslant 0\}$是平稳过程。

由定理 1 和定义 2 可以得到以下推论:

**推论**　存在二阶矩的严平稳过程必定是广义平稳过程。

这个推论的逆命题是不成立的。由于严平稳过程不一定存在二阶矩,因此,一般来说,不仅广义平稳过程不一定是严平稳过程,而且严平稳过程也不一定是广义平稳过程。

在下文中,广义平稳过程都简称平稳过程。

**定义 3**　设 $X(t)$和 $Y(t)$是两个平稳过程,如果互相关函数

$$E[X(t)Y(t+\tau)]=R_{XY}(\tau)$$

仅是参数间距 $\tau$ 的函数,则称 $X(t)$与 $Y(t)$平稳相关,或称 $X(t)$与 $Y(t)$是联合平稳的。

在这种情形下,互协方差函数也仅是 $\tau$ 的函数,即有

$$C_{XY}(\tau)=R_{XY}(\tau)-\mu_X\mu_Y$$

**定义 4**

$$\rho_{XY}(\tau)=\frac{C_{XY}(\tau)}{\sqrt{C_X(0)\cdot C_Y(0)}} \tag{13.2}$$

称为标准互协方差函数。特别当 $\rho_{XY}(\tau)=0$ 时,称两个平稳过程 $X(t)$与 $Y(t)$不相关。

# 13.3　正态过程与正态平稳过程

## 13.3.1　正态过程

**定义 5**　如果随机过程 $X(t)$的任何有限维分布都是正态分布,则称 $X(t)$为正态过程,又称高斯(Gauss)过程。

就是说,对任何正整数 $n$ 以及任意数组 $t_1,t_2,\cdots,t_n$,正态过程的 $n$ 维概率密度为

$$f_n(x_1,x_2,\cdots,x_n;t_1,t_2,\cdots,t_n)=$$

$$\frac{1}{(2\pi)^{n/2}(\det \boldsymbol{C})^{1/2}}\exp\left[-\frac{1}{2}(\boldsymbol{X}-\boldsymbol{\mu})'\boldsymbol{C}^{-1}(\boldsymbol{X}-\boldsymbol{\mu})\right] \tag{13.3}$$

式中

$$X = \begin{bmatrix} x_1 \\ x_2 \\ \vdots \\ x_n \end{bmatrix}, \quad \boldsymbol{\mu} = \begin{bmatrix} \mu_X(t_1) \\ \mu_X(t_2) \\ \vdots \\ \mu_X(t_n) \end{bmatrix}$$

$$C = \begin{bmatrix} C_X(t_1,t_1) & C_X(t_1,t_2) & \cdots & C_X(t_1,t_n) \\ C_X(t_2,t_1) & C_X(t_2,t_2) & \cdots & C_X(t_2,t_n) \\ \vdots & \vdots & & \vdots \\ C_X(t_n,t_1) & C_X(t_n,t_2) & \cdots & C_X(t_n,t_n) \end{bmatrix}$$

由此可见,正态过程的均值函数和自协方差函数完全地确定了过程的概率分布。

特殊地,如果正态过程同时又是独立过程,则称为独立正态过程。

如果正态过程的参数集 $T$ 是可列集,例如 $T\equiv\{t_1,t_2,\cdots,t_n,\cdots\}$,记 $X(t)=X_t$,那么,$\{X_t, t=t_1,t_2,\cdots,t_n,\cdots\}$是正态序列。正态序列在数学处理上有许多方便之处,因而是十分重要的。

对于一般的两个随机过程,相互独立必定互不相关,反之却不一定成立。然而,对于两个正态过程,互不相关与相互独立是互为充分必要条件的。

在无线电技术中,真空管内的散射效应可用正态过程来描述。

### 13.3.2 正态平稳过程

由于正态过程必定存在二阶矩,如果某些正态过程满足严平稳性,那么它的数字特征必定也具有平稳性。反之,如果某些正态过程又是广义平稳过程,即对任意实数 $t,t_i,t_j,\tau$,有

$$\mu_X(t) = \mu_X = \mu_X(t+\tau)$$
$$C_X(t_i,t_j) = C_X(t_j-t_i) = C_X(t_i+\tau,t_j+\tau)$$

代入式(13.3)得

$$f(x_1,x_2,\cdots,x_n;t_1+\tau,t_2+\tau,\cdots,t_n+\tau) = f(x_1,x_2,\cdots,x_n;t_1,t_2,\cdots,t_n)$$

即 $X(t)$又是严平稳过程。于是有以下定理。

**定理2** 设 $X(t)$是正态过程,则 $X(t)$为严平稳的充分必要条件是 $X(t)$为广义平稳的。

具有平稳性的正态过程称为正态平稳过程。它既是广义平稳过程,又是严平稳过程。正态平稳过程在平稳过程的研究中尤为重要。

## 13.4 遍历过程

要确定平稳过程的数字特征,需要知道过程的一维、二维概率分布。这在实际应用中往往难以实现。自然想到,能不能采用数理统计的方法,对平稳过程重复多次地进行试验观察,以获得较多的样本函数 $x_i(t),i=1,2,\cdots,n$,从而对过程的诸数字特征作出估计。例如,在 $t$ 处

作 $n$ 个样本函数的函数值平均

$$\frac{1}{n}\sum_{i=1}^{n}x_i(t)$$

来估计过程在 $t$ 处的均值 $\mathrm{E}[X(t)]$。一般来说，要使估计精确，就要增加试验次数。但在实际应用上，都希望试验次数愈少愈好。尤其是破坏性试验，不可能多做。于是产生了这样的问题：能不能依据一次试验获得的一个样本函数来确定过程的数字特征呢？本节就来讨论这个问题。

## 13.4.1　时间均值和时间相关函数

随机过程 $\{X(t),-\infty<t<+\infty\}$ 的任一样本函数 $x(t)$ 在区间 $[-l,l]$ $(l>0)$ 上的函数平均值

$$\overline{x(t)}=\frac{1}{2l}\int_{-l}^{l}x(t)\mathrm{d}t$$

在 $(-\infty,+\infty)$ 上的函数平均值

$$\overline{x(t)}=\lim_{l\to+\infty}\frac{1}{2l}\int_{-l}^{l}x(t)\mathrm{d}t$$

对于过程 $X(t)$ 的所有样本函数，得到一簇在 $(-\infty,+\infty)$ 上的函数平均值，记为

$$\overline{X(t)}=\lim_{l\to+\infty}\frac{1}{2l}\int_{-l}^{l}X(t)\mathrm{d}t \tag{13.4}$$

**定义 6**　由式(13.4)确定的 $\overline{X(t)}$ 称为随机过程 $X(t)$ 对于参数 $t$ 的平均值，通常称为随机过程 $X(t)$ 的时间均值。

由于随机过程 $X(t)\equiv X(e,t)$ 是定义在样本空间 $S\equiv\{e\}$ 和参数集 $(-\infty,+\infty)$ 上的二元函数，$X(t)$ 在 $[-l,l]$ 上的积分

$$\int_{-l}^{l}X(t)\mathrm{d}t\equiv\int_{-l}^{l}X(e,t)\mathrm{d}t$$

是定义在 $S$ 上的一个随机变量，因此，由式(13.4)确定的时间均值 $\overline{X(t)}$ 也是一个随机变量。

相类似地，在任意 $t$ 处，给任意实数 $\tau$，过程在 $t$ 和 $t+\tau$ 的两个状态的乘积 $X(t)X(t+\tau)$ 在 $(-\infty,+\infty)$ 上的平均值记为

$$\overline{X(t)X(t+\tau)}=\lim_{l\to+\infty}\frac{1}{2l}\int_{-l}^{l}X(t)X(t+\tau)\mathrm{d}t \tag{13.5}$$

**定义 7**　由式(13.5)确定的 $\overline{X(t)X(t+\tau)}$ 称为随机过程 $X(t)$ 的时间相关函数。

在式(13.5)中，积分

$$\int_{-l}^{l}X(t)X(t+\tau)\mathrm{d}t=\int_{-l}^{l}X(e,t)X(e,t+\tau)\mathrm{d}t$$

不仅依赖于样本空间 $S\equiv\{e\}$，而且依赖于实数 $\tau$，因此，这个积分确定了一个随机过程，从而由式(13.5)确定的时间相关函数 $\overline{X(t)X(t+\tau)}$ 是一随机过程。

如果随机过程 $X(t)$的参数 $t\geqslant 0$,那么过程的时间均值和时间相关函数的表达式应改为

$$\left.\begin{aligned}\overline{X(t)} &= \lim_{l\to+\infty}\frac{1}{l}\int_0^l X(t)\mathrm{d}t\\ \overline{X(t)X(t+\tau)} &= \lim_{l\to+\infty}\frac{1}{l}\int_0^l X(t)X(t+\tau)\mathrm{d}t\end{aligned}\right\}\tag{13.6}$$

**例 1** 求随机相位正弦波 $X(t)=a\cos(\omega t+\Theta)$的时间均值和时间相关函数。

**解**

$$\overline{X(t)} = \lim_{l\to+\infty}\frac{1}{2l}\int_{-l}^{l}a\cos(\omega t+\Theta)\mathrm{d}t = \lim_{l\to+\infty}\frac{a\cos\Theta\sin\omega l}{\omega l} = 0$$

$$\overline{X(t)X(t+\tau)} = \lim_{l\to+\infty}\frac{1}{2l}\int_{-l}^{l}a^2\cos(\omega t+\Theta)\cos[\omega(t+\tau)+\Theta]\mathrm{d}t = \frac{a^2}{2}\cos\omega\tau$$

## 13.4.2 各态遍历性

显然,过程的时间均值$\overline{X(t)}$不同于过程的均值 $\mathrm{E}[X(t)]$,后者是一种集平均。过程的时间相关函数$\overline{X(t)X(t+\tau)}$也不同于过程的自相关函数 $\mathrm{E}[X(t)X(t+\tau)]$。如果 $X(t)$是平稳过程,则一般地有

$$\overline{X(t)} \neq \mathrm{E}[X(t)],\qquad \overline{X(t)X(t+\tau)} \neq \mathrm{E}[X(t)X(t+\tau)]$$

但也有一些特殊的平稳过程,它的时间均值恰等于集平均,时间相关函数恰等于过程的自相关函数。如把例 1 的结果与第 12 章第 12.3 节例 1 的结果相比较,恰有

$$\overline{X(t)} = \mathrm{E}[X(t)] = 0$$

$$\overline{X(t)X(t+\tau)} = \mathrm{E}[X(t)X(t+l)] = \frac{a^2}{2}\cos\omega\tau$$

这就表明,随机相位正弦波的每一样本函数在$-\infty<t<+\infty$上的函数平均值都相等,并且等于过程的均值。因此,只要一个样本函数便能确定过程的均值。相类似地,只要一个样本函数便能确定过程的自相关函数。过程的数字特征可以由一个样本函数来确定这一性质,称为各态历经性,或称遍历性。

**定义 8** 设 $X(t)$是一个平稳过程。

(1) 如果

$$\overline{X(t)} = \mathrm{E}[X(t)] = \mu_X$$

以概率 1 成立,则称过程 $X(t)$的均值具有各态遍历性。

(2) 如果

$$\overline{X(t)X(t+\tau)} = \mathrm{E}[X(t)X(t+\tau)] = R_X(\tau)$$

以概率 1 成立,则称过程 $X(t)$的自相关函数具有各态遍历性。

(3) 均值和自相关函数都具有各态遍历性的平稳过程称为遍历过程。或者说,该平稳过程具有遍历性。

一个平稳过程满足什么条件才具有遍历性呢?

**引理** 设$\{X(t),-\infty<t<+\infty\}$是一个平稳过程,则它的时间均值$\overline{X(t)}$的数学期望和方差分别为

$$\mathrm{E}[\overline{X(t)}]=\mu_X=\mathrm{E}[X(t)] \tag{13.7}$$

$$D[\overline{X(t)}]=\lim_{l\to+\infty}\frac{1}{l}\int_0^{2l}\left(1-\frac{\tau}{2l}\right)[R_X(\tau)-\mu_X^2]\mathrm{d}\tau \tag{13.8}$$

证明略。

**定理 3(均值各态遍历定理)** 平稳过程$\{X(t),-\infty<t<+\infty\}$的均值具有各态遍历性的充分必要条件是

$$\lim_{l\to+\infty}\frac{1}{l}\int_0^{2l}\left(1-\frac{\tau}{2l}\right)[R_X(\tau)-\mu_X^2]\mathrm{d}\tau=0$$

**证** 根据方差的性质以及式(13.7),有

$$\overline{X(t)}=\mathrm{E}[\overline{X(t)}]=\mathrm{E}[X(t)]$$

以概率 1 成立的充分必要条件是 $D[\overline{X(t)}]=0$。

再由式(13.8),即得证。

如果平稳过程 $X(t)$的参数 $t\geqslant 0$,则定理 3 的充分必要条件改为

$$\lim_{l\to+\infty}\frac{1}{l}\int_0^{l}\left(1-\frac{\tau}{l}\right)[R_X(\tau)-\mu_X^2]\mathrm{d}\tau=0$$

相类似地,有自相关函数各态遍历的充分必要条件,本书从略。

### 13.4.3 遍历过程的数字特征

对于遍历过程,一次试验获得的一个样本函数便可确定过程的数字特征。设 $X(t)$是遍历过程,$x(t)$是它的一个样本函数,则在 $t\geqslant 0$ 的情形,有

$$\left.\begin{aligned}\mu_X&=\lim_{l\to+\infty}\frac{1}{l}\int_0^{l}x(t)\mathrm{d}t\\ R_X(\tau)&=\lim_{l\to+\infty}\frac{1}{l}\int_0^{l}x(t)x(t+\tau)\mathrm{d}t\end{aligned}\right\} \tag{13.9}$$

当 $l$ 适当大时,式(13.9)极限符号后面的积分作为 $\mu_X$ 与 $R_X(\tau)$的估计式,即有

$$\left.\begin{aligned}\hat{\mu}_X&=\frac{1}{l}\int_0^{l}x(t)\mathrm{d}t\\ \hat{R}_X(\tau)&=\frac{1}{l-\tau}\int_0^{l-\tau}x(t)x(t+\tau)\mathrm{d}t,\qquad 0\leqslant\tau<l\end{aligned}\right\} \tag{13.10}$$

如果试验只在时间区间$[0,l]$内获得一条样本曲线(如图 13-1 所示),而难以确定它的函数表达式,那么可对式(13.10)作近似数值计算。其方法如下:

把区间$[0,l]N$ 等分,取 $\Delta t=\dfrac{l}{N}$,$t_k=k\Delta t$,$k=0,1,2,\cdots,N$,则

$$\hat{\mu}_X = \frac{1}{l}\sum_{k=1}^{N} x(t_k)\Delta t = \frac{1}{N}\sum_{k=1}^{N} x(t_k)$$

取 $\tau_r = r\Delta t$，$r$ 是非负整数，且 $r<N$，则

$$\hat{R}_X(\tau_r) = \frac{1}{l-\tau_r}\sum_{k=1}^{N-r} x(t_k)x(t_{k+r})\Delta t =$$

$$\frac{1}{N-r}\sum_{k=1}^{N-r} x(t_k)x(t_{k+r})$$

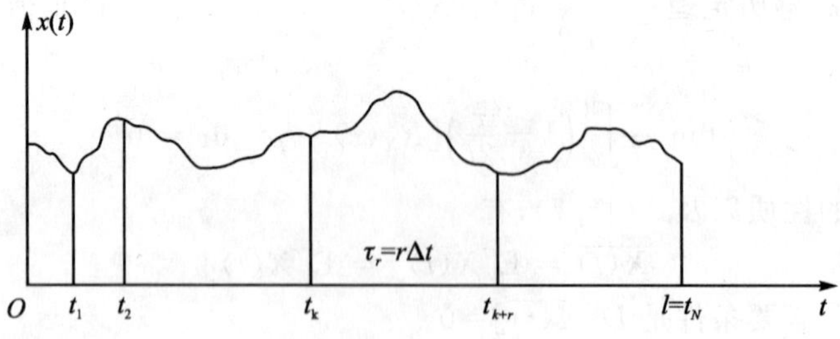


图 13-1

# 13.5 平稳过程的相关函数与谱密度

## 13.5.1 相关函数的性质

平稳过程 $X(t)$ 的自相关函数 $R_X(\tau)$ 是仅依赖于参数间距 $\tau$ 的函数。它有如下性质：

**性质 1** $R_X(\tau)$ 是偶函数，即 $R_X(-\tau)=R_X(\tau)$。

**性质 2** $|R_X(\tau)| \leqslant R_X(0) = \Psi_X^2$

$|C_X(\tau)| \leqslant C_X(0) = \sigma_X^2$

就是说，自相关函数 $R_X(\tau)$ 和自协方差函数 $C_X(\tau)$ 都在 $\tau=0$ 处达到最大值。事实上

$$2[R_X(0) \pm R_X(\tau)] = \mathrm{E}[X^2(t+\tau)] \pm 2\mathrm{E}[X(t)X(t+\tau)] + \mathrm{E}[X^2(t)] =$$

$$\mathrm{E}[X(t+\tau) \pm X(t)]^2 \geqslant 0$$

即得 $|R_X(\tau)| \leqslant R_X(0)$。同样可证 $|C_X(\tau)| \leqslant C_X(0)$。

**性质 3** $R_X(\tau)$ 非负定，即对任意实数 $\tau_1, \tau_2, \cdots, \tau_n$ 和任意函数 $g(\tau)$，有

$$\sum_{i,j=1}^{n} R_X(\tau_i - \tau_j)g(\tau_i)g(\tau_j) \geqslant 0$$

事实上，

$$\sum_{i,j=1}^{n} R_X(\tau_i-\tau_j)g(\tau_i)g(\tau_j) = \sum_{i,j=1}^{n} \mathrm{E}[X(\tau_i)X(\tau_j)]g(\tau_i)g(\tau_j) = \mathrm{E}\Big[\sum_{i=1}^{n} X(\tau_i)g(\tau_i)\Big]^2 \geqslant 0$$

**性质 4**　如果 $X(t)$是以 $T$ 为周期的周期平稳过程，即满足 $X(t+T)=X(t)$，那么，$R_X(\tau)$也是以 $T$ 为周期的函数。事实上，

$$R_X(\tau+T)=\mathrm{E}[X(t)X(t+\tau+T)]=\mathrm{E}[X(t)X(t+\tau)]=R_X(\tau)$$

例如，随机相位正弦波 $X(t)=a\cos(\omega t+\Theta)$是以$\frac{2\pi}{\omega}$为周期的平稳过程。它的相关函数$R_X(\tau)=\frac{a^2}{2}\cos\omega\tau$显然也是以$\frac{2\pi}{\omega}$为周期的函数。

**性质 5**　设均值为零的平稳过程 $X(t)$，当$|\tau|\to+\infty$时，过程的任何两个状态 $X(t)$与$X(t+\tau)$相互独立，则有

$$\lim_{|\tau|\to+\infty}R_X(\tau)=0$$

这是因为，当$|\tau|\to+\infty$时，有

$$\mathrm{E}[X(t)X(t+\tau)]=\mathrm{E}[X(t)]\mathrm{E}[X(t+\tau)]$$

所以有 $\lim\limits_{|\tau|\to+\infty}R_X(\tau)=0$。

一般来说，噪声过程的均值通常为零，并且当$|\tau|$充分大时，过程的状态 $X(t)$和 $X(t+\tau)$通常呈现独立性，因而自相关函数趋于零。例如，输入某线性系统的是白噪声电压，输出电压$Y(t)$的自相关函数为

$$R_Y(\tau)=\frac{as_0}{2}\mathrm{e}^{-a|\tau|},\qquad -\infty<\tau<+\infty$$

当$|\tau|\to+\infty$时，$R_Y(\tau)$趋于零。

## 13.5.2　谱密度

**定义 9**　设 $R_X(\tau)$是平稳过程 $X(t)$的自相关函数。如果 $R_X(\tau)$的傅里叶(Fourier)变换

$$F[R_X(\tau)]=\int_{-\infty}^{+\infty}R_X(\tau)\mathrm{e}^{-\mathrm{j}\omega\tau}\mathrm{d}\tau=S_X(\omega)\tag{13.11}$$

存在，则称 $S_X(\omega)$为平稳过程 $X(t)$的谱密度。工程上常称它为功率谱密度。

在式(13.11)中，$F[R_X(\tau)]$表示 $R_X(\tau)$的傅里叶变换。可以证明，当$\int_{-\infty}^{+\infty}|R_X(\tau)|\mathrm{d}\tau<+\infty$ 时，$F[R_X(\tau)]$ 是存在的，因而谱密度 $S_X(\omega)$存在。

当$\int_{-\infty}^{+\infty}|S_X(\omega)|\mathrm{d}\omega<+\infty$时，$S_X(\omega)$的傅里叶逆变换$F^{-1}[S_X(\omega)]$存在，即有

$$F^{-1}[S_X(\omega)]=\frac{1}{2\pi}\int_{-\infty}^{+\infty}S_X(\omega)\mathrm{e}^{\mathrm{j}\omega\tau}\mathrm{d}\omega=R_X(\tau)\tag{13.12}$$

式(13.11)和式(13.12)统称维纳-辛钦(Wiener - Хинчин)公式。

**例 1**　求第 13.2 节例 5 中的随机电报信号过程的谱密度。

**解** 在第 13.2 节例 5 中,已求得自相关函数为

$$R_X(\tau) = I^2 e^{-2\lambda|\tau|}$$

由式(13.11),谱密度为

$$S_X(\omega) = \int_{-\infty}^{+\infty} I^2 e^{-2\lambda|\tau|} e^{-j\omega\tau} d\tau =$$

$$I^2 \left[\int_{-\infty}^{0} e^{(2\lambda - j\omega)\tau} d\tau + \int_{0}^{+\infty} e^{-(2\lambda + j\omega)\tau} d\tau\right] =$$

$$I^2 \left(\frac{1}{2\lambda - j\omega} + \frac{1}{2\lambda + j\omega}\right) = \frac{4\lambda I^2}{4\lambda^2 + \omega^2}$$

**例 2** 已知谱密度为

$$S_X(\omega) = \frac{1}{\omega^4 + 5\omega^2 + 4}$$

求平稳过程 $X(t)$的自相关函数。

**解** 由式(13.12)以及 $R_X(\tau)$的偶函数性质,$X(t)$的自相关函数为

$$R_X(\tau) = R_X(|\tau|) = \frac{1}{2\pi}\int_{-\infty}^{+\infty} \frac{1}{\omega^4 + 5\omega^2 + 4} e^{j\omega|\tau|} d\omega$$

现用留数来计算式中的广义积分:

$$S_X(z) = \frac{1}{z^4 + 5z^2 + 4} = \frac{1}{(z^2+1)(z^2+4)}$$

在上半平面内有两个一级极点 $z=j$ 和 $z=2j$,积分

$$\int_{-\infty}^{+\infty} \frac{1}{\omega^4 + 5\omega^2 + 4} e^{j\omega|\tau|} d\omega = 2\pi j\{\text{Res}[S_X(z)e^{jz|\tau|}, j] + \text{Res}[S_X(z)e^{jz|\tau|}, 2j]\} =$$

$$2\pi j\left(\frac{1}{6j}e^{-|\tau|} - \frac{1}{12j}e^{-2|\tau|}\right) = \frac{\pi}{3}\left(e^{-|\tau|} - \frac{1}{2}e^{-2|\tau|}\right)$$

得到

$$R_X(\tau) = \frac{1}{6}\left(e^{-|\tau|} - \frac{1}{2}e^{-2|\tau|}\right)$$

由 $R_X(\tau)$求 $S_X(\omega)$,或者反过来由 $S_X(\omega)$求 $R_X(\tau)$,也可以直接利用傅里叶变换的性质,查傅里叶变换表得到。表 13 - 1 中给出了部分 $R_X(\tau)$和 $S_X(\omega)$的对应关系。

表 13 - 1 中 $\delta(t)$是一个广义函数,称为狄拉克(Dirac)函数,又称单位脉冲函数。它的表达式为

$$\delta(t) = \lim_{\varepsilon \to 0} \delta_\varepsilon(t)$$

$$\delta_\varepsilon(t) = \begin{cases} 0, & t < 0 \\ \dfrac{1}{\varepsilon}, & 0 \leqslant t \leqslant \varepsilon \\ 0, & t > \varepsilon \end{cases}$$

$\delta(t)$具有性质:对于任意连续函数 $f(t)$,都有

$$\int_{-\infty}^{+\infty} f(t)\delta(t-t_0)\mathrm{d}t = f(t_0)$$

由此性质导出表 13-1 中第 6 和第 7 个对应关系。

**表 13-1　相关函数与谱密度对应表**

| 序　号 | $R_X(\tau)$ | $S_X(\omega)$ |
|---|---|---|
| 1 | $\mathrm{e}^{-\alpha\|\tau\|}$,　$\alpha>0$ | $\frac{2\alpha}{\alpha^2+\omega^2}$ |
| 2 | $\mathrm{e}^{-\alpha\tau^2}$,　$\alpha>0$ | $\sqrt{\frac{\pi}{\alpha}}\mathrm{e}^{-\frac{\omega^2}{4\alpha}}$ |
| 3 | $R_X(\tau)=\begin{cases}A, & \|\tau\|\leqslant\frac{l}{2}\\ 0, & \text{其他}\end{cases}$ | $\frac{2A}{\omega}\sin\frac{\omega l}{2}$ |
| 4 | $R_X(\tau)=\begin{cases}\frac{2A}{l}\left(\frac{l}{2}+\tau\right), & -\frac{l}{2}\leqslant\tau<0\\ \frac{2A}{l}\left(\frac{l}{2}-\tau\right), & 0\leqslant\tau<\frac{l}{2}\end{cases}$ | $\frac{4A}{\omega^2 l}\left(1-\cos\frac{\omega l}{2}\right)$ |
| 5 | $\frac{1}{\pi\tau}\sin\omega_0\tau$ | $S_X(\omega)=\begin{cases}1, & \|\omega\|\leqslant\omega_0\\ 0, & \text{其他}\end{cases}$ |
| 6 | 1 | $2\pi\delta(\omega)$ |
| 7 | $\delta(\tau)$ | 1 |
| 8 | $\cos\omega_0\tau$ | $\pi[\delta(\omega+\omega_0)+\delta(\omega-\omega_0)]$ |

**例 3**　求随机相位正弦波 $X(t)=a\cos(\omega_0+\Theta)$的谱密度。

**解**　在第 12 章第 12.3 节例 1 中,已求得

$$R_X(\tau) = \frac{a^2}{2}\cos\omega_0\tau$$

由表 13.1 的第 8 式,得

$$S_X(\omega) = F[R_X(\tau)] = \frac{a^2\pi}{2}[\delta(\omega+\omega_0)+\delta(\omega-\omega_0)]$$

**例 4**　设平稳过程 $X(t)$的自相关函数

$$R_X(\tau) = \mathrm{e}^{-a|\tau|}\cos\omega_0\tau$$

式中,常数 $a>0$,求谱密度。

**解**　$$\cos\omega_0\tau=\frac{1}{2}(\mathrm{e}^{\mathrm{j}\omega_0\tau}+\mathrm{e}^{-\mathrm{j}\omega_0\tau})$$

$$S_X(\omega)=\int_{-\infty}^{+\infty}e^{-a|\tau|}\cos\omega_0\tau e^{-j\omega\tau}d\tau=$$
$$\frac{1}{2}\left\{\int_{-\infty}^{+\infty}e^{-a|\tau|}e^{-j(\omega-\omega_0)\tau}d\tau+\int_{-\infty}^{+\infty}e^{-a|\tau|}e^{-j(\omega+\omega_0)\tau}d\tau\right\}$$

由表 13-1 第 1 式,得

$$\int_{-\infty}^{+\infty}e^{-a|\tau|}e^{-j(\omega-\omega_0)\tau}d\tau=\frac{2a}{a^2+(\omega-\omega_0)^2}$$
$$\int_{-\infty}^{+\infty}e^{-a|\tau|}e^{-j(\omega+\omega_0)\tau}d\tau=\frac{2a}{a^2+(\omega+\omega_0)^2}$$

于是得到

$$S_X(\omega)=\frac{a}{a^2+(\omega-\omega_0)^2}+\frac{a}{a^2+(\omega+\omega_0)^2}$$

## 13.5.3 谱密度的性质

平稳过程的谱密度 $S_X(\omega)$有下列性质:

**性质 1** $S_X(\omega)$是 $\omega$ 的实的、非负的偶函数。

利用 $S_X(\omega)$的偶函数性质,令

$$G_X(\omega)=\begin{cases}2S_X(\omega), & \omega\geqslant 0\\ 0, & \omega<0\end{cases}$$

称 $G_X(\omega)$为单边谱密度,而谱密度 $S_X(\omega)$又称为双边谱密度(见图 13-2)。

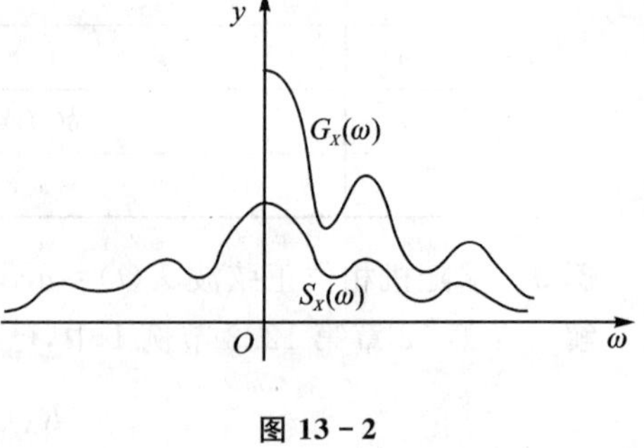


图 13-2

在式(13.12)中,令 $\tau=0$,得到谱密度 $S_X(\omega)$与均方值 $\Psi_X^2$的关系:

**性质 2** $$\Psi_X^2=\frac{1}{2\pi}\int_{-\infty}^{+\infty}S_X(\omega)d\omega \qquad (13.13)$$

对于一个平稳过程 $X(t)$,称

$$\lim_{T\to+\infty}E\left[\frac{1}{2T}\int_{-T}^{T}X^2(t)]dt\right]$$

为平稳过程 $X(t)$的平均功率。因为

$$\lim_{T\to+\infty}E\left[\frac{1}{2T}\int_{-T}^{T}X^2(t)dt\right]=\lim_{T\to+\infty}\frac{1}{2T}\int_{-T}^{T}E[X^2(t)]dt=\Psi_X^2$$

所以,均方值 $\Psi_X^2$就是平稳过程 $X(t)$的平均功率。式(13.13)称为平均功率的谱表示式。

## 13.5.4 互相关函数与互谱密度

设随机过程 $X(t)$和 $Y(t)$平稳相关,则互相关函数 $R_{XY}(\tau)$与互协方差函数 $C_{XY}(\tau)$仅是 $\tau$ 的函数。互相关函数与两个过程的自相关函数之间有不等式

$$|R_{XY}(\tau)|^2 \leqslant R_X(0)R_Y(0)$$

相应地,互协方差函数与自协方差函数之间有不等式

$$C_{XY}^2(\tau) \leqslant C_X(0)C_Y(0)$$

在 $R_{XY}(\tau)$绝对可积的条件下,存在

$$S_{XY}(\omega) = \int_{-\infty}^{+\infty} R_{XY}(\tau)\mathrm{e}^{-\mathrm{j}\omega\tau}\mathrm{d}\tau \tag{13.14}$$

称为平稳过程 $X(t)$和 $Y(t)$的互谱密度。反之,

$$R_{XY}(\tau) = \frac{1}{2\pi}\int_{-\infty}^{+\infty} S_{XY}(\omega)\mathrm{e}^{\mathrm{j}\omega\tau}\mathrm{d}\omega \tag{13.15}$$

式(13.14)和式(13.15)表明,互相关函数 $R_{XY}(\tau)$与互谱密度 $S_{XY}(\omega)$也构成傅里叶变换对。

互谱密度 $S_{XY}(\omega)$与两个过程的自谱密度之间有不等式

$$|S_{XY}(\omega)| \leqslant S_X(\omega)S_Y(\omega)$$

# 习 题 十 三

1. 设 $Y(t)=\sin(Xt)$,$X$ 是在$[0,2\pi]$上服从均匀分布的随机变量。试证:

(1) $\{Y(n),n=0,\pm 1,\pm 2,\cdots\}$是平稳序列;

(2) $\{Y(t),t\in(-\infty,+\infty)\}$不是平稳过程。

2. 验证:随机振幅正弦波 $Z(t)=X\cos 2\pi t+Y\sin 2\pi t$ 是平稳过程。其中 $X$ 和 $Y$ 都是随机变量,且 $\mathrm{E}(X)=\mathrm{E}(Y)=0$,$D(X)=D(Y)=1$,$\mathrm{E}(XY)=0$,$-\infty<t<+\infty$。

3. 验证:序列$\{X(n)=\xi_n+\eta_n+(-1)^n(\xi_n-\eta_n),n=0,1,2,\cdots\}$是平稳序列。其中 $\xi_0,\eta_0,\xi_1,\eta_1,\cdots$是相互独立的随机变量序列,且 $\mathrm{E}(\xi_n)=\mathrm{E}(\eta_n)=0$,$D(\xi_n)=D(\eta_n)=\sigma^2\neq 0$,$n=0,1,2,\cdots$。

4. 设随机过程 $X(t)$的均值函数 $\mu_X(t)=at+b$,自协方差函数 $C_X(t_1,t_2)=\mathrm{e}^{-\lambda|t_1-t_2|}$,其中 $\lambda$ 是正常数。对给定的常数 $l$,令 $Y(t)=X(t+l)-X(t)$,证明:$Y(t)$是平稳过程。

5. 设随机过程 $Y(t)=X\sin(\omega t+\Theta)$,其中 $\omega$ 是常数,$X$ 是标准正态随机变量,$\Theta$ 是在$(0,2\pi)$上均匀分布的随机变量,且 $X$ 与 $\Theta$ 相互独立。

(1) 求 $Y(t)$的均值、自相关函数;

(2) 问:$Y(t)$是不是平稳过程?

6. 设正态过程$\{X(t),-\infty<t<+\infty\}$的均值函数 $\mu_X(t)\equiv 0$,自相关函数 $R_X(t_1,t_2)\equiv R_X(t_2-t_1)$,试写出过程的一维、二维概率密度函数。

7. 设 $X(t)$是正态平稳过程,且 $\mathrm{E}[X(t)]=0$,令

$$Y(t)=\begin{cases}1, & 当\ X(t)<0\\ 0, & 当\ X(t)\geqslant 0\end{cases}$$

证明 $Y(t)$是平稳过程。

8. 在第 2 题中,求平稳过程 $Z(t)$的时间均值;$Z(t)$的均值是否具有遍历性?

9. 设 $X(t)=S(t+\Theta)$是以 $T$ 为周期的随机相位周期过程,即满足

$$X(t+T)=S(t+T+\Theta)=S(t+\Theta)=X(t)$$

式中,$\Theta$ 是在$(0,T)$上均匀分布的随机变量,求证:

(1) $X(t)=S(t+\Theta)$是平稳过程;

(2) $X(t)=S(t+\Theta)$是遍历过程。

10. 设平稳过程 $X(t)$的自相关函数 $R_X(\tau)$是以 $T$ 为周期的函数,证明:对于任意 $t$,等式 $X(t+T)=X(t)$以概率 1 成立。

11. 设 $X(t)$是雷达的发射信号,遇到目标后返回接收机的微弱信号为 $aX(t-c)$,同时还受到噪声 $N(t)$的干扰。其中 $a$ 和 $c$ 是常数,$a\ll 1$,$c$ 称为信号返回时间,则收到信号为

$$Y(t)=aX(t-c)+N(t)$$

且设 $Y(t)$与 $X(t)$平稳相关。

(1) 求互相关函数 $R_{XY}(\tau)$;

(2) 若 $N(t)$与 $X(t)$相互独立,且 $\mu_X(t)\equiv 0$,$R_{XY}(\tau)$等于什么?

12. 已知平稳过程 $X(t)$的谱密度为

$$S_X(\omega)=\frac{\omega^2+1}{\omega^4+5\omega^2+6}$$

求 $X(t)$的自相关函数。

13. 已知平稳过程 $X(t)$的自相关函数为

$$R_X(\tau)=4\mathrm{e}^{-|\tau|}\cos\pi\tau+\cos 3\pi\tau$$

求谱密度 $S_X(\omega)$。

14. 设 $X(t)$是平稳过程,而 $Y(t)=X(t)+X(t-T)$,$T$ 是给定的常数,试证明:

(1) $Y(t)$是平稳过程;

(2) $Y(t)$的谱密度 $S_Y(\omega)=2S_X(\omega)(1+\cos\omega T)$。

# 第 14 章　马尔可夫链

马尔可夫(Марков)链是离散状态的马尔可夫过程。最初,由俄国数学家马尔可夫于 1896 年提出的一个试验模型:在已知过程的"现在状态"的条件下,"将来状态"与"过去状态"独立。之后,发展成为比较成熟的马尔可夫过程论,并在工程学、生物学、物理学,乃至社会科学等领域都得到了广泛的应用。

## 14.1　马尔可夫链的定义

**定义 1**　设随机过程$\{X(t),\ t\in T\}$的状态空间 $S$ 是有限集或可列集,对于 $T$ 内任意 $n+1$ 个参数 $t_1<t_2<\cdots<t_n<t_{n+1}$ 和 $S$ 内任意 $n+1$ 个状态 $j_1,j_2,\cdots,j_n,j_{n+1}$,如果条件概率

$$P\{X(t_{n+1})=j_{n+1}\mid X(t_1)=j_1,X(t_2)=j_2,\cdots,X(t_n)=j_n\}=$$
$$P\{X(t_{n+1})=j_{n+1}\mid X(t_n)=j_n\} \tag{14.1}$$

恒成立,则称此过程为马尔可夫链。

式(14.1)称为马尔可夫性,或称无后效性。它的意思是:在已知过程的"现在状态 $X(t_n)=j_n$"的条件下,"将来状态 $X(t_{n+1})$"的条件概率分布与"过去状态"没有直接关系。

马尔可夫链又可分为参数离散或参数连续的两类。

**定义 2**　在离散参数马尔可夫链$\{X(t),\ t=t_0,t_1,t_2,\cdots,t_n,\cdots\}$中,条件概率

$$P\{X(t_{m+1})=j\mid X(t_m)=i\}=p_{ij}(t_m) \tag{14.2}$$

称为 $X(t)$在时刻(参数)$t_m$ 由状态 $i$ 一步转移到状态 $j$ 的一步转移概率,简称转移概率。

条件概率

$$P\{X(t_{m+n})=j\mid X(t_m)=i\}=p_{ij}^{(n)}(t_m) \tag{14.3}$$

称为 $X(t)$在时刻(参数)$t_m$ 由状态 $i$ 经 $n$ 步转移到状态 $j$ 的 $n$ 步转移概率。

一般地,转移概率具有性质:对于状态空间 $S$ 内的任意两个状态 $i$ 和 $j$,恒有

$$\left.\begin{array}{ll}(1) & p_{ij}^{(n)}(t_m)\geqslant 0\\ (2) & \sum\limits_{j\in S}p_{ij}^{(n)}(t_m)=1,\qquad n=1,2,3,\cdots\end{array}\right\} \tag{14.4}$$

**定义 3**　在离散参数马尔可夫链$\{X(t),\ t=t_0,t_1,t_3,\cdots,t_n,\cdots\}$中,如果一步转移概率 $p_{ij}(t_m)$不依赖于参数 $t_m$,即对任意两个不等的参数 $t_m$ 和 $t_k$,$m\neq k$,有

$$P\{X(t_{m+1})=j\mid X(t_m)=i\}=P\{X(t_{k+1})=j\mid X(t_k)=i\}=p_{ij}$$

则称此马尔可夫链具有齐次性或时齐性,称 $X(t)$ 为离散参数齐次马尔可夫链。

对于在 $S$ 内任意取定的两个状态 $i$ 和 $j$,齐次马尔可夫链的转移概率 $p_{ij}$ 是一常数。不论状态转移发生在何时,$p_{ij}$ 总是一个常数。依据下文将要导出的 $n$ 步转移概率与一步转移概率的关系,我们将会看到,齐次马尔可夫链的 $n$ 步转移概率 $p_{ij}^{(n)}$ 也是一个常数,不依赖于参数 $t$。下面,将重点介绍这类具有齐次性的马尔可夫链。

**例 1** Bernoulli 序列是离散参数齐次马尔可夫链。

**验证** 在 Bernoulli 序列 $\{X_n, n=1,2,3,\cdots\}$ 中,对任意正整数 $n, X_1, X_2, \cdots, X_n, X_{n+1}$ 相互独立,故对 $j_k=0,1(k=1,2,\cdots,n+1)$ 有

$$P\{X_{n+1}=j_{n+1} \mid X_1=j_1, X_2=j_2, \cdots, X_n=j_n\}= \\ P\{X_{n+1}=j_{n+1}\}=P\{X_{n+1}=j_{n+1} \mid X_n=j_n\}$$

即满足马尔可夫性,且

$$P\{X_{n+1}=j \mid X_n=i\}=P\{X_{n+1}=j\}=\begin{cases} p, & \text{当 } j=1 \\ 1-p, & \text{当 } j=0 \end{cases}$$

不依赖于参数 $n$,满足齐次性,故 Bernoulli 序列为离散参数齐次马尔可夫链。

**例 2** 爱伦菲斯特(Ehrenfest)模型。一容器中有 $2a$ 个粒子在作随机运动。设想有一实际不存在的界面把容器分为左右容积相等的两部分。当右边粒子多于左边时,粒子向左边运动的概率要大一些,大出部分与两边粒子的差数成正比;反之,当右边粒子少于左边时,粒子向右边运动的概率要大一些。以 $X_n$ 表示 $n$ 次变化后,右边粒子数与均分数 $a$ 之差,则状态空间 $S\equiv\{-a,-a+1,\cdots,-1,0,1,2,\cdots,a-1,a\}$,转移概率

$$\begin{cases} p_{j,j-1}=\dfrac{1}{2}\left(1+\dfrac{j}{a}\right), \\ p_{j,j+1}=\dfrac{1}{2}\left(1-\dfrac{j}{a}\right), \qquad j\in S, \quad j\neq\pm a \\ p_{a,a-1}=p_{-a,-a+1}=1, \end{cases}$$

则 $\{X_n, n=1,2,3,\cdots\}$ 是齐次马尔可夫链。

## 14.2 参数离散的齐次马尔可夫链

对于离散参数齐次马尔可夫链,本节讨论以下四个问题。

### 14.2.1 转移概率矩阵

设 $\{X(t), t=t_0,t_1,t_2,\cdots,t_n,\cdots\}$ 是齐次马尔可夫链,其状态空间 $S=\{0,1,2,\cdots,n,\cdots\}$,则对 $S$ 内的任意两个状态 $i$ 和 $j$,由转移概率 $p_{ij}$ 排序一个矩阵:

$$\boldsymbol{P}=\begin{bmatrix} p_{00} & p_{01} & \cdots & p_{0j} & \cdots \\ p_{10} & p_{11} & \cdots & p_{1j} & \cdots \\ \vdots & \vdots & & \vdots & \\ p_{i0} & p_{i1} & \cdots & p_{ij} & \cdots \\ \vdots & \vdots & & \vdots & \end{bmatrix} \tag{14.5}$$

称为(一步)转移概率矩阵。

由式(14.4),矩阵 $\boldsymbol{P}$ 具有两个特点:

(1) $p_{ij}\geqslant 0$,即元素均非负;(2) $\sum\limits_{j\in S} p_{ij}=1$,即行和为 1。

一般来说,具有以上两个特点的方阵称为随机矩阵。转移概率矩阵就是一个随机矩阵。转移概率矩阵描述了马尔可夫链状态转移的规律。如果再配以状态转移示意图,如下面例 2 中图 14－1 所示,状态转移的规律就更加清楚了。

**例 1**　Bernoulli 序列的状态空间 $S\equiv\{0,1\}$,转移概率矩阵

$$\boldsymbol{P}=\begin{bmatrix} q & p \\ q & p \end{bmatrix},\qquad q=1-p$$

**例 2**　一维随机游动。一个质点在直线上的五个位置:0,1,2,3,4 上随机游动。当它处在位置 1 或 2 或 3 时,以$\frac{1}{3}$的概率向左移动一步,而以$\frac{2}{3}$的概率向右移动一步;当它到达位置 0 时,以概率 1 返回位置 1;当它到达位置 4 时,以概率 1 停留在该位置上。(称位置 0 为反射壁,称位置 4 为吸收壁)。以 $X(t_n)=j$ 表示时刻 $t_n$ 质点处于位置 $j$,$j=0,1,2,3,4$,则$\{X(t),t=t_0,t_1,t_2,\cdots\}$是齐次马尔可夫链。其状态空间 $S=\{0,1,2,3,4\}$,状态 0 是反射状态,状态 4 是吸收状态。其转移概率矩阵

$$\boldsymbol{P}=\begin{bmatrix} 0 & 1 & 0 & 0 & 0 \\ \frac{1}{3} & 0 & \frac{2}{3} & 0 & 0 \\ 0 & \frac{1}{3} & 0 & \frac{2}{3} & 0 \\ 0 & 0 & \frac{1}{3} & 0 & \frac{2}{3} \\ 0 & 0 & 0 & 0 & 1 \end{bmatrix}$$

画出状态转移图如图 14－1 所示。

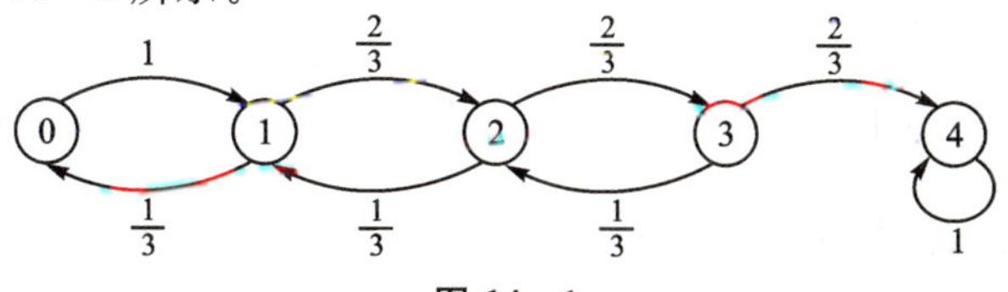


**图 14－1**

**例 3** 成功流。设在一串伯努利试验中，每次试验成功的概率为 $p$。令

$$X_n = \begin{cases} 0, & \text{第 } n \text{ 次试验失败} \\ k, & \text{第 } n \text{ 次试验接连第 } k \text{ 次成功}, \quad k \leqslant n \end{cases}$$

则$\{X_n, n=1,2,3,\cdots\}$是齐次马尔可夫链。其状态空间 $S=\{0,1,2,\cdots,k,\cdots\}$。其转移概率

$$P\{X_{n+1} = 0 \mid X_n = i\} = q = 1 - p$$

$$P\{X_{n+1} = i+1 \mid X_n = i\} = p$$

转移概率矩阵

$$\boldsymbol{P} = \begin{bmatrix} q & p & 0 & \cdots & \cdots & 0 & \cdots \\ q & 0 & p & \cdots & \cdots & 0 & \cdots \\ \vdots & \vdots & \ddots & \ddots & & \vdots & \\ \vdots & \vdots & \vdots & \ddots & \ddots & \vdots & \\ q & 0 & 0 & \cdots & 0 & p & \cdots \\ \vdots & \vdots & \vdots & & & \ddots & \ddots \end{bmatrix}$$

## 14.2.2 切普曼-柯尔莫哥洛夫方程

**定理 1** 设$\{X(t), t=t_0,t_1,t_2,\cdots\}$是马尔可夫链，则有

$$p_{ij}^{(n+l)}(t_m) = \sum_k p_{ik}^{(n)}(t_m) p_{kj}^{(l)}(t_{m+n}) \tag{14.6}$$

称为切普曼-柯尔莫哥洛夫(Chapman - Колмогоров)方程。

**证**

$$p_{ij}^{(n+l)}(t_m) = P\{X(t_{m+n+l}) = j \mid X(t_m) = i\} =$$

$$\frac{P\{X(t_m) = i, X(t_{m+n+l}) = j\}}{P\{X(t_m) = i\}} =$$

$$\sum_k \frac{P\{X(t_m) = i, X(t_{m+n}) = k, X(t_{m+n+l}) = j\}}{P\{X(t_m) = i, X(t_{m+n}) = k\}} \cdot \frac{P\{X(t_m) = i, X(t_{m+n}) = k\}}{P\{X(t_m) = i\}} =$$

$$\sum_k P\{X(t_{m+n+l}) = j \mid X(t_m) = i, X(t_{m+n}) = k\} \cdot P\{X(t_{m+n}) = k \mid X(t_m) = i\} =$$

$$\sum_k P\{X(t_{m+n+l}) = j \mid X(t_{m+n}) = k\} \cdot P\{X(t_{m+n}) = k \mid X(t_m) = i\} =$$

$$\sum_k p_{ik}^{(n)}(t_m) p_{kj}^{(l)}(t_{m+n})$$

证毕。

如果马尔可夫链具有齐次性，那么切普曼-柯尔莫哥洛夫方程(14.6)化为

$$p_{ij}^{(n+l)} = \sum_k p_{ik}^{(n)} p_{kj}^{(l)} \tag{14.7}$$

切普曼-柯尔莫哥洛夫方程给出了高步转移概率分解为低步转移概率的表达式。

当 $n=1, l=1$ 时，得到 $p_{ij}^{(2)} = \sum\limits_k p_{ik} p_{kj}$ 。进一步改写为矩阵形式：

$$\boldsymbol{P}^{(2)} = \boldsymbol{P}^2$$

式中，$\boldsymbol{P}^{(2)}$ 是两步转移概率矩阵，$\boldsymbol{P}$ 是一步转移概率矩阵。用数学归纳法可得

$$\boldsymbol{P}^{(n)} = \boldsymbol{P}^n, \qquad n = 2,3,4,\cdots \tag{14.8}$$

式(14.8)表明：$n$ 步转移概率矩阵 $\boldsymbol{P}^{(n)}$ 等于一步转移概率矩阵 $\boldsymbol{P}$ 的 $n$ 次幂。因此也常把 $\boldsymbol{P}^n$ 作为 $n$ 步转移概率矩阵的符号。

**例 4**　在本节例 2 中，求 $p_{00}^{(2)}$ 和 $p_{31}^{(2)}$ 。

**解**　由切普曼-柯尔莫哥洛夫方程(14.7)，有

$$p_{00}^{(2)} = \sum_{k=0}^{4} p_{0k} p_{k0} = 1 \times \frac{1}{3} = \frac{1}{3}$$

$$p_{31}^{(2)} = \sum_{k=0}^{4} p_{3k} p_{k1} = \frac{1}{3} \times \frac{1}{3} = \frac{1}{9}$$

**例 5**　传输数字 0 和 1 的通信系统，每个数字的传输需经过若干步骤，设每步传输正确的概率为$\frac{9}{10}$，传输错误的概率为$\frac{1}{10}$，(1) 问：数字 1 经三步传输出 1 的概率是多少？(2) 若某步传输出数字 1，那么又接连两步都传输出 1 的概率是多少？

**解**　以 $X_n$ 表示第 $n$ 步传输出的数字，则$\{X_n, n=0,1,2,\cdots\}$是一齐次马尔可夫链。$X_0$ 是初始状态，状态空间 $S=\{0,1\}$，一步转移概率矩阵

$$\boldsymbol{P} = \begin{bmatrix} \frac{9}{10} & \frac{1}{10} \\ \frac{1}{10} & \frac{9}{10} \end{bmatrix}$$

(1) 由式(14.8)得

$$\boldsymbol{P}^2 = \begin{bmatrix} \frac{9}{10} & \frac{1}{10} \\ \frac{1}{10} & \frac{9}{10} \end{bmatrix} \begin{bmatrix} \frac{9}{10} & \frac{1}{10} \\ \frac{1}{10} & \frac{9}{10} \end{bmatrix} = \begin{bmatrix} \frac{82}{100} & \frac{18}{100} \\ \frac{18}{100} & \frac{82}{100} \end{bmatrix}$$

又由式(14.7)，得到

$$p_{11}^{(3)} = \sum_{k=0}^{1} p_{1k}^{(2)} p_{k1} = \frac{18}{100} \times \frac{1}{10} + \frac{82}{100} \times \frac{9}{10} = 0.756$$

(2)

$$
\begin{aligned}
&P\{X_{n+1}=1, X_{n+2}=1 \mid X_n=1\}= \\
&P\{X_{n+1}=1 \mid X_n=1\} \cdot P\{X_{n+2}=1 \mid X_n=1, X_{n+1}=1\}= \\
&P\{X_{n+1}=1 \mid X_n=1\} \cdot P\{X_{n+2}=1 \mid X_{n+1}=1\}= \\
&p_{11} \cdot p_{11}=\left(\frac{9}{10}\right)^2=0.81
\end{aligned}
$$

## 14.2.3 有限维概率分布

马尔可夫链$\{X(t), t=t_0, t_1, t_2, \cdots\}$在初始时刻 $t_0$ 的概率分布

$$p_j(t_0)=P\{X(t_0)=j\}, \qquad j=0,1,2,\cdots$$

称为初始分布。初始分布与转移概率完全地确定了马尔可夫链的任何有限维分布。下面的定理 2 正是论述这一点。不妨设齐次马尔可夫链的参数集和状态空间都是非负整数集,那么有以下定理:

**定理 2** 设齐次马尔可夫链$\{X(n), n=0,1,2,\cdots\}$的状态空间 $S=\{0,1,2,\cdots,i,\cdots\}$,则对任意 $n$ 个非负整数 $k_1<k_2<\cdots<k_n$ 和 $S$ 内的任意 $n$ 个状态 $j_1, j_2, \cdots, j_n$,有

$$
\begin{aligned}
&P\{X(k_1)=j_1, X(k_2)=j_2, \cdots, X(k_n)=j_n\}= \\
&\sum_{i=0}^{+\infty} p_i(0) p_{ij_1}^{(k_1)} p_{j_1j_2}^{(k_2-k_1)} \cdots p_{j_{n-1}j_n}^{(k_n-k_{n-1})}
\end{aligned}
\tag{14.9}
$$

**证** 由概率的乘法公式和马尔可夫性,

$$
\begin{aligned}
&P\{X(k_1)=j_1, X(k_2)=j_2, \cdots, X(k_n)=j_n\}= \\
&\quad P\{X(k_1)=j_1\} \cdot P\{X(k_2)=j_2 \mid X(k_1)=j_1\} \cdot \\
&\quad P\{X(k_3)=j_3 \mid X(k_1)=j_1, X(k_2)=j_2\} \cdot \cdots \cdot \\
&\quad P\{X(k_n)=j_n \mid X(k_1)=j_1, X(k_2)=j_2, \cdots, X(k_{n-1})=j_{n-1}\}= \\
&\quad P\{X(k_1)=j_1\} \cdot P\{X(k_2)=j_2 \mid X(k_1)=j_1\} \cdot \\
&\quad P\{X(k_3)=j_3 \mid X(k_2)=j_2\} \cdot \cdots \cdot P\{X(k_n)=j_n \mid X(k_{n-1})=j_{n-1}\}= \\
&\quad P\{X(k_1)=j_1\} \cdot P_{j_1j_2}^{(k_2-k_1)} P_{j_2j_3}^{(k_3-k_2)} \cdot \cdots \cdot P_{j_{n-1}j_n}^{(k_n-k_{n-1})}
\end{aligned}
$$

由全概率公式,上式等号右端第一因式化为

$$P\{X(k_1)=j_1\}=\sum_{i=0}^{+\infty} P\{X(0)=i\} \cdot P\{X(k_1)=j_1 \mid X(0)=i\}=\sum_{i=0}^{+\infty} p_i(0) p_{ij_1}^{(k_1)}$$

于是得到

$$P\{X(k_1)=j_1, X(k_2)=j_2, \cdots, X(k_n)=j_n\}=\sum_{i=0}^{+\infty} p_i(0) p_{ij_1}^{(k_1)} p_{j_1j_2}^{(k_2-k_1)} p_{j_2j_3}^{(k_3-k_2)} \cdots p_{j_{n-1}j_n}^{(k_n-k_{n-1})}$$

证毕。

**例 6** 在本节例 5 中,设初始时输入 0 和 1 的概率分别为$\frac{1}{3}$和$\frac{2}{3}$,求第 2,3,6 步都传输出

1 的概率。

**解**　由题设知

$$p_0(0)=\frac{1}{3},\qquad p_1(0)=\frac{2}{3}$$

由式(14.9)，有

$$\begin{aligned}P\{X_2=1,X_3=1,X_6=1\}&=\sum_{i=0}^{1}p_i(0)p_{i1}^{(2)}p_{11}p_{11}^{(3)}=\\&p_{11}p_{11}^{(3)}(P_0(0)p_{01}^{(2)}+p_1(0)p_{11}^{(2)})=\\&\frac{9}{10}\cdot\frac{756}{1\ 000}\left(\frac{1}{3}\cdot\frac{18}{100}+\frac{2}{3}\cdot\frac{82}{100}\right)=0.412\ 8\end{aligned}$$

马尔可夫链在任何时刻 $t_n$ 的一维概率分布

$$p_j(t_n)=P\{X(t_n)=j\},\qquad j=0,1,2,\cdots$$

又称为绝对概率，或称为瞬时概率。由全概率公式得

$$p_j(t_n)=\sum_{i=0}^{+\infty}p_i(t_{n-1})p_{ij}(t_{n-1}),\qquad j=0,1,2,\cdots$$

如果马尔可夫链具有齐次性，那么上式化为

$$p_j(t_n)=\sum_{i=0}^{+\infty}p_i(t_{n-1})p_{ij},\qquad j=0,1,2,\cdots \tag{14.10}$$

由式(14.10)递推得到

$$p_i(t_n)=\sum_{i=0}^{+\infty}p_i(t_0)p_{ij}^{(n)},\qquad j=0,1,2\cdots \tag{14.11}$$

式中，$t_0$ 是初始时刻。式(14.11)表明：齐次马尔可夫链在时刻 $t_n$ 的瞬时概率完全地由初始分布和 $n$ 步转移概率确定。

**例 7**　在本节例 2 中，设质点在初始时刻 $t_0$ 恰处在状态 2，试求在时刻 $t_2$，质点处在各个状态的概率。

**解**　由本节例 2 中的转移概率矩阵 $\boldsymbol{P}$，求得二步转移概率矩阵为

$$\boldsymbol{P}^2=\begin{bmatrix}\frac{1}{3}&0&\frac{2}{3}&0&0\\0&\frac{5}{9}&0&\frac{4}{9}&0\\\frac{1}{9}&0&\frac{4}{9}&0&\frac{4}{9}\\0&\frac{1}{9}&0&\frac{2}{9}&\frac{2}{3}\\0&0&0&0&1\end{bmatrix}$$

按题意有

$$p_2(t_0)=1,\qquad p_0(t_0)=p_1(t_0)=p_3(t_0)=p_4(t_0)=0$$

由式(14.11)得

$$p_0(t_2)=\sum_{i=0}^{4}p_i(t_0)p_{i0}^{(2)}=1\times\frac{1}{9}=\frac{1}{9}$$

$$p_1(t_2)=\sum_{i=0}^{4}p_i(t_0)p_{i1}^{(2)}=1\times 0=0$$

$$p_2(t_2)=\sum_{i=0}^{4}p_i(t_0)p_{i2}^{(2)}=1\times\frac{4}{9}=\frac{4}{9}$$

$$p_3(t_2)=\sum_{i=0}^{4}p_i(t_0)p_{i3}^{(2)}=1\times 0=0$$

$$p_4(t_2)=\sum_{i=0}^{4}p_i(t_0)p_{i4}^{(2)}=1\times\frac{4}{9}=\frac{4}{9}$$

### 14.2.4 平稳分布

如果一维分布 $p_j(t_n)$ 与 $t_n$ 无关,那么式(14.10)化为式(14.12),于是有以下定义:

**定义4** 对于齐次马尔夫链$\{X(t),t=t_1,t_2,\cdots\}$,如果存在概率分布 $p_j(j=0,1,2,\cdots)$ 满足

$$p_j=\sum_{i=0}^{+\infty}p_i p_{ij},\qquad j=0,1,2,\cdots \tag{14.12}$$

则称 $p_j(j=0,1,2,\cdots)$为平稳分布,称 $X(t)$具有平稳性,是平稳齐次马尔可夫链。

定义4中平稳性的含义是:过程在任何时刻处于状态 $j$ 的概率都相等。

把平稳分布律表为行向量$(p_0\ p_1\cdots p_j\cdots)$,则式(14.12)改写为方程组:

$$\left.\begin{array}{l}(p_0\ p_1\ \cdots p_j\cdots)=(p_0\ p_1\ \cdots p_i\cdots)\boldsymbol{P}\\ \displaystyle\sum_{j=0}^{+\infty}p_j=1\end{array}\right\} \tag{14.13}$$

式中,$\boldsymbol{P}$ 是一步转移概率矩阵。

**例8** 带一个反射壁的一维随机游动,以 $X(t_n)=j$ 表示在时刻 $t_n$ 粒子处于状态 $j$,状态空间 $S\equiv\{0,1,2,\cdots,j,\cdots\}$,转移概率为

$$\begin{cases}p_{00}=q, & p+q=1\\ p_{j,j+1}=p, & j=0,1,2,\cdots\\ p_{j,j-1}=q, & j=1,2,3,\cdots\end{cases}$$

求平稳分布 $p_j,j=0,1,2,\cdots$。

**解** 画出状态转移图(见图14-2)。

平稳分布 $p_j$ 应满足方程组(14.13),即有

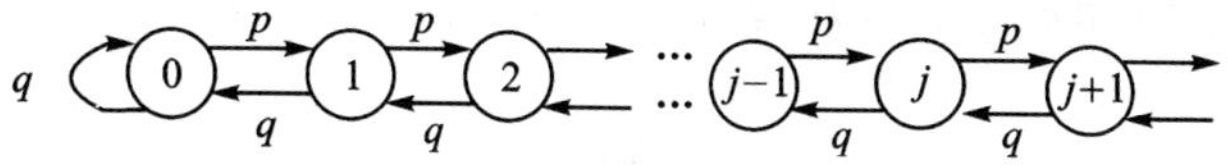

图 14-2

$$
\begin{cases}
p_0 = p_0 p_{00} + p_1 p_{10} = q p_0 + q p_1 & (1) \\
p_j = p_{j-1} p_{j-1,j} + p_{j+1} p_{j+1,j} = p p_{j-1} + q p_{j+1} & (2) \\
\sum\limits_{j=0}^{+\infty} p_j = 1 & (3)
\end{cases}
$$

由式(1)得　$p_1 = \frac{p}{q} p_0$

由式(2)得

$$p_{j+1} - p_j = \frac{p}{q}(p_j - p_{j-1}) = \cdots = \left(\frac{p}{q}\right)^j (p_1 - p_0) = \left[\left(\frac{p}{q}\right)^{j+1} - \left(\frac{p}{q}\right)^j\right] p_0$$

$$p_j - p_1 = (p_j - p_{j-1}) + (p_{j-1} - p_{j-2}) + \cdots + (p_2 - p_1) = \left[\left(\frac{p}{q}\right)^j - \left(\frac{p}{q}\right)\right] p_0$$

得到

$$p_j = \left(\frac{p}{q}\right)^j p_0, \qquad j = 0,1,2,\cdots \tag{4}$$

由式(3)得

$$\sum_{j=0}^{+\infty} p_j = p_0 + \frac{p}{q} p_0 + \left(\frac{p}{q}\right)^2 p_0 + \cdots + \left(\frac{p}{q}\right)^j p_0 + \cdots = \frac{p_0}{1 - \frac{p}{q}} = 1, \qquad \frac{p}{q} < 1$$

即当 $p<q$ 时，解得 $p_0 = 1 - \frac{p}{q}$，代入式(4)得

$$p_j = \left(\frac{p}{q}\right)^j \left(1 - \frac{p}{q}\right), \qquad j = 0,1,2,\cdots$$

而当 $p \geqslant q$ 时，不存在平稳分布。

## 14.3　参数连续的齐次马尔可夫链

在实际应用中，马尔可夫链的参数 $t$ 通常表示“时间”，参数集 $T$ 通常取非负实数集。本节就来讨论这类参数连续的马尔可夫链。

### 14.3.1　转移概率函数

**定义 5**　设 $\{X(t), t \geqslant 0\}$ 是参数连续的马尔可夫链，对于任意非负实数 $t$ 和任意正实数 $\tau$，以及链的任意两个状态 $i, j$，条件概率

$$P\{X(t+\tau) = j \mid X(t) = i\} = p_{ij}^{(\tau)}(t) \tag{14.14}$$

称为马尔可夫链在时刻 $t$ 由状态 $i$ 出发,经过时间间隔 $\tau$,在时刻 $t+\tau$ 到达状态 $j$ 的转移概率。$\tau$ 称为转移时间。

一般来说,$p_{ij}^{(\tau)}(t)$既依赖于出发时刻 $t$,又依赖于转移时间 $\tau$。特殊地,如果 $p_{ij}^{(\tau)}(t)$不依赖于出发时刻 $t$,仅依赖于转移时间 $\tau$,则称马尔可夫链$\{X(t),t\geqslant 0\}$具有齐次性或时齐性。此时可记

$$p_{ij}^{(\tau)}(t)=P\{X(t+\tau)=j \mid X(t)=i\}=p_{ij}(\tau) \tag{14.15}$$

就是说,对于参数连续的齐次马尔可夫链,从状态 $i$ 转移到状态 $j$ 的转移概率仅仅依赖于完成状态转移的转移时间 $\tau$,而与出发时刻 $t$ 无关。$p_{ij}(\tau)$是转移时间 $\tau$ 的函数。

一般地,参数连续的齐次马尔可夫链的转移概率函数具有如下性质:

**性质 1** 当 $\tau>0$ 时,$p_{ij}(\tau)\geqslant 0$。

当 $\tau=0$ 时,规定

$$p_{ij}(0)=\delta_{ij}=\begin{cases}1, & i=j\\ 0, & i\neq j\end{cases} \tag{14.16}$$

$\delta_{ij}$称为克罗纳克(Kronecker)符号。式(14.16)表示:在任何瞬时,一个状态留在原位的概率为 1,而跳离原位的概率为 0。

**性质 2** $\sum\limits_{j\in S}p_{ij}(\tau)=1$, $S$ 是状态空间。

**性质 3** 满足切普曼-柯尔莫哥洛夫方程

$$p_{ij}(\tau_1+\tau_2)=\sum_{k\in S}p_{ik}(\tau_1)\cdot p_{kj}(\tau_2) \qquad (\tau_1>0,\ \tau_2>0) \tag{14.17}$$

方程(14.17)的证明与式(14.6)的证明类同,请读者自证。

**性质 4**

$$\lim_{\tau\to 0^+}p_{ij}(\tau)=p_{ij}(0)=\begin{cases}1, & i=j\\ 0, & i\neq j\end{cases} \tag{14.18}$$

式(14.18)表明:转移概率函数 $p_{ij}(\tau)$在 $\tau=0$ 处右连续。当 $\tau$ 充分小时,齐次马尔可夫链的状态几乎滞留原位,几乎不发生转移。

## 14.3.2 转移速率矩阵

**定义 6** 如果齐次马尔可夫链的转移概率函数 $p_{ij}(\tau)$在 $\tau=0$ 的右导数存在,即存在

$$p'_{ij}(0)=\lim_{\tau\to 0^+}\frac{p_{ij}(\tau)-p_{ij}(0)}{\tau}=q_{ij} \tag{14.19}$$

则称导数值 $q_{ij}$ 为由状态 $i$ 转移到状态 $j$ 的转移速率,或称转移密度。不妨设状态空间 $S$ 为非负整数集,以 $q_{ij}$ 为元素的矩阵

$$
Q=\begin{bmatrix}
q_{00} & q_{01} & \cdots & q_{0j} & \cdots \\
q_{10} & q_{11} & \cdots & q_{1j} & \cdots \\
\vdots & \vdots & & \vdots & \\
q_{i0} & q_{i1} & \cdots & q_{ij} & \cdots \\
\vdots & \vdots & & \vdots &
\end{bmatrix} \tag{14.20}
$$

称为转移速率矩阵，或称转移密度矩阵，简称$\boldsymbol{Q}$阵。

转移速率具有两个性质：

(1) $\begin{cases} q_{ij}\geqslant 0, & i\neq j \\ q_{ii}<0, & i=j \end{cases}$

(2) 当状态空间 $S$ 为有限集时，$q_{ij}$ 满足

$$\sum_{j\in S} q_{ij}=0 \tag{14.21}$$

性质(1)可由式(14.19)直接得到。性质(2)的证明如下：

由转移概率函数的性质 2 得

$$\sum_{j\neq i} p_{ij}(\tau)+p_{ii}(\tau)-1=0$$

在等式两边除以 $\tau$，再令 $\tau\to 0$ 求极限，其中

$$\lim_{\tau\to 0^+}\frac{p_{ij}(\tau)}{\tau}=\lim_{\tau\to 0^+}\frac{p_{ij}(\tau)-p_{ij}(0)}{\tau}=q_{ij},\qquad i\neq j$$

$$\lim_{\tau\to 0^+}\frac{p_{ii}(\tau)-1}{\tau}=\lim_{\tau\to 0^+}\frac{p_{ii}(\tau)-p_{ii}(0)}{\tau}=q_{ii}$$

于是得到 $\sum_{j\in S} q_{ij}=0$ 。

式(14.21)表明：在$\boldsymbol{Q}$阵中，每行元素之和均为零。必须指出，当状态空间 $S$ 为无限集时，式(14.21)不一定成立。一般有

$$\sum_{j\in S} q_{ij}\leqslant 0$$

**例 1**　一台机器配备一名修理工，机器发生故障，立刻进行修理。机器从启动至首次故障的工作时间记为 $T_1$，设 $T_1$ 服从数学期望为$\dfrac{1}{\lambda}$的指数分布，以后逐次工作时间与 $T_1$ 独立同分布。机器首次故障至修复的首次修理时间记为 $T_2$，设 $T_2$ 服从数学期望为$\dfrac{1}{\mu}$的指数分布，以后逐次修理时间与 $T_2$ 独立同分布，且 $T_1$ 与 $T_2$ 也相互独立。机器工作状态记为 0，故障状态记为 1，机器在时刻 $t$ 所处的状态记为 $X(t)$，则可以验证$\{X(t),t\geqslant 0\}$是齐次马尔夫链（验证从略）。试求转移速率矩阵。

**解**　链的状态空间 $S=\{0,1\}$。

取充分小的正数 $\Delta t$，在时间区间$[t,t+\Delta t]$内求转移概率。由链的齐次性，有

$$p_{01}(\Delta t)=P\{X(t+\Delta t)=1\mid X(t)=0\}=P\{X(\Delta t)=1\mid X(0)=0\}=$$
$$P\{T_1\leqslant\Delta t\}=\int_0^{\Delta t}\lambda e^{-\lambda t}dt=1-e^{-\lambda\Delta t}=\lambda\Delta t+o(\Delta t)$$

$o(\Delta t)$是$\Delta t$的高阶无穷小。

$$p_{00}(\Delta t)=P\{X(t+\Delta t)=0\mid X(t)=0\}=P\{X(\Delta t)=0\mid X(0)=0\}=$$
$$P\{T_1>\Delta t\}=1-P\{T_1\leqslant\Delta t\}=e^{-\lambda\Delta t}=1-\lambda\Delta t+o(\Delta t)$$

同样可求得

$$p_{10}(\Delta t)=P\{X(t+\Delta t)=0\mid X(t)=1\}=$$
$$P\{T_2\leqslant\Delta t\}=1-e^{-\mu\Delta t}=\mu\Delta t+o(\Delta t)$$
$$p_{11}(\Delta t)=1-p_{10}(\Delta t)=e^{-\mu\Delta t}=1-\mu\Delta t+o(\Delta t)$$

由式(14.19)得

$$q_{01}=\lim_{\Delta t\to 0^+}\frac{p_{01}(\Delta t)-p_{01}(0)}{\Delta t}=\lim_{\Delta t\to 0^+}\frac{\lambda\Delta t+o(\Delta t)}{\Delta t}=\lambda$$
$$q_{00}=\lim_{\Delta t\to 0^+}\frac{p_{00}(\Delta t)-p_{00}(0)}{\Delta t}=\lim_{\Delta t\to 0^+}\frac{1-\lambda\Delta t+o(\Delta t)-1}{\Delta t}=-\lambda$$

同理得 $q_{10}=\mu,\quad q_{11}=-\mu$

转移速率矩阵为

$$\boldsymbol{Q}=\begin{bmatrix}-\lambda & \lambda\\ \mu & -\mu\end{bmatrix}$$

## 14.3.3 柯尔莫哥洛夫方程

由于篇幅所限,我们不加证明地引入柯尔莫哥洛夫前进方程和后退方程。

**定理3** 对于参数连续的齐次马尔可夫链,

(1) 若对状态$j$,$\sum\limits_{i\neq j}q_{ij}<+\infty$,则转移概率函数$p_{ij}(\tau)$满足微分方程

$$p'_{ij}(\tau)=\sum_{k\in S}p_{ik}(\tau)q_{kj}\tag{14.22}$$

称为柯尔莫哥洛夫前进方程。$S$为状态空间。

(2) 若对状态$i$,$\sum\limits_{j\neq i}q_{ij}<+\infty$,则$p_{ij}(\tau)$满足微分方程

$$p'_{ij}(\tau)=\sum_{k\in S}q_{ik}p_{kj}(\tau)\tag{14.23}$$

称为柯尔莫哥洛夫后退方程。

分别以$p_{ij}(\tau)$为元素,以$p'_{ij}(\tau)$为元素作矩阵,记为

$$\boldsymbol{P}(\tau)=[p_{ij}(\tau)],\qquad \boldsymbol{P}'(\tau)=[p'_{ij}(\tau)]$$

则柯尔莫哥洛夫前进方程、后退方程写成矩阵微分方程形式分别为

$$\boldsymbol{P}'(\tau) = \boldsymbol{P}(\tau)\boldsymbol{Q} \tag{14.24}$$

$$\boldsymbol{P}'(\tau) = \boldsymbol{Q}\boldsymbol{P}(\tau) \tag{14.25}$$

**例 2**　在例 1 中，求转移概率函数。

**解**　由柯尔莫哥洛夫前进方程得

$$\begin{bmatrix} p'_{00}(\tau) & p'_{01}(\tau) \\ p'_{10}(\tau) & p'_{11}(\tau) \end{bmatrix} = \begin{bmatrix} p_{00}(\tau) & p_{01}(\tau) \\ p_{10}(\tau) & p_{11}(\tau) \end{bmatrix} \begin{bmatrix} -\lambda & \lambda \\ \mu & -\mu \end{bmatrix}$$

得到

$$p'_{00}(\tau) = -\lambda p_{00}(\tau) + \mu p_{01}(\tau)$$

将 $p_{01}(\tau)=1-p_{00}(\tau)$ 代入上式得

$$p'_{00}(\tau) + (\lambda+\mu)p_{00}(\tau) = \mu$$

且有初始条件　$p_{00}(0) = 1$

解得

$$p_{00}(\tau) = \frac{1}{\lambda+\mu}[\mu + \lambda e^{-(\lambda+\mu)\tau}]$$

$$p_{01}(\tau) = 1 - p_{00}(\tau) = \frac{\lambda}{\lambda+\mu}[1 - e^{-(\lambda+\mu)\tau}]$$

同理可得

$$\begin{cases} p'_{10}(\tau) + (\lambda+\mu)p_{10}(\tau) = \mu \\ p_{10}(0) = 0 \end{cases}$$

解得

$$p_{10}(\tau) = \frac{\mu}{\lambda+\mu}[1 - e^{-(\lambda+\mu)\tau}]$$

$$p_{11}(\tau) = 1 - p_{10}(\tau) = \frac{1}{\lambda+\mu}[\lambda + \mu e^{-(\lambda+\mu)\tau}]$$

## 14.3.4　瞬时概率

参数连续的齐次马尔可夫链的一维概率分布

$$p_j(t) = P\{X(t) = j\}, \qquad j = 0,1,2,\cdots$$

称为瞬时概率，又称绝对概率。$p_j(0)$称为初始概率。

**定理 4**　参数连续的齐次马尔可夫链的瞬时概率 $p_j(t)(j=0,1,2,\cdots)$满足微分方程

$$\left.\begin{aligned} & p'_j(t) = \sum_{i\in S} p_i(t)q_{ij} \\ \text{即}\quad & (p'_0(t)\,p'_1(t)\cdots p'_j(t)\cdots) = [p_0(t)\,p_1(t)\cdots p_i(t)\cdots]\boldsymbol{Q} \end{aligned}\right\} \tag{14.26}$$

称为福克-普朗克(Fokker - Planck)方程。

**证**　由全概率公式，

$$p_j(t) = \sum_{i \in S} p_i(0) p_{ij}(t)$$

式中,$p_i(0)$是初始分布,$S$是状态空间。在上式等号两边对$t$求导得

$$p'_j(t) = \sum_{i \in S} p_i(0) p'_{ij}(t)$$

将柯尔莫哥洛夫前进方程(14.22)代入上式,得

$$\begin{aligned} p'_j(t) &= \sum_{i \in S} p_i(0) \sum_{k \in S} p_{ik}(t) q_{kj} = \\ & \sum_{k \in S} \Big[ \sum_{i \in S} p_i(0) p_{ik}(t) \Big] q_{kj} = \\ & \sum_{k \in S} p_k(t) q_{kj} = \sum_{i \in S} p_i(t) q_{ij} \end{aligned}$$

证毕。

**例3** 在本节例1中,设初始时刻机器完好,一启动立即进入工作状态,求在任意时刻$t$机器处于工作状态的概率和处于故障状态的概率。

**解** 由福克-普朗克方程及初始条件得

$$\begin{cases} [p'_0(t) \quad p'_1(t)] = [p_0(t) \quad p_1(t)] \begin{bmatrix} -\lambda & \lambda \\ \mu & -\mu \end{bmatrix} \\ [p_0(0) \quad p_1(0)] = (1 \quad 0) \end{cases}$$

解得

$$p_0(t) = \frac{\mu}{\lambda + \mu} + \frac{\lambda}{\lambda + \mu} e^{-(\lambda+\mu)t}$$

$$p_1(t) = \frac{\lambda}{\lambda + \mu} [1 - e^{-(\lambda+\mu)t}]$$

### 14.3.5 平稳分布与极限分布

**定义7** 如果齐次马尔可夫链的一维概率分布$\{p_j(t), j=0,1,2,\cdots\}$不依赖于$t$,即对$j=0,1,2,\cdots$,

$$p_j(t) = p_j$$

均为常数,则称$\{p_j, j=0,1,2,\cdots\}$为平稳分布。

把$p_j(t)=p_j$代入福克-普朗克方程(14.26)即得下述定理中的式(14.27)。

**定理5** 齐次马尔可夫链$\{X(t), t\geqslant 0\}$的平稳分布$\{p_j, j=0,1,2,\cdots\}$如果存在,必满足线性方程组

$$\left.\begin{aligned} &\sum_{i=0}^{+\infty} p_i q_{ij} = 0, \qquad j = 0,1,2,\cdots \\ 即 \quad &(p_0 \quad p_1 \cdots p_i \cdots) \boldsymbol{Q} = \boldsymbol{0} \end{aligned}\right\} \tag{14.27}$$

**例 4**　在本节例 1 中求 $X(t)$的平稳分布。

**解**　由式(14.27)及分布律的性质，有

$$\begin{cases}(p_0 \quad p_1)\begin{bmatrix}-\lambda & \lambda \\ \mu & -\mu\end{bmatrix} = \mathbf{0} \\ p_0 + p_1 = 1\end{cases}$$

解得

$$p_0 = \frac{\mu}{\lambda + \mu}, \qquad p_1 = \frac{\lambda}{\lambda + \mu}$$

由全概率公式，

$$p_j(t + \tau) = \sum_{i=0}^{+\infty} p_i(t) p_{ij}(\tau)$$

当 $p_j(t)$不依赖于 $t$ 时，上式化为

$$p_j = \sum_{i=0}^{+\infty} p_i p_{ij}(\tau)$$

于是得到平稳分布的另一定义：

**定义 8**　设 $p_{ij}(\tau)$是齐次马尔可夫链$\{X(t),t\geqslant 0\}$的转移概率函数，如果存在有限或无穷数列$\{\pi_j,\ j=0,1,2,\cdots\}$满足：

(1) $\pi_j \geqslant 0$;

(2) $\sum\limits_j \pi_j = 1$;

(3) $\pi_j = \sum\limits_i \pi_i p_{ij}(\tau),\ \tau > 0$,

则称$\{\pi_j,\ j=0,1,2,\cdots\}$为 $X(t)$的平稳分布。

**定义 9**　如果瞬时概率的极限

$$\lim_{t \to +\infty} p_j(t) = p_j$$

存在，且满足

$$\sum_{j \in S} p_j = 1$$

则称$\{p_j, j \in S\}$为齐次马尔可夫链$\{X(t),t\geqslant 0\}$的极限分布。

**定理 6**　设齐次马尔可夫链$\{X(t),t\geqslant 0\}$的状态空间 $S$ 为有限集，如果转移概率的极限

$$\lim_{t \to +\infty} p_{ij}(t) = p_j, \qquad j = 0,1,2,\cdots,N$$

存在，且与出发状态 $i$ 无关，那么极限值

$$\{p_j,\ j = 0,1,2,\cdots,N\}$$

必为齐次马尔可夫链的极限分布。

**证** 先证 $p_j$ 即是瞬时概率 $p_j(t)$ 的极限。由全概率公式,

$$p_j(t) = \sum_{i=0}^{N} p_i(0) p_{ij}(t)$$

$$\lim_{t\to+\infty} p_j(t) = \sum_{i=0}^{N} p_i(0) \cdot \lim_{t\to+\infty} p_{ij}(t) = p_j \sum_{i=0}^{N} p_i(0) = p_j$$

再证 $p_j$ 满足 $\sum_{j=0}^{N} p_j = 1$。事实上,

$$\sum_{j=0}^{N} p_j = \sum_{j=0}^{N} \lim_{t\to+\infty} p_{ij}(t) = \lim_{t\to+\infty} \sum_{j=0}^{N} p_j(t) = 1$$

故由定义9,$\{p_j, j=0,1,2,\cdots,N\}$是极限分布。证毕。

定理6表明:瞬时概率 $p_j(t)$ 与转移概率函数 $p_{ij}(t)$ 具有相同的极限。对于状态空间 $S$ 为可列无限集的情形,定理6证明中,

$$p_j(t) = \sum_{i=0}^{+\infty} p_i(0) p_{ij}(t)$$

当两种运算 $\lim\limits_{t\to+\infty}$ 与 $\sum\limits_{i=0}^{+\infty}$ 的次序可交换时,同样证得

$$\lim_{t\to+\infty} p_j(t) = p_j$$

也就是说,瞬时概率与转移概率函数仍然具有相同的极限。但是,一般地,

$$\sum_{j=0}^{+\infty} p_j \leqslant 1$$

只有当上式中的等号成立时,$\{p_j, j=0,1,2,\cdots\}$才成为极限分布。

**例5** 在本节例1中,求 $X(t)$ 的极限分布。

**解** 例2已求得转移概率函数为

$$p_{00}(\tau) = \frac{1}{\lambda+\mu}[\mu + \lambda e^{-(\lambda+\mu)\tau}]$$

$$p_{01}(\tau) = \frac{\lambda}{\lambda+\mu}[1 - e^{-(\lambda+\mu)\tau}]$$

令 $\tau\to+\infty$ 求极限,得极限分布

$$p_0 = \lim_{\tau\to+\infty} p_{00}(\tau) = \frac{\mu}{\lambda+\mu}$$

$$p_1 = \lim_{\tau\to+\infty} p_{01}(\tau) = \frac{\lambda}{\lambda+\mu}$$

另一解法:先由例3求得瞬时概率,再求极限获得。

如果齐次马尔可夫链存在极限分布,则表明系统运行相当长时间之后趋于平稳,并且此时的极限分布就是平稳分布。

### 14.3.6 几个例子

**定义 10** 如果齐次马尔可夫链$\{X(t),t\geqslant 0\}$的转移概率满足：

(1) $p_{ii+1}(\Delta t)=\lambda_i\Delta t+o(\Delta t),\quad \lambda_i>0,\quad i=0,1,2,\cdots$；

(2) $p_{ii-1}(\Delta t)=\mu_i\Delta t+o(\Delta t),\quad \mu_i>0,\quad i=1,2,\cdots$；

(3) $p_{ii}(\Delta t)=1-(\lambda_i+\mu_i)\Delta t+o(\Delta t)$；

(4) $p_{ij}(\Delta t)=o(\Delta t),\quad |i-j|\geqslant 2$，

则称此马尔可夫链为生灭过程。

由转移速率的定义，即式(14.19)，得

$$q_{ij}=\lim_{\Delta t\to 0^+}\frac{p_{ij}(\Delta t)-\delta_{ij}}{\Delta t}=\begin{cases}\lambda_i, & j=i+1\\ \mu_i, & j=i-1\\ -(\lambda_i+\mu_i), & j=i\\ 0, & |j-i|\geqslant 2\end{cases}$$

得到生灭过程的转移速率矩阵为

$$\boldsymbol{Q}=\begin{bmatrix}-\lambda_0 & \lambda_0 & 0 & 0 & 0 & \cdots\\ \mu_1 & -(\lambda_1+\mu_1) & \lambda_1 & 0 & 0 & \cdots\\ 0 & \mu_2 & -(\lambda_2+\mu_2) & \lambda_2 & 0 & \cdots\\ 0 & 0 & \mu_3 & -(\lambda_3+\mu_3) & \lambda_3 & \\ \vdots & \vdots & \vdots & \ddots & \ddots & \ddots\\ \vdots & \vdots & \vdots & & \ddots & \end{bmatrix}\tag{14.28}$$

$\lambda_i$ 称为生率；$\mu_i$ 称为灭率。当 $\mu_i=0$ 时的生灭过程称为纯生过程；当 $\lambda_i=0$ 时的生灭过程称为纯灭过程。当 $\lambda_i=i\lambda,\mu_i=i\mu$ 时的生灭过程，称为线性生灭过程。

**例 6** 在生率为 $\lambda_i$、灭率为 $\mu_i$ 的生灭过程中，求平稳分布。

**解** 由式(14.27)及分布律的性质，得

$$\begin{cases}(p_0\ p_1\ \cdots\ p_j\cdots)\boldsymbol{Q}=\boldsymbol{0}\\ \sum_{j=0}^{+\infty}p_j=1\end{cases}$$

$\boldsymbol{Q}$ 由式(14.28)给出。方程组化为

$$\begin{cases}-\lambda_0p_0+\mu_1p_1=0\\ \lambda_{j-1}p_{j-1}-(\lambda_j+\mu_j)p_j+\mu_{j+1}p_{j+1}=0, & j=1,2,3,\cdots\\ \sum_{j=0}^{+\infty}p_j=1\end{cases}$$

解得

$$p_1 = \frac{\lambda_0}{\mu_1} p_0$$

$$p_2 = \frac{\lambda_0 \lambda_1}{\mu_1 \mu_2} p_0$$

$$p_j = \frac{\lambda_0 \lambda_1 \cdots \lambda_{j-1}}{\mu_1 \mu_2 \cdots \mu_j} p_0$$

$$p_0 + \sum_{j=1}^{+\infty} \frac{\lambda_0 \lambda_1 \cdots \lambda_{j-1}}{\mu_1 \mu_2 \cdots \mu_j} p_0 = 1$$

当 $\sum\limits_{j=1}^{+\infty} \frac{\lambda_0 \lambda_1 \cdots \lambda_{j-1}}{\mu_1 \mu_2 \cdots \mu_j}$ 收敛时,存在平稳分布

$$p_0 = \left(1 + \sum_{j=1}^{+\infty} \frac{\lambda_0 \lambda_1 \cdots \lambda_{j-1}}{\mu_1 \mu_2 \cdots \mu_j}\right)^{-1}$$

$$p_j = \frac{\lambda_0 \lambda_1 \cdots \lambda_{j-1}}{\mu_1 \mu_2 \cdots \mu_j} p_0, \qquad j = 1,2,3,\cdots$$

当 $\sum\limits_{j=1}^{+\infty} \frac{\lambda_0 \lambda_1 \cdots \lambda_{j-1}}{\mu_1 \mu_2 \cdots \mu_j}$ 发散时,生灭过程不存在平稳分布。

**例 7** 设系统由两个同型部件并联组成,配备两台修理设备。两个部件故障前工作寿命 $\xi_1,\xi_2$ 独立同服从数学期望为 $\frac{1}{\lambda}$ 的指数分布;故障后修理时间 $\eta_1,\eta_2$ 独立同服从数学期望为 $\frac{1}{\mu}$ 的指数分布。工作寿命与修理时间也相互独立。以 $X(t)=j$ 表示系统在时刻 $t$ 发生故障和正在修理的部件数,$j=0,1,2$。设初始时刻系统内两个部件都正常工作,试求齐次马尔可夫过程 $\{X(t),t\geqslant 0\}$ 的瞬时概率。

**解** 由题设知,对 $i=1,2$,有

$$P\{\xi_i \leqslant t\} = 1 - \mathrm{e}^{-\lambda t}, \qquad t \geqslant 0$$

$$P\{\eta_i \leqslant t\} = 1 - \mathrm{e}^{-\mu t}, \qquad t \geqslant 0$$

先求时间间隔$[t,t+\Delta t]$上的转移概率:

$$\begin{aligned}
p_{01}(\Delta t) = & P\{X(t+\Delta t) = 1 \mid X(t) = 0\} = \\
& P\{\xi_1 \leqslant t+\Delta t \mid \xi_1 > t\} + P\{\xi_2 \leqslant t+\Delta t \mid \xi_2 > t\} = \\
& \frac{P\{t < \xi_1 \leqslant t+\Delta t\}}{P\{\xi_1 > t\}} + \frac{P\{t < \xi_2 \leqslant t+\Delta t\}}{P\{\xi_2 > t\}} = \\
& 2\,\frac{1-\mathrm{e}^{-\lambda(t+\Delta t)} - [1-\mathrm{e}^{-\lambda t}]}{\mathrm{e}^{-\lambda t}} = 2(1-\mathrm{e}^{-\lambda\Delta t}) = 2\lambda\Delta t + o(\Delta t)
\end{aligned}$$

$$\begin{aligned}
p_{02}(\Delta t) = & P\{X(t+\Delta t) = 2 \mid X(t) = 0\} = \\
& P\{\xi_1 \leqslant t+\Delta t, \xi_2 \leqslant t+\Delta t \mid \xi_1 > t, \xi_2 > t\} =
\end{aligned}$$

$$\frac{P\{t<\xi_1\leqslant t+\Delta t,t<\xi_2\leqslant t+\Delta t\}}{P\{\xi_1>t,\xi_2>t\}}=$$

$$\frac{P\{t<\xi_1\leqslant t+\Delta t\}\cdot P\{t<\xi_2\leqslant t+\Delta t\}}{P\{\xi_1>t\}\cdot P\{\xi_2>t\}}=$$

$$\frac{[\mathrm{e}^{-\lambda t}-\mathrm{e}^{-\lambda(t+\Delta t)}]^2}{(\mathrm{e}^{-\lambda t})^2}=(1-\mathrm{e}^{-\lambda\Delta t})^2=o(\Delta t)$$

$$p_{00}(\Delta t)=1-p_{01}(\Delta t)-p_{02}(\Delta t)=1-2\lambda\Delta t+o(\Delta t)$$

同样方法求得

$$p_{10}(\Delta t)=1-\mathrm{e}^{-\mu\Delta t}=\mu\Delta t+o(\Delta t)$$
$$p_{12}(\Delta t)=1-\mathrm{e}^{-\lambda\Delta t}=\lambda\Delta t+o(\Delta t)$$
$$p_{11}(\Delta t)=1-p_{10}(\Delta t)-p_{12}(\Delta t)=1-(\lambda+\mu)\Delta t+o(\Delta t)$$
$$p_{20}(\Delta t)=(1-\mathrm{e}^{-\mu\Delta t})^2=o(\Delta t)$$
$$p_{21}(\Delta t)=2(1-\mathrm{e}^{-\mu\Delta t})=2\mu\Delta t+o(\Delta t)$$
$$p_{22}(\Delta t)=1-p_{20}(\Delta t)-p_{21}\Delta t=1-2\mu\Delta t+o(\Delta t)$$

再由转移速率的定义式(14.19)

$$q_{ij}=\lim_{\Delta t\to 0^+}\frac{p_{ij}(\Delta t)-\delta_{ij}}{\Delta t}$$

得转移速率矩阵为

$$\boldsymbol{Q}=\begin{bmatrix}-2\lambda & 2\lambda & 0\\ \mu & -(\lambda+\mu) & \lambda\\ 0 & 2\mu & -2\mu\end{bmatrix}$$

由福克-普朗克方程及初始条件来求瞬时概率

$$\begin{cases}(p_0'(t)\quad p_1'(t)\quad p_2'(t))=(p_0(t)\quad p_1(t)\quad p_2(t))\begin{bmatrix}-2\lambda & 2\lambda & 0\\ \mu & -(\lambda+\mu) & \lambda\\ 0 & 2\mu & -2\mu\end{bmatrix}\\ (p_0(0)\quad p_1(0)\quad p_2(0))=(1\quad 0\quad 0)\end{cases}$$

作 Laplace 变换，记 $L[p_j(t)]=q_j(s)$，上述方程组化为

$$(sq_0(s)-1\quad q_1(s)\quad q_2(s))=(q_0(s)\quad q_1(s)\quad q_2(s))\begin{bmatrix}-2\lambda & 2\lambda & 0\\ \mu & -(\lambda+\mu) & \lambda\\ 0 & 2\mu & -2\mu\end{bmatrix}$$

解得

$$(q_0(s)\quad q_1(s)\quad q_2(s))=(1\quad 0\quad 0)\begin{bmatrix}-2\lambda & 2\lambda & 0\\ \mu & -(\lambda+\mu) & \lambda\\ 0 & 2\mu & -2\mu\end{bmatrix}^{-1}$$

得

$$q_0(s)=\frac{s^2+(\lambda+3\mu)s+2\mu^2}{s(s+\lambda+\mu)(s+2\lambda+2\mu)}$$

$$q_1(s)=\frac{2\lambda(s+\mu)}{s(s+\lambda+\mu)(s+2\lambda+2\mu)}$$

$$q_2(s)=\frac{2\lambda^2}{s(s+\lambda+\mu)(s+2\lambda+2\mu)}$$

再作 Laplace 逆变换,得瞬时概率

$$p_0(t)=\frac{\mu^2}{(\lambda+\mu)^2}+\frac{2\lambda\mu}{(\lambda+\mu)^2}\mathrm{e}^{-(\lambda+\mu)t}+\frac{\lambda^2}{(\lambda+\mu)^2}\mathrm{e}^{-2(\lambda+\mu)t}$$

$$p_1(t)=\frac{2\lambda\mu}{(\lambda+\mu)^2}+\frac{2\lambda(\lambda-\mu)}{(\lambda+\mu)^2}\mathrm{e}^{-(\lambda+\mu)t}-\frac{2\lambda^2}{(\lambda+\mu)^2}\mathrm{e}^{-2(\lambda+\mu)t}$$

$$p_2(t)=\frac{\lambda^2}{(\lambda+\mu)^2}-\frac{2\lambda^2}{(\lambda+\mu)^2}\mathrm{e}^{-(\lambda+\mu)t}+\frac{\lambda^2}{(\lambda+\mu)^2}\mathrm{e}^{-2(\lambda+\mu)t}$$

## 习 题 十 四

1. 已知齐次马尔可夫链的转移概率矩阵

$$\boldsymbol{P}=\begin{bmatrix}\frac{1}{3} & \frac{2}{3} & 0\\ \frac{1}{3} & \frac{1}{3} & \frac{1}{3}\\ 0 & \frac{2}{3} & \frac{1}{3}\end{bmatrix}$$

此马尔可夫链有几个状态?求二步转移概率矩阵。

2. 由下列齐次马尔可夫链的状态转移(概率)示意图,写出状态空间和一步转移概率矩阵。

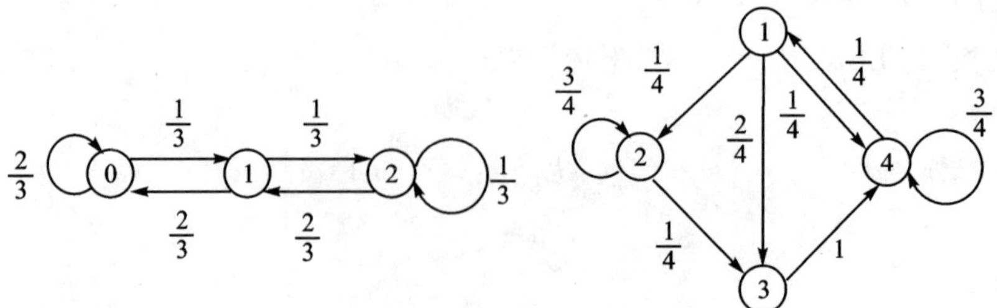


3. 在一串伯努利试验中,事件 $A$ 在每次试验中发生的概率为 $p$,令

$$X_n = \begin{cases} 0, & \text{第 } n \text{ 次试验 } A \text{ 不发生} \\ 1, & \text{第 } n \text{ 次试验 } A \text{ 发生} \end{cases} \qquad n = 1,2,3,\cdots$$

(1) $\{X_n, n=1,2,3,\cdots\}$是否为齐次马尔可夫链？

(2) 写出状态空间和转移概率矩阵；

(3) 求 $n$ 步转移概率矩阵。

4. 从次品率 $p(0<p<1)$的一批产品中，每次随机抽查一个产品，以 $X_n$ 表示前 $n$ 次抽查出的次品数。

(1) $\{X_n, n=1,2,3,\cdots\}$是否为齐次马尔可夫链？

(2) 写出状态空间和转移概率矩阵；

(3) 如果这批产品共 100 个，其中混杂了 3 个次品，作放回抽样，求在抽查出 2 个次品的条件下，再抽查 2 次，共查出 3 个次品的概率。

5. 独立重复地掷一颗匀称的骰子，以 $X_n$ 表示前 $n$ 次掷出的最小点数：

(1) $\{X_n, n=1,2,3,\cdots\}$是否为齐次马尔可夫链？

(2) 写出状态空间和转移概率矩阵；

(3) 求 $P\{X_{n+1}=3,\ X_{n+2}=3 \mid X_n=3\}$；

(4) 求 $P\{X_2=1\}$。

6. 设齐次马尔可夫链$\{X_n, n=0,1,2,\cdots\}$具有第 1 题中的转移概率矩阵，且初始概率分布为

$$p_j(0) = P\{X_0 = j\} = \frac{1}{3}, \qquad j = 1,2,3$$

(1) 求 $P\{X_1=1, X_2=2, X_3=3\}$；

(2) 求 $P\{X_2=3\}$；

(3) 求平稳分布。

7. 具有三状态：0，1，2 的一维随机游动，以 $X(t)=j$ 表示时刻 $t$ 粒子处在状态 $j(j=0,1,2)$，过程$\{X(t), t=t_0, t_1, t_2, \cdots\}$的一步转移概率矩阵

$$\boldsymbol{P} = \begin{bmatrix} q & p & 0 \\ q & 0 & p \\ 0 & q & p \end{bmatrix}$$

(1) 求粒子从状态 1 经二步、经三步转移回到状态 1 的转移概率；

(2) 求过程的平稳分布。

8. 设同型产品装在两个盒内，盒 1 内有 8 个一等品和 2 个二等品，盒 2 内有 6 个一等品和 4 个二等品。作有放回地随机抽查，每次抽查一个，第一次在盒 1 内取。取到一等品，继续在盒 1 内取；取到二等品，继续在盒 2 内取。以 $X_n$ 表示第 $n$ 次取到产品的等级数，则$\{X_n, n=1,2,3,\cdots\}$是齐次马尔可夫链。

(1) 写出状态空间和转移概率矩阵;

(2) 恰第 3,5,8 次取到一等品的概率为多少?

(3) 求过程的平稳分布。

9. 设两个同型部件组成冷储备系统,配备一台修理设备。当一个部件工作时,另一部件储备;当工作部件发生故障时,开关自动切换使储备部件立即进入工作状态,并且立即对故障部件进行修理。设两个部件的工作时间 $\xi_1,\xi_2$ 独立同服从数学期望为$\frac{1}{\lambda}$的指数分布;修理时间 $\eta_1,\eta_2$ 独立同服从数学期望为$\frac{1}{\mu}$的指数分布。工作时间与修理时间也相互独立。以 $X(t)=j$ 表示系统在时刻 $t$ 发生故障与正在修理的部件数为 $j$,$j=0,1,2$。

(1) 求齐次马尔可夫链$\{X(t),t\geqslant 0\}$的状态空间和转移速率矩阵;

(2) 求平稳分布。

10. 设一电话总机安装了 $s$ 条外线。用户数比外线数多。用户是否使用外线,相互独立。设在时间间隔$[t,t+\Delta t)$内,又一个用户要求使用外线的概率为 $\lambda\Delta t+o(\Delta t)$,$\lambda>0$;一条外线使用完毕的概率为 $\mu\Delta t+o(\Delta t)$,$\mu>0$。以 $X(t)$表示在时刻 $t$ 正被使用的外线数。

(1) 求$\{X(t),t\geqslant 0\}$的状态空间和转移速率矩阵;

(2) 求平稳分布;

(3) 当外线数 $s$ 无限增加时,平稳分布趋近何种分布?

# 习题答案

## 习题一

1. (1) $S=\{111,110,101,011,100,010,001,000\}$ （其中 1 表示击中，0 表示不中）

   (2) $S=\{2,3,\cdots,12\}$  (3) $S=\{1,2,3,\cdots\}$

   (4) $S=\{4,5,6,\cdots,10\}$  (5) $S=\{d\mid d\geqslant 0\}$

   (6) $S=\{(x,y,z)\mid x>0,y>0,z>0,x+y+z=1\}$

2. (1) $A\overline{B}\,\overline{C}$  (2) $A\overline{B}\,\overline{C}+\overline{A}B\overline{C}+\overline{A}\,\overline{B}C$

   (3) $AB\overline{C}+A\overline{B}C+\overline{A}BC$  (4) $A+B+C$

   (5) $AB+BC+CA$  (6) $\overline{AB+BC+CA}$或 $\overline{A}\,\overline{B}+\overline{B}\,\overline{C}+\overline{C}\,\overline{A}$

   (7) $\overline{ABC}$或 $\overline{A}+\overline{B}+\overline{C}$  (8) $ABC$  (9) $\overline{A}\,\overline{B}\,\overline{C}$

3. $A_i\subset B,i=0,1,2,3,A_0,A_1,A_2,A_3,C$ 两两互不相容，$B$ 与 $C$ 互不相容，$B$ 与 $C$ 互逆

4. $B_1=A_1(A_2+A_3)+A_4A_5+A_6$  $B_2=A_1[A_2(A_3A_4+A_5)+A_6]$

5. $A+\overline{A}B+\overline{A}\,\overline{B}C$

6. (1) $P(A)=0.16$；  $P(B)=0.84$

   (2) $P(A)=0.10$；  $P(B)=0.90$

   (3) $P(A)=0.10$；  $P(B)=0.90$

7. $\frac{1}{12}$  8. (1) $\frac{1}{17}$  (2) $\frac{4}{17}$

9. 0.151 2  10. $\frac{31}{42}$  11. 0.292 9  12. 0.803

13. (1) $\frac{11}{28}$  (2) $\frac{13}{14}$  14. (1) 0.232  (2) 0.768

15. (1) 0.935 7  (2) 0.381 9

16. (1) 0.794 9  (2) 0.104 7  (3) 0.529 8

17. (1) $\frac{5}{18}$  (2) $\frac{7}{8}$

18. (1) $\frac{1}{15}$  (2) $\frac{7}{15}$  (3) $\frac{1}{45}$

19. (1) $\frac{C_{50}^{10}C_{450}^{10}}{C_{500}^{20}}$  (2) $1-\frac{C_{450}^{10}+C_{450}^{19}C_{50}^{1}}{C_{500}^{20}}$

20. 0.45　　21. 0.455 6

22. (1) $\frac{14}{33}$　　(2) $\frac{16}{33}$

24. (1) 0.51　　(2) 0.475

25. 0.145 3　　26. 0.727 3　　27. 0.387 2　　28. 0.46

29. $\frac{12}{25}$　　30. 0.265 6　　31. 0.997 9; 0.664 3　　32. 0.142 2

33. 0.832　　34. $\frac{rw^n}{(r+w)^{n+1}}$　　35. $p^2+p^3-2p^5+p^6$

36. 0.656　　37. $\frac{5}{6}$; $\frac{1}{3}$　　39. $n=7$　　40. 0.458

## 习 题 二

1. (1) $\{X\geqslant 20\}$　　(2) $\{1\leqslant X\leqslant 10\}$　　(3) $\sum_{n=1}^{\infty}\{X=2n-1\}$

2. $F(x)=\begin{cases}0, & x<1\\ \frac{1}{6}, & 1\leqslant x<2\\ \frac{1}{3}, & 2\leqslant x<3\\ \frac{1}{2}, & 3\leqslant x<4\\ \frac{2}{3}, & 4\leqslant x<5\\ \frac{5}{6}, & 5\leqslant x<6\\ 1, & x\geqslant 6\end{cases}$　　3. $F(x)=\begin{cases}0, & x<0\\ \frac{1}{8}, & 0\leqslant x<1\\ \frac{1}{2}, & 1\leqslant x<2\\ \frac{7}{8}, & 2\leqslant x<3\\ 1, & x\geqslant 3\end{cases}$

4. $F(x)=\begin{cases}0, & x<0\\ x, & 0\leqslant x<1\\ 1, & x\geqslant 1\end{cases}$

5. (1) $a=1$; $b=-1$　　(2) $P\{X\leqslant \ln 2\}=\frac{1}{2}$; 　$P\{X>1\}=\mathrm{e}^{-1}$

6. (1) $a=\frac{1}{2}$; $b=\frac{1}{\pi}$　　(2) $P\{-1<x\leqslant\sqrt{3}\}=\frac{7}{12}$　　(3) $c=1$

7.

| $X$ | 1 | 2 | 3 |
|---|---|---|---|
| $P$ | $\frac{3}{10}$ | $\frac{6}{10}$ | $\frac{1}{10}$ |

$$F(x)=\begin{cases}0, & x<1\\ \frac{3}{10}, & 1\leqslant x<2\\ \frac{9}{10}, & 2\leqslant x<3\\ 1, & x\geqslant 3\end{cases}$$

8.

| $X$ | 1 | 2 | 3 |
|---|---|---|---|
| $P$ | $\frac{19}{27}$ | $\frac{7}{27}$ | $\frac{1}{27}$ |

$$F(x)=\begin{cases}0, & x<1\\ \frac{19}{27}, & 1\leqslant x<2\\ \frac{26}{27}, & 2\leqslant x<3\\ 1, & x\geqslant 3\end{cases}$$

9.

| $X$ | 2 | 3 | 4 | 5 |
|---|---|---|---|---|
| $P$ | $p^2$ | $2p^2(1-p)$ | $3p^2(1-p)^2$ | $(1+3p)(1-p)^3$ |

10. (1) 0.230 4　　(2) 0.337 0

11.

| $X$ | 0 | 20 | 40 | 65 | 100 |
|---|---|---|---|---|---|
| $P$ | 0.001 6 | 0.025 6 | 0.153 6 | 0.409 6 | 0.409 6 |

12. $P\{X=k\}=\frac{2}{5}\left(\frac{3}{5}\right)^{k-1}$,　　$k=1,2,3,\cdots$

$P\{X$ 取奇数$\}=0.625$

13. (1) $\frac{1}{e^{\lambda}-1}$　　(2) 1

14. (1) 0.329 7　　(2) 0.992 1　　(3) 0.268 1

15. (1) 0.916 1　　(2) 103

16. 4　　17. 0.224 0

18. (1) 0.146 2　　(2) 0.031 8

20. (1) 3, 0　　(2) $f(x)=\begin{cases}\dfrac{3}{(1+3x)^2}, & x>0\\ 0, & x\leqslant 0\end{cases}$

21. (1) $1,-\dfrac{1}{2}$　　(2) $F(x)=\begin{cases}0, & x\leqslant 0\\ x-\dfrac{1}{4}x^2, & 0<x<2\\ 1, & x\geqslant 2\end{cases}$

22. (1) $\dfrac{1}{2}$　　(2) $F(x)=\begin{cases}0, & x<0\\ \dfrac{1}{2}(1-\cos x), & 0\leqslant x<\pi\\ 1, & x\geqslant \pi\end{cases}$

23. (1) $\dfrac{2}{\pi}$　　(2) $\dfrac{2}{\pi}\arctan e^x$　　(3) $\dfrac{1}{6}$

24. (1) 3　　(2) $\dfrac{1}{2}$　　(3) 0.992

25. $\dfrac{3}{8}$　　26. (1) 0.606 5　　(2) 0.864 7

27. 0.632 1　　28. (1) $\dfrac{1}{2}$　　(2) $\sqrt{\dfrac{2}{\pi}}$

29. (1) 0.627 9　　(2) 5　　30. 0.811 7　　31. 10.2

32. (1) 0.997 2　　(2) 0.841 3　　33. 0.997 4　　34. 0.12

35. $\mu=1$;　$\sigma=2$　　36. (1) $a=z_{0.925}$　　(2) $b=1-z_{0.05}$

37. (1) 0.393 5　　(2) 0.135 3　　38. 0.875

## 习 题 三

1. (1) $\dfrac{1}{\pi^2}$; $\dfrac{\pi}{2}$; $\dfrac{\pi}{2}$　　(2) $\dfrac{1}{4}$　　2. (1) 1;1　　(2) $1-e^{-2}$

3.

| X \ Y | 1 | 2 | 3 |
|---|---|---|---|
| 1 | 0 | $\frac{2}{30}$ | $\frac{3}{30}$ |
| 2 | $\frac{2}{30}$ | $\frac{2}{30}$ | $\frac{6}{30}$ |
| 3 | $\frac{3}{30}$ | $\frac{6}{30}$ | $\frac{6}{30}$ |

4. $p_{ij}=\begin{cases}\dfrac{1}{5i}, & j\leqslant i\\ 0, & j>i\end{cases}$ $(i;j=1,2,3,4,5)$

5. $p_{ij}=(0.1)^2(0.9)^{j-2}$, $1\leqslant i<j=2,3,4,\cdots$

6. $p_{ij}=P\{X=i,Y=j\}=\dfrac{1}{2\times 3^i}$, $i=1,2,3,\cdots$, $j=3,4,5,6$

7. (1) $a=2$

(2) $F(x,y)=\begin{cases}0, & x<0 \text{ 或 } y<0\\ x^2y+xy^2-y^3, & 0\leqslant x\leqslant 1,\quad 0\leqslant y\leqslant x\\ x^3, & 0\leqslant x\leqslant 1,\quad y>x\\ y+y^2-y^3, & x>1,\quad 0\leqslant y\leqslant 1\\ 1, & x>1,\quad y>1\end{cases}$

8. (1) $F(x,y)=\begin{cases}(1-\mathrm{e}^{-3x})(1-\mathrm{e}^{-2y}), & x>0,\quad y>0\\ 0, & \text{其他}\end{cases}$ (2) $\dfrac{1}{4}$

9. (1) $\dfrac{1}{3}$ (2) $\dfrac{7}{24}$; $\dfrac{1}{6}$

10. (1) $f(x,y)=\dfrac{2}{\pi^2(1+x^2)(4+y^2)}$, $-\infty<x<+\infty$, $-\infty<y<+\infty$

(2) $(x,y)=\begin{cases}2\mathrm{e}^{-(2x+y)}, & x>0,\quad y>0\\ 0, & \text{其他}\end{cases}$

11. (1)

| X | 1 | 2 | 3 |
|---|---|---|---|
| P | $\frac{1}{6}$ | $\frac{1}{3}$ | $\frac{1}{2}$ |

| Y | 1 | 2 | 3 |
|---|---|---|---|
| P | $\frac{1}{6}$ | $\frac{1}{3}$ | $\frac{1}{2}$ |

(2) $p_{i\cdot}=0.1\times(0.9)^{i-1}$, $i=1,2,3,\cdots$

$p_{\cdot j}=(j-1)(0.1)^2(0.9)^{j-2}$, $j=2,3,4,\cdots$

12. (1)

| Y | 1 | 2 | 3 | 4 |
|---|---|---|---|---|
| P | $\frac{1}{8}$ | $\frac{2}{8}$ | $\frac{2}{8}$ | $\frac{3}{8}$ |

(2)

| X | 1 | 2 | 3 |
|---|---|---|---|
| P | $\frac{3}{6}$ | $\frac{1}{6}$ | $\frac{2}{6}$ |

13. $f(x,y)=\begin{cases}3, & (x,y)\in D\\ 0, & \text{其他}\end{cases}$

$$f_X(x)=\begin{cases}3(\sqrt{x}-x^2), & 0\leqslant x\leqslant 1\\ 0, & 其他\end{cases}\qquad f_Y(y)=\begin{cases}3(\sqrt{y}-y^2), & 0\leqslant y\leqslant 1\\ 0, & 其他\end{cases}$$

14. (1) $f_X(x)=\begin{cases}2x\left(x+\dfrac{1}{3}\right), & 0\leqslant x\leqslant 1\\ 0, & 其他\end{cases}\qquad f_Y(y)=\begin{cases}\dfrac{y}{6}+\dfrac{1}{3}, & 0\leqslant y\leqslant 2\\ 0, & 其他\end{cases}$

(2) $\dfrac{7}{72}$

15. (1) 3　　(2) $f_X(x)=\begin{cases}3\mathrm{e}^{-3x}, & x>0\\ 0, & 其他\end{cases}\qquad f_Y(y)=\begin{cases}3\mathrm{e}^{-y}(1-\mathrm{e}^{-\frac{y}{2}}), & y>0\\ 0, & 其他\end{cases}$

(3) $\mathrm{e}^{-3}$

16. $f_X(x)=\begin{cases}\dfrac{15}{4}x^2(1-x^2), & -1\leqslant x\leqslant 1\\ 0, & 其他\end{cases}\qquad f_Y(y)=\begin{cases}5y^4, & 0\leqslant y\leqslant 1\\ 0, & 其他\end{cases}$

17. (1) 当 $0\leqslant y<2$ 时　　　　当 $0<x\leqslant 1$ 时

$f_{X|Y}(x|y)=\begin{cases}\dfrac{2}{2-y}, & \dfrac{y}{2}\leqslant x\leqslant 1\\ 0, & 其他\ x\end{cases}\qquad f_{Y|X}(y|x)=\begin{cases}\dfrac{1}{2x}, & 0\leqslant y\leqslant 2x\\ 0, & 其他\ y\end{cases}$

(2) $\dfrac{1}{3}$

18. 当 $0\leqslant y\leqslant 1$ 时，$f_{X|Y}(x|y)=\begin{cases}\dfrac{x\ (3x+4y)}{2y+1}, & 0\leqslant x\leqslant 1\\ 0, & 其他\end{cases}$

当 $0<x\leqslant 1$ 时，$f_{Y|X}(y|x)=\begin{cases}\dfrac{3x+4y}{3x+2}, & 0\leqslant y\leqslant 1\\ 0, & 其他\end{cases}$

19. 当 $-1<y<1$ 时，$f_{X|Y}(x|y)=\begin{cases}\dfrac{1}{1-|y|}, & |y|<x<1\\ 0, & 其他\end{cases}$

当 $0<x<1$，$f_{Y|X}(y|x)=\begin{cases}\dfrac{1}{2x}, & -x<y<x\\ 0, & 其他\end{cases}$

20. (1) $f(x,y)=\begin{cases}\dfrac{x\mathrm{e}^{-x}}{(1+y)^2}, & x>0,\quad y>0\\ 0, & 其他\end{cases}$　　(2) 独立

21. (1) $f(x,y)=\begin{cases}1, & 0\leqslant x\leqslant 1,\quad 0\leqslant y\leqslant 2x\\ 0, & 其他\end{cases}$　　(2) 不独立

22. (1) 不独立 (2) 独立　23. (1) 不独立 (2) 独立　24. (1) 独立 (2) 0.5

25. (1) $f(x,y)=\begin{cases}\dfrac{1}{\pi}e^{-\frac{1}{2}(x^2+y^2)}, & -\infty<x<+\infty,\quad y>0\\ 0, & \text{其他}\end{cases}$　(2) 0.75

26. (1) $f(x,y)=\begin{cases}e^{-2y}, & 0<x<2,\quad y>0\\ 0, & \text{其他}\end{cases}$　(2) $\dfrac{1}{2}(1-e^{-2})$

27. (1) $f(x,y)=\begin{cases}xy, & 0\leqslant x\leqslant 1,\quad 0\leqslant y\leqslant 2\\ 0, & \text{其他}\end{cases}$　(2) $\dfrac{13}{24}$

28. (1) $\dfrac{3}{5}$　(2) 不独立　(3) $\dfrac{4}{35}$

29. (1) 0.091　(2) 独立　30. $\dfrac{24}{25}$

## 习 题 四

1.

| Y | −1 | 0 | 3 |
|---|---|---|---|
| P | $\frac{1}{6}$ | $\frac{1}{2}$ | $\frac{1}{3}$ |

2. (1)

| X | −2 | −1 | 0 | 1 | 2 |
|---|---|---|---|---|---|
| P | 0.3 | 0.1 | 0.3 | 0.1 | 0.2 |

(2)

| Y | −1 | 0 | 1 | 2 |
|---|---|---|---|---|
| P | 0.1 | 0.2 | 0.4 | 0.3 |

3. (1)

| $Z_1$ | −1 | 0 | 1 | 2 |
|---|---|---|---|---|
| P | $pq$ | $1-3pq$ | $pq$ | $pq$ |

(2)

| $Z_2$ | 0 | 1 |
|---|---|---|
| P | $1-pq$ | $pq$ |

5.

$$f_Y(y)=\begin{cases}e^y(e^y-1), & 0<y<\ln 2\\ e^y(3-e^y), & \ln 2\leqslant y<\ln 3\\ 0, & \text{其他}\end{cases}$$

6.

$$F_Y(y)=\begin{cases}0, & y<1\\ \left(\dfrac{y-1}{2}\right)^{\frac{3}{2}}, & 1\leqslant y<3\\ 1, & y\geqslant 3\end{cases}$$

7.

$$f_Y(y)=\begin{cases}\dfrac{2}{\pi(b-a)}\left(\dfrac{6y}{\pi}\right)^{-\frac{2}{3}}, & \pi\dfrac{a^3}{6}\leqslant y\leqslant \pi\dfrac{b^3}{6}\\ 0, & \text{其他}\end{cases}$$

8. $f_Y(y)=\begin{cases}\dfrac{4\sqrt{2y}}{a^3\sqrt{\pi m^3}}\exp\left(-\dfrac{2y}{ma^2}\right), & y>0\\ 0, & y\leqslant 0\end{cases}$

9. (1) $f_Y(y)=\begin{cases}\lambda y^{-(\lambda+1)}, & y>1\\ 0, & y\leqslant 1\end{cases}$

(2) $f_Y(y)=\begin{cases}a\lambda e^{-\lambda y^a}y^{a-1}, & y>0\\ 0, & y\leqslant 0\end{cases}$

10. (1) $f_Y(y)=\begin{cases}\dfrac{1}{\sqrt{2\pi}\sigma y}\exp\left(-\dfrac{\ln^2 y}{2\sigma^2}\right), & y>0\\ 0, & y\leqslant 0\end{cases}$

(2) $f_Y(y)=\begin{cases}\dfrac{2}{\sqrt{2\pi}\sigma}\exp\left(-\dfrac{y^2}{2\sigma^2}\right), & y>0\\ 0, & y\leqslant 0\end{cases}$

11. $f_Y(y)=\begin{cases}\dfrac{1}{\pi\sqrt{1-y^2}}, & |y|<1\\ 0, & \text{其他}\end{cases}$

12. $f_Y(y)=\begin{cases}\dfrac{2}{\pi\sqrt{1-y^2}}, & 0\leqslant y<1\\ 0, & \text{其他}\end{cases}$

13. $f_Y(y)=\begin{cases}\dfrac{2}{\pi\sqrt{1-y^2}}, & 0<y<1\\ 0, & \text{其他}\end{cases}$

14. $f_Y(y)=\dfrac{2e^y}{\pi(1+e^{2y})},\quad -\infty<y<+\infty$

15. $f_Z(z)=\begin{cases}2(1-e^{-\lambda z}), & 0<z<\dfrac{1}{2}\\ 2e^{-\lambda z}(e^{\frac{\lambda}{2}}-1), & \dfrac{1}{2}\leqslant z<+\infty\\ 0, & z\leqslant 0\end{cases}$

16. $f_R(r)=\begin{cases}\dfrac{1}{15\,000}(600r-60r^2+r^3), & 0\leqslant r\leqslant 10\\ \dfrac{1}{15\,000}(8\,000-1\,200r+60r^2-r^3), & 10<r\leqslant 20\\ 0, & \text{其他}\end{cases}$

17. $f_Z(z)=\begin{cases}\dfrac{1}{2}z^2, & 0\leqslant z\leqslant 1\\ -z^2+3z-\dfrac{3}{2}, & 1<z\leqslant 2\\ \dfrac{1}{2}z^2-3z+\dfrac{9}{2}, & 2<z\leqslant 3\\ 0, & \text{其他}\end{cases}$

18.

(1) $f_Z(z)=\begin{cases}\frac{1}{24}z^3, & 0<z\leqslant 2\\ -\frac{1}{24}z^3+z-\frac{4}{3}, & 2<z<4\\ 0, & \text{其他}\end{cases}$

(2) $f_Z(z)=\begin{cases}\frac{5}{3}z^3-z+\frac{2}{3}, & -1<z\leqslant 0\\ \frac{1}{3}z^3-z+\frac{2}{3}, & 0<z<1\\ 0, & \text{其他}\end{cases}$

19. $f_Z(z)=\begin{cases}\frac{1}{2}e^{-\frac{z}{2}}, & z>0\\ 0, & z\leqslant 0\end{cases}$

20. $f_Z(z)=\begin{cases}\frac{z}{\sigma^2}\exp\left(-\frac{z^2}{2\sigma^2}\right), & z>0\\ 0, & z\leqslant 0\end{cases}$

*21. $f_Z(z)=\int_{-\infty}^{+\infty}f(yz,y)|y|\mathrm{d}y$

22. $f_Z(z)=\begin{cases}4z^3, & 0\leqslant z\leqslant 1\\ 0, & \text{其他}\end{cases}$

23. $f_Z(z)=\begin{cases}\frac{7}{4}z^3, & 0<z\leqslant 1\\ -\frac{1}{4}z^3+z, & 1<z<2\\ 0, & \text{其他}\end{cases}$

24. $f_Z(z)=\begin{cases}e^{-z}(2-z), & 0<z<1\\ 0, & \text{其他}\end{cases}$

25. $f_Z(z)=\begin{cases}\frac{2}{3}(z+1), & -1<z<0\\ \frac{2}{3}, & 0\leqslant z<1\\ 0, & \text{其他}\end{cases}$

26. $f_Z(z)=\begin{cases}3z^2, & 0\leqslant z\leqslant 1\\ 0, & \text{其他}\end{cases}$

27. $f_Z(z)=\begin{cases}4e^{-2z}-3e^{-3z}, & z>0\\ 0, & z\leqslant 0\end{cases}$

28. $f_X(x)=\begin{cases}2\lambda e^{-\lambda x}(\lambda x+e^{-\lambda x}-1), & x>0\\ 0, & x\leqslant 0\end{cases}$

29. (1) 0.330 7　　(2) 0.125

30. $f_Z(z)=\frac{1}{10\sqrt{2\pi}}\exp\left[-\frac{(z+1)^2}{200}\right], \quad -\infty<z<+\infty$

31. $f(y_1、y_2)=\frac{1}{4\pi\sigma^2}\exp\left(-\frac{y_1^2+y_2^2}{4\sigma^2}\right), \quad -\infty<y_1<+\infty, \quad -\infty<y_2<+\infty$

# 习题五

1. $E(X)=0.7$; $E(X^2)=1.3$; $E(X-1)^2=0.9$ 2. $E(X)=1.25$

3. $E(X)=\sum_{i=1}^{n} p_i$ 4. $E(X)=\frac{25}{16}$

5.

| X | 1 | 2 | 3 | 4 |
|---|---|---|---|---|
| P | $\frac{6}{64}$ | $\frac{45}{64}$ | $\frac{12}{64}$ | $\frac{1}{64}$ |

$E(X)=\frac{17}{8}$

6. (1) $P\{X=k\}=(k-1)p^2(1-p)^{k-2}$, $k=2,3,\cdots$ (2) $\frac{1+(1-p)^2}{(2-p)^2}$ (3) $\frac{2}{p}$

7. 57 8. $A=e^{-\mu}$; $B=\mu$

10. $E(2X)=\frac{8}{3}$; $E(X^2+1)=3$ 11. $\frac{\pi(a+b)(a^2+b^2)}{24}$

12. $E(X_1+X_2)=\frac{3}{4}$; $E(2X_1-3X_2^2)=\frac{5}{8}$

13. $E(X+Y)=1$; $E(XY)=\frac{1}{4}$ 14. $E(X)=1$

15. $E(X)=\mu$; $D(X)=2\lambda^2$ 16. $E(X)=\frac{\alpha}{\beta}$; $D(X)=\frac{\alpha}{\beta^2}$

19. $\mathrm{cov}(X,Y)=0$ 20. $9(a^2+b^2)$; $13(a-b)$ 21. 85; 37 22. $\frac{2}{3}$

23. (1) $a=\frac{1}{2}$

(2) $E(X)=E(Y)=\frac{\pi}{4}$; $D(X)=D(Y)=\frac{\pi^2}{16}+\frac{\pi}{2}-2$

(3) $\mathrm{cov}(X,Y)=\frac{\pi}{2}-\frac{\pi^2}{16}-1$; $\rho_{XY}=\frac{8\pi-\pi^2-16}{\pi^2+8\pi-32}$

# 习题六

2. $n\geqslant 250$; $n>68$ 3. 0.96 4. 0.181 4 5. 14

# 习题七

1. $E(\overline{X})=p$; $D(\overline{X})=\frac{p(1-p)}{n}$; $E(S^2)=p(1-p)$

2. $P(X_1=k_1,X_2=k_2,\cdots,X_n=k_n)=\prod_{i=1}^{n}\frac{e^{-\lambda}\lambda^{k_i}}{k_i!}$

3. 0.749 5

4. 0.9；　0.162；　0.1

5. 15.987；67.220 6；1.894 6；−1.943 2；5.26；0.249

6. 服从自由度为 $m+n-2$ 的 $t$ 分布

## 习 题 八

1. $\hat{a}=\bar{x}-\sqrt{3}S$；　$\hat{b}=\bar{x}+\sqrt{3}S$

2. $-\dfrac{n}{\sum\limits_{i=1}^{n}\ln x_i}$

3. $\Phi\left(\dfrac{t-\hat{\mu}}{\hat{\sigma}}\right)$，　其中 $\hat{\mu}=\dfrac{1}{n}\sum\limits_{i=1}^{n}x_i$，　$\hat{\sigma}=\sqrt{\dfrac{1}{n}\sum\limits_{i=1}^{n}(x_i-\hat{\mu})^2}$

4. 0.008

6. $\dfrac{1}{2(n-1)}$

8. $\hat{\theta}_2$ 最佳

9. (1) $\hat{\sigma}^2=\dfrac{1}{n}\sum\limits_{i=1}^{n}x_i^2$

10. [10.76，11.28]

11. [1 485.7，1 514.3]

12. [2.690，2.720]

13. $n\geqslant\dfrac{4\sigma^2 z_{1-\frac{\alpha}{2}}^2}{L^2}$

14. $[13.8^2, 36.5^2]$

15. [−0.002，0.006]

16. [0.222，3.601]

## 习 题 九

1. 接受 $H_0:\mu=60$

2. 拒绝 $H_0:\mu=52.50$

3. 质量没有显著提高

4. 接受 $H_0:\sigma^2=0.000\ 4$

5. 认为标准差偏大

6. 接受 $H_0:\sigma^2=80$

7. 两种温度下的强力有显著差异

8. 显著地大

9. 接受 $H_0:\sigma_A^2=\sigma_B^2$

10. 接受 $H_0$:尺寸偏差服从正态分布

## 习 题 十

1. 酸度的影响高度显著

2. 有显著差异

3. 有显著差异

4. 机器有显著差异，工人无显著差异

5. 只有浓度的效应显著

## 习 题 十 一

1. $\hat{y}=24.8287+0.05886x$

2. $\hat{y}=6.5-1.6x$,回归显著

3. (1) $\hat{y}=188.99+1.87x$,回归显著

 (2) 预测区间(256, 365)

4. 预测区间(117.01, 186.53); 或近似区间(117.53,186.01)

5. $\hat{y}=0.818x^{0.678}$ 6. $\hat{a}=11.6789$; $\hat{b}=-1.1107$

## 习 题 十 二

1. (1) $x_1(t)=a\cos\left(t+\frac{\pi}{4}\right)$; $x_2(t)=a\cos\left(t+\frac{\pi}{2}\right)$; $x_3(t)=a\cos(t+\pi)$

 (2) $f_1(x;0)=\begin{cases}\dfrac{1}{\pi\sqrt{a^2-x^2}}, & |x|<a\\ 0, & |x|\geqslant a\end{cases}$

2. $F_1(x;1)=\begin{cases}0, & x<-1\\ \dfrac{1}{2}, & -1\leqslant x<1\\ 1, & x\geqslant 1\end{cases}$

$$F_2(x_1,x_2;1,2)=\begin{cases}0, & x_1<-1 \text{ 或 } x_2<-2\\ \dfrac{1}{4}, & -1\leqslant x_1<1,\quad -2\leqslant x_2<2\\ \dfrac{1}{2}, & \begin{cases}-1\leqslant x_1<1\\ x_2\geqslant 2\end{cases} \text{或} \begin{cases}x_1\geqslant 1\\ -2\leqslant x_2<2\end{cases}\\ 1, & x_1\geqslant 1,\quad x_2\geqslant 2\end{cases}$$

3. $f(y;t)=\dfrac{1}{\sqrt{2\pi}\sigma|\sin\omega t|}\exp\left[-\dfrac{1}{2\sigma^2}\left(\dfrac{y}{\sin\omega t}-\mu\right)^2\right]$

4. $F(z;t)=\begin{cases}0, & z\leqslant 0\\ \dfrac{z^2}{2t}, & 0<z\leqslant 1\\ \dfrac{z}{t}-\dfrac{1}{2t}, & 1<z\leqslant t\\ z-\dfrac{t}{2}-\dfrac{(z-1)^2}{2t}, & t<z<t+1\\ 1, & z\geqslant t+1\end{cases}$

5. $\mu_Z(t)=0$； $R_Z(t_1,t_2)=\cos\omega(t_1-t_2)$

6. 0

7. $\mu_Y(t)=\frac{1}{t}(1-\mathrm{e}^{-t})$；$R_Y(t_1,t_2)=\frac{1}{t_1+t_2}[1-\mathrm{e}^{-(t_1+t_2)}]$

8. $C_Z(t_1,t_2)=\sigma_1^2+\sigma_2^2t_1t_2+r(t_1+t_2)$

9. $R_Y(t_1,t_2)=R_X(t_1+a,t_2+a)-R_X(t_1+a,t_2)-R_X(t_1,t_2+a)+R_X(t_1,t_2)$

11. $R_Y(t_1,t_2)=\mu^2+\mu[\varphi(t_1)+\varphi(t_2)]+\varphi(t_1)\varphi(t_2)$

$R_{XY}(t_1,t_2)=\mu^2+\mu\varphi(t_2)$

$C_{XY}(t_1,t_2)=0$

12. (1) $P(Y_n=k)=\mathrm{C}_n^k\left(\frac{1}{3}\right)^k\left(\frac{2}{3}\right)^{n-k}$， $k=0,1,2,\cdots,n$

(2) $\mu_Y(n)=\frac{n}{3}$； $R_Y(n,n+l)=\frac{n}{9}(2+n+l)$ $l$ 为正整数

(3) $R_{XY}(n,n+l)=\frac{1}{9}(n+l+2)$； $C_{XY}(n,n+l)=\frac{2}{9}$

## 习 题 十 三

5. (1) $\mu_Y(t)=0$； $R_Y(t_1,t_2)=\frac{1}{2}\cos\omega(t_1-t_2)$

(2) 是平稳过程

6. $f_1(x;t)=\frac{1}{\sqrt{2\pi R_X(0)}}\mathrm{e}^{-\frac{x^2}{2R_X(0)}}$

$f_2(x_1,x_2;t_1,t_2)=\frac{1}{2\pi R_X(0)\sqrt{1-\rho^2}}\exp\left[-\frac{x_1^2-2\rho x_1x_2+x_2^2}{2(1-\rho^2)R_X(0)}\right]$

式中

$$\rho=\frac{R_X(t_2-t_1)}{R_X(0)}$$

8. $\overline{Z(t)}=0$； 均值具有遍历性

11. (1) $R_{XY}(\tau)=aR_X(\tau-c)+R_{XN}(\tau)$

(2) $R_{XY}(\tau)=aR_X(\tau-c)$

12. $\frac{1}{\sqrt{3}}\mathrm{e}^{-\sqrt{3}|\tau|}-\frac{1}{2\sqrt{2}}\mathrm{e}^{-\sqrt{2}|-\tau|}$

13. $\pi[\delta(\omega-3\pi)+\delta(\omega+3\pi)]+4\left[\frac{1}{(\omega-\pi)^2+1}+\frac{1}{(\omega+\pi)^2+1}\right]$

# 习 题 十 四

1. 三个状态；　$P^2=\begin{bmatrix}\frac{3}{9}&\frac{4}{9}&\frac{2}{9}\\\frac{2}{9}&\frac{5}{9}&\frac{2}{9}\\\frac{2}{9}&\frac{4}{9}&\frac{3}{9}\end{bmatrix}$

2. (1) $S=\{0,1,2\}$；

$$P=\begin{bmatrix}\frac{2}{3}&\frac{1}{3}&0\\\frac{2}{3}&0&\frac{1}{3}\\0&\frac{2}{3}&\frac{1}{3}\end{bmatrix}$$

(2) $S=\{1,2,3,4\}$；

$$P=\begin{bmatrix}0&\frac{1}{4}&\frac{2}{4}&\frac{1}{4}\\0&\frac{3}{4}&\frac{1}{4}&0\\0&0&0&1\\\frac{1}{4}&0&0&\frac{3}{4}\end{bmatrix}$$

3. (1) 是齐次马尔可夫链

(2) $S=\{0,1\}$；$P=\begin{bmatrix}q&p\\q&p\end{bmatrix}$，　$q=1-p$　　(3) $P^n=\begin{bmatrix}q&p\\q&p\end{bmatrix}$

4. (1) 是齐次马尔可夫链

(2) $S=\{0,1,2,\cdots,j,\cdots\}$

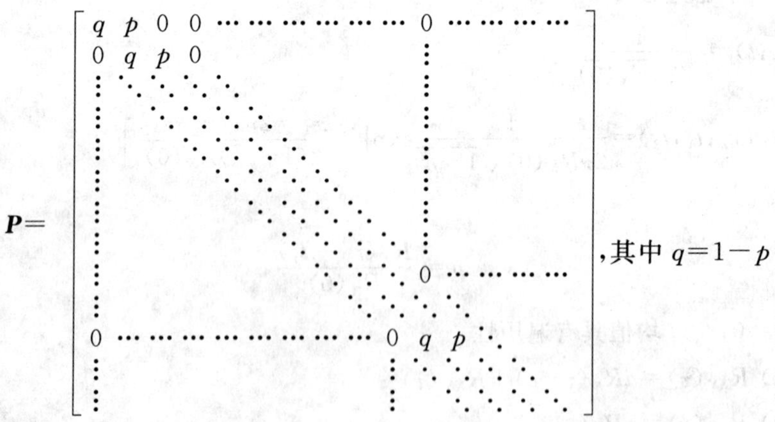

$P=$ [见上矩阵]，其中 $q=1-p$

(3) $p_{23}^{(2)}=0.058\ 2$

5. (1) 是齐次马尔可夫链

(2) S={1,2,3,4,5,6}

$$P=\begin{bmatrix} 1 & 0 & 0 & 0 & 0 & 0 \\ \frac{1}{6} & \frac{5}{6} & 0 & 0 & 0 & 0 \\ \frac{1}{6} & \frac{1}{6} & \frac{4}{6} & 0 & 0 & 0 \\ \frac{1}{6} & \frac{1}{6} & \frac{1}{6} & \frac{3}{6} & 0 & 0 \\ \frac{1}{6} & \frac{1}{6} & \frac{1}{6} & \frac{1}{6} & \frac{2}{6} & 0 \\ \frac{1}{6} & \frac{1}{6} & \frac{1}{6} & \frac{1}{6} & \frac{1}{6} & \frac{1}{6} \end{bmatrix}$$

(3) $\frac{4}{9}$  (4) $\frac{11}{36}$

6. (1) $\frac{4}{81}$  (2) $\frac{7}{27}$  (3) $p_1=\frac{1}{4}$; $p_2=\frac{2}{4}$; $p_3=\frac{1}{4}$

7. (1) $p_{11}^{(2)}=2pq$; $p_{11}^{(3)}=pq$  (2) $p_0=\frac{q^2}{1-pq}$; $p_1=\frac{pq}{1-pq}$; $p_2=\frac{p^2}{1-pq}$

8. (1) $S=\{1,2\}$; $P=\begin{bmatrix} \frac{4}{5} & \frac{1}{5} \\ \frac{3}{5} & \frac{2}{5} \end{bmatrix}$  (2) 0.429 8  (3) $p_1=\frac{3}{4}$; $p_2=\frac{1}{4}$

9. $S=\{0,1,2\}$

$$Q=\begin{bmatrix} -\lambda & \lambda & 0 \\ \mu & -(\lambda+\mu) & \lambda \\ 0 & \mu & -\mu \end{bmatrix}$$

(2) $p_0=\left[1+\frac{\lambda}{\mu}+\left(\frac{\lambda}{\mu}\right)^2\right]^{-1}$; $p_1=\frac{\lambda}{\mu}p_0$; $p_2=\left(\frac{\lambda}{\mu}\right)^2 p_0$

10. (1) $S=\{0,1,2,\cdots,s\}$

$$Q=\begin{bmatrix} -\lambda & \lambda & & & & & \\ \mu & -(\lambda+\mu) & \lambda & & & & \\ & 2\mu & -(\lambda+2\mu) & \lambda & & & \\ & & \ddots & \ddots & \ddots & & \\ & & & \ddots & \ddots & \ddots & \\ & & & & \ddots & \ddots & \ddots \\ & & & & (s-1)\mu & -[\lambda+(s-1)\mu] & \lambda \\ & & & & & s\mu & -s\mu \end{bmatrix}$$

(2) $p_0=\left[\sum\limits_{k=1}^{s}\frac{1}{k}\left(\frac{\lambda}{\mu}\right)^k\right]^{-1}$

$$p_j=\frac{1}{j!}\left(\frac{\lambda}{\mu}\right)^j p_0,\qquad j=1,2,\cdots,s$$

(3) 当 $s\to+\infty$ 时,$p_j\to\frac{1}{j!}\left(\frac{\lambda}{\mu}\right)^j e^{-\frac{\lambda}{\mu}}$,即为泊松分布

# 附录 A 常用公式

## 1. 两个原理

### (1) 加法原理

若完成一件事有 $n$ 类办法，第 $i$ 类办法中又有 $m_i$ 种不同方法，则完成这件事的全部不同方法共有

$$N = \sum_{i=1}^{n} m_i$$

### (2) 乘法原理

若完成一件事需要 $n$ 个步骤，第 $i$ 步有 $m_i$ 种不同方法，则完成这件事的全部不同方法共有

$$N = \prod_{i=1}^{n} m_i$$

## 2. 排列与组合

### (1) 全排列数

$n$ 个不同元素按任意顺序排成一列，则全部不同排列的数目为

$$P_n = n!$$

### (2) 选排列数

从 $n$ 个不同元素中任意取出 $k(1 \leqslant k \leqslant n)$ 个排成一列，则所有不同排列的数目为

$$\mathrm{A}_n^k = \frac{n!}{(n-k)!}$$

### (3) 同一元素可重复取的选排列数

从 $n$ 个不同元素中有放回地取 $k$ 个的排列数为

$$\underbrace{n \cdot n \cdot \cdots \cdot n}_{k\text{个}} = n^k$$

### (4) 组合数

从 $n$ 个不同元素中任意取出 $k(1 \leqslant k \leqslant n)$ 个组合成一组，则全部不同组合的数目为

$$\mathrm{C}_n^k = \frac{n!}{k!(n-k)!}$$

**3. 无穷级数**

(1) $\sum_{k=0}^{+\infty} aq^n = \begin{cases} \frac{a}{1-q}, & |q|<1 \\ \text{发散}, & |q|\geqslant 1 \end{cases}$

(2) $e^x = \sum_{k=0}^{+\infty} \frac{x^k}{k!}, \quad |x|<+\infty$

(3) $a^x = e^{x\ln a} = \sum_{k=0}^{+\infty} \frac{(x\ln a)^k}{k!}, \quad |x|<+\infty, \quad a>0 \text{ 且 } a\neq 1$

**4. 有限项级数**

(1) $a+(a+d)+(a+2d)+\cdots+[a+(n-1)d] = n\left[a+\frac{1}{2}(n-1)d\right]$

(2) $a+aq+aq^2+\cdots+aq^{n-1} = \frac{a(1-q^n)}{1-q}, \quad q\neq 1$

(3) $1^2+2^2+3^2+\cdots+n^2 = \frac{1}{6}n(n+1)(2n+1)$

(4) $1^2+3^2+5^2+\cdots+(2n-1)^2 = \frac{1}{3}n(4n^2-1)$

**5. 二项展开定理**

(1) $(a+b)^n = \sum_{k=0}^{n} C_n^k a^k b^{n-k}$

(2) $(a-b)^n = \sum_{k=0}^{n} (-1)^k C_n^k a^k b^{n-k}$

# 附录 B 常用数据分布表

附表 1 泊松分布表

$$1-F(x-1)=\sum_{k=x}^{\infty}\frac{e^{-\lambda}\lambda^{k}}{k!}$$

| $x$ | $\lambda=0.2$ | $\lambda=0.3$ | $\lambda=0.4$ | $\lambda=0.5$ | $\lambda=0.6$ | $\lambda=0.7$ | $\lambda=0.8$ |
|---|---|---|---|---|---|---|---|
| 0 | 1.000 000 0 | 1.000 000 0 | 1.000 000 0 | 1.000 000 0 | 1.000 000 0 | 1.000 000 0 | 1.000 000 0 |
| 1 | 0.181 269 2 | 0.259 181 8 | 0.329 680 0 | 0.393 469 | 0.451 188 | 0.503 415 | 0.550 671 |
| 2 | 0.017 523 1 | 0.036 936 3 | 0.061 551 9 | 0.090 204 | 0.121 901 | 0.155 805 | 0.191 208 |
| 3 | 0.001 148 5 | 0.003 599 5 | 0.007 926 3 | 0.014 388 | 0.023 115 | 0.034 142 | 0.047 423 |
| 4 | 0.000 056 8 | 0.000 265 8 | 0.000 776 3 | 0.001 752 | 0.003 358 | 0.005 753 | 0.009 080 |
| 5 | 0.000 002 3 | 0.000 015 8 | 0.000 061 2 | 0.000 172 | 0.000 394 | 0.000 786 | 0.001 411 |
| 6 | 0.000 000 1 | 0.000 000 8 | 0.000 004 0 | 0.000 014 | 0.000 039 | 0.000 090 | 0.000 184 |
| 7 | | | 0.000 000 2 | 0.000 001 | 0.000 03 | 0.000 09 | 0.000 021 |
| 8 | | | | | | 0.000 001 | 0.000 002 |

| $x$ | $\lambda=0.9$ | $\lambda=1.0$ | $\lambda=1.2$ | $\lambda=1.4$ | $\lambda=1.6$ | $\lambda=1.8$ | $\lambda=2.0$ |
|---|---|---|---|---|---|---|---|
| 0 | 1.000 000 0 | 1.000 000 0 | 1.000 000 0 | 1.000 000 0 | 1.000 000 0 | 1.000 000 0 | 1.000 000 0 |
| 1 | 0.593 430 | 0.632 121 | 0.698 806 | 0.753 403 | 0.798 103 | 0.834 701 | 0.864 665 |
| 2 | 0.227 518 | 0.264 241 | 0.337 373 | 0.408 167 | 0.475 069 | 0.537 163 | 0.593 994 |
| 3 | 0.062 857 | 0.080 301 | 0.120 513 | 0.166 502 | 0.216 642 | 0.269 379 | 0.323 324 |
| 4 | 0.013 459 | 0.018 988 | 0.033 769 | 0.053 725 | 0.078 813 | 0.108 708 | 0.142 877 |
| 5 | 0.002 344 | 0.003 660 | 0.007 746 | 0.014 253 | 0.023 682 | 0.036 407 | 0.052 653 |
| 6 | 0.000 343 | 0.000 594 | 0.001 500 | 0.003 201 | 0.006 040 | 0.010 378 | 0.016 564 |
| 7 | 0.000 043 | 0.000 083 | 0.000 251 | 0.000 622 | 0.001 336 | 0.002 569 | 0.004 534 |
| 8 | 0.000 005 | 0.000 010 | 0.000 037 | 0.000 107 | 0.000 260 | 0.000 562 | 0.001 097 |
| 9 | | 0.000 001 | 0.000 005 | 0.000 016 | 0.000 045 | 0.000 110 | 0.000 237 |
| 10 | | | 0.000 001 | 0.000 002 | 0.000 007 | 0.000 019 | 0.000 046 |
| 11 | | | | | 0.000 001 | 0.000 003 | 0.000 008 |
| 12 | | | | | | | 0.000 001 |

**续附表 1**

| $x$ | $\lambda=2.5$ | $\lambda=3.0$ | $\lambda=3.5$ | $\lambda=4.0$ | $\lambda=4.5$ | $\lambda=5.0$ | $\lambda=6.0$ |
|---|---|---|---|---|---|---|---|
| 0 | 1.000 000 | 1.000 000 | 1.000 000 | 1.000 000 | 1.000 000 | 1.000 000 | 1.000 000 |
| 1 | 0.917 915 | 0.950 213 | 0.969 803 | 0.981 684 | 0.688 891 | 0.993 262 | 0.997 521 |
| 2 | 0.712 703 | 0.800 852 | 0.864 112 | 0.908 422 | 0.638 901 | 0.959 572 | 0.982 649 |
| 3 | 0.456 187 | 0.576 810 | 0.679 153 | 0.761 897 | 0.826 422 | 0.875 348 | 0.938 031 |
| 4 | 0.242 424 | 0.352 768 | 0.463 367 | 0.566 530 | 0.657 704 | 0.734 974 | 0.848 796 |
| 5 | 0.108 822 | 0.184 737 | 0.274 555 | 0.371 163 | 0.467 896 | 0.559 507 | 0.714 943 |
| 6 | 0.042 021 | 0.083 918 | 0.142 386 | 0.214 870 | 0.297 070 | 0.384 039 | 0.554 320 |
| 7 | 0.014 187 | 0.033 509 | 0.065 288 | 0.110 674 | 0.168 949 | 0.237 817 | 0.393 697 |
| 8 | 0.004 247 | 0.011 905 | 0.026 739 | 0.051 134 | 0.086 586 | 0.133 372 | 0.256 020 |
| 9 | 0.001 140 | 0.003 803 | 0.009 874 | 0.021 363 | 0.040 257 | 0.068 094 | 0.152 763 |
| 10 | 0.000 277 | 0.001 102 | 0.003 315 | 0.008 132 | 0.017 093 | 0.031 828 | 0.083 924 |
| 11 | 0.000 062 | 0.000 292 | 0.001 019 | 0.002 840 | 0.006 669 | 0.013 695 | 0.042 621 |
| 12 | 0.000 013 | 0.000 071 | 0.000 289 | 0.000 915 | 0.002 404 | 0.005 453 | 0.020 092 |
| 13 | 0.000 002 | 0.000 016 | 0.000 076 | 0.000 274 | 0.000 805 | 0.002 019 | 0.008 827 |
| 14 | | 0.000 003 | 0.000 019 | 0.000 076 | 0.000 252 | 0.000 698 | 0.003 628 |
| 15 | | 0.000 001 | 0.000 004 | 0.000 020 | 0.000 074 | 0.000 226 | 0.001 400 |
| 16 | | | 0.000 001 | 0.000 005 | 0.000 020 | 0.000 069 | 0.000 509 |
| 17 | | | | 0.000 001 | 0.000 005 | 0.000 020 | 0.000 175 |
| 18 | | | | | 0.000 001 | 0.000 005 | 0.000 057 |
| 19 | | | | | | 0.000 001 | 0.000 018 |
| 20 | | | | | | | 0.000 005 |
| 21 | | | | | | | 0.000 001 |

## 附表 2 标准正态分布表

$$\Phi(x)=P(X\leqslant x)=\int_{-\infty}^{x}\frac{1}{\sqrt{2\pi}}\mathrm{e}^{-\frac{t^2}{2}}\mathrm{d}t$$

| $x$ | 0 | 1 | 2 | 3 | 4 | 5 | 6 | 7 | 8 | 9 |
|---|---|---|---|---|---|---|---|---|---|---|
| −3.0 | 0.001 3 | 0.001 0 | 0.000 7 | 0.000 5 | 0.000 3 | 0.000 2 | 0.000 2 | 0.000 1 | 0.000 1 | 0.000 0 |
| −2.9 | 0.001 9 | 0.001 8 | 0.001 7 | 0.001 7 | 0.001 6 | 0.001 6 | 0.001 5 | 0.001 5 | 0.001 4 | 0.001 4 |
| −2.8 | 0.002 6 | 0.002 5 | 0.002 4 | 0.002 3 | 0.002 3 | 0.002 2 | 0.002 1 | 0.002 1 | 0.002 0 | 0.001 9 |
| −2.7 | 0.003 5 | 0.003 4 | 0.003 3 | 0.003 2 | 0.003 1 | 0.003 0 | 0.002 9 | 0.002 8 | 0.002 7 | 0.002 6 |
| −2.6 | 0.004 7 | 0.004 5 | 0.004 4 | 0.004 3 | 0.004 1 | 0.004 0 | 0.003 9 | 0.003 8 | 0.003 7 | 0.003 6 |

**续附表 2**

| x | 0 | 1 | 2 | 3 | 4 | 5 | 6 | 7 | 8 | 9 |
|---|---|---|---|---|---|---|---|---|---|---|
| −2.5 | 0.006 2 | 0.006 0 | 0.005 9 | 0.005 7 | 0.005 5 | 0.005 4 | 0.005 2 | 0.005 1 | 0.004 9 | 0.004 8 |
| −2.4 | 0.008 2 | 0.008 0 | 0.007 8 | 0.007 5 | 0.007 3 | 0.007 1 | 0.006 9 | 0.006 8 | 0.006 6 | 0.006 4 |
| −2.3 | 0.010 7 | 0.010 4 | 0.010 2 | 0.009 9 | 0.009 6 | 0.009 4 | 0.009 1 | 0.008 9 | 0.008 7 | 0.008 4 |
| −2.2 | 0.013 9 | 0.013 6 | 0.013 2 | 0.012 9 | 0.012 6 | 0.012 2 | 0.011 9 | 0.011 6 | 0.011 3 | 0.011 0 |
| −2.1 | 0.017 9 | 0.017 4 | 0.017 0 | 0.016 6 | 0.016 2 | 0.015 8 | 0.015 4 | 0.015 0 | 0.014 6 | 0.014 3 |
| −2.0 | 0.022 8 | 0.022 2 | 0.021 7 | 0.021 2 | 0.020 7 | 0.020 2 | 0.019 7 | 0.019 2 | 0.018 8 | 0.018 3 |
| −1.9 | 0.028 7 | 0.028 1 | 0.027 4 | 0.026 8 | 0.026 2 | 0.025 6 | 0.025 0 | 0.024 4 | 0.023 8 | 0.023 3 |
| −1.8 | 0.035 9 | 0.035 2 | 0.034 4 | 0.033 6 | 0.032 9 | 0.032 2 | 0.031 4 | 0.030 7 | 0.030 0 | 0.029 4 |
| −1.7 | 0.044 6 | 0.043 6 | 0.042 7 | 0.041 8 | 0.040 9 | 0.040 1 | 0.039 2 | 0.038 4 | 0.037 5 | 0.036 7 |
| −1.6 | 0.054 9 | 0.053 7 | 0.052 6 | 0.051 6 | 0.050 5 | 0.049 5 | 0.048 5 | 0.047 5 | 0.046 5 | 0.045 5 |
| −1.5 | 0.066 8 | 0.065 5 | 0.064 3 | 0.063 0 | 0.061 8 | 0.060 6 | 0.059 4 | 0.058 2 | 0.057 0 | 0.055 9 |
| −1.4 | 0.080 8 | 0.079 3 | 0.077 8 | 0.076 4 | 0.074 9 | 0.073 5 | 0.072 2 | 0.070 8 | 0.069 4 | 0.068 1 |
| −1.3 | 0.096 8 | 0.095 1 | 0.093 4 | 0.091 8 | 0.090 1 | 0.088 5 | 0.086 9 | 0.085 3 | 0.083 8 | 0.082 3 |
| −1.2 | 0.115 1 | 0.113 1 | 0.111 2 | 0.109 3 | 0.107 5 | 0.105 6 | 0.103 8 | 0.102 0 | 0.100 3 | 0.098 5 |
| −1.1 | 0.135 7 | 0.133 5 | 0.131 4 | 0.129 2 | 0.127 1 | 0.125 1 | 0.123 0 | 0.121 0 | 0.119 0 | 0.117 0 |
| −1.0 | 0.158 7 | 0.156 2 | 0.153 9 | 0.151 5 | 0.149 2 | 0.146 9 | 0.144 6 | 0.142 3 | 0.140 1 | 0.137 9 |
| −0.9 | 0.184 1 | 0.181 4 | 0.178 8 | 0.176 2 | 0.173 6 | 0.171 1 | 0.168 5 | 0.166 0 | 0.163 5 | 0.161 1 |
| −0.8 | 0.211 9 | 0.209 0 | 0.206 1 | 0.203 3 | 0.200 5 | 0.197 7 | 0.194 9 | 0.192 2 | 0.189 4 | 0.186 7 |
| −0.7 | 0.242 0 | 0.238 9 | 0.235 8 | 0.232 7 | 0.229 7 | 0.226 6 | 0.223 6 | 0.220 6 | 0.217 7 | 0.214 8 |
| −0.6 | 0.274 3 | 0.270 9 | 0.267 6 | 0.264 3 | 0.261 1 | 0.257 8 | 0.254 6 | 0.251 4 | 0.248 3 | 0.245 1 |
| −0.5 | 0.308 5 | 0.305 0 | 0.301 5 | 0.298 1 | 0.294 6 | 0.291 2 | 0.287 7 | 0.284 3 | 0.281 0 | 0.277 6 |
| −0.4 | 0.344 6 | 0.340 9 | 0.337 2 | 0.333 6 | 0.330 0 | 0.326 4 | 0.322 8 | 0.319 2 | 0.315 6 | 0.312 1 |
| −0.3 | 0.381 2 | 0.378 3 | 0.374 5 | 0.370 7 | 0.366 9 | 0.363 2 | 0.359 2 | 0.355 7 | 0.352 0 | 0.348 3 |
| −0.2 | 0.420 7 | 0.416 8 | 0.412 9 | 0.409 0 | 0.405 2 | 0.401 3 | 0.397 4 | 0.393 6 | 0.389 7 | 0.385 9 |
| −0.1 | 0.460 2 | 0.546 2 | 0.452 2 | 0.448 3 | 0.444 3 | 0.440 4 | 0.436 4 | 0.432 5 | 0.428 6 | 0.424 7 |
| −0.0 | 0.500 0 | 0.496 0 | 0.492 0 | 0.488 0 | 0.484 0 | 0.480 1 | 0.476 1 | 0.472 1 | 0.468 1 | 0.464 1 |
| 0.0 | 0.500 0 | 0.504 0 | 0.508 0 | 0.512 0 | 0.516 0 | 0.519 9 | 0.523 9 | 0.527 9 | 0.531 9 | 0.535 9 |
| 0.1 | 0.539 8 | 0.543 8 | 0.547 8 | 0.551 7 | 0.555 7 | 0.559 6 | 0.563 6 | 0.567 5 | 0.571 4 | 0.575 3 |
| 0.2 | 0.579 3 | 0.583 2 | 0.587 1 | 0.591 0 | 0.594 8 | 0.598 7 | 0.602 6 | 0.606 4 | 0.610 3 | 0.614 1 |
| 0.3 | 0.617 9 | 0.621 7 | 0.625 5 | 0.629 3 | 0.633 1 | 0.636 8 | 0.640 6 | 0.644 3 | 0.648 0 | 0.651 7 |
| 0.4 | 0.655 4 | 0.659 1 | 0.662 8 | 0.666 4 | 0.670 0 | 0.673 6 | 0.677 2 | 0.680 8 | 0.684 4 | 0.687 9 |
| 0.5 | 0.691 5 | 0.695 0 | 0.698 5 | 0.701 9 | 0.705 4 | 0.708 8 | 0.712 3 | 0.715 7 | 0.719 0 | 0.722 4 |

续附表 2

| x | 0 | 1 | 2 | 3 | 4 | 5 | 6 | 7 | 8 | 9 |
|---|---|---|---|---|---|---|---|---|---|---|
| 0.6 | 0.725 7 | 0.729 1 | 0.732 4 | 0.735 7 | 0.738 9 | 0.742 2 | 0.745 4 | 0.748 6 | 0.751 7 | 0.754 9 |
| 0.7 | 0.758 0 | 0.761 1 | 0.764 2 | 0 767 3 | 0.770 3 | 0.773 4 | 0.773 4 | 0.779 4 | 0.782 3 | 0.785 2 |
| 0.8 | 0.788 1 | 0.791 0 | 0.793 9 | 0.796 7 | 0.799 5 | 0.802 3 | 0.805 2 | 0.807 8 | 0.810 6 | 0.813 3 |
| 0.9 | 0.815 9 | 0.818 6 | 0.821 2 | 0.823 8 | 0.826 4 | 0.828 9 | 0.831 5 | 0.834 0 | 0.836 5 | 0.838 9 |
| 1.0 | 0.841 3 | 0.843 8 | 0.846 1 | 0.848 5 | 0.850 8 | 0.853 1 | 0.855 4 | 0.857 7 | 0.859 9 | 0.862 1 |
| 1.1 | 0.864 3 | 0.866 5 | 0.868 6 | 0.870 8 | 0.872 9 | 0.874 9 | 0.877 0 | 0.879 0 | 0.881 0 | 0.883 0 |
| 1.2 | 0.884 9 | 0.886 9 | 0.888 8 | 0.890 7 | 0.892 5 | 0.894 4 | 0.896 2 | 0.898 0 | 0.899 7 | 0.901 5 |
| 1.3 | 0.903 2 | 0.904 9 | 0.906 6 | 0.908 2 | 0.909 9 | 0.911 5 | 0.913 1 | 0.914 7 | 0.916 2 | 0.917 7 |
| 1.4 | 0.919 2 | 0.920 7 | 0.922 2 | 0.923 6 | 0.925 1 | 0.926 5 | 0.927 8 | 0.929 2 | 0.930 6 | 0.931 9 |
| 1.5 | 0.933 2 | 0.935 4 | 0.935 7 | 0.937 0 | 0.938 2 | 0.939 4 | 0.940 6 | 0.941 8 | 0.943 0 | 0.944 1 |
| 1.6 | 0.954 2 | 0.946 3 | 0.947 4 | 0.948 4 | 0.949 5 | 0.950 5 | 0.951 5 | 0.952 5 | 0.953 5 | 0.954 5 |
| 1.7 | 0.955 4 | 0.956 4 | 0.957 3 | 0.958 2 | 0.959 1 | 0.959 9 | 0.960 8 | 0.961 6 | 0.962 5 | 0.963 3 |
| 1.8 | 0.964 1 | 0.964 8 | 0.965 6 | 0.966 4 | 0.967 1 | 0.967 8 | 0.968 6 | 0.939 3 | 0.970 0 | 0.970 6 |
| 1.9 | 0.971 3 | 0.971 9 | 0.972 6 | 0.973 2 | 0.973 8 | 0.974 4 | 0.975 0 | 0.975 6 | 0.976 2 | 0.976 7 |
| 2.0 | 0.977 2 | 0.977 8 | 0.978 3 | 0.978 8 | 0.979 3 | 0.979 8 | 0.980 3 | 0.980 8 | 0.981 2 | 0.981 7 |
| 2.1 | 0.982 1 | 0.982 6 | 0.983 0 | 0.983 4 | 0.983 8 | 0.984 2 | 0.984 6 | 0.985 0 | 0.985 4 | 0.985 7 |
| 2.2 | 0.986 1 | 0.986 4 | 0.986 8 | 0.987 1 | 0.987 1 | 0.987 8 | 0.988 1 | 0.988 4 | 0.988 7 | 0.989 0 |
| 2.3 | 0.989 3 | 0.989 6 | 0.989 8 | 0.990 1 | 0.990 4 | 0.990 6 | 0.990 9 | 0.991 1 | 0.991 3 | 0.991 6 |
| 2.4 | 0.991 8 | 0.992 0 | 0.992 2 | 0.992 5 | 0.992 7 | 0.992 9 | 0.993 1 | 0.993 2 | 0.993 4 | 0.993 6 |
| 2.5 | 0.993 8 | 0.994 0 | 0.994 1 | 0.994 3 | 0.994 5 | 0.994 6 | 0.994 8 | 0.994 9 | 0.995 1 | 0.995 2 |
| 2.6 | 0.995 3 | 0.995 5 | 0.995 6 | 0.995 7 | 0.995 9 | 0.996 0 | 0.996 1 | 0.996 2 | 0.996 3 | 0.996 4 |
| 2.7 | 0.996 5 | 0.996 6 | 0.996 7 | 0.996 8 | 0.996 9 | 0.997 6 | 0.997 1 | 0.997 2 | 0.997 3 | 0.997 4 |
| 2.8 | 0.997 4 | 0.997 5 | 0.997 6 | 0.997 7 | 0.997 7 | 0.997 8 | 0.997 9 | 0.997 9 | 0.998 0 | 0.998 1 |
| 2.9 | 0.998 1 | 0.998 2 | 0.998 2 | 0.998 3 | 0.998 4 | 0.998 4 | 0.998 5 | 0.998 5 | 0.998 6 | 0.998 6 |
| 3.0 | 0.998 7 | 0.999 0 | 0.999 3 | 0.999 5 | 0.999 7 | 0.999 8 | 0.889 8 | 0.999 9 | 0.999 9 | 1.000 0 |

## 附表 3　t 分布表

$$P\{t(n) \leqslant t_\alpha(n)\} = \alpha$$

| n | α=0.75 | 0.90 | 0.95 | 0.975 | 0.99 | 0.995 |
|---|---|---|---|---|---|---|
| 1 | 1.000 0 | 3.077 7 | 6.313 8 | 12.706 2 | 31.820 7 | 63.657 4 |
| 2 | 0.816 5 | 1.885 6 | 2.920 0 | 4.302 7 | 6.964 6 | 9.924 8 |

**续附表3**

| $n$ | $\alpha$=0.75 | 0.90 | 0.95 | 0.975 | 0.99 | 0.995 |
|---|---|---|---|---|---|---|
| 3 | 0.764 9 | 1.637 7 | 2.352 4 | 3.182 4 | 4.540 7 | 5.840 9 |
| 4 | 0.740 7 | 1.533 2 | 2.131 8 | 2.776 4 | 3.746 9 | 4.604 1 |
| 5 | 0.726 7 | 1.475 9 | 2.015 0 | 2.570 6 | 3.364 9 | 4.032 2 |
| 6 | 0.717 6 | 1.439 8 | 1.943 2 | 2.446 9 | 3.142 7 | 3.707 4 |
| 7 | 0.711 1 | 1.414 9 | 1.894 6 | 2.364 6 | 2.998 0 | 3.499 5 |
| 8 | 0.706 4 | 1.396 8 | 1.859 5 | 2.306 0 | 2.896 5 | 3.355 4 |
| 9 | 0.702 7 | 1.383 0 | 1.833 1 | 2.262 2 | 2.821 4 | 3.249 8 |
| 10 | 0.699 8 | 1.372 2 | 1.812 5 | 2.228 1 | 2.763 8 | 3.169 3 |
| 11 | 0.697 4 | 1.363 4 | 1.795 9 | 2.201 0 | 2.718 1 | 3.105 8 |
| 12 | 0.695 5 | 1.356 2 | 1.782 3 | 2.178 8 | 2.681 0 | 3.054 5 |
| 13 | 0.693 8 | 1.350 2 | 1.770 9 | 2.160 4 | 2.650 3 | 3.012 3 |
| 14 | 0.692 4 | 1.345 0 | 1.761 3 | 2.144 8 | 2.624 5 | 2.976 8 |
| 15 | 0.691 2 | 2.340 6 | 1.753 1 | 2.131 5 | 2.602 5 | 2.946 7 |
| 16 | 0.690 1 | 1.336 8 | 1.745 9 | 2.119 9 | 2.583 5 | 2.920 8 |
| 17 | 0.689 2 | 1.333 4 | 1.739 6 | 2.109 8 | 2.566 9 | 2.898 2 |
| 18 | 0.688 4 | 1.330 4 | 1.734 1 | 2.100 9 | 2.552 4 | 2.878 4 |
| 19 | 0.687 6 | 1.327 7 | 1.729 1 | 2.093 0 | 2.539 5 | 2.860 9 |
| 20 | 0.687 0 | 1.325 3 | 1.724 9 | 2.086 0 | 2.528 0 | 2.845 3 |
| 21 | 0.686 4 | 1.323 2 | 1.720 7 | 2.079 6 | 2.517 7 | 2.831 4 |
| 22 | 0.685 8 | 1.321 2 | 1.717 1 | 2.073 9 | 2.508 3 | 2.818 8 |
| 23 | 0.685 3 | 1.319 5 | 1.713 9 | 2.068 7 | 2.499 9 | 2.807 3 |
| 24 | 0.684 8 | 1.317 8 | 1.710 9 | 2.063 9 | 2.492 2 | 2.796 9 |
| 25 | 0.684 4 | 1.316 3 | 1.708 1 | 2.059 5 | 2.485 1 | 2.787 4 |
| 26 | 0.684 0 | 1.315 0 | 1.705 6 | 2.055 5 | 2.478 6 | 2.778 7 |
| 27 | 0.683 7 | 1.313 7 | 1.703 3 | 2.051 8 | 2.472 7 | 2.770 7 |
| 28 | 0.683 4 | 1.312 5 | 1.701 1 | 2.048 4 | 2.467 1 | 2.763 3 |
| 29 | 0.683 0 | 1.311 4 | 1.699 1 | 2.045 2 | 2.462 0 | 2.756 4 |
| 30 | 0.682 8 | 1.310 4 | 1.697 3 | 2.042 3 | 2.457 3 | 2.750 0 |
| 31 | 0.682 5 | 1.309 5 | 1.695 5 | 2.039 5 | 2.452 8 | 2.744 0 |
| 32 | 0.682 2 | 1.308 6 | 1.693 9 | 2.036 9 | 2.448 7 | 2.738 5 |
| 33 | 0.682 0 | 1.307 7 | 1.692 4 | 2.034 5 | 2.444 8 | 2.733 3 |
| 34 | 0.681 8 | 1.307 0 | 1.690 9 | 2.032 2 | 2.441 1 | 2.728 4 |

续附表 3

| $n$ | $\alpha$=0.75 | 0.90 | 0.95 | 0.975 | 0.99 | 0.995 |
|---|---|---|---|---|---|---|
| 35 | 0.681 6 | 1.306 2 | 1.689 6 | 2.030 1 | 2.437 7 | 2.723 8 |
| 36 | 0.681 4 | 1.305 5 | 1.688 3 | 2.028 1 | 2.434 5 | 2.719 5 |
| 37 | 0.681 2 | 1.304 9 | 1.687 1 | 2.026 2 | 2.431 4 | 2.715 4 |
| 38 | 0.681 0 | 1.304 2 | 1.686 0 | 2.024 4 | 2.428 6 | 2.711 6 |
| 39 | 0.680 8 | 1.303 6 | 1.684 9 | 2.022 7 | 2.425 8 | 2.707 9 |
| 40 | 0.680 7 | 1.303 1 | 1.683 9 | 2.021 1 | 2.423 3 | 2.704 5 |
| 41 | 0.680 5 | 1.302 5 | 1.682 9 | 2.019 5 | 2.420 8 | 2.701 2 |
| 42 | 0.680 4 | 1.302 0 | 1.682 0 | 2.018 1 | 2.418 5 | 2.698 1 |
| 43 | 0.680 2 | 1.301 6 | 1.681 1 | 2.016 7 | 2.416 3 | 2.695 1 |
| 44 | 0.680 1 | 1.301 1 | 1.680 2 | 2.015 4 | 2.414 1 | 2.692 3 |
| 45 | 0.680 0 | 1.300 6 | 1.679 4 | 2.014 1 | 2.412 1 | 2.689 6 |

## 附表 4 $\chi^2$ 分布表

$$P\{\chi^2(n) \leqslant \chi^2_\alpha(n)\} = \alpha$$

| $n$ | $\alpha$=0.005 | 0.01 | 0.025 | 0.05 | 0.10 | 0.25 |
|---|---|---|---|---|---|---|
| 1 | | | 0.001 | 0.004 | 0.016 | 0.102 |
| 2 | 0.010 | 0.020 | 0.051 | 0.103 | 0.211 | 0.575 |
| 3 | 0.072 | 0.115 | 0.216 | 0.352 | 0.584 | 1.213 |
| 4 | 0.207 | 0.297 | 0.484 | 0.711 | 1.064 | 1.923 |
| 5 | 0.412 | 0.554 | 0.831 | 1.145 | 1.610 | 2.675 |
| 6 | 0.676 | 0.872 | 1.237 | 1.635 | 2.204 | 3.455 |
| 7 | 0.989 | 1.239 | 1.690 | 2.167 | 2.833 | 4.255 |
| 8 | 1.344 | 1.646 | 2.180 | 2.733 | 3.490 | 5.071 |
| 9 | 1.735 | 2.088 | 2.700 | 3.325 | 4.168 | 5.899 |
| 10 | 2.156 | 2.558 | 3.247 | 3.940 | 4.865 | 6.737 |
| 11 | 2.603 | 3.053 | 3.816 | 4.575 | 5.578 | 7.584 |
| 12 | 3.074 | 3.571 | 4.404 | 5.226 | 6.304 | 8.438 |
| 13 | 3.565 | 4.107 | 5.009 | 5.892 | 7.042 | 9.299 |
| 14 | 4.075 | 4.660 | 5.629 | 6.571 | 7.790 | 10.165 |
| 15 | 4.601 | 5.229 | 6.262 | 7.261 | 8.547 | 11.037 |

**续附表 4**

| $n$ | $\alpha=0.005$ | 0.01 | 0.025 | 0.05 | 0.10 | 0.25 |
|---|---|---|---|---|---|---|
| 16 | 5.142 | 5.812 | 6.908 | 7.962 | 9.312 | 11.912 |
| 17 | 5.697 | 6.408 | 7.564 | 8.672 | 10.085 | 12.792 |
| 18 | 6.265 | 7.015 | 8.231 | 9.390 | 10.865 | 13.675 |
| 19 | 6.844 | 7.633 | 8.907 | 10.117 | 11.651 | 14.562 |
| 20 | 7.434 | 8.260 | 9.591 | 10.851 | 12.443 | 15.452 |
| 21 | 8.034 | 8.897 | 10.283 | 11.591 | 13.240 | 16.344 |
| 22 | 8.643 | 9.542 | 10.982 | 12.338 | 14.042 | 17.240 |
| 23 | 9.260 | 10.196 | 11.689 | 13.091 | 14.848 | 18.137 |
| 24 | 9.886 | 10.856 | 12.401 | 13.848 | 15.659 | 19.037 |
| 25 | 10.520 | 11.524 | 13.120 | 14.611 | 16.473 | 19.939 |
| 26 | 11.160 | 12.198 | 13.844 | 15.379 | 17.292 | 20.843 |
| 27 | 11.808 | 12.879 | 14.573 | 16.151 | 18.114 | 21.749 |
| 28 | 12.461 | 13.565 | 15.308 | 16.928 | 18.939 | 22.657 |
| 29 | 13.121 | 14.257 | 16.047 | 17.708 | 19.768 | 23.567 |
| 30 | 13.787 | 14.954 | 16.791 | 18.493 | 20.599 | 24.478 |
| 31 | 14.458 | 15.655 | 17.539 | 19.281 | 21.636 | 25.390 |
| 32 | 15.134 | 16.362 | 18.291 | 20.072 | 22.271 | 26.304 |
| 33 | 15.815 | 17.789 | 19.047 | 20.867 | 23.110 | 27.219 |
| 34 | 16.501 | 17.789 | 19.806 | 21.664 | 23.952 | 28.136 |
| 35 | 17.192 | 18.509 | 20.569 | 22.465 | 24.797 | 29.054 |
| 36 | 17.887 | 19.233 | 21.336 | 23.269 | 25.643 | 29.973 |
| 37 | 18.586 | 19.960 | 22.106 | 24.075 | 26.492 | 30.893 |
| 38 | 19.289 | 20.691 | 22.878 | 24.884 | 27.343 | 31.815 |
| 39 | 19.996 | 21.426 | 23.654 | 25.695 | 28.196 | 32.737 |
| 40 | 20.707 | 22.164 | 24.433 | 26.509 | 29.051 | 33.660 |
| 41 | 21.421 | 22.906 | 25.215 | 27.326 | 29.907 | 34.585 |
| 42 | 22.138 | 23.650 | 25.999 | 28.144 | 30.765 | 35.510 |
| 43 | 22.859 | 24.398 | 26.785 | 28.965 | 31.625 | 36.436 |
| 44 | 23.584 | 25.148 | 27.575 | 29.787 | 32.487 | 37.363 |
| 45 | 24.311 | 25.901 | 28.366 | 30.612 | 33.350 | 38.291 |

**续附表 4**

| $n$ | $\alpha=0.75$ | 0.90 | 0.95 | 0.975 | 0.99 | 0.995 |
|---|---|---|---|---|---|---|
| 1 | 1.323 | 2.706 | 3.841 | 5.024 | 6.635 | 7.879 |
| 2 | 2.773 | 4.605 | 5.991 | 7.378 | 9.210 | 10.597 |
| 3 | 4.108 | 6.251 | 7.815 | 9.348 | 11.345 | 12.838 |
| 4 | 5.385 | 7.779 | 9.488 | 11.143 | 13.277 | 14.860 |
| 5 | 6.626 | 9.236 | 11.071 | 12.833 | 15.086 | 16.750 |
| 6 | 7.841 | 10.645 | 12.592 | 14.449 | 16.812 | 18.548 |
| 7 | 9.037 | 12.017 | 14.067 | 16.013 | 18.475 | 20.278 |
| 8 | 10.219 | 13.362 | 15.507 | 17.535 | 20.090 | 21.955 |
| 9 | 11.389 | 14.684 | 16.919 | 19.023 | 21.666 | 23.589 |
| 10 | 12.549 | 15.987 | 18.307 | 20.483 | 23.209 | 25.188 |
| 11 | 13.701 | 17.275 | 19.675 | 21.920 | 24.725 | 26.757 |
| 12 | 14.845 | 18.549 | 21.026 | 23.337 | 26.617 | 28.299 |
| 13 | 15.984 | 19.812 | 22.362 | 24.736 | 27.688 | 29.819 |
| 14 | 17.117 | 21.064 | 23.685 | 26.119 | 29.141 | 31.319 |
| 15 | 18.245 | 22.307 | 24.996 | 27.448 | 30.578 | 32.801 |
| 16 | 19.369 | 23.542 | 26.596 | 28.845 | 32.000 | 34.267 |
| 17 | 20.489 | 24.769 | 27.587 | 30.191 | 33.409 | 35.718 |
| 18 | 21.605 | 25.989 | 28.869 | 31.526 | 34.805 | 37.156 |
| 19 | 22.718 | 27.204 | 30.144 | 32.852 | 36.191 | 38.582 |
| 20 | 23.828 | 28.412 | 31.410 | 34.170 | 37.516 | 39.997 |
| 21 | 24.935 | 29.915 | 32.671 | 35.479 | 38.932 | 41.401 |
| 22 | 26.039 | 30.813 | 33.924 | 36.781 | 40.289 | 42.796 |
| 23 | 27.141 | 32.007 | 35.172 | 38.076 | 41.638 | 44.181 |
| 24 | 28.241 | 33.196 | 36.415 | 39.364 | 42.980 | 45.559 |
| 25 | 29.339 | 34.382 | 37.652 | 40.646 | 44.314 | 46.928 |
| 26 | 30.435 | 35.563 | 38.885 | 41.923 | 45.652 | 48.290 |
| 27 | 31.528 | 36.741 | 40.113 | 43.194 | 46.963 | 49.645 |
| 28 | 32.620 | 37.916 | 41.337 | 44.461 | 48.278 | 50.993 |
| 29 | 33.711 | 39.087 | 42.557 | 45.722 | 49.588 | 52.336 |
| 30 | 34.800 | 40.256 | 43.773 | 46.979 | 50.892 | 53.672 |
| 31 | 35.887 | 41.422 | 44.985 | 48.232 | 52.191 | 55.003 |
| 32 | 36.973 | 42.585 | 49.194 | 49.480 | 53.486 | 56.328 |

**续附表 4**

| $n$ | $\alpha=0.75$ | 0.90 | 0.95 | 0.975 | 0.99 | 0.995 |
|---|---|---|---|---|---|---|
| 33 | 38.058 | 43.745 | 47.400 | 50.725 | 54.776 | 57.648 |
| 34 | 39.141 | 44.903 | 48.602 | 51.966 | 56.061 | 58.964 |
| 35 | 40.223 | 46.059 | 49.802 | 53.203 | 57.342 | 60.275 |
| 36 | 41.304 | 47.212 | 50.998 | 54.437 | 58.619 | 61.581 |
| 37 | 42.383 | 48.363 | 52.192 | 55.668 | 59.892 | 62.883 |
| 38 | 43.462 | 49.513 | 53.384 | 56.896 | 61.162 | 64.181 |
| 39 | 44.539 | 50.660 | 54.572 | 58.120 | 62.428 | 65.476 |
| 40 | 45.616 | 51.805 | 55.758 | 59.342 | 63.691 | 66.766 |
| 41 | 46.692 | 52.949 | 56.942 | 60.561 | 64.950 | 68.053 |
| 42 | 47.766 | 54.090 | 58.124 | 61.777 | 66.206 | 69.336 |
| 43 | 48.840 | 55.230 | 59.304 | 62.990 | 67.459 | 70.616 |
| 44 | 49.913 | 56.369 | 60.481 | 64.201 | 68.710 | 71.893 |
| 45 | 50.985 | 57.505 | 61.656 | 65.410 | 69.957 | 73.166 |

## 附表 5 F 分布表

$$P\{F(n_1,n_2)\leqslant F_\alpha(n_1,n_2)\}=\alpha$$

$$\alpha=0.90$$

| $n_2$ \ $n_1$ | 1 | 2 | 3 | 4 | 5 | 6 | 7 | 8 | 9 | 10 | 12 | 15 | 20 | 24 | 30 | 40 | 60 | 120 | ∞ |
|---|---|---|---|---|---|---|---|---|---|---|---|---|---|---|---|---|---|---|---|
| 1 | 39.86 | 49.50 | 53.59 | 55.83 | 57.24 | 58.20 | 58.91 | 59.44 | 59.86 | 60.19 | 60.71 | 61.22 | 61.74 | 62.00 | 62.26 | 62.53 | 62.79 | 63.06 | 63.33 |
| 2 | 8.53 | 9.00 | 9.16 | 9.24 | 9.29 | 9.33 | 9.35 | 9.37 | 9.38 | 9.39 | 9.41 | 9.42 | 9.44 | 9.45 | 9.46 | 9.47 | 9.47 | 9.48 | 9.49 |
| 3 | 5.54 | 5.46 | 5.39 | 5.34 | 5.31 | 5.28 | 5.27 | 5.25 | 5.24 | 5.23 | 5.22 | 5.20 | 5.18 | 5.18 | 5.17 | 5.16 | 5.15 | 5.14 | 5.13 |
| 4 | 4.54 | 4.32 | 4.19 | 4.11 | 4.05 | 4.01 | 3.98 | 3.95 | 3.94 | 3.92 | 3.90 | 3.87 | 3.84 | 3.83 | 3.82 | 3.80 | 3.79 | 3.78 | 3.76 |
| 5 | 4.06 | 3.78 | 3.62 | 3.52 | 3.45 | 3.40 | 3.37 | 3.34 | 3.32 | 3.30 | 3.27 | 3.24 | 3.21 | 3.19 | 3.17 | 3.16 | 3.14 | 3.12 | 3.10 |
| 6 | 3.78 | 3.46 | 3.29 | 3.18 | 3.11 | 3.05 | 3.01 | 2.98 | 2.96 | 2.94 | 2.90 | 2.87 | 2.84 | 2.82 | 2.80 | 2.78 | 2.76 | 2.74 | 2.72 |
| 7 | 3.59 | 3.26 | 3.07 | 2.96 | 2.88 | 2.83 | 2.78 | 2.75 | 2.72 | 2.70 | 2.67 | 2.63 | 2.59 | 2.58 | 2.56 | 2.54 | 2.51 | 2.49 | 2.47 |
| 8 | 3.46 | 3.11 | 2.92 | 2.81 | 2.73 | 2.67 | 2.62 | 2.59 | 2.56 | 2.54 | 2.50 | 2.46 | 2.42 | 2.40 | 2.38 | 2.36 | 2.34 | 2.32 | 2.29 |
| 9 | 3.36 | 3.01 | 2.81 | 2.69 | 2.61 | 2.55 | 2.51 | 2.47 | 2.44 | 2.42 | 2.38 | 2.34 | 2.30 | 2.28 | 2.25 | 2.23 | 2.21 | 2.18 | 2.16 |
| 10 | 3.29 | 2.92 | 2.73 | 2.61 | 2.52 | 2.46 | 2.41 | 2.38 | 2.35 | 2.32 | 2.28 | 2.24 | 2.20 | 2.18 | 2.16 | 2.13 | 2.11 | 2.08 | 2.06 |
| 11 | 3.23 | 2.86 | 2.66 | 2.54 | 2.45 | 2.39 | 2.34 | 2.30 | 2.27 | 2.25 | 2.21 | 2.17 | 2.12 | 2.10 | 2.08 | 2.05 | 2.03 | 2.00 | 1.97 |
| 12 | 3.18 | 2.81 | 2.61 | 2.48 | 2.39 | 2.33 | 2.28 | 2.24 | 2.21 | 2.19 | 2.15 | 2.10 | 2.06 | 2.04 | 2.01 | 1.99 | 1.96 | 1.93 | 1.90 |
| 13 | 3.14 | 2.76 | 2.56 | 2.43 | 2.35 | 2.28 | 2.23 | 2.20 | 2.16 | 2.14 | 2.10 | 2.05 | 2.01 | 1.98 | 1.96 | 1.93 | 1.90 | 1.88 | 1.85 |
| 14 | 3.10 | 2.73 | 2.52 | 2.39 | 2.31 | 2.24 | 2.19 | 2.15 | 2.12 | 2.10 | 2.05 | 2.01 | 1.96 | 1.94 | 1.91 | 1.89 | 1.86 | 1.83 | 1.80 |
| 15 | 3.07 | 2.70 | 2.49 | 2.36 | 2.27 | 2.21 | 2.16 | 2.12 | 2.09 | 2.06 | 2.02 | 1.97 | 1.92 | 1.90 | 1.87 | 1.85 | 1.82 | 1.79 | 1.76 |
| 16 | 3.05 | 2.67 | 2.46 | 2.33 | 2.24 | 2.18 | 2.13 | 2.09 | 2.06 | 2.03 | 1.99 | 1.94 | 1.89 | 1.87 | 1.84 | 1.81 | 1.78 | 1.75 | 1.72 |

**$\alpha=0.90$** **续附表 5**

| $n_2$ \ $n_1$ | 1 | 2 | 3 | 4 | 5 | 6 | 7 | 8 | 9 | 10 | 12 | 15 | 20 | 24 | 30 | 40 | 60 | 120 | ∞ |
|---|---|---|---|---|---|---|---|---|---|---|---|---|---|---|---|---|---|---|---|
| 17 | 3.03 | 2.64 | 2.44 | 2.31 | 2.22 | 2.15 | 2.10 | 2.06 | 2.03 | 2.00 | 1.96 | 1.91 | 1.86 | 1.84 | 1.81 | 1.78 | 1.75 | 1.72 | 1.69 |
| 18 | 3.01 | 2.62 | 2.64 | 2.29 | 2.20 | 2.13 | 2.08 | 2.04 | 2.00 | 1.98 | 1.93 | 1.89 | 1.84 | 1.81 | 1.78 | 1.75 | 1.72 | 1.63 | 1.66 |
| 19 | 2.99 | 2.61 | 2.40 | 2.27 | 2.18 | 2.11 | 2.06 | 2.02 | 1.98 | 1.96 | 1.91 | 1.86 | 1.81 | 1.79 | 1.76 | 1.73 | 1.70 | 1.69 | 1.63 |
| 20 | 2.97 | 2.59 | 2.38 | 2.25 | 2.16 | 2.09 | 2.04 | 2.00 | 1.96 | 1.91 | 1.89 | 1.84 | 1.79 | 1.77 | 1.74 | 1.71 | 1.68 | 1.64 | 1.61 |
| 21 | 2.96 | 2.57 | 2.36 | 2.23 | 2.14 | 2.08 | 2.02 | 1.98 | 1.95 | 1.92 | 1.87 | 1.83 | 1.78 | 1.75 | 1.72 | 1.69 | 1.66 | 1.62 | 1.59 |
| 22 | 2.95 | 2.56 | 2.35 | 2.22 | 2.13 | 2.06 | 2.01 | 1.97 | 1.93 | 1.90 | 1.86 | 1.81 | 1.76 | 1.73 | 1.70 | 1.67 | 1.64 | 1.60 | 1.57 |
| 23 | 2.94 | 2.55 | 2.34 | 2.21 | 2.11 | 2.05 | 1.99 | 1.95 | 1.92 | 1.89 | 1.84 | 1.80 | 1.74 | 1.72 | 1.69 | 1.66 | 1.62 | 1.59 | 1.55 |
| 24 | 2.93 | 2.54 | 2.33 | 2.19 | 2.10 | 2.04 | 1.98 | 1.91 | 1.91 | 1.88 | 1.83 | 1.78 | 1.73 | 1.70 | 1.67 | 1.64 | 1.61 | 1.57 | 1.53 |
| 25 | 2.92 | 2.53 | 2.32 | 2.18 | 2.09 | 2.02 | 1.97 | 1.93 | 1.89 | 1.87 | 1.82 | 1.77 | 1.72 | 1.69 | 1.66 | 1.63 | 1.59 | 1.56 | 1.52 |
| 26 | 2.91 | 2.52 | 2.31 | 2.17 | 2.08 | 2.01 | 1.96 | 1.92 | 1.88 | 1.86 | 1.81 | 1.76 | 1.71 | 1.68 | 1.65 | 1.61 | 1.58 | 1.54 | 1.50 |
| 27 | 2.90 | 2.51 | 2.30 | 2.17 | 2.07 | 2.00 | 1.95 | 1.91 | 1.87 | 1.85 | 1.80 | 1.75 | 1.70 | 1.67 | 1.64 | 1.60 | 1.57 | 1.53 | 1.49 |
| 28 | 2.89 | 2.50 | 2.29 | 2.16 | 2.06 | 2.00 | 1.94 | 1.90 | 1.87 | 1.84 | 1.79 | 1.74 | 1.69 | 1.66 | 1.63 | 1.59 | 1.56 | 1.52 | 1.48 |
| 29 | 2.89 | 2.50 | 2.28 | 2.15 | 2.06 | 1.99 | 1.93 | 1.89 | 1.86 | 1.83 | 1.78 | 1.73 | 1.68 | 1.65 | 1.62 | 1.58 | 1.55 | 1.51 | 1.47 |
| 30 | 2.88 | 2.49 | 2.28 | 2.14 | 2.05 | 1.98 | 1.93 | 1.88 | 1.85 | 1.82 | 1.77 | 1.72 | 1.67 | 1.64 | 1.61 | 1.57 | 1.54 | 1.50 | 1.46 |
| 40 | 2.84 | 2.44 | 2.23 | 2.09 | 2.00 | 1.93 | 1.87 | 1.83 | 1.79 | 1.76 | 1.71 | 1.66 | 1.61 | 1.57 | 1.54 | 1.51 | 1.47 | 1.42 | 1.38 |
| 60 | 2.79 | 2.39 | 2.18 | 2.04 | 1.95 | 1.87 | 1.82 | 1.77 | 1.74 | 1.71 | 1.66 | 1.60 | 1.54 | 1.51 | 1.48 | 1.44 | 1.40 | 1.35 | 1.29 |
| 120 | 2.75 | 2.35 | 2.13 | 1.99 | 1.90 | 1.82 | 1.77 | 1.72 | 1.68 | 1.65 | 1.60 | 1.55 | 1.48 | 1.45 | 1.41 | 1.37 | 1.32 | 1.26 | 1.19 |
| ∞ | 2.71 | 2.30 | 2.18 | 1.94 | 1.85 | 1.77 | 1.72 | 1.67 | 1.63 | 1.60 | 1.55 | 1.49 | 1.42 | 1.38 | 1.34 | 1.30 | 1.24 | 1.17 | 1.10 |

**$\alpha=0.95$**

| $n_2$ \ $n_1$ | 1 | 2 | 3 | 4 | 5 | 6 | 7 | 8 | 9 | 10 | 12 | 15 | 20 | 24 | 30 | 40 | 60 | 120 | ∞ |
|---|---|---|---|---|---|---|---|---|---|---|---|---|---|---|---|---|---|---|---|
| 1 | 161.4 | 199.5 | 215.7 | 224.6 | 230.2 | 234.0 | 236.8 | 238.9 | 240.5 | 241.9 | 243.9 | 245.9 | 248.0 | 249.1 | 250.1 | 251.1 | 252.2 | 253.3 | 254.3 |
| 2 | 18.51 | 19.00 | 19.16 | 19.25 | 19.30 | 19.33 | 19.35 | 19.37 | 19.38 | 19.40 | 19.41 | 19.43 | 19.45 | 19.45 | 19.46 | 19.47 | 19.48 | 19.49 | 19.50 |
| 3 | 10.13 | 9.55 | 9.28 | 9.12 | 9.01 | 8.94 | 8.89 | 8.85 | 8.81 | 8.79 | 8.74 | 8.70 | 8.66 | 8.64 | 8.62 | 8.59 | 8.57 | 8.55 | 8.53 |
| 4 | 7.71 | 6.94 | 6.59 | 6.39 | 6.26 | 6.16 | 6.09 | 6.04 | 6.00 | 5.96 | 5.91 | 5.86 | 5.80 | 5.77 | 5.75 | 5.72 | 5.69 | 5.66 | 5.63 |
| 5 | 6.61 | 5.79 | 5.41 | 5.19 | 5.05 | 4.95 | 4.88 | 4.82 | 4.77 | 4.74 | 4.68 | 4.62 | 4.56 | 4.53 | 4.50 | 4.46 | 4.43 | 4.40 | 4.36 |
| 6 | 5.99 | 5.14 | 4.76 | 4.53 | 4.39 | 4.28 | 4.21 | 4.15 | 4.10 | 4.06 | 4.00 | 3.94 | 3.87 | 4.84 | 3.81 | 3.77 | 3.74 | 3.70 | 3.67 |
| 7 | 5.59 | 4.74 | 4.35 | 4.12 | 3.97 | 3.87 | 3.79 | 3.73 | 3.68 | 3.64 | 3.57 | 3.51 | 3.44 | 3.41 | 3.38 | 3.34 | 3.30 | 3.27 | 3.23 |
| 8 | 5.32 | 4.46 | 4.07 | 3.84 | 3.69 | 3.58 | 3.50 | 3.44 | 3.39 | 3.35 | 3.28 | 3.22 | 3.15 | 3.12 | 3.08 | 3.04 | 3.01 | 2.97 | 2.93 |
| 9 | 5.12 | 4.26 | 3.86 | 4.63 | 3.48 | 3.37 | 3.29 | 3.23 | 3.18 | 3.14 | 3.07 | 3.01 | 2.94 | 2.90 | 2.86 | 2.83 | 2.79 | 2.75 | 2.71 |
| 10 | 4.96 | 4.10 | 3.71 | 3.48 | 3.33 | 3.22 | 3.14 | 3.07 | 3.02 | 2.98 | 2.91 | 2.85 | 2.77 | 2.74 | 2.70 | 2.66 | 2.62 | 2.58 | 2.54 |
| 11 | 4.84 | 3.98 | 3.59 | 3.36 | 3.20 | 3.09 | 3.01 | 2.95 | 2.90 | 2.85 | 2.79 | 2.73 | 2.65 | 2.61 | 2.57 | 2.53 | 2.49 | 2.45 | 2.40 |
| 12 | 4.75 | 3.89 | 3.49 | 3.26 | 3.11 | 3.00 | 2.91 | 2.85 | 2.80 | 2.75 | 2.69 | 2.62 | 2.54 | 2.51 | 2.47 | 2.43 | 2.38 | 2.34 | 2.30 |
| 13 | 4.67 | 3.81 | 3.41 | 3.18 | 3.03 | 2.92 | 2.83 | 2.77 | 2.71 | 2.67 | 2.60 | 2.53 | 2.46 | 2.42 | 2.38 | 2.34 | 2.30 | 2.25 | 2.21 |
| 14 | 4.60 | 3.74 | 3.34 | 3.11 | 2.96 | 2.85 | 2.76 | 2.70 | 2.65 | 2.60 | 2.53 | 2.46 | 2.39 | 2.35 | 2.31 | 2.27 | 2.22 | 2.18 | 2.13 |
| 15 | 4.54 | 3.63 | 3.29 | 3.06 | 2.90 | 2.79 | 2.71 | 2.64 | 2.59 | 2.54 | 2.48 | 2.40 | 2.33 | 2.29 | 2.25 | 2.20 | 2.16 | 2.11 | 2.07 |
| 16 | 4.49 | 3.63 | 3.24 | 3.01 | 2.85 | 2.74 | 2.66 | 2.59 | 2.54 | 2.19 | 2.42 | 2.35 | 2.28 | 2.24 | 2.49 | 2.15 | 2.11 | 2.06 | 2.01 |
| 17 | 4.45 | 3.59 | 3.20 | 2.96 | 2.81 | 2.70 | 2.61 | 2.55 | 2.49 | 2.45 | 2.38 | 2.31 | 2.23 | 2.19 | 2.15 | 2.10 | 2.06 | 2.01 | 1.96 |
| 18 | 4.41 | 3.55 | 3.16 | 2.93 | 2.77 | 2.66 | 2.58 | 2.51 | 2.46 | 2.41 | 2.34 | 2.27 | 2.19 | 2.15 | 2.11 | 2.06 | 2.02 | 1.97 | 1.92 |
| 19 | 4.38 | 3.52 | 3.13 | 2.90 | 2.74 | 2.63 | 2.54 | 2.48 | 2.42 | 2.38 | 2.31 | 2.23 | 2.16 | 2.11 | 2.07 | 2.03 | 1.98 | 1.93 | 1.88 |

**α=0.95**　　　　**续附表 5**

| $n_2$ \ $n_1$ | 1 | 2 | 3 | 4 | 5 | 6 | 7 | 8 | 9 | 10 | 12 | 15 | 20 | 24 | 30 | 40 | 60 | 120 | ∞ |
|---|---|---|---|---|---|---|---|---|---|---|---|---|---|---|---|---|---|---|---|
| 20 | 4.35 | 3.49 | 3.10 | 2.87 | 2.71 | 2.60 | 2.51 | 2.45 | 2.39 | 2.35 | 2.28 | 2.20 | 2.12 | 2.08 | 2.04 | 1.99 | 1.95 | 1.90 | 1.84 |
| 21 | 4.32 | 3.47 | 3.07 | 2.84 | 2.68 | 2.57 | 2.49 | 2.37 | 2.32 | 2.32 | 2.25 | 2.18 | 2.10 | 2.05 | 2.01 | 1.96 | 1.92 | 1.87 | 1.81 |
| 22 | 4.30 | 3.44 | 3.05 | 2.82 | 2.66 | 2.55 | 2.46 | 2.40 | 2.34 | 2.30 | 2.23 | 2.15 | 2.07 | 2.03 | 1.98 | 1.94 | 1.89 | 1.84 | 1.78 |
| 23 | 4.28 | 3.42 | 2.03 | 2.80 | 2.64 | 2.53 | 2.44 | 2.37 | 2.32 | 2.27 | 2.20 | 2.13 | 2.05 | 2.01 | 1.96 | 1.91 | 1.86 | 1.81 | 1.76 |
| 24 | 4.26 | 3.40 | 3.01 | 2.78 | 2.62 | 2.51 | 2.42 | 2.36 | 2.30 | 2.25 | 2.18 | 2.11 | 2.03 | 1.98 | 1.94 | 1.89 | 1.84 | 1.79 | 1.73 |
| 25 | 4.24 | 3.39 | 2.99 | 2.76 | 2.60 | 2.49 | 2.40 | 2.34 | 2.28 | 2.24 | 2.16 | 2.09 | 2.11 | 1.96 | 1.92 | 1.87 | 1.82 | 1.77 | 1.71 |
| 26 | 4.23 | 3.37 | 2.98 | 2.74 | 2.59 | 2.47 | 2.39 | 2.32 | 2.27 | 2.22 | 2.15 | 2.07 | 1.99 | 1.85 | 1.90 | 1.95 | 1.80 | 1.75 | 1.69 |
| 27 | 4.21 | 3.35 | 2.96 | 2.73 | 2.57 | 2.46 | 2.37 | 2.31 | 2.25 | 2.20 | 2.13 | 2.06 | 1.97 | 1.93 | 1.88 | 1.84 | 1.79 | 1.73 | 1.67 |
| 28 | 4.20 | 3.34 | 2.95 | 2.71 | 2.56 | 2.45 | 2.36 | 2.29 | 2.24 | 2.19 | 2.12 | 2.04 | 1.96 | 2.91 | 1.87 | 1.82 | 1.77 | 1.71 | 1.65 |
| 29 | 4.18 | 3.33 | 2.93 | 2.70 | 2.55 | 2.43 | 2.35 | 2.28 | 2.22 | 2.18 | 2.10 | 2.03 | 1.94 | 1.90 | 1.85 | 1.81 | 1.75 | 1.70 | 1.64 |
| 30 | 4.17 | 3.32 | 2.92 | 2.69 | 2.53 | 2.42 | 2.33 | 2.27 | 2.21 | 2.16 | 2.09 | 2.01 | 1.93 | 1.89 | 1.84 | 1.79 | 1.74 | 1.68 | 1.62 |
| 40 | 4.08 | 3.23 | 2.84 | 2.61 | 2.45 | 2.34 | 2.25 | 2.18 | 2.12 | 2.08 | 2.00 | 1.92 | 1.84 | 1.79 | 1.74 | 1.69 | 1.64 | 1.58 | 1.51 |
| 60 | 4.00 | 3.15 | 2.76 | 2.53 | 2.37 | 2.25 | 2.17 | 2.10 | 2.04 | 1.99 | 1.92 | 1.84 | 1.75 | 1.70 | 1.65 | 1.59 | 1.53 | 1.47 | 1.39 |
| 120 | 3.92 | 3.07 | 2.68 | 2.45 | 2.29 | 2.17 | 2.09 | 2.02 | 1.96 | 1.91 | 1.83 | 1.75 | 1.66 | 1.61 | 1.55 | 1.50 | 1.43 | 1.35 | 1.25 |
| ∞ | 3.84 | 3.00 | 2.60 | 2.37 | 2.21 | 2.10 | 2.01 | 1.94 | 1.88 | 1.83 | 1.75 | 1.67 | 1.57 | 1.52 | 1.46 | 1.39 | 1.32 | 1.22 | 1.00 |

**α=0.975**

| $n_2$ \ $n_1$ | 1 | 2 | 3 | 4 | 5 | 6 | 7 | 8 | 9 | 10 | 12 | 15 | 20 | 24 | 30 | 40 | 60 | 120 | ∞ |
|---|---|---|---|---|---|---|---|---|---|---|---|---|---|---|---|---|---|---|---|
| 1 | 674.8 | 799.5 | 864.2 | 899.6 | 921.8 | 937.1 | 948.2 | 956.7 | 963.3 | 968.6 | 976.7 | 984.9 | 993.1 | 997.2 | 1 001 | 1 006 | 1 010 | 1 014 | 1 018 |
| 2 | 38.51 | 39.00 | 39.17 | 39.25 | 39.30 | 39.33 | 39.36 | 39.37 | 39.39 | 39.40 | 39.41 | 39.43 | 39.45 | 39.46 | 39.46 | 39.47 | 39.48 | 39.49 | 39.50 |
| 3 | 17.44 | 16.04 | 15.44 | 15.10 | 14.88 | 14.73 | 14.62 | 14.54 | 14.47 | 14.42 | 14.34 | 14.25 | 14.17 | 14.12 | 14.08 | 14.01 | 13.99 | 13.95 | 13.90 |
| 4 | 12.22 | 10.65 | 9.98 | 9.60 | 9.36 | 9.20 | 9.07 | 8.98 | 8.90 | 8.84 | 8.75 | 8.66 | 8.56 | 8.51 | 8.46 | 8.41 | 8.36 | 8.31 | 8.26 |
| 5 | 10.01 | 8.43 | 7.76 | 7.39 | 7.15 | 6.98 | 6.85 | 6.76 | 6.68 | 6.62 | 6.52 | 6.43 | 6.33 | 6.28 | 6.23 | 6.18 | 6.12 | 6.07 | 6.02 |
| 6 | 8.81 | 7.26 | 6.60 | 6.23 | 5.99 | 5.82 | 5.70 | 5.60 | 5.52 | 5.46 | 5.37 | 5.27 | 5.17 | 5.12 | 5.07 | 5.01 | 4.96 | 4.90 | 4.85 |
| 7 | 8.07 | 6.54 | 5.89 | 5.52 | 5.29 | 5.12 | 4.99 | 4.90 | 4.82 | 4.76 | 4.67 | 4.57 | 4.47 | 4.42 | 4.36 | 4.31 | 4.25 | 4.20 | 4.14 |
| 8 | 7.57 | 6.06 | 5.42 | 5.05 | 4.82 | 4.65 | 4.53 | 4.43 | 4.36 | 4.30 | 4.20 | 4.10 | 4.00 | 3.95 | 3.89 | 3.84 | 3.78 | 3.73 | 3.67 |
| 9 | 7.21 | 5.71 | 5.08 | 4.72 | 4.48 | 4.32 | 4.20 | 4.10 | 4.03 | 3.96 | 3.87 | 3.77 | 3.67 | 3.61 | 3.56 | 3.51 | 3.45 | 3.39 | 3.33 |
| 10 | 6.94 | 5.46 | 4.83 | 4.47 | 4.24 | 4.07 | 3.95 | 3.85 | 3.78 | 3.72 | 3.62 | 3.52 | 3.42 | 3.37 | 3.31 | 3.26 | 3.20 | 3.14 | 3.08 |
| 11 | 6.72 | 5.26 | 4.63 | 4.28 | 4.04 | 3.88 | 3.76 | 3.66 | 3.59 | 3.53 | 3.43 | 3.66 | 3.23 | 3.17 | 3.12 | 3.06 | 3.00 | 2.94 | 2.88 |
| 12 | 6.55 | 5.10 | 4.47 | 4.12 | 3.89 | 3.73 | 3.61 | 3.51 | 3.44 | 3.37 | 3.28 | 3.18 | 3.07 | 3.02 | 2.96 | 2.91 | 2.85 | 2.79 | 2.72 |
| 13 | 6.41 | 4.97 | 4.35 | 4.00 | 3.77 | 3.60 | 3.48 | 3.39 | 3.31 | 3.25 | 3.15 | 3.05 | 2.95 | 2.89 | 2.84 | 2.78 | 2.72 | 2.66 | 2.60 |
| 14 | 6.30 | 4.86 | 4.24 | 3.89 | 3.66 | 3.50 | 3.38 | 3.29 | 3.21 | 3.15 | 3.05 | 2.95 | 2.84 | 2.79 | 2.73 | 2.67 | 2.61 | 2.55 | 2.49 |
| 15 | 6.20 | 4.77 | 4.15 | 3.80 | 3.58 | 3.41 | 3.29 | 3.20 | 3.12 | 3.06 | 2.96 | 2.86 | 2.76 | 2.70 | 2.64 | 2.59 | 2.52 | 2.46 | 2.40 |
| 16 | 6.12 | 4.69 | 4.08 | 3.73 | 3.50 | 3.34 | 3.22 | 3.12 | 3.05 | 2.99 | 2.89 | 2.79 | 2.68 | 2.63 | 2.57 | 2.51 | 2.45 | 2.38 | 2.32 |
| 17 | 6.04 | 4.62 | 4.01 | 3.66 | 3.44 | 3.28 | 3.16 | 3.06 | 2.98 | 2.92 | 2.82 | 2.72 | 2.62 | 2.56 | 2.50 | 2.44 | 2.38 | 2.32 | 2.25 |
| 18 | 5.98 | 4.56 | 3.95 | 3.61 | 3.38 | 3.22 | 3.10 | 3.01 | 2.93 | 2.87 | 2.77 | 2.67 | 2.56 | 2.50 | 2.44 | 2.38 | 2.32 | 2.26 | 2.19 |
| 19 | 5.92 | 4.51 | 3.90 | 3.56 | 3.33 | 3.17 | 3.05 | 2.96 | 2.88 | 2.82 | 2.72 | 2.62 | 2.51 | 2.45 | 2.39 | 2.33 | 2.27 | 2.20 | 2.13 |
| 20 | 5.87 | 4.46 | 3.86 | 3.51 | 3.29 | 3.13 | 3.01 | 2.91 | 2.84 | 2.77 | 2.68 | 2.57 | 2.46 | 2.41 | 2.35 | 2.29 | 2.22 | 2.16 | 2.09 |
| 21 | 5.83 | 4.42 | 3.82 | 3.48 | 3.25 | 3.09 | 2.97 | 2.87 | 2.80 | 2.73 | 2.64 | 2.53 | 2.42 | 2.37 | 2.31 | 2.25 | 2.18 | 2.11 | 2.04 |
| 22 | 5.79 | 4.38 | 2.78 | 3.44 | 3.22 | 3.05 | 2.93 | 2.84 | 2.76 | 2.70 | 2.60 | 2.50 | 2.39 | 2.33 | 2.27 | 2.21 | 2.14 | 2.08 | 2.00 |

$\alpha=0.975$　　　　续附表5

| $n_2$ \ $n_1$ | 1 | 2 | 3 | 4 | 5 | 6 | 7 | 8 | 9 | 10 | 12 | 15 | 20 | 24 | 30 | 40 | 60 | 120 | ∞ |
|---|---|---|---|---|---|---|---|---|---|---|---|---|---|---|---|---|---|---|---|
| 23 | 5.75 | 4.35 | 3.75 | 3.41 | 3.18 | 3.02 | 2.90 | 2.81 | 2.73 | 2.67 | 2.57 | 2.47 | 2.36 | 2.30 | 2.24 | 2.18 | 2.11 | 2.04 | 1.97 |
| 24 | 5.72 | 4.32 | 3.72 | 3.38 | 3.15 | 2.99 | 2.87 | 2.78 | 2.70 | 2.64 | 2.54 | 2.44 | 2.33 | 2.27 | 2.21 | 2.15 | 2.03 | 2.01 | 1.94 |
| 25 | 5.69 | 4.29 | 3.69 | 3.35 | 3.13 | 2.97 | 2.85 | 2.75 | 2.68 | 2.61 | 2.51 | 2.41 | 2.30 | 2.24 | 2.18 | 2.12 | 2.05 | 1.98 | 1.91 |
| 26 | 5.66 | 4.27 | 3.67 | 3.33 | 3.10 | 2.94 | 2.82 | 2.73 | 2.65 | 2.59 | 2.49 | 2.39 | 2.28 | 2.22 | 2.16 | 2.09 | 2.03 | 1.95 | 1.88 |
| 27 | 5.63 | 4.24 | 3.65 | 3.31 | 3.08 | 2.92 | 2.80 | 2.71 | 2.63 | 2.57 | 2.47 | 2.36 | 2.25 | 2.19 | 2.13 | 2.07 | 2.00 | 1.93 | 1.85 |
| 28 | 5.61 | 4.22 | 3.63 | 3.29 | 3.06 | 2.90 | 2.78 | 2.69 | 2.61 | 2.45 | 2.45 | 2.34 | 2.23 | 2.17 | 2.11 | 2.05 | 1.98 | 1.91 | 1.83 |
| 29 | 5.59 | 4.20 | 3.61 | 3.27 | 3.04 | 2.88 | 2.76 | 2.67 | 2.56 | 2.53 | 2.43 | 2.32 | 2.21 | 2.15 | 2.09 | 2.03 | 1.96 | 1.89 | 1.81 |
| 30 | 5.57 | 4.18 | 3.59 | 3.25 | 3.03 | 2.87 | 2.75 | 2.65 | 2.57 | 2.51 | 2.41 | 2.31 | 2.20 | 2.14 | 2.07 | 2.01 | 1.94 | 1.87 | 1.79 |
| 40 | 5.42 | 4.05 | 3.46 | 3.13 | 2.90 | 2.74 | 2.62 | 2.53 | 2.45 | 2.39 | 2.29 | 2.18 | 2.07 | 2.01 | 1.94 | 1.88 | 1.80 | 1.72 | 1.64 |
| 60 | 5.29 | 3.93 | 3.34 | 3.01 | 2.79 | 2.63 | 2.51 | 2.41 | 2.33 | 2.27 | 2.17 | 2.06 | 1.94 | 1.88 | 1.82 | 1.74 | 1.67 | 1.53 | 1.48 |
| 120 | 5.15 | 3.80 | 3.23 | 2.89 | 2.67 | 2.52 | 2.39 | 2.30 | 2.22 | 2.16 | 2.05 | 1.94 | 1.82 | 1.76 | 1.69 | 1.61 | 1.53 | 1.43 | 1.31 |
| ∞ | 5.02 | 3.69 | 3.12 | 2.79 | 2.57 | 2.41 | 2.29 | 2.19 | 2.11 | 2.05 | 1.94 | 1.83 | 1.71 | 1.64 | 1.57 | 1.48 | 1.39 | 1.27 | 1.00 |

$\alpha=0.99$

| $n_2$ \ $n_1$ | 1 | 2 | 3 | 4 | 5 | 6 | 7 | 8 | 9 | 10 | 12 | 15 | 20 | 24 | 30 | 40 | 60 | 120 | ∞ |
|---|---|---|---|---|---|---|---|---|---|---|---|---|---|---|---|---|---|---|---|
| 1 | 4 052 | 4 999.5 | 5 403 | 5 625 | 5 764 | 5 859 | 5 928 | 5 982 | 6 022 | 6 056 | 6 106 | 6 157 | 6 209 | 6 235 | 6 261 | 6 287 | 6 313 | 6 339 | 6 366 |
| 2 | 98.50 | 99.00 | 99.17 | 99.25 | 99.30 | 99.33 | 99.36 | 99.37 | 99.39 | 99.40 | 99.42 | 99.43 | 99.45 | 99.46 | 99.47 | 99.47 | 99.48 | 99.49 | 90.50 |
| 3 | 34.12 | 30.82 | 29.46 | 28.71 | 28.24 | 27.91 | 27.67 | 27.49 | 27.35 | 27.23 | 27.05 | 26.87 | 26.69 | 26.60 | 26.50 | 26.41 | 26.32 | 26.22 | 26.13 |
| 4 | 21.20 | 18.00 | 16.69 | 15.98 | 15.52 | 15.21 | 14.98 | 14.80 | 14.66 | 14.55 | 14.37 | 14.20 | 14.02 | 13.93 | 13.84 | 13.75 | 13.65 | 13.56 | 13.46 |
| 5 | 16.26 | 13.27 | 12.06 | 11.39 | 10.97 | 10.67 | 10.46 | 10.29 | 10.16 | 10.05 | 9.89 | 9.72 | 9.55 | 9.47 | 9.38 | 9.29 | 9.20 | 9.11 | 9.02 |
| 6 | 13.75 | 10.92 | 9.78 | 9.15 | 8.75 | 8.47 | 8.26 | 8.10 | 7.98 | 7.87 | 7.72 | 7.56 | 7.40 | 7.31 | 7.23 | 7.14 | 7.06 | 6.97 | 6.88 |
| 7 | 12.25 | 9.55 | 8.45 | 7.85 | 7.46 | 7.19 | 6.99 | 6.84 | 6.72 | 6.62 | 6.47 | 6.31 | 6.16 | 6.07 | 5.99 | 5.91 | 5.82 | 5.74 | 5.65 |
| 8 | 11.26 | 8.65 | 7.59 | 7.01 | 6.63 | 6.37 | 6.18 | 6.03 | 5.91 | 5.81 | 5.67 | 5.52 | 5.36 | 5.28 | 5.20 | 5.12 | 5.03 | 4.95 | 4.86 |
| 9 | 10.56 | 8.02 | 6.99 | 6.42 | 6.06 | 5.80 | 5.61 | 5.47 | 5.35 | 5.26 | 5.11 | 4.96 | 4.81 | 4.73 | 4.65 | 4.57 | 4.48 | 4.40 | 4.31 |
| 10 | 10.04 | 7.56 | 6.55 | 5.99 | 5.64 | 5.39 | 5.20 | 5.06 | 4.94 | 4.85 | 4.71 | 4.56 | 4.41 | 4.33 | 4.25 | 4.17 | 4.08 | 4.00 | 3.91 |
| 11 | 9.65 | 7.21 | 6.22 | 5.67 | 5.32 | 5.07 | 4.89 | 4.74 | 4.63 | 4.54 | 4.40 | 4.25 | 4.10 | 4.02 | 3.94 | 3.86 | 3.78 | 3.69 | 3.60 |
| 12 | 9.33 | 6.93 | 5.95 | 5.41 | 5.06 | 4.82 | 4.64 | 4.50 | 4.39 | 4.30 | 4.16 | 4.01 | 3.86 | 3.78 | 3.70 | 3.62 | 3.54 | 3.45 | 3.36 |
| 13 | 9.07 | 6.70 | 5.74 | 5.21 | 4.86 | 4.62 | 4.44 | 4.30 | 4.19 | 4.10 | 3.96 | 3.82 | 3.66 | 3.59 | 3.51 | 3.43 | 3.34 | 3.25 | 3.17 |
| 14 | 8.86 | 6.51 | 5.56 | 5.04 | 4.69 | 4.46 | 4.28 | 4.14 | 4.03 | 3.94 | 3.80 | 3.66 | 3.51 | 3.43 | 3.35 | 3.27 | 3.18 | 3.09 | 3.00 |
| 15 | 8.68 | 6.36 | 5.42 | 4.89 | 4.56 | 4.32 | 4.14 | 4.00 | 3.89 | 3.80 | 3.67 | 3.52 | 3.37 | 3.29 | 3.21 | 3.13 | 3.05 | 2.96 | 2.87 |
| 16 | 8.53 | 6.23 | 5.29 | 4.77 | 4.44 | 4.20 | 4.03 | 3.89 | 3.78 | 3.69 | 3.55 | 3.41 | 3.26 | 3.18 | 3.10 | 3.02 | 2.93 | 2.84 | 2.75 |
| 17 | 8.40 | 6.11 | 5.18 | 4.67 | 4.34 | 4.10 | 3.93 | 3.97 | 3.68 | 3.59 | 3.46 | 3.31 | 3.16 | 3.08 | 3.00 | 2.92 | 2.83 | 2.75 | 2.65 |
| 18 | 8.29 | 6.01 | 5.09 | 4.58 | 4.25 | 4.01 | 3.84 | 3.71 | 3.60 | 3.51 | 3.37 | 3.23 | 3.08 | 3.00 | 2.92 | 2.84 | 2.75 | 2.66 | 2.57 |
| 19 | 8.18 | 5.93 | 5.01 | 4.50 | 4.17 | 3.94 | 3.77 | 3.63 | 3.52 | 3.43 | 3.30 | 3.15 | 3.00 | 2.92 | 2.84 | 2.76 | 2.67 | 2.58 | 2.49 |
| 20 | 8.10 | 5.85 | 4.94 | 4.43 | 4.10 | 3.87 | 3.70 | 3.56 | 3.46 | 3.37 | 3.23 | 3.09 | 2.94 | 2.86 | 2.78 | 2.69 | 2.61 | 2.52 | 2.42 |
| 21 | 8.02 | 5.78 | 4.87 | 4.37 | 4.04 | 3.81 | 3.64 | 3.51 | 3.40 | 3.31 | 3.17 | 3.03 | 2.88 | 2.80 | 2.72 | 2.64 | 2.55 | 2.46 | 2.36 |
| 22 | 7.95 | 5.72 | 4.82 | 4.31 | 3.99 | 3.76 | 3.59 | 3.45 | 3.35 | 3.26 | 3.12 | 2.98 | 2.83 | 2.75 | 2.67 | 2.58 | 2.50 | 2.40 | 2.31 |
| 23 | 7.88 | 5.66 | 4.76 | 4.26 | 3.94 | 3.71 | 3.54 | 3.41 | 3.30 | 3.21 | 3.07 | 2.93 | 2.78 | 2.70 | 2.62 | 2.54 | 2.45 | 2.35 | 2.26 |
| 24 | 7.82 | 5.61 | 4.72 | 4.22 | 3.90 | 3.67 | 3.50 | 3.36 | 3.26 | 3.17 | 3.03 | 2.89 | 2.74 | 2.66 | 2.58 | 2.49 | 2.40 | 2.31 | 2.21 |
| 25 | 7.77 | 5.57 | 4.68 | 4.18 | 3.85 | 3.63 | 3.46 | 3.32 | 3.22 | 3.13 | 2.99 | 2.85 | 2.70 | 2.62 | 2.54 | 2.45 | 2.36 | 2.27 | 2.17 |
| 26 | 7.72 | 5.53 | 4.64 | 4.14 | 3.85 | 3.59 | 3.42 | 3.29 | 3.18 | 3.09 | 2.96 | 2.81 | 2.66 | 2.58 | 2.50 | 2.42 | 2.33 | 2.23 | 2.13 |

**续附表 5**

**$\alpha=0.99$**

| $n_2$ \ $n_1$ | 1 | 2 | 3 | 4 | 5 | 6 | 7 | 8 | 9 | 10 | 12 | 15 | 20 | 24 | 30 | 40 | 60 | 120 | ∞ |
|---|---|---|---|---|---|---|---|---|---|---|---|---|---|---|---|---|---|---|---|
| 27 | 7.68 | 5.49 | 4.60 | 4.11 | 3.78 | 2.56 | 3.39 | 3.26 | 3.15 | 3.06 | 2.93 | 2.78 | 2.63 | 2.55 | 2.47 | 2.38 | 2.29 | 2.20 | 2.10 |
| 28 | 7.64 | 5.45 | 4.57 | 4.07 | 3.75 | 3.53 | 3.36 | 3.23 | 3.12 | 3.03 | 2.90 | 2.75 | 2.60 | 2.52 | 2.44 | 2.35 | 2.26 | 2.17 | 2.06 |
| 29 | 7.60 | 5.42 | 4.54 | 4.04 | 3.73 | 3.50 | 3.33 | 3.20 | 3.09 | 3.00 | 287 | 2.73 | 5.57 | 2.49 | 2.41 | 2.33 | 2.23 | 2.14 | 2.03 |
| 30 | 7.56 | 5.39 | 4.51 | 4.02 | 3.70 | 3.47 | 3.30 | 3.17 | 3.07 | 2.98 | 2.84 | 2.70 | 2.55 | 2.47 | 2.39 | 2.30 | 2.21 | 2.11 | 2.01 |
| 40 | 7.31 | 5.18 | 4.13 | 3.83 | 3.51 | 3.29 | 3.12 | 2.99 | 2.89 | 2.80 | 2.66 | 2.52 | 2.37 | 2.29 | 2.20 | 2.11 | 2.02 | 1.92 | 1.80 |
| 60 | 7.08 | 4.98 | 4.13 | 3.65 | 3.34 | 3.12 | 2.95 | 2.82 | 2.72 | 2.63 | 2.50 | 2.35 | 2.20 | 2.12 | 2.03 | 1.94 | 1.84 | 1.73 | 1.60 |
| 120 | 6.85 | 4.79 | 3.95 | 3.48 | 3.17 | 2.96 | 2.79 | 2.66 | 2.56 | 2.47 | 2.34 | 2.19 | 2.03 | 1.95 | 1.86 | 1.76 | 1.66 | 1.53 | 1.38 |
| ∞ | 6.63 | 4.61 | 3.78 | 3.32 | 3.02 | 2.80 | 2.64 | 2.51 | 2.41 | 2.32 | 2.18 | 2.04 | 1.88 | 1.79 | 1.70 | 1.59 | 1.47 | 1.32 | 1.00 |

**$\alpha=0.995$**

| $n_2$ \ $n_1$ | 1 | 2 | 3 | 4 | 5 | 6 | 7 | 8 | 9 | 10 | 12 | 15 | 20 | 24 | 30 | 40 | 60 | 120 | ∞ |
|---|---|---|---|---|---|---|---|---|---|---|---|---|---|---|---|---|---|---|---|
| 1 | 16 211 | 200 000 | 21 615 | 22 500 | 23 056 | 23 437 | 23 715 | 239 25 | 24 091 | 24 224 | 24 426 | 24 630 | 24 836 | 24 940 | 25 148 | 25 148 | 25 253 | 25 359 | 25 465 |
| 2 | 198.5 | 199.0 | 199.2 | 199.2 | 199.3 | 199.3 | 199.4 | 199.4 | 199.4 | 199.4 | 199.4 | 199.4 | 199.4 | 199.5 | 199.5 | 199.5 | 199.5 | 199.5 | 199.5 |
| 3 | 55.55 | 49.80 | 47.47 | 46.19 | 45.39 | 44.84 | 44.43 | 44.313 | 40.88 | 40.69 | 43.39 | 43.08 | 42.78 | 42.62 | 42.47 | 42.31 | 42.15 | 41.99 | 41.83 |
| 4 | 31.33 | 26.28 | 24.26 | 23.15 | 22.46 | 21.97 | 21.62 | 21.35 | 21.14 | 20.97 | 20.70 | 40.11 | 20.17 | 20.03 | 19.89 | 19.75 | 19.61 | 19.47 | 19.32 |
| 5 | 22.78 | 18.31 | 16.53 | 15.56 | 14.94 | 14.51 | 14.20 | 13.96 | 13.77 | 13.62 | 13.38 | 13.15 | 12.90 | 12.78 | 12.66 | 12.53 | 12.40 | 12.27 | 12.14 |
| 6 | 18.63 | 14.54 | 12.92 | 12.03 | 11.46 | 11.07 | 10.79 | 10.57 | 10.39 | 10.25 | 10.03 | 9.81 | 9.59 | 9.47 | 9.36 | 9.24 | 9.12 | 9.00 | 8.88 |
| 7 | 16.24 | 12.40 | 10.88 | 10.05 | 9.52 | 9.16 | 8.89 | 8.68 | 8.51 | 8.38 | 8.18 | 7.97 | 7.75 | 7.65 | 7.53 | 7.42 | 7.31 | 7.19 | 7.08 |
| 8 | 14.69 | 11.04 | 9.60 | 8.81 | 8.30 | 7.95 | 7.69 | 7.50 | 7.34 | 7.21 | 7.01 | 6.81 | 6.61 | 6.50 | 6.40 | 6.29 | 6.18 | 6.06 | 5.95 |
| 9 | 13.61 | 10.11 | 8.72 | 7.96 | 7.47 | 7.13 | 6.88 | 6.69 | 6.54 | 6.42 | 6.23 | 6.03 | 5.83 | 5.73 | 5.62 | 5.52 | 5.41 | 5.30 | 5.19 |
| 10 | 12.83 | 9.43 | 8.08 | 7.34 | 6.87 | 6.54 | 6.30 | 6.12 | 5.97 | 5.85 | 5.66 | 5.47 | 5.27 | 5.17 | 5.07 | 4.97 | 4.86 | 4.75 | 4.64 |
| 11 | 12.23 | 8.91 | 7.60 | 6.88 | 6.42 | 6.10 | 5.86 | 5.68 | 5.54 | 5.42 | 5.24 | 5.05 | 4.86 | 4.76 | 4.65 | 4.55 | 4.44 | 4.34 | 4.23 |
| 12 | 11.75 | 8.51 | 7.23 | 6.52 | 6.07 | 5.76 | 5.51 | 5.35 | 5.20 | 5.09 | 4.91 | 4.72 | 4.53 | 4.43 | 4.33 | 4.23 | 4.12 | 4.01 | 3.90 |
| 13 | 11.37 | 8.19 | 6.93 | 6.23 | 5.79 | 5.49 | 5.25 | 5.08 | 4.94 | 4.82 | 4.64 | 4.46 | 4.27 | 4.17 | 4.07 | 3.97 | 3.87 | 3.76 | 3.65 |
| 14 | 11.06 | 7.92 | 6.68 | 6.00 | 5.56 | 5.29 | 5.03 | 4.86 | 4.72 | 4.60 | 4.43 | 4.25 | 4.06 | 3.96 | 3.86 | 3.76 | 3.66 | 3.55 | 3.44 |
| 15 | 10.80 | 7.70 | 6.48 | 5.80 | 5.37 | 5.07 | 4.85 | 4.67 | 4.54 | 4.42 | 4.25 | 4.07 | 3.88 | 3.79 | 3.69 | 3.58 | 3.48 | 3.37 | 3.26 |
| 16 | 10.58 | 7.51 | 6.30 | 5.64 | 5.21 | 4.91 | 4.69 | 4.52 | 4.38 | 4.27 | 4.10 | 3.92 | 3.73 | 3.64 | 3.04 | 3.44 | 3.33 | 3.22 | 3.11 |
| 17 | 10.38 | 7.35 | 6.16 | 5.50 | 5.07 | 4.78 | 4.56 | 4.39 | 4.25 | 4.14 | 3.97 | 3.79 | 3.61 | 3.51 | 3.41 | 3.31 | 3.21 | 3.10 | 2.98 |
| 18 | 10.22 | 7.21 | 6.03 | 5.37 | 4.96 | 4.66 | 4.44 | 4.28 | 4.14 | 4.03 | 3.86 | 3.68 | 3.50 | 3.40 | 3.30 | 3.20 | 3.10 | 2.99 | 2.87 |
| 19 | 10.07 | 7.09 | 5.92 | 5.27 | 4.85 | 4.56 | 4.34 | 4.18 | 4.04 | 3.93 | 3.76 | 3.59 | 3.40 | 3.31 | 3.21 | 3.11 | 3.00 | 2.89 | 2.89 |
| 20 | 9.94 | 6.99 | 5.82 | 5.17 | 4.76 | 4.47 | 4.26 | 4.09 | 3.96 | 3.85 | 3.68 | 3.50 | 3.32 | 3.22 | 3.12 | 3.02 | 2.92 | 2.81 | 2.69 |
| 21 | 9.83 | 6.89 | 5.73 | 5.09 | 4.68 | 4.39 | 4.18 | 4.01 | 3.88 | 3.77 | 3.60 | 3.43 | 3.24 | 3.15 | 3.05 | 2.95 | 2.84 | 2.73 | 2.61 |
| 22 | 9.73 | 6.81 | 5.65 | 5.02 | 4.61 | 4.32 | 4.11 | 3.94 | 3.81 | 3.70 | 3.54 | 3.36 | 3.18 | 3.08 | 2.98 | 2.88 | 2.77 | 2.66 | 2.55 |
| 23 | 9.63 | 6.73 | 5.58 | 4.95 | 4.54 | 4.26 | 4.05 | 3.88 | 3.75 | 3.64 | 3.47 | 3.30 | 3.12 | 3.02 | 2.92 | 2.82 | 2.71 | 2.60 | 2.48 |
| 24 | 9.55 | 6.66 | 5.52 | 4.89 | 4.49 | 4.20 | 3.99 | 3.83 | 3.69 | 3.59 | 3.42 | 3.25 | 3.06 | 2.97 | 3.87 | 2.77 | 2.66 | 2.55 | 2.43 |
| 25 | 9.48 | 0.60 | 5.46 | 4.84 | 4.43 | 4.15 | 3.94 | 3.78 | 3.64 | 3.54 | 3.37 | 3.20 | 3.01 | 2.92 | 2.82 | 2.72 | 2.61 | 2.50 | 2.38 |
| 26 | 9.41 | 6.54 | 5.41 | 4.79 | 4.38 | 4.10 | 3.89 | 3.73 | 3.60 | 3.49 | 3.33 | 3.15 | 2.97 | 2.87 | 2.77 | 2.67 | 2.56 | 2.45 | 2.33 |
| 27 | 9.34 | 6.49 | 5.36 | 4.74 | 4.34 | 4.06 | 3.85 | 3.69 | 3.56 | 3.45 | 3.28 | 3.11 | 2.93 | 2.83 | 2.73 | 2.83 | 2.52 | 2.41 | 2.29 |
| 28 | 9.28 | 6.44 | 5.32 | 4.70 | 4.30 | 4.02 | 3.81 | 3.65 | 3.52 | 3.41 | 3.25 | 3.07 | 2.89 | 2.79 | 2.69 | 2.59 | 2.48 | 2.37 | 2.25 |
| 29 | 9.23 | 6.40 | 5.28 | 4.66 | 4.26 | 3.98 | 3.77 | 3.61 | 3.48 | 3.38 | 3.21 | 3.04 | 2.86 | 2.76 | 2.66 | 2.56 | 4.45 | 2.33 | 2.21 |
| 30 | 9.18 | 6.35 | 5.24 | 4.62 | 4.23 | 3.95 | 3.74 | 3.58 | 3.45 | 3.34 | 3.18 | 3.01 | 2.82 | 2.73 | 2.63 | 2.52 | 2.42 | 2.30 | 2.18 |
| 40 | 8.83 | 6.07 | 4.98 | 4.37 | 3.99 | 3.71 | 3.51 | 3.35 | 3.22 | 3.12 | 2.95 | 2.78 | 2.60 | 2.50 | 2.40 | 2.30 | 2.18 | 2.06 | 1.93 |
| 60 | 8.49 | 5.79 | 4.73 | 4.14 | 3.76 | 3.49 | 3.29 | 3.13 | 3.01 | 2.90 | 2.74 | 2.57 | 2.39 | 2.29 | 2.19 | 2.08 | 1.96 | 1.83 | 1.69 |
| 120 | 8.18 | 5.54 | 4.50 | 3.92 | 3.55 | 3.28 | 3.09 | 2.93 | 2.81 | 2.71 | 2.54 | 2.73 | 2.19 | 2.09 | 1.98 | 1.87 | 2.75 | 1.61 | 1.43 |
| ∞ | 7.88 | 5.30 | 4.28 | 3.72 | 3.35 | 3.09 | 2.90 | 2.74 | 2.62 | 2.52 | 2.36 | 2.19 | 2.00 | 1.90 | 1.79 | 1.67 | 1.53 | 1.36 | 1.00 |

$\alpha=0.999$ **续附表 5**

| $n_2$ \ $n_1$ | 1 | 2 | 3 | 4 | 5 | 6 | 7 | 8 | 9 | 10 | 12 | 15 | 20 | 24 | 30 | 40 | 60 | 120 | ∞ |
|---|---|---|---|---|---|---|---|---|---|---|---|---|---|---|---|---|---|---|---|
| 1 | 4 053+ | 5 000+ | 5 404+ | 5 625+ | 5 764+ | 5 859+ | 5 929+ | 5 981+ | 6 023+ | 6 056+ | 6 107+ | 6 158+ | 6 209+ | 6 235+ | 6 261+ | 6 287+ | 6 313+ | 6 340+ | 6 366+ |
| 2 | 998.5 | 999.0 | 999.2 | 999.2 | 999.3 | 999.3 | 999.4 | 999.4 | 999.4 | 999.4 | 999.4 | 999.4 | 999.4 | 999.5 | 999.5 | 999.5 | 999.5 | 999.5 | 999.5 |
| 3 | 167.0 | 148.5 | 141.1 | 137.1 | 134.6 | 132.8 | 131.6 | 130.7 | 129.9 | 129.2 | 128.3 | 127.4 | 126.4 | 125.9 | 125.4 | 125.0 | 124.5 | 124.0 | 123.5 |
| 4 | 74.14 | 61.25 | 56.18 | 53.44 | 51.71 | 50.53 | 49.66 | 49.00 | 48.47 | 48.50 | 47.41 | 47.76 | 46.10 | 45.77 | 45.43 | 45.09 | 44.75 | 44.40 | 44.05 |
| 5 | 47.18 | 37.12 | 33.20 | 31.09 | 29.75 | 28.84 | 28.16 | 27.64 | 27.24 | 26.92 | 26.42 | 25.91 | 25.29 | 25.14 | 24.87 | 24.60 | 24.33 | 24.06 | 23.79 |
| 6 | 35.51 | 27.00 | 23.70 | 21.92 | 20.81 | 20.03 | 19.46 | 19.03 | 18.69 | 18.41 | 17.99 | 17.56 | 17.12 | 16.89 | 16.64 | 16.44 | 16.21 | 15.99 | 15.75 |
| 7 | 29.25 | 21.69 | 18.77 | 17.19 | 16.21 | 15.52 | 15.02 | 14.63 | 14.33 | 14.08 | 13.71 | 13.32 | 12.93 | 12.73 | 12.53 | 12.33 | 12.12 | 11.91 | 11.70 |
| 8 | 25.42 | 18.49 | 15.83 | 14.39 | 13.49 | 12.86 | 12.40 | 12.04 | 11.77 | 11.54 | 11.19 | 10.84 | 10.48 | 10.30 | 10.11 | 9.92 | 9.73 | 9.53 | 9.33 |
| 9 | 22.86 | 16.93 | 13.90 | 12.56 | 11.71 | 11.31 | 10.70 | 10.37 | 10.11 | 9.89 | 9.57 | 9.24 | 8.90 | 8.72 | 8.55 | 8.37 | 8.19 | 8.00 | 7.81 |
| 10 | 21.04 | 14.91 | 12.55 | 11.28 | 10.48 | 9.92 | 9.52 | 9.20 | 8.96 | 8.75 | 8.45 | 8.13 | 7.80 | 7.47 | 7.67 | 7.30 | 7.12 | 6.94 | 6.76 |
| 11 | 19.69 | 13.81 | 11.56 | 10.35 | 9.58 | 9.05 | 8.66 | 8.35 | 8.12 | 7.92 | 7.63 | 7.32 | 7.01 | 6.85 | 6.68 | 6.52 | 6.35 | 6.17 | 6.00 |
| 12 | 18.64 | 12.97 | 10.80 | 9.63 | 8.89 | 8.38 | 8.00 | 7.71 | 7.48 | 7.29 | 7.00 | 6.71 | 6.40 | 6.25 | 6.09 | 5.93 | 5.76 | 5.59 | 5.42 |
| 13 | 17.81 | 12.31 | 10.21 | 9.07 | 8.35 | 7.86 | 7.49 | 7.21 | 6.98 | 6.80 | 6.52 | 6.23 | 5.93 | 5.78 | 5.63 | 5.47 | 5.30 | 5.14 | 4.97 |
| 14 | 17.14 | 11.78 | 9.73 | 8.62 | 7.92 | 7.43 | 7.08 | 6.80 | 6.58 | 6.40 | 6.13 | 5.85 | 5.56 | 5.41 | 5.25 | 5.10 | 4.94 | 4.77 | 4.60 |
| 15 | 16.29 | 11.34 | 9.34 | 8.25 | 7.57 | 7.09 | 6.74 | 7.47 | 6.26 | 6.08 | 5.81 | 5.54 | 5.25 | 5.10 | 5.95 | 4.80 | 4.64 | 4.47 | 4.31 |
| 16 | 16.12 | 10.97 | 6.00 | 7.94 | 7.27 | 6.81 | 6.46 | 6.19 | 5.98 | 5.81 | 5.55 | 5.27 | 4.99 | 4.85 | 4.70 | 4.54 | 4.39 | 4.23 | 4.06 |
| 17 | 15.72 | 10.66 | 8.73 | 7.68 | 7.02 | 7.56 | 6.22 | 5.96 | 5.75 | 5.58 | 5.32 | 5.05 | 4.78 | 4.63 | 4.48 | 4.33 | 4.18 | 4.02 | 3.85 |
| 18 | 15.38 | 10.39 | 8.49 | 7.46 | 6.81 | 6.35 | 6.02 | 5.76 | 5.56 | 5.39 | 5.13 | 4.87 | 4.59 | 4.45 | 4.30 | 4.15 | 4.00 | 3.84 | 3.67 |
| 19 | 15.08 | 10.16 | 8.28 | 7.26 | 6.62 | 6.18 | 5.85 | 5.59 | 5.39 | 5.22 | 4.97 | 4.70 | 4.43 | 4.29 | 4.14 | 3.99 | 3.84 | 3.68 | 3.51 |
| 20 | 14.82 | 9.95 | 8.10 | 7.10 | 6.46 | 6.02 | 5.69 | 5.44 | 5.24 | 5.08 | 4.82 | 4.56 | 4.29 | 4.15 | 4.00 | 3.86 | 3.70 | 3.54 | 3.38 |
| 21 | 14.59 | 9.77 | 7.94 | 6.95 | 6.32 | 5.88 | 5.56 | 5.31 | 5.11 | 4.95 | 4.70 | 4.44 | 4.17 | 4.03 | 3.88 | 3.74 | 3.58 | 3.42 | 3.26 |
| 22 | 14.38 | 9.61 | 7.80 | 6.81 | 6.19 | 5.76 | 5.44 | 5.19 | 4.99 | 4.83 | 4.58 | 4.33 | 4.06 | 2.92 | 3.78 | 3.63 | 3.48 | 3.32 | 3.15 |
| 23 | 14.19 | 9.47 | 7.67 | 6.69 | 6.08 | 5.56 | 5.33 | 5.09 | 4.89 | 4.73 | 4.48 | 4.23 | 3.96 | 3.82 | 3.68 | 3.53 | 3.38 | 3.22 | 3.05 |
| 24 | 14.03 | 9.34 | 7.55 | 6.59 | 5.98 | 5.55 | 5.23 | 4.99 | 4.88 | 4.64 | 4.39 | 4.14 | 3.87 | 3.74 | 3.59 | 3.45 | 3.29 | 3.14 | 2.97 |
| 25 | 13.88 | 9.22 | 7.45 | 6.49 | 5.88 | 5.46 | 5.15 | 4.91 | 4.71 | 4.56 | 4.31 | 4.06 | 3.79 | 3.66 | 3.52 | 3.37 | 3.22 | 3.06 | 2.89 |
| 26 | 13.74 | 9.12 | 7.36 | 6.41 | 5.80 | 5.38 | 5.07 | 4.83 | 4.64 | 4.48 | 4.24 | 3.99 | 3.72 | 3.59 | 3.44 | 3.30 | 3.15 | 2.99 | 2.82 |
| 27 | 13.61 | 9.02 | 7.27 | 6.33 | 5.73 | 5.31 | 5.00 | 4.76 | 4.57 | 4.41 | 4.17 | 2.92 | 3.66 | 3.52 | 3.38 | 3.23 | 3.08 | 2.92 | 2.75 |
| 28 | 13.50 | 8.93 | 7.19 | 6.25 | 5.66 | 5.24 | 4.93 | 4.69 | 4.50 | 4.35 | 4.11 | 3.86 | 3.60 | 3.46 | 3.32 | 3.18 | 3.02 | 2.86 | 2.69 |
| 29 | 13.39 | 8.85 | 7.12 | 6.19 | 5.59 | 5.18 | 4.87 | 4.64 | 4.45 | 4.29 | 4.05 | 3.80 | 3.54 | 3.41 | 2.27 | 3.12 | 2.97 | 2.81 | 2.64 |
| 30 | 13.29 | 8.77 | 7.05 | 6.12 | 5.53 | 5.12 | 4.82 | 4.58 | 4.39 | 4.24 | 4.00 | 3.75 | 3.49 | 3.36 | 3.22 | 3.07 | 2.93 | 2.76 | 2.59 |
| 40 | 12.61 | 8.25 | 6.60 | 5.70 | 5.13 | 4.73 | 4.44 | 4.21 | 4.02 | 3.87 | 3.64 | 3.40 | 3.15 | 3.01 | 2.87 | 2.73 | 2.57 | 2.41 | 2.23 |
| 60 | 11.97 | 7.76 | 6.17 | 5.31 | 4.76 | 4.37 | 4.09 | 3.87 | 3.69 | 3.54 | 3.31 | 3.08 | 2.83 | 2.69 | 3.55 | 2.41 | 2.25 | 2.08 | 1.89 |
| 120 | 11.38 | 7.32 | 5.79 | 4.95 | 4.42 | 4.04 | 3.77 | 3.55 | 3.38 | 3.24 | 3.02 | 2.78 | 2.53 | 2.40 | 2.26 | 2.11 | 1.95 | 1.76 | 1.54 |
| ∞ | 10.83 | 6.91 | 5.42 | 4.62 | 4.10 | 3.74 | 3.47 | 3.27 | 3.10 | 2.96 | 2.74 | 2.51 | 2.27 | 2.13 | 1.99 | 1.84 | 1.66 | 1.45 | 1.00 |

+表示要将所列数乘以 100。

**附表6 相关系数临界值($r_\alpha$)表**

$$P(|r|>r_\alpha)=\alpha$$

| $\alpha$ / $n-2$ | 0.10 | 0.05 | 0.02 | 0.01 | 0.001 |
|---|---|---|---|---|---|
| 1 | 0.987 69 | 0.996 92 | 0.999 507 | 0.999 877 | 0.999 998 8 |
| 2 | 0.900 00 | 0.950 00 | 0.980 00 | 0.990 00 | 0.999 00 |
| 3 | 0.805 4 | 0.878 3 | 0.934 33 | 0.958 73 | 0.991 16 |
| 4 | 0.729 3 | 0.811 4 | 0.882 2 | 0.917 20 | 0.974 06 |
| 5 | 0.669 4 | 0.754 5 | 0.832 9 | 0.874 5 | 0.950 74 |
| 6 | 0.621 5 | 0.706 7 | 0.788 7 | 0.834 3 | 0.924 93 |
| 7 | 0.582 2 | 0.666 4 | 0.749 8 | 0.797 7 | 0.898 2 |
| 8 | 0.549 4 | 0.631 9 | 0.715 5 | 0.764 6 | 0.872 1 |
| 9 | 0.521 4 | 0.602 1 | 0.685 1 | 0.734 8 | 0.847 1 |
| 10 | 0.497 3 | 0.576 0 | 0.658 1 | 0.707 9 | 0.823 3 |
| 11 | 0.476 2 | 0.552 9 | 0.633 9 | 0.683 5 | 0.801 0 |
| 12 | 0.457 5 | 0.532 4 | 0.612 0 | 0.661 4 | 0.780 0 |
| 13 | 0.440 9 | 0.513 9 | 0.592 3 | 0.641 1 | 0.760 3 |
| 14 | 0.425 9 | 0.497 3 | 0.574 2 | 0.622 6 | 0.742 0 |
| 15 | 0.412 4 | 0.482 1 | 0.557 7 | 0.605 5 | 0.724 6 |
| 16 | 0.400 0 | 0.468 3 | 0.542 5 | 0.589 7 | 0.708 4 |
| 17 | 0.388 7 | 0.455 5 | 0.528 5 | 0.575 1 | 0.693 2 |
| 18 | 0.378 3 | 0.443 8 | 0.515 5 | 0.561 4 | 0.678 7 |
| 19 | 0.368 7 | 0.432 9 | 0.503 4 | 0.548 7 | 0.665 2 |
| 20 | 0.359 8 | 0.422 7 | 0.492 1 | 0.536 8 | 0.652 4 |
| 25 | 0.323 3 | 0.380 9 | 0.445 1 | 0.486 9 | 0.597 4 |
| 30 | 0.296 0 | 0.349 4 | 0.409 3 | 0.448 7 | 0.554 1 |
| 35 | 0.274 6 | 0.324 6 | 0.381 0 | 0.418 2 | 0.518 9 |
| 40 | 0.257 3 | 0.304 4 | 0.357 8 | 0.393 2 | 0.489 6 |
| 45 | 0.242 8 | 0.287 5 | 0.338 4 | 0.372 1 | 0.464 8 |
| 50 | 0.230 6 | 0.273 2 | 0.321 8 | 0.354 1 | 0.443 3 |
| 60 | 0.210 8 | 0.250 0 | 0.294 8 | 0.324 8 | 0.407 8 |
| 70 | 0.195 4 | 0.231 9 | 0.273 7 | 0.301 7 | 0.379 9 |
| 80 | 0.182 9 | 0.217 2 | 0.256 5 | 0.283 0 | 0.356 8 |
| 90 | 0.172 6 | 0.205 0 | 0.242 2 | 0.267 3 | 0.337 5 |
| 100 | 0.163 8 | 0.194 6 | 0.230 1 | 0.254 0 | 0.321 1 |

# 参考文献

[1] 王梓坤. 概率论基础及其应用. 北京:科学出版社,1976.

[2] 复旦大学编写组. 概率论. 北京:人民教育出版社,1979.

[3] 中山大学数学力学系概率论及数理统计编写小组. 概率论及数理统计. 北京:人民教育出版社,1980.

[4] 浙江大学数学系高等数学教研组. 概率论与数理统计. 北京:高等教育出版社,1979.

[5] 陈家鼎,孙山泽,季东风. 数理统计学讲义. 北京:高等教育出版社,1993.

[6] 耿素云,张立昂. 概率统计. 2版. 北京:北京大学出版社,1998.

[7] 萧亮壮,谭锐先. 概率论与数理统计. 北京:国防工业出版社,1980.

[8] 郭绍建. 二维连续型随机变量函数的概率密度. 北京:北京航空航天大学学报,1990(2).

[9] 韩於羹. 应用数理统计. 北京:北京航空航天大学出版社,1989.

[10] 方开泰. 实用多元统计分析. 上海:华东师范大学出版社,1989.

[11] 周纪芗. 实用回归分析方法. 上海:上海科学技术出版社,1990.

[12] 唐鸿龄,张元林,陈浩球. 应用概率. 南京:南京工学院出版社,1988.

[13] 钱敏平,龚光鲁. 随机过程论. 北京:北京大学出版社,1997.

[14] 邓永录,梁之舜. 随机点过程及其应用. 北京:科学出版社,1998.

[15] 王梓坤. 生灭过程与马尔可夫链. 北京:科学出版社,1980.

[16] 汪荣鑫. 随机过程. 西安:西安交通大学出版社,1987.

[17] Chung K L. Markov Chains with Stationary Transition Probabilities. Springer-Verlag,1960.

[18] Parzen E. Stochastic Processes. Holden-Day, San Francisco, 1962.

[19] Parzen E. 随机过程. 邓永录,杨振明,译. 北京:高等教育出版社,1987.